创新体制机制建设
强化水利行业监管论文集

董 力　主编

U0382005

中国水利水电出版社
www.waterpub.com.cn
·北京·

图书在版编目（CIP）数据

创新体制机制建设 强化水利行业监管论文集 / 董力主编. -- 北京 : 中国水利水电出版社, 2020.11
ISBN 978-7-5170-8980-3

Ⅰ. ①创… Ⅱ. ①董… Ⅲ. ①水利建设－中国－文集
②水利管理－中国－文集 Ⅳ. ①F426.9-53②TV6-53

中国版本图书馆CIP数据核字(2020)第207053号

书　　　名	**创新体制机制建设 强化水利行业监管论文集** CHUANGXIN TIZHI JIZHI JIANSHE QIANGHUA SHUILI HANGYE JIANGUAN LUNWENJI
作　　　者	董　力　主编
出 版 发 行	中国水利水电出版社 （北京市海淀区玉渊潭南路 1 号 D 座　100038） 网址：www. waterpub. com. cn E - mail：sales@waterpub. com. cn 电话：（010）68367658（营销中心）
经　　　售	北京科水图书销售中心（零售） 电话：（010）88383994、63202643、68545874 全国各地新华书店和相关出版物销售网点
排　　　版	中国水利水电出版社微机排版中心
印　　　刷	北京瑞斯通印务发展有限公司
规　　　格	184mm×260mm　16 开本　32.5 印张　654 千字
版　　　次	2020 年 11 月第 1 版　2020 年 11 月第 1 次印刷
定　　　价	**180.00 元**

凡购买我社图书，如有缺页、倒页、脱页的，本社营销中心负责调换

编 委 会 名 单

前　　言

　　为积极践行"节水优先、空间均衡、系统治理、两手发力"新时代治水思路，全面贯彻落实"水利工程补短板、水利行业强监管"水利改革发展总基调，深入研究、探索和总结水利行业强监管的理论创新与实践创新，推进水治理体系和治理能力现代化，2019 年 4 月至 8 月，中国水利经济研究会联合水利部发展研究中心、水利部长江水利委员会共同组织开展了"创新体制机制建设　强化水利行业监管"主题征文活动。水利部相关司局、各流域机构、直属单位，地方各级水利部门和单位，高校及科研机构，学会各学组、理事等积极参与，踊跃投稿，共征集到了近百篇论文。内容涵盖水利监管体制、机制、制度，水利监管方式方法，各级地方水行政主管部门强监管工作实践，水利行业财务、资金监管，以及其他有关水利行业强监管工作创新、经验做法、问题建议等。

　　为更好地发挥水利改革发展智库和智囊团作用，搭建水利经济研究和学术交流互鉴平台，在本次主题征文的基础上，2019 年 11 月下旬，中国水利经济研究会在湖北省武汉市举办了"创新体制机制建设　强化水利行业监管"学术研讨会，围绕水利行业强监管工作的热点、难点问题开展交流探讨。受水利部叶建春副部长委托，水利部张忠义总经济师莅临会议指导并作了题为《贯彻落实水利改革发展总基调，全面强化水利行业监管能力》的主旨报告，中央纪委驻水利部原纪检组组长、中国水利经济研究会理事长董力同志主持会议并作总结讲话。水利部有关司局、流域机构、直属单位和地方水利部门单位、高校和科研单位的领导、专家、学者以及优秀论文作者代表作了专题报告或交流发言，建言献策。

　　为进一步加强学术研究成果的交流学习，引导广大水利经济研究工作者更好地贯彻落实中央新时代治水思路和水利部党组水利改革发展总基调，主动适应经济社会发展大局，积极投身并服务水利改革发展中心工作、服务水利建设主战场、服务基层广大干部职工的创新实践，开展深层次、多形式的水利经济研究，察实情、求真知、出良策，经过筛选初审、系统查重、专家评审等环节，我们从本次主题征文活动和学术研讨会的论文中遴选出 76 篇（其中 20 篇被评为优秀论文、4 篇被评为优秀调研报告），结集成册并刊印出版。

论文集编辑出版期间，得到了水利部有关司局、论文作者和审稿专家的鼎力支持、倾心指导和关心帮助，在此，我们表示衷心的感谢！有不妥之处，敬请批评指正！

编者

2019 年 12 月

CONTENTS 目录

水利企业强监管防风险问题探讨

张爱辉　　吴钦山　　史文文

水利部财务司

一、新时期水利国有企业强监管防风险的重要性

水利国有企业是推进国家治理体系和治理能力现代化、保障人民共同利益的重要力量，是党和国家水利事业的重要物质和政治基础。水利企业的设立与水利工程建设和政府机构改革密切相关，具有其特殊性和鲜明的时代特征，水管单位体制改革、科研体制改革、勘测设计单位改革，以及国家当年提倡多种经营催生多数水利企业，随着国家经济体制改革和水利事业的发展，水利企业规模不断壮大。截至 2018 年年底，水利部事业单位投资的企业共 627 户，资产总额已近 1400 亿元，水利企业在承担公共事务、弥补事业经费不足、分流改革人员、维持基层单位队伍稳定、谋划水利战略布局和推动水利事业改革发展等方面发挥着重要作用。新时期，随着国家国有企业改革的不断深入以及"水利工程补短板、水利行业强监管"的水利改革发展总基调要求的进一步做好企业强监管、防风险工作，对促进水利事业发展、实现国有资产保值增值具有重要意义。

一是打好防范化解重大风险攻坚战的需要。党的十九大报告强调，要健全金融监管体系，守住不发生系统性金融风险的底线，作为决胜全面建成小康社会的三大攻坚战之首，打好防范化解重大风险攻坚战，重点是防控金融风险。中央经济工作会议上，习总书记再次强调，要重点抓好决胜全面小康社会的防范化解重大风险、精准脱贫和污染防治三大攻坚战。防风险是首要之战，重点在于防控金融风险。水利企业在发展中还面临着一些市场风险、经营风险、财务风险等，新时期贯彻落实党中央、国务院关于防范化解重大风险的重要部署，按照习总书记的要求，把防范化解重大经营风险作为重点工作、首要之战，坚决守住不发生重大风险的底线，对于推进水利企业更好更快发展，确保实现企业向高质量发展阶段的平稳过渡具有重要政治意义。

二是贯彻落实新时期水利改革发展总基调的需要。随着社会主要矛盾、治水主要矛盾、水利改革发展形势和任务的变化，水利部党组提出了"水利工程补短板、水利行业强监管"的水利改革发展总基调，指出从行业监管看，与经济社会发展要求相比

还有很大差距，存在监管的思想认识不适应、监管的制度标准不适应、监管的能力手段不适应、监管的机构队伍不适应等四个"不适应"。水利企业是"补短板"的主力军之一，要充分发挥水利企业在贯彻落实新时期水利改革发展总基调中的重要作用。同时，在水利行业监管中对水利企业的监管也还存在薄弱环节，在巡视、审计、检查中也发现部分水利企业涉及党风廉政建设、国有资产流失等风险隐患。新形势下，贯彻落实"强监管"总基调，强化水利企业国有资产监管，加强党对企业的统一领导，对于防范化解企业廉政风险、稳定风险等具有重要意义。

三是促进水利事业单位改革发展的需要。多年来，水利事业单位在推动水利事业改革发展中发挥了重要作用，水利企业与所属事业单位具有密不可分的关系，在弥补事业经费不足、分流改革人员、维持基层单位队伍稳定、谋划水利战略布局和推动水利事业改革发展等方面提供了重要支撑。水利事业单位与水利企业在发展中相互促进，新时期，强化水利企业监管，防范化解重大风险，实现政企分开，能更好地促进企业履行公益性职能，促进良好的经济效益、社会效益和生态效益等综合效益发挥，并为水利事业单位改革发展创造良好条件，对于进一步支撑水利事业单位更好履职，更好地推动水利事业改革发展具有重要意义。

四是推进建立现代企业制度的需要。2015年8月24日中共中央、国务院印发《关于深化国有企业改革的指导意见》（中发〔2015〕22号）（以下简称《指导意见》）提出，要以解放和发展社会生产力为标准，以提高国有资本效率、增强国有企业活力为中心，完善产权清晰、权责明确、政企分开、管理科学的现代企业制度。新时期，强化水利企业自身管理体制机制，建立完善现代企业制度，推进公司制股份制改革、健全公司法人治理结构、建立国有企业领导人员分类分层管理制度、实行与社会主义市场经济相适应的企业薪酬分配制度，以及企业内部用人制度改革等，需要进一步强化企业监管，不断增强企业内部管控能力。同时，强化监管、防范风险也是建立完善现代企业制度的内在要求。

五是实现国有资产保值增值的需要。加强监管是搞好国有企业的重要保障，对于完善国有资产监管体制，防止国有资产流失具有重要意义。《指导意见》提出，要强化企业内部监督、建立健全高效协同的外部监督机制，加快国有企业行为规范法律法规制度建设，加强对企业关键业务、改革重点领域、国有资本运营重要环节以及境外国有资产的监督，完善国有资产和国有企业信息公开制度，严格责任追究等。新时期，结合水利企业实际，进一步优化资产质量，推进企业提质增效、做优做大做强，确保实现企业向高质量发展阶段的平稳过渡，需要进一步强化企业监管，进一步完善国有企业监管制度，全面加强风险防控，切实防止国有资产流失，确保国有资产保值增值。

二、当前水利企业国有资产监管工作中存在的主要问题

一是企业监管体制机制不健全，有效的监管不够。从水利部层面看，目前财务、人事、党建、审计、巡视、监督等相关部门在企业监管工作中发力分散，未建立内外衔接、上下贯通的企业监管格局，还没有形成综合监管的合力。事业单位层面，个别事业单位尚未建立监管机构，部分事业单位组建的监管委员会式的议事机构，缺乏专业技术力量、缺少专职人员、监管手段单一，不能有效发挥监管作用。同时，大部分水利企业依托事业单位生存，业务关联度较高；部分事业单位和所办企业存在着人、财、物管理的交叉和混用的现象；少量事业单位还存在参公、事业、企业混编情况。

二是现代企业制度不完善，企业自身管控能力不足。部分水利企业尚未完成公司制改制，未建立现代企业制度，法人治理结构不够完善，个别企业内部管控能力不足，缺乏经营管理战略规划和市场意识，市场竞争力较弱，资产利用率较低。有的企业经营不善，盈利能力较差。虽然从总体上看水利企业保持盈利，近 5 年企业收入稳中有升，2018 年实现净利润 25.58 亿元，其中盈利企业 433 户，占比 69％，但国有资本保值增值率为 102.4％，资本保值增值率不高，低于国资委公布的 2018 年平均值 104.3％。

三是企业风险防控水平有待提高，还存在内外风险。企业风险防控体系不完善，部分企业资产负债率较高，截至 2018 年年末，资产负债率超过 100％的企业 32 户，占比 0.05％，存在较大的财务风险。同时，企业内部的资金拆借和资金担保也存在着一定隐性风险。部分企业重大决策、重大项目安排和大额度资金运作等事项决策程序不完善或未按规定报备，管理链条长，对末端企业投融资、市场风险等抵抗能力弱；部分企业盲目扩大非主业投资，造成经营风险。此外，部分企业经营不善或长期亏损，职工工资及缴纳社保等费用长期拖欠，因历史原因，短期内难以清算，甚至还需要主办单位资金"输血"，存在着一定的社会风险隐患。在审计巡视中还发现部分企业有违规违纪，个别企业干部存在违反中央八项规定精神或财经纪律的行为，存在一定的廉政风险。

四是企业管理链条较长，清理整合力度有待加强。水利企业户数多，管理链条长、规模小、行业分布广，涉及 15 个国民经济行业门类，47 个大类 115 个小类。水力发电、水利勘测设计、土木工程建筑、城市供水与污水处理和水利管理等 5 类主业企业 350 户，户数占比为 56％，资产总额占比为 76％，净利润占比为 74％；其他非主业企业共 277 户，占比为 44％，规模较小，市场竞争力不足。由于市场原因，部分水利企业投资成立了大量的子孙企业，经过一段时期的清理整合，目前三级及以下企业仍

占1/3，企业管理层级多增加了事业单位或母公司对所属企业经营决策、组织管理、内控监督、风险防控的难度。同时，事业单位与所属企业的关联度高，事企存在着相互支撑、公益任务共担、经费相互保障等情况，造成事业单位难以下决心清理所属企业等。目前，还存在一些僵尸企业长期亏损，资产负债率高，偿债能力弱，历史包袱重，因社保地方政策不落实、企业职工身份以及保就业等，造成企业退出市场难及职工安置难等问题。

五是企业社会公益性职能突出，历史包袱较重。很多的水利企业是随着水管单位体制改革、科研体制改革、勘测设计单位改革以及国家当年提倡多种经营产生的，由于当时国家配套政策不到位、市场化条件不完备等情况，造成事企不分；部分水利企业仍承担着离退休人员养老、医疗社保统筹之外的费用，以及防汛、抗旱、供水等公益性任务，公益支出压力大，企业负担较重。

三、水利企业强监管防风险的对策建议

一是进一步深化改革，完善水利企业监管体制机制。党的十九大报告强调，要完善各类国有资产管理体制，改革国有资本授权经营体制，新时期，要按照《指导意见》和《国务院关于印发改革国有资本授权经营体制改革的通知》的有关要求，紧密围绕强监管总基调，研究完善水利企业监管体制，水利部层面从机构设置上研究探索强化水利企业监管，落实"放管服"改革。进一步明晰界定企业监管的权责边界、分类开展授权放权、加强企业行权能力建设、完善监督监管体系、坚持和加强党的全面领导，按照财政部的统一部署和相关要求，进一步厘清部级层面、事业单位、企业各自权责，对部分事项涉及的决策程序及层级予以调整优化，以提高企业决策效率，提升企业生机与活力，推进企业进行自我约束，规范运行。根据企业战略定位和发展目标、所处行业特点、地域差异、发展现状等，结合企业实际情况，通过界定功能、划分类别，实行分类改革、分类发展、分类监管等。完善企业风险防控机制制度，研究出台关于加强水利企业强监管防风险的指导性文件，促进企业增强防风险意识，强化内控制度建设，规范企业管理行为。推动水利事业单位充分发挥主体责任，建立健全企业"三重一大"民主决策和全过程监管机制，完善企业监管配套制度体系。

二是加快推进现代企业制度建设。按照《指导意见》"建立完善产权清晰、权责明确、政企分开、管理科学的现代企业制度"的要求，有效划分企业各治理主体权责边界，充分发挥党委（党组）的领导核心作用，发挥企业党委（党组）在"三重一大"事项决策中的重要作用。切实落实和维护董事会依法行使重大决策、选人用人、薪酬分配等权力，保障经理层经营自主权，通过建立健全现代企业制度，加快形成有效制

衡的法人治理结构，使企业成为自主经营、自负盈亏、自担风险、自主约束的市场主体，对企业经营决策行为建立权责明确、制衡有效的决策执行监督机制。

三是探索混合所有制改制。按照《指导意见》"推进国有企业混合所有制改革、发展混合所有制经济"的要求，探索国有企业与民营企业、外资企业、中央和其他省市国有企业等各类企业合作，发挥各类资本在资源、技术、机制、管理等方面的优势作用，提高国有资本配置和运行效率。探索企业开展混合所有制改革的可行路径，选取部分条件较为成熟的企业开展试点，按照规定程序和工作要求科学制订混合所有制改革方案，妥善处理职工安置，合理设定股权比例，科学设置企业层级，规范土地资产处置等内容，履行决策程序后组织实施。寻找符合条件的合作伙伴，做好引资本与转机制的结合，优化企业股权结构与优化治理结构的结合。研究加强国有土地资产处置管理工作，解决国有土地授权经营、作价出资（入股）等历史遗留问题。积极探索混合所有制改革中企业员工持股等工作，探索股权激励机制，有效实现企业与员工利益和风险绑定，强化内部激励，完善公司治理。

四是研究开展总会计师委派试点工作。按照《指导意见》"建立健全高效协同的外部监督机制，规范操作流程、强化专业检查，开展总会计师由履行出资人职责机构委派的试点"的要求，结合实际，选取部分水利企业探索总会计师委派试点工作，委派总会计师除了有总会计师身份，还有代表出资人行使财务监督职责的重要责任，实现由单一管理者向管理和监督双重身份的转变。要强化总会计师专业岗位责任，发挥专业支持作用，积极参与企业经营决策和日常管理，加强企业经营管理事项中的财务管控，完善企业内部控制，促进企业依法合规经营；及时向出资人报告重要经营事项和重大风险，保证国有资产保值增值，有效防范经营风险和保障股东权益，真正成为国有资产的"守门人"、真实情况的"报告人"、财务风险的"预警人"。

五是加快推进企业清理整合、瘦身健体提质增效。按照《指导意见》"以管资本为主推动国有资本合理流动优化配置，合理限定法人层级，有效压缩管理层级"的改革要求，督促事业单位对长期亏损、效益低下、偏离主业且无投资回报的企业加大整合力度，积极推进企业瘦身健体，着力推进企业扁平化管理，通过关停并转等方式，减少企业户数、缩短企业管理链条。落实国务院精神，全面摸清"僵尸企业"基本情况，对认定为"僵尸企业"的，通过注销、撤销、破产、拍卖、出售等方式进行处置，妥善安置企业职工，平稳有序退出市场，减少国有资产流失，按照国务院的相关政策文件要求，做好清理工作。针对经营状况较差，市场竞争力较弱，存在一定经营风险的企业，通过引进战略投资者，推进企业重组，逐步整合业务相近或类似的企业，将与主业相关的资产整合清理后并入主业板块，改善企业经营效益。

强化水资源监督管理的思路和举措

郭孟卓

水资源管理司

一、近年来水资源管理的进展和成效

党的十八大以来，水资源管理工作认真贯彻习近平总书记生态文明思想和"节水优先、空间均衡、系统治理、两手发力"治水思路，全面落实最严格水资源管理制度，取得了积极进展和成效。

（一）水资源各项管控目标顺利实现

贯彻落实最严格水资源管理制度，全面加强水资源管理"三条红线"控制，实施水资源消耗总量和强度双控行动，实行最严格水资源管理制度考核，促进水资源可持续利用和经济发展方式转变。"十三五"以来，全国用水总量控制在 6100 亿 m³ 以内，由过去持续增长到目前基本保持平稳。与"十二五"末相比，2018 年全国万元国内生产总值用水量、万元工业增加值用水量，分别下降了 18.9％和 20.9％，农田灌溉水有效利用系数由 0.536 提高到 0.554，各项管控目标顺利实现，为经济社会发展提供了可靠的水安全保障。

（二）水资源调配水平明显提升

推进跨省江河流域水量分配，目前已批复 41 条跨省江河流域水量分配方案。实施黄河、黑河、塔里木河、汉江等流域水量统一调度，黄河干流实现连续 20 年不断流，黑河下游东居延海连续 15 年不干涸。加强南水北调东中线一期工程水量统一调度，南水北调工程通水以来，调水总量已超过 270 亿 m³，直接受益人口约 1.2 亿人，提高了受水区 40 多座大中城市的供水保证率，有效缓解了华北、胶东地区的水资源供需矛盾。加强城市新区、产业园区、重大产业布局水资源论证，严格取水许可管理，纳入取水许可的用水户 38 万个。

（三）水资源保护工作积极推进

划定了全国重要江河湖泊水功能区，编制了全国水资源保护规划。公布了全国 618

个重要饮用水水源地名录，组织开展安全保障达标建设和检查评估，水源地安全保障
水平显著提升。分两批深入推进全国 105 个水生态文明城市建设试点，在改善水生态
水环境状况方面取得显著效果。2015 年以来，会同财政部下达中央补助资金 136 亿元，
支持地方实施 295 个以水生态修复为主的江河湖库水系连通项目，有效提升了河湖健
康状况，改善了人居环境。组织开展河湖生态流量确定研究，编制完成全国 21 条重点
河湖生态流量保障工作方案。

（四）地下水超采综合治理加快实施

印发实施《全国地下水利用与保护规划》。加快推进重点地区地下水超采综合治
理，充分利用南水北调水置换受水区城区地下水，北京、天津、河北、河南、山东、
江苏 6 省（直辖市）压减地下水年开采量约 19 亿 m^3。实施河湖地下水回补试点，利用
南水北调中线工程和当地水库对滹沱河、滏阳河、南拒马河等 3 条河流的典型河段进
行地下水回补，截至 2019 年 8 月底，累计补水 13.2 亿 m^3，最大时形成补水水面约
46km^2，河道生态功能逐渐恢复，沿线地下水得到有效回补。联合有关部门印发实施
《华北地区地下水超采综合治理行动方案》，以京津冀地区为重点，通过"一减、一增"
综合治理措施，系统推进华北地区地下水超采治理。

（五）水资源重点领域改革稳步推进

组织完成了宁夏、内蒙古、广东、河南、甘肃、江西、湖北等 7 个水权试点，在
水资源使用权确权、交易流转和制度建设等方面开展了实质性探索，形成了多种水权
交易模式。2016 年组建成立中国水交所以来，已促成 172 单水权交易，交易水量
27.79 亿 m^3，促进了水资源高效、规范流转。在河北、北京、天津等 10 省（自治区、
直辖市）开展水资源税改革试点，2018 年累计征收水资源税 219.3 亿元，其中河北征
收 20.8 亿元，较同期水资源费增长约 124%，其余 9 省（自治区、直辖市）征收税款
198.5 亿元，较同期水资源费增长约 41.5%，在减少开采地下水、促进用水方式转变、
规范取用水行为等方面取得了明显效果。

（六）水资源管理基础能力有效提升

加快推进国家水资源监控能力建设，对全国 1.5 万多个重要取水户、592 个省界断
面水量、353 个省界断面水质实现在线监测，对全国 4493 个重要水功能区水质巡测和
分析、521 个全国重要地表水饮用水水源地实现常规监测，并对水质超标情况进行预警
处置。覆盖中央、省、市三级部署、五级应用的国家水资源信息管理系统基本建成。
基本建成了布设较为合理的国家级地下水监测站网，覆盖全国 31 个省（自治区、直辖

市）及新疆生产兵团的主要平原区，总面积 350 万 km^2，建设了地下水自动监测站点 20466 处，其中水利部门 10298 处。

同时也要看到，当前水资源短缺形势总体依然严峻，水资源过度开发利用问题在部分流域区域尚未得到有效控制，超量用水、无序取用水、超采地下水等现象还很突出，缓解水资源供需矛盾、修复治理水生态的任务还很繁重。解决水资源面临的突出问题，适应治水矛盾的深刻变化，要求强化水资源监督管理，将工作着力点聚焦于调整人的行为，纠正人的错误行为。与这一要求相比，目前在监管依据和标准、监管措施、监管方式、监管技术等方面还有差距，水资源监管能力和水平有待提高。

二、当前水资源管理面临的形势

（一）贯彻习近平总书记治水重要论述，必须把水资源作为最大的刚性约束，以水而定、量水而行

党的十八大以来，以习近平同志为核心的党中央高度重视水资源问题，着眼于生态文明建设全局作出了一系列重大决策部署。2014 年，习近平总书记围绕保障水安全发表了"3·14"重要讲话，明确提出"节水优先、空间均衡、系统治理、两手发力"的治水思路，为做好新时代水利工作提供了强大的思想武器和行动指南。最近，习近平总书记在黄河流域生态保护和高质量发展座谈会上发表重要讲话，强调"不能把水当作无限供给的资源。要坚持以水定城、以水定地、以水定人、以水定产，把水资源作为最大的刚性约束，合理规划人口、城市和产业发展，坚决抑制不合理用水需求"。总书记的重要论述，体现在水资源管理方面，要义是"空间均衡"。所谓空间均衡，就是要坚持人口、资源、环境相均衡，这就要求把水资源作为稀缺的有限资源，根据可开发利用的水资源量，合理确定经济社会发展结构和规模，做到以水而定、量水而行。这就要求，通过江河流域水量分配和区域水量分配，在保障河湖生态水量的前提下，将用水指标进行分解落实，使开发利用水、取用水都有标准和依据。通过水资源论证、节水评价和严格的取用水监督管理，满足合理的用水需求，抑制不合理用水需求，防止和纠正无序取用水、挤占生态用水、超采地下水、浪费用水等错误行为，促进经济社会发展规划、建设项目布局和产业结构与水资源条件相适应，推动高质量发展。

（二）应对水资源水生态严峻挑战，必须加强水资源监督管理，调整人的行为，纠正人的错误行为

受特殊的地理气候条件、发展阶段和发展方式等因素影响，近年来我国水资源情

势呈现新的变化，水资源短缺、水生态损害、水环境污染等问题十分突出。有的江河水资源开发利用过度，导致河道断流、湖泊萎缩、地下水超采严重。全国 21 个省区存在不同程度的地下水超采问题，引发植被退化、地面沉降、海水入侵等生态环境问题。有的地方用水方式粗放、用水浪费现象严重，用水效率不高。这些问题的产生，反映出人们长期以来对经济规律、自然规律、生态规律认识的不够，发展中对水资源水生态水环境的条件考虑的不足，对错误的用水行为没有及时、有效地防范和纠正。解决这些突出问题，要求我们必须尽快将工作的着力点聚焦于调整人的行为，纠正人的错误行；必须尽快建立水资源监督管理体系，通过健全监管标准、细化监管措施、完善监管手段，对水资源的节约、开发、利用、保护、配置、调度等各环节实施全面、严格的监管，整治水资源过度开发、无序开发、低水平开发等各种现象，使水资源真正发挥刚性约束作用。

（三）落实水利改革发展总基调，必须把水资源作为强监管的重要领域，着力提升水资源监管能力和水平

2018 年机构改革以来，部党组在深刻分析当前水利改革发展形势特别是我国治水矛盾发生的深刻变化基础上，明确提出了"水利工程补短板、水利行业强监管"的水利改革发展总基调。水资源管理是水利行业强监管的重要领域，与落实总基调的要求相比，水资源监管能力和水平总体不高，监管标准、监管措施、监管手段都还有一些差距。生态流量管理基础薄弱，一部分河湖生态流量的管理指标还不明确，保障和监管体系不够完善。跨省江河水量分配相对滞后，各省区跨市县江河水量分配工作也需要加快进行。取用水监管存在底数不清、监测薄弱、监督力度不够等问题。针对这些问题，必须进一步增强水资源强监管的紧迫意识、责任意识和使命意识，尽快健全监管标准，强化监管措施，改进监管方式，不断提高监管能力和水平，将水利改革发展的总基调落在实处，取得实效。

三、加强水资源监督管理的总体思路和重点举措

以习近平新时代中国特色社会主义思想为指导，深入学习领会总书记生态文明思想、"3·14"重要讲话精神、黄河流域生态保护和高质量发展座谈会重要讲话精神，牢牢把握"空间均衡"这一基本遵循，以水而定、量水而行，认真贯彻落实水利改革发展总基调，紧紧围绕"合理分水，管住用水"两大工作目标，以解决水资源短缺、水生态损害等突出问题为导向，以严格监督和问题处置为抓手，强化水资源监管基础，严格生态流量和取用水管理，促进水生态突出问题治理，不断提升水资源监管能力和

水平,通过强监管不断调整人的行为,纠正人的错误行为,坚决抑制不合理用水需求,促进水资源节约集约利用,推动高质量发展。

(一) 切实加强河湖生态流量水量管理

保障河湖生态用水是一项长期的、艰巨的、复杂的任务。要切实履行指导河湖生态流量水量管理职责,加大工作力度,综合采用法规、行政、技术、经济等措施,加快建立目标合理、责任明确、监管有力的生态流量保障体系,不断改善河湖健康状况。一是确定河湖生态流量保障目标。尽快完善河湖生态流量确定的技术体系,制定生态流量保障重要河湖名录。充分考虑水资源条件、生态环境特点和河湖生态保护要求,统筹生活、生产和生态用水,因地制宜,按照管理权限合理确定生态流量保障目标。二是严格河湖生态流量监管。充分考虑河湖水资源条件、工程调控条件以及用水需求,分类制定差别化、有针对性的管理措施。在制订年度水量分配方案或用水计划、水量调度方案和调度计划时,要充分考虑生态流量要求。因取水对河湖生态造成严重影响,导致生态流量未达到目标要求的,应采取限制取水、加大下泄流量等措施,要求限期达标。三是加强监测预警和评价。根据河湖生态流量管理需要,抓紧规划、建设河湖重要控制断面监测设施。建立生态流量预警机制,制定应急预案,实行风险管控。强化河湖生态流量监督考核问责,落实生态流量保障各项措施。

(二) 加快推进江河流域水量分配

水量分配是水资源强监管的一项重要基础工作,技术性、政策性很强。下一步,应围绕"合理分水"这一目标,加快开展江河水量分配。一是流域层面,加快推进跨省江河水量分配工作。对已经开展水量分配工作但尚未批复的江河和新启动的一批跨省江河,加大工作力度,加快工作节奏,尽快提出流域取用水控制指标、省级水量分配份额、省界和其他重要控制断面下泄水量等控制指标,为管住用水提供依据。二是区域层面,加快推进跨地市的江河水量分配工作。对已经批复水量分配的跨省江河,各有关省区要将水量分配份额进一步分解落实到有关市县。对省区内的其他跨行政区域河流,也要加快水量分配工作,做到应分尽分。

(三) 严格实施取用水监督管理

围绕"管住用水"这一目标,进一步完善监管措施,改进监管方式,严格实施监管,更加充分体现水资源的刚性约束作用。一是全面开展取水工程核查登记。加快完成长江流域取水工程核查登记,全面掌握长江流域取水工程的类型、取用水规模、计量监测情况等基本信息,对发现的问题做好整改,做到底数清晰、责任明确。在认真总结的基础上，尽快在其他流域全面推开。二是加强取用水监管。采用抽查、暗访的方式，强化取水口监督检查，对无证取水、超量取水、无计量取水等突出问题强化整改，对监管不力的严肃问责。严格规划管理和水资源论证，对取用水总量已达到或超过控制指标的地区，严格实施限批。三是推进水资源税、水权、水价改革。按照中央部署全面推行水资源税改革，促进水资源节约保护和优化配置。积极稳妥推进水权、水价、水市场改革，充分发挥市场在优化配置水资源中的作用。

（四）深入开展流域水生态修复治理

针对发展中出现的河道断流、湖泊萎缩、地下水超采等水生态问题，按照系统治理的思路，因地制宜、统筹推进治理修复。一是加大河湖水生态治理与修复力度。对水资源过度开发的河湖，综合采取退地减水、调整产业布局和规模、实施水资源统一调度、生态补水、河湖水系连通等措施，增加河道生态水量，改善河湖水动力条件和水力联系，逐步恢复河湖生态功能。二是扎实推进华北地区地下水超采综合治理。运用好区域内节水、水源置换、种植结构调整等"减"的措施，运用好南水北调工程、引黄、引滦等工程调水等"增"的措施，改善和修复河湖生态系统，减少地下水开采量。三是积极推进其他地区地下水超采综合治理。按照全国地下水保护和利用规划的要求，存在地下水超采问题的省区，都要制订地下水压采方案，明确治理目标、治理措施和治理责任，加快推进落实。加快推动地下水管控指标确定工作。

（五）有序做好饮用水水源保护工作

一是做好水源安全保障工作。强化地方政府主体责任，加强饮用水水源水量、水质监测，推动与相关部门数据共享。依托国家水资源监控能力建设项目，对水源地的水量、水质进行动态监控，发现问题及时通报地方政府及有关部门，提高水源地风险预警和防控能力，提高饮用水安全保障水平。二是加快备用水源建设。掌握县级及以上城市备用水源或应急水源建设情况，督促指导地方加强备用水源建设，提高供水安全保障能力。三是加强突发水污染事件联防联控。推动建立跨省流域上下游突发水污染事件联防联控机制，指导地方加强研判预警、联合监测和信息通报，科学调度水工程，实施拦污控污。

（六）着力强化水资源监测体系建设

以江河重要断面、重点取水口、重要饮用水水源、地下水超采区为重点，加快健全水资源监测体系。一是明确水资源监测需求。要按照生态流量管理、水量分配方案落实、用水总量控制、水资源统一调度、地下水保护和超采治理、饮用水水源安全等要求，组织开展水资源监测需求分析，提出明确需求。二是优化监测设施布局。根据水资源监测需求，制订江河断面、取水口、地下水、水源地水质等监测设施建设、改造和调整的方案，按照分级负责、分步骤推进的原则，尽快组织实施。三是加强水资源动态监测和评价。要依托国家水资源监控能力建设项目、国家地下水监测工程项目、现有水文站网，加强水资源动态监测。逐步建立水资源开发利用动态评价机制，服务水资源监管。

四、保障措施

（一）做好监督考核

按照强监管要求，组织做好最严格水资源管理考核工作，采用日常考核与终期考核相结合的方式，发挥部门协同作用，开展监督检查、自查和抽查工作，强化问题整改，发挥考核导向作用，促进水资源管理各项政策措施有效落实。

（二）强化科技支撑

加强水资源宏观战略研究，充分利用水资源监测、水生态保护和修复、地下水超采治理等方面先进实用的科技成果，发挥相关事业单位、科研机构、高校的科技优势，强化水资源管理的科技支撑。

（三）加大投入保障

加大水资源监测、管控、科研、信息化建设和运行维护等方面的投入，加大地下水超采治理、水生态保护与修复治理的投入，保障水资源管理和保护资金需求，不断提高水生态治理和水资源监管能力和水平。

（四）抓好队伍建设

加强水资源管理队伍建设，充分发挥流域管理机构的作用以及有关直属单位的支撑作用。加强省、市、县水资源管理机构规范化建设，多层次开展业务培训，提高基层水资源管理能力和水平。

强化节约用水监管 推进用水方式由粗放向节约集约转变

罗 敏 刘金梅 何兰超

水利部全国节约用水办公室

党的十八大以来，以习近平同志为核心的党中央高度重视水安全问题，就加强绿色发展和资源节约利用作出一系列部署，提出了"节水优先、空间均衡、系统治理、两手发力"的治水思路，强调要坚持和落实节水优先方针，在观念、意识、措施等各方面都要把节水放在优先位置。2019年10月，习近平总书记在黄河流域生态保护和高质量发展座谈会上再次提到节约用水，指出"不能把水当作无限供给的资源。要坚持以水定城、以水定地、以水定人、以水定产，把水资源作为最大的刚性约束，合理规划人口、城市和产业发展，坚决抑制不合理用水需求，大力发展节水产业和技术，大力推进农业节水，实施全社会节水行动，推动用水方式由粗放向节约集约转变"。节水优先是习近平新时代治水思想的基本方针和关键环节，是我们做好节约用水工作的根本遵循和行动指南。水利部鄂竟平部长指出，推进新时代水利改革发展，我们必须加快转变治水思路，深入贯彻"节水优先、空间均衡、系统治理、两手发力"新时期治水思路，按照"水利工程补短板、水利行业强监管"总基调，牢牢把握节约用水"抓基础、快突破"这一前提，坚持和落实好节水优先方针。

一、深刻认识节约用水工作的重大意义

当前，我国正处于全面建成小康社会的决胜阶段，是大力推进生态文明建设、转变发展方式的关键期，也是落实"节水优先"思路、破除国家水安全制约瓶颈的攻坚期和窗口期，我们必须提高政治站位，充分认识节约用水工作的重大意义。

（一）节约用水是破解我国水问题，保障国家水安全的重要举措

随着我国经济社会不断发展，水安全中的老问题有待解决，水资源短缺、水生态损害、水环境污染的新问题越来越突出，越来越紧迫。习近平总书记指出，全党要大力增强水忧患意识、水危机意识，从全面建成小康社会、实现中华民族永续发展的战

略高度，重视解决好水安全问题。"节水优先"作为治水思路的基本方针和关键环节，突出强调了节约用水在系统治水中的重要作用。通过节约用水遏制不合理的需求增长，控制水资源开发强度，减少废污水排放，减轻对水生态、水环境的损害，从根本上解决我国面临水问题，保障国家水安全。

（二）节约用水是我国经济转向高质量阶段，促进经济社会可持续发展的必然选择

习近平总书记指出，河川之危、水源之危是生存环境之危、民族存续之危。当前，我国经济总量不断扩大，人口数量不断增长，而我国 2.8 万亿 m^3 的水资源量总体不会改变，水不是服从于增长的无穷资源。在新型工业化、城镇化发展阶段，一些地区水资源已经成为经济和社会可持续发展的制约因素。通过节约用水，转变用水方式，加强用水需求管理，来化解过剩产能，倒逼产业转型升级、经济提质增效，以水资源的可持续利用，支撑经济社会可持续发展。

（三）节约用水是践行生态文明思想，实现绿色发展的必然要求

习近平总书记指出，取之有度，用之有节，是生态文明的真谛。节水即治污，要像抓节能减排一样抓好节水。水作为生态环境的控制性要素，是制约环境质量的主要因素。长期以来，一些地区工农业生产用水严重挤占生态用水，造成水生态、水环境问题。我们必须牢固树立节约用水就是保护生态、保护水源就是保护家园的意识。通过节约用水，控制用水需求，淘汰高耗水、高排放、高污染的落后生产方式和产能、提高水资源利用效率。把坚持节水优先融入经济社会发展和生态文明建设的全过程，推动形成节约集约的生产生活方式和消费模式，为实现绿色发展奠定坚实基础。

（四）节约用水是转变治水思路，落实水利行业强监管的重要内容

习近平总书记指出，建设生态文明，首先要从改变自然、征服自然转向调整人的行为、纠正人的错误行为。当前，中国特色社会主义进入新时代，水利改革发展也进入了新时代，推进新时代水利改革发展必须深刻认识我国治水主要矛盾已经发生深刻变化，这意味着我国治水的工作重点也要随之转变，转变为水利工程补短板，水利行业强监管。节约用水与人的行为密不可分，节水监管就是在调整人的用水习惯，纠正人的浪费水行为，是"补短板"的前提要求，是"强监管"的重要内容。

二、坚持问题导向，准确把握节约用水工作面临的形势

近年来，水利部认真贯彻党中央国务院决策部署，推进节水制度建设、节水技术

改造、节水载体建设、节水宣传教育,水资源利用效率和效益显著提升,节约用水工作取得明显成效。我国"十二五"期间以 1.3％ 的用水微增长保障社会各行业高速发展,节约用水工作发挥了重要作用。同时,我们也要清醒地看到,我国水资源形势依然十分严峻,节约用水工作基础薄弱,节水意识不强、用水方式粗放、用水效率不高、用水浪费较重等问题普遍存在,用水水平与国际先进水平相比还有较大差距。

(一) 节水潜力巨大

农业方面,节水规模化发展程度不高,高效节水灌溉率仅为 25％ 左右。工业方面,火电、钢铁、纺织、化工等高耗水行业规模大,用水效率与以高科技为主导的发达国家还存在差距,全国万元工业增加值用水量是英国和日本的 4 倍,是澳大利亚的 2 倍。城镇方面,城镇管网漏损率为 15％ 左右,远高于发达国家 8％～10％ 的水平,中小城镇和农村节水器具普及率低,节水空间大。

(二) 节水制度建设和标准体系有待完善

迄今为止,我国尚未出台国家层面的节水法规,浪费水的行为尚未被列入水行政执法范畴。节水标准定额体系还不够健全,与涉水管理制度衔接配套不足,与水资源精细化管理要求不相适应。取用水定额覆盖不全,普遍宽松,应用起来约束作用有限。在政策制度落实方面,关于节水"说得多、做得少"、措施"软的多、硬的少"现象还比较普遍。

(三) 节水内生动力不足

水价的杠杆作用发挥不够充分。部分地区水价形成机制不能全面客观反映水资源的稀缺性和供水成本,难以激发用水户的自主节水投入和创新意识。另外,节水市场机制不健全,财税引导和激励政策不完善。节水需投入一定的人力、物力和财力,对用水户来讲,如果节水成本得不到弥补,就会产生负效益,因此必须有相应的激励政策。

(四) 节水监管能力需加强

全国取用水的计量率不足 50％,在一些农村和偏远地区,计量不准甚至没有计量。面向基层和重点用水户的用水统计还很不健全,统计指标、操作规程等缺乏权威的标准,节水账算不清楚。节水管理机构和队伍建设滞后。在地方,省级节约用水办公室多是挂靠性质,缺乏专门人员,相当一部分市、县尚未成立节约用水办公室,队伍建设滞后,难以满足现阶段精细化管理的需要。

（五）节水理念意识还不强

长期以来，一些地方特别是丰水地方节水意识淡薄，不仅普通群众对水情认识不清、对节水的重要性认识不足，部分领导干部对"节水优先"的认识也不到位。很多部门和地区未将节水工作提上重要议事日程，对节水"喊得多、做得少"，没把节水真正当回事。在节水氛围营造上，"节不节水一个样"的观念依旧根深蒂固，舆论倒逼节水、社会监督浪费的机制尚未全面建立。

三、强化节水监管，推动节约用水工作取得新进展

节约用水监督管理是贯彻"节水优先"方针，落实"水利工程补短板、水利行业强监管"工作总基调的集中体现，是规范社会用水行为，纠正、制止浪费水的错误行为的有力抓手。通过对有关部门履行节约用水管理职责以及用水单位和个人用水行为的监督，消除水龙头上的浪费，推动用水方式由粗放向节约集约转变。

（一）完善监管法规建立节水监管法治体系

节约用水法律法规是依法治水管水，落实国家节水行动的基础保障，是国家水法规体系的重要组成部分。节约用水监督管理要依法履职，充分发挥法律的强制性约束作用，通过立法增强节约用水监督管理的权威性和严肃性。

一是加快出台节约用水条例。当前要加快出台节约用水条例的步伐，制定节约用水监督办法。指导各地加快制定节约用水地方性法规。依法明确节约用水管理范围、目标责任、管理体制和法律责任等，逐步形成完备的法律规范体系、高效的法治实施体系、有力的法治保障体系、严密的法治监督体系。

二是建立节约用水协调机制。节约用水工作涉及行业多、范围广，有必要按照《国家节水行动方案》要求，会同国家发展和改革委员会、住房和城乡建设部、农业农村部等部门建立节约用水工作部际协调机制，协调解决节水工作中的重大问题。以节约用水协调机制的建立，促进节约用水各项法规政策落地见效。

三是开展节水立法前期研究。依据计划用水管理、水效标识管理办法等法规制度的执行情况，开展以控制用水总量和强度、全面建设节水型社会为目标的立法前期研究。开展水资源信息公开、公众参与节水监督等方面的立法前期研究。完善金融和社会资本进入节水领域的相关法律法规，规范节约用水项目的建设和运营。

（二）划定监管标尺健全节水定额标准体系

用水定额是落实节水优先、强化节水监管的重要标尺和手段。通过建立健全定额

标准编制工作机制，推动不同区域、不同行业定额标准制定工作，动态修订定额标准，严格定额标准应用。力争通过 2 年努力，建立起覆盖主要农作物、工业产品和服务行业的取用水定额体系，区域和行业节水基础管理标准体系；通过 3 年左右的努力，建立健全门类齐全、指标科学、动态更新的节水标准体系。

一是完善定额标准体系。按照"先理论后实践、先大后小、先粗后细"的原则，深入分析区域用水结构和特点，摸清不同行业的用水规模，统筹行业内力量，协调行业外资源，实现开门编定额。不断完善用水规模较大和单位水耗较高的农作物、工业产品和服务行业的省级定额标准。

二是及时组织评估修订。全面跟踪省级用水定额执行情况，开展用水定额评估，及时组织修订有关农作物、工业产品或服务行业的用水定额。根据不同区域、不同行业的自然资源基础禀赋和经济社会发展水平，按照更高标准动态更新定额标准，推动节水标准定额同国际先进水平接轨。

三是严格标准定额应用。在取水许可、计划用水管理、水价改革、节水评价等工作方面严格用水定额应用，作为是否充分节水的判断依据。编制定额的目的在于应用，要通过定额倒逼用水户节约用水，切实发挥好定额的导向和约束作用。把定额应用情况纳入最严格水资源管理制度考核。

（三）开展源头监管推动节水评价制度建设

2019 年 4 月和 10 月，水利部制定出台了《关于开展规划和建设项目节水评价工作的指导意见》和《规划和建设项目节水评价技术要求》，全面建立起节水评价制度。节水评价制度是水利部党组贯彻落实"节水优先"思路的创新举措，是促进水资源节约与合理开发利用、发挥水资源承载能力刚性约束作用的重要举措。

一是从源头上把好节水关。节水评价不是一项新增的行政许可，是在现有水利管理程序中强化节水要求。评价工作应完全融入现有规划和建设项目管理程序，在对有关规划报告、项目建议书、项目可行性研究报告、水资源论证报告进行技术审查时，对其中的节水评价篇章或章节进行审查。

二是实行节水评价登记制度。按照国务院"放管服"改革要求，在水利部制定的指导性文件和技术要求基础上，结合当地实际及时清理修订规划管理与建设项目前期论证的有关制度和规范，进一步明确开展节水评价的具体要求，建立工作台账，严格评价程序管理。

三是从严叫停未通过的项目。节水评价要分析规划和建设项目及其涉及区域的供用水水平、节水潜力，评价其取用水的必要性、可行性，分析节水指标的先进性，评估节水措施的实效性，合理确定其取用水规模，提出评价结论及建议。当前对水利规划、水利工程项目、需开展水资源论证的规划和办理取水许可的非水利建设项目 4 类节水评价未通过的，不予通过审批和技术审查。

（四）严格过程监管实行计划用水管理制度

计划用水管理是落实最严格水资源管理制度，全面推进节水型社会建设，强化用水需求和过程管理，提高用水管理规范化、精细化水平的重要举措。2014 年，我国颁布执行《计划用水管理办法》，对纳入取水许可管理的单位和其他用水大户实行计划用水管理。

一是扩大计划用水管理范围。2019 年，经中央全面深化改革委员会审议通过的《国家节水行动方案》要求，到 2020 年，水资源超载地区年用水量 1 万 m³ 及以上的工业企业用水计划管理实现全覆盖。这意味着缺水地区工业企业计划用水管理范围由原来的年用水量 100 万 m³ 以上扩大到 1 万 m³。

二是加强重点用水单位监控。2016 年，水利部制定出台了《水利部关于加强重点监控用水单位监督管理工作的通知》，提出对重点监控用水单位要定期检查用水计划执行情况，严格落实超定额超计划用水累进加价制度。《国家节水行动方案》明确，要严格实行计划用水监督管理，到 2020 年，建立国家、省、市三级重点监控用水单位名录；到 2022 年，将年用水量 50 万 m³ 以上的工业和服务业用水单位全部纳入重点监控用水单位名录。

三是强化计划用水管理考核。随着水资源矛盾的突出，实行计划用水管理是解决水资源短缺矛盾的必要措施。通过计划用水管理，将规模以上工业和服务业用水单位纳入重点用水单位监控体系，加强节水日常管理，规范用水行为，改进用水方式，科学合理、有计划、有重点地用水，提高用水效率和效益。当前各地已将计划用水管理执行情况纳入最严格水资源管理制度考核，作为领导干部考核的重要依据。

（五）夯实监管基础构建用水计量统计监控网络

加强用水计量监控设施建设是提高节约用水监管能力的重要手段。《取水许可和水资源费征收管理条例》规定"取水单位或者个人应当按照国家技术标准安装计量设施，保证计量设施的正常运行"。我国现已建立了中央、流域和省水资源管理系统三级平台，但尚未形成覆盖省、市、县的计量监控网络。

一是健全用水计量监测体系。农业方面，完善农业灌溉计量，结合大中型灌区建设与节水配套改造、小型农田水利设施建设，完善灌溉用水计量设施，提高农业灌溉用水定额管理和科学计量水平。工业和服务业方面，全面配置工业和服务业用水计量设施，推进城镇居民"一户一表"改造，提高各行业用水计量率。

二是加强用水统计管理制度。建立节水统计调查和基层用水统计管理制度，加强对农业、工业、生活、生态环境补水四类用水户涉水信息管理，建立健全用水统计台账。对全国规模以上工业企业用水情况进行统计监测，对重点监控用水单位的计划用水量、实际用水量和用水效率控制等进行监控管理。

三是推动节水监督信息化建设。推动大数据、人工智能、区块链等新一代信息技术与节水监测技术、管理及产品的深度融合，重点支持用水精准计量、精准节水灌溉控制、管网漏损监测智能化等先进技术及适用设备研发。加快推进省、市、县各级水资源监控能力建设，实现信息共享、互联互通和业务协同。

（六）强化保障措施创新节水市场监管体制

节水监管工作需要人财物的基础保障，从加强组织领导、创新市场模式、强化节水宣传教育等方面，调动全社会力量投入节约用水监管；从树立节水观念，强化节水意识入手，激发用水主体主动采取节水措施，变"要我节水"为"我要节水"，使爱水、惜水、节水成为每个公民的自觉行动。

一是动员公众参与节水监督。加强国情水情教育，普及节水知识，开展形式多样的节水主题宣传活动，倡导简约适度的消费模式，提高全民节水意识。充分发挥高校立德树人作用，推动节水型高校建设。通过媒体向社会公布节水监督电话，发挥公众参与节水监督的优势和作用，及时发现和制止浪费水的行为。

二是创新节水市场监督模式。充分发挥市场机制对节水监督的支持作用，鼓励金融机构对用水户开展节水项目给予优先支持；建立倒逼机制，将违规用水行为记入全国统一的信用信息共享平台。联合市场监管部门加强用水产品水效标识监督检查，督促商家及企业严格执行国家节水法律法规及政策，引导激励消费者优先选购节水产品。

三是强化节水监管基础保障。加强组织领导，健全节约用水监督管理制度，建立由主要领导亲自抓，分管领导具体抓，层层传导压力，逐级靠实责任的监管机制。加大节水监管人才队伍建设，注重监管人才培养，强化干部队伍廉洁从政意识。多渠道积极筹措资金，安排专项经费支持节水监管工作。坚持以问题为导向，以问责为抓手，创新监管方式，重视问题整改，促进节约用水监管工作不断推向前进。

加强农村供水行业监管工作的探索与实践

李连香[1,2]　　李奎海[1,2]　　王海涛[1,3]　　徐楠楠[1,3]　　孙　皓[4]　　包严方[5]

1 水利部农村水利水电司　2 中国灌溉排水发展中心　3 中国水利水电科学研究院

4 水利部综合事业局　5 湖北省水利厅

农村饮水安全事关亿万农民福祉。习近平总书记明确指出要让农村人口喝上放心水，不能把饮水不安全问题带入小康社会。李克强总理在 2019 年《政府工作报告》和国务院常务会议上提出要加快实施农村饮水安全巩固提升工程，今明两年要解决好饮水困难人口的饮水安全问题，提高 6000 万农村人口供水保障水平。2019 年年初，中央明确脱贫攻坚"两不愁、三保障"包括饮水安全，把饮水安全和教育、医疗、住房安全保障并列为"3＋1"突出问题，纳入脱贫攻坚考核范畴。

由于我国农村具有自然环境特殊性和经济社会发展不均衡性等突出特点，农村供水发展呈现明显的区域性和阶段性特征。新中国成立以来，从最初的依水而居、挑水担水、掘井取水、解决人畜饮水困难，到实施饮水安全和饮水安全巩固提升工程，在硬件上有效解决了农村供水设施缺乏等问题，大幅缩小了城乡供水差距。但是从各种渠道反馈的情况来看，当前我国农村供水问题主要有三个方面：一是个别地区水量不够，干旱季节、春节等用水高峰期间问题尤为突出；二是部分地区水质不好，主要是由于水源保护不到位和部分地区水源水质本底条件差而引起的；三是部分地区小型工程难以持续，一些农村供水工程水费和财政补助经费不足以支撑工程持续正常运行。经深入分析，产生这些问题的主要原因是"先天建设不足"和"后天管养不够"，其中"后天管养不够"是主要矛盾，根源就是行业监管力度不足，农村饮水安全保障地方主体责任没有落实，没有建立合理的水价水费机制，工程运行管护缺乏经费。

机构改革以来，按照部党组确定的"水利工程补短板、水利行业强监管"总基调，坚持以问题为导向，在农村供水行业监管方面开展了积极的探索与实践，初步建立了上下贯通的常态化行业监管体系。

一、农村供水现状及行业监管的重要性

党中央、国务院历来高度重视农村饮水安全工作。改革开放以来，通过农田水利

基本建设、以工代赈等方式，实施了人畜饮水、防病改水等项目。特别是"十一五"和"十二五"期间实施农村饮水安全工程，工程建设投资直线上升；"十三五"期间，实施农村饮水安全巩固提升工程，建设资金以地方为主落实，中央重点对贫困地区予以适当补助。截至2018年年底，全国共建成1100多万处农村供水工程，供水服务人口达到9.4亿人，形成了比较完善的农村供水工程体系，集中供水率达到86%，自来水普及率达到81%，部分地区已实现城乡供水一体化，实现了农民群众祖祖辈辈渴望喝上自来水的梦想。

但受多方面因素所限，此前大多数地区依然处于以工程建设为主的单维度解决农村饮水问题，部分地区开展了长效运行机制初探和建设，也就是通常所说的"重建轻管"现象。为此，必须加大农村供水行业监管力度，确保到2020年年底全面解决贫困人口饮水安全问题、基本完成饮水型氟超标改水工作和提升6000万农村人口供水保障水平的目标任务；同时加强管理管护，建立长效运行机制，确保工程建的成、管的好、长受益。

二、主要做法与实践

机构改革以来，按照"水利工程补短板、水利行业强监管"的总基调，坚持"信任不能代替监督""动员千遍，不如问责一次"等新时期监督检查理念，综合采取建立管理责任体系、暗访检查、靶向核查、"一对一"扶贫核查、流域管理机构分片包干联系、设立监督举报电话等措施，进一步强化农村供水行业监管，及时发现工程建设和管理中的问题并督促整改，同时系统总结并推广应用各地建设与管理的经验做法，不断提升农村供水保障水平。

（一）建立农村饮水安全管理责任体系

为进一步建立农村供水工程长效管理机制，2019年年初，水利部发文明确要求各地全面推动建立健全农村饮水安全管理责任体系，以县为单元，落实农村饮水安全管理地方人民政府的主体责任、水行政主管等部门的行业监管责任、供水单位的运行管理责任等"三个责任"，建立健全县级农村饮水工程运行管理机构、运行管理办法和运行管理经费等"三项制度"。通过月调度、简报通报等方式督促各地落实"三个责任"和"三项制度"，截至9月底，"三个责任"已全面建立，"三项制度"正在加快推进。

（二）暗访检查

2018年下半年以来，组织1000多人历时9个月，对全国28个省份的200多个县

3000多个行政村和11000多个用水户的饮用水情况进行了大规模暗访核查。主要采取"四不两直"的方式,直奔基层一线,走村入户进行暗访,这是一种能查出真问题、看到真实情况的核查方式。结合农村供水行业特点,明确了农村饮水安全暗访工作流程:在确定暗访县的基础上,根据信息系统或者地图,按照地域均衡分布的方式选择暗访村,入村后直接选择3~5户村民进行入户了解饮水状况,重点了解有没有水喝、水量够不够、水质好不好、水费贵不贵,依据《农村饮水安全评价准则》初步研判用水户能不能喝上放心水;和村委会进行座谈了解面上情况,再追根溯源查看供水工程,重点了解供水概况、供水保证率、水质安全保障能力、工程长效运行能力等情况;视具体情况再确定是否需要对水源地现场进行实地调查。针对汇总后的暗访数据,按照能不能喝上放心水、工程能不能正常运行、能不能可持续运行等"三个能不能"开展综合评价。暗访发现的问题经过甄别后,提出可查实、有依据、能整改的具体意见清单,以"一省一单"形式印发各地,限期整改到位;并要求举一反三,全面排查整改。

(三)靶向核查

为确保今年年底前基本解决建档立卡贫困人口饮水安全问题,了解各地上报数据的真实情况,组织各流域管理机构和有关单位,对各地今年已解决饮水问题的贫困人口随机抽取一定比例进行"靶向"精准核查,督促各有关地区将农村饮水安全脱贫攻坚任务做细、做实、做好,确保2019年年底前基本解决农村贫困人口的饮水安全问题。同时,充分利用"一对一"水利扶贫监督检查工作机制,水利部22个司局对口22个贫困地区省份,开展靶向核查。靶向核查的主要流程是:首先电话问询,根据建档立卡贫困人口基本信息,电话了解已解决饮水问题的贫困户饮水状况,问询户主是否满意,根据问询了解情况作出是否已解决的初步评价;其次是现场核查,经电话问询评价为未解决的,特别是水量水质得不到基本保障或受访人反映强烈的用水户,由核查单位派员赴现场进行实地核查,走访了解用水户及相应的农村饮水工程和水源地,据此作出是否解决的最终评价;最后是现场督办,对于复核后最终评价为未解决的,印发"一省一单",限期整改。

(四)建立流域机构分片包干联系制度

为打赢农村饮水安全脱贫攻坚这项政治任务,以832个贫困县和山东、福建、辽宁3个省存在饮水问题的贫困人口为对象,贫困地区以县为单元,非贫困地区以省为单元,按照地理分布,建立流域管理机构农村饮水安全脱贫攻坚分片包干联系制度。各流域管理机构根据分片包干联系分工方案和联系省份农村供水特点,采取精准对接,加大技术帮扶和培训力度;同时,建立暗访工作机制,不定期对包干县(市、区)进行暗访，发现问题印发"一省一单"紧盯整改落实。

（五）规范农村供水工程监督检查管理办法

为确保农村供水行业监督工作有章可循，在梳理国家相关法律法规及相关技术标准的基础上，广泛征求各省和相关单位与专家意见，组织制定《农村供水工程监督检查管理办法（试行）》。该办法坚持以问题为导向，以整改为目标，重点抓住从水源、取水、输配水、净水和运行管理等关键环节，按照不同工程规模分类建立农村供水问题清单，明确监督检查、问题认定、问题整改及责任追究等农村供水工程监督检查的主体、对象、职责，以及"查、认、改、罚"等各个监督检查环节要求。通过对照问题清单开展农村供水工程监督检查，可有效避免核查人员明察暗访尺度不一致和个人主观因素介入的问题。

（六）畅通群众举报渠道

根据鄂竟平部长在十三届全国人大会议部长通道上提出的"开通举报通道，实现强力监管和问责"的要求，农水水电司会同灌排中心于2019年3月底前开通了水利部农村饮水监督电话（010-63207778/7779）和电子邮箱（ysjd@mwr.gov.cn），目前，有农村饮水安全建设和管理任务的全国30个省份（上海没有农村饮水）和新疆生产建设兵团、337个市、2739个县（市、区）均开通了农村饮水监督电话和电子邮箱。畅通了群众举报通道和社会监督渠道，推动了各类供水问题的解决。对举报问题建立台账，按照分级负责、属地管理的原则，推动整改落实，逐项销号。

（七）建立问题清单和整改清单

对媒体曝光、暗访核查、群众举报等各种渠道发现的问题，建立问题清单和工作台账，及时印发"一省一单"，要求各地逐项整改，及时报送整改进展。必要时开展暗访问题"回头看"检查，紧盯落实，确保件件有落实，事事有回音。同时，解决贫困人口饮水安全问题、加大对"三区三州"深度贫困地区的支持力度，解决农村供水设施正常使用和日常维修养护中存在的问题纳入中央纪委国家监委牵头的漠视侵害群众利益问题专项整治内容，以问题为导向，聚焦重点扎实整改，接受群众监督，确保取得明显成效。截至2019年9月，各类渠道发现的问题整改率达到2/3左右，剩余问题逐项推进整改到位。

（八）设立农村饮水安全"红黑榜"

农村供水行业监管不能止于发现问题，问题得到解决，监管才有成效。为了进一步督促问题整改到位，以及整改成效推广和举一反三、防止同一类问题在不同时间、不同地域反复发生，水利部网站专栏设立了农村饮水安全"红黑榜"，一方面积极推广各地成熟的做法和典型经验；另一方面主动曝光问题，发挥警示震慑作用，进一步推动整改。

三、建　议

（一）加强部门协作，落实主体责任

农村供水是一项系统工程，工程建设运营涉及水源、水处理、供水管网、末端用水户及运行监管等多个环节，监管部门涉及国家发展改革委、财政部、水利部、生态环境部、卫生健康委等多个部门，当前国家重大战略部署都对农村饮水安全提出了更高的要求，因此必须加强部门协作，共同在农村供水工程建设资金、维修养护资金、建设和管理、水源保护、水厂卫生监督和水质监测等方面，根据职责分工，落实行业监管责任，协同推进，进一步落实农村饮水安全保障地方各级政府主体责任，并延伸至乡镇政府和村委会，确保农村供水问题有人管有钱管。

（二）提高行业监管信息化水平

农村供水行业监管需要更加注重采取信息化手段。一是提高监督检查信息化手段，充分利用移动终端、App 等形式，开展暗访或核查数据填报工作，尤其是结合《农村供水工程监督检查管理办法（试行）》的问题清单，开展逐一选项填报；同时建立农村饮水安全评价体系并开发评价系统，对暗访和核查数据进行评价，确保统一标准、统一尺度。二是进一步完善农村供水信息管理系统，完善数据，核准底数，进一步支撑行业管理。三是加强行业信息化和自动化建设。通过建立县级集中监控室，对水厂和管网中的水质、水量、压力等关键数据自动采集、实时监控，实时在线了解农村供水状况，出了问题后能及时预警。

（三）加强农村供水行业能力建设

行业监管不仅仅是监督检查，更要注重能力建设与人才培训，提高基层管理和技术人员水平，从而提高行业管理水平。一是加大培训力度，针对农村供水相关管理和技术的专业性、实践性和特殊性，以及基层技术力量薄弱和管理水平较低的实际问题，对管理、水处理设施运行维护、水质检测等关键岗位人员，开展多层次、多形式、多方位的培训，全面提高管理和技术人员的工作能力和业务水平。二是加大宣传工作力度，综合利用平面、立体、传统、现代多种方式，全面开展饮水安全、水价水费、环境卫生、健康教育宣传，普及农村饮水安全知识以及规划实施宣传，提高用水户及社会各界对保障农村饮水安全的认识，建立用水户缴纳水费意识，提高用水户参与的积极性。

水库汛限水位监督管理实践与探索

万海斌

水利部水旱灾害防御司

水库（含水电站）是最为重要的水利工程之一，承担着防洪兴利的双重任务。据统计，我国建成各类水库近 10 万座，总库容约 9000 亿 m³，在除害兴利方面作用巨大且不可替代。习近平总书记称三峡大坝为国之重器，足见其在国民经济发展和国家安全中举足轻重的地位。黄河流域龙羊峡、刘家峡、万家寨、三门峡、小浪底等水库的建成与运用，取得了黄河岁岁安澜的巨大成就，书写了黄河年年不断流的伟大篇章。同时，由于我国降雨时空分布严重不均，防洪与水资源利用、防洪与发电兴利等之间矛盾十分突出，一些水库、水电站因调洪运用超汛限水位后未能及时消落，后续发生洪水时可能出现防洪库容不足等问题，严重影响水库防洪安全，甚至导致工程发生重大险情，造成重大人员伤亡和财产损失。因此，水库汛限水位管理的如何，事关水库安全度汛和兴利效益的充分发挥，极其重要。水利部党组高度重视水库汛限水位管理，将水库汛限水位管理列为水利部 2019 年重点督查检查考核工作之一，由水旱灾害防御司、监督司和信息中心具体组织实施。水旱灾害防御司、监督司和信息中心按照部党组和"水利工程补短板、水利行业强监管"总基调的要求，理思路、建规章、抓重点、齐发力、强落实，把水库汛限水位作为重要监督指标，在 2019 年汛期围绕汛限水位管理开展了一系列的监管工作，推动水库汛限水位监管有名又有实，进一步强化了汛限水位约束力，确保了水库安全度汛，效益十分显著。

一、水库汛限水位确定和调整

水库汛限水位又称防洪限制水位或汛期控制水位，是协调防洪与兴利的关系，确保水库充分发挥防洪功能而设定的水位参数指标。汛限水位也是水库防洪调度的起调水位，关系到水库拦洪过程中可能达到最高水位的高低，是规划设计部门综合考虑水库规模、设计洪水、库区移民、淹没耕地等因素，从技术经济两方面综合权衡后确定并经有关部门审查批准的。汛限水位确定后，一般情况下不做调整。当工程设计洪水、工程状况、工程功能等发生变化需要进行调整时，由原规划设计单位或具有同等能力的科研机构经研究提出汛限水位调整意见，并报原审批单位审批。也就是说，汛限水位调整是十分慎重严肃的，不可轻易变更。

为更加科学地兼顾防洪与兴利需求，水利部于2002年起组织有关科研单位和高等院校开展了国内外水库设计洪水理论和防洪调度方法分析评价、设计洪水分析计算方法研究、汛期分期设计洪水研究和水库汛限水位动态控制方法研究等基础理论专题研究，选择五强溪等11座水库（水电站）开展了汛限水位动态控制研究试点。有关试点水库主管部门依据基础理论专题研究成果，结合试点水库实际情况，经研究提出了水库汛限水位动态控制方案，按原审批程序进行了审批，社会经济效益十分显著。汛限水位动态控制的最大特征是给汛限水位确定一个范围，在汛期根据预报成果在给定的范围内运行。

水库超汛限水位运行最容易发生在两个阶段：一是入汛前。对防汛而言，全年分为汛期和非汛期，非汛期一般按正常高水位运行，汛期一般按汛限水位运行，而正常高水位一般高于汛限水位。因此，进入汛期后，水库应该从正常高水位降至汛限水位。部分地区因为水资源短缺，惜水心理严重，不愿意降低水库水位。二是汛期拦洪后。水库上游发生洪水或为下游抢险等需要，水库实施拦洪削峰错峰后水位一般会高于汛限水位。按照设计要求和有关规定，起调水位不得高于汛限水位，因此水库拦洪后必须尽快泄洪，回落到汛限水位，以迎接后续可能发生的设计洪水。但有些地区为了多蓄水或多发电，不愿意降低水库水位。

二、《汛限水位监督管理规定（试行）》有关内容及创新点

监管未动，规章先行。监管任务确定后，水利部水旱灾害防御司迅速组织有关单位编制了《汛限水位监督管理规定（试行）》（以下简称《规定》），经部党组审定后印发全国各地有关部门试行，为我国首部针对水库汛限水位监督管理专门制定的部门规章制度。《规定》共七章三十二条。其中第一章明确了制定依据、汛限水位定义、适用范围、监督管理原则、监督管理单位及责任单位等；第二章对汛限水位设定、复核、上报等提出了要求；第三章明确了水利部、水利部流域管理机构、地方水行政主管部门、水库主管部门（单位）或业主以及水库运行管理单位的职责；第四章规定了监理管理事项的具体内容和要求；第五章明确了监督管理程序和方式；第六章明确了责任追究的事项、对象、要求和方式；第七章为附则。

《规定》创新性地确定了水利部、水利部流域管理机构、地方水行政主管部门、水库主管部门（单位）或业主以及水库运行管理单位共五层监督责任主体体系，并自上而下确定了具体的监督管理职责，清晰明确，可操作性强。

《规定》首次界定了汛限水位监督管理主要包括汛限水位设定、复核、上报；汛限水位运行情况；调度指令执行情况；实时水情信息报送情况以及其他涉及汛限水位调度运行管理等内容。

《规定》首次界定了未按规定设定、复核、上报汛限水位，未按规定上报实时水情信息，无调蓄洪水过程或其他需求擅自超汛限水位运行，长时间在汛限水位以上运行且经分析不合理等行为属于违规行为。

《规定》首次确定了在线 24 小时监控和视情况赴现场检查的监督管理模式，确保了及时、全面、高效。

三、开展的主要工作

汛限水位监督管理工作主要由水旱灾害防御司和信息中心具体负责，监督司按照职责分工开展现场核查、通报等工作。

确定监管规模。2019 年 1 月 23 日，水利部印发了《关于核定大中型水库汛限水位的通知》（防御函〔2019〕4 号），要求各省区市、流域机构对大中型水库进行认真核查，确认汛限水位、总库容、汛限水位分期范围及控制上限、新增水库信息等情况，部信息中心和各省区市、流域机构将核定的数据录入数据库，作为汛期水库汛限水位监管依据。经研究确定将全国 4037 座水库纳入监管范围，其中大型水库 722 座，中型水库 3315 座。

建立规章制度。防御司组织人员专题研究并起草了《汛限水位监督管理规定（试行）》初稿，经多次讨论修改完善后报水利部审定。5 月 24 日，经部领导审定后印发各地，为各地开展汛限水位监督管理提供了法律依据。

强化实时监控。入汛以来，防御司会同信息中心 24 小时监视全国大中型水库水位实时变化情况，每日更新超汛限水位水库信息表，各有关处室根据超汛限水位水库信息表，每日与分管流域机构、省区市水利厅电话联系，了解具体情况并督促尽快降低库水位。

突出重点，狠抓落实。针对超汛限水位时间较长、幅度较大的水库，采取"一省一单"方式及时下发通知 40 余个，要求各地"一库一报告"，限期整改到位；针对超汛限水库较多的省份，要求各地上报超汛限监管专责联系人，建立"水库超汛限监管"微信群，每日督促核实相关信息。

充分发挥流域管理机构作用。6 月 6 日向各流域管理机构发出通知，要求对本流域片区内大型和重要中型水库、水电站以及重要湖泊逐日填报《超汛限水位运行监管情况信息表》，逐一分析泄洪过程，逐库上报超汛限原因、问题通告情况、整改情况。各流域管理机构按照通知要求积极组织力量强化监管，自 6 月 10 日起每日按时上报监管信息。

强化信息报送与通报。9 月 19 日，向各省区市及有关流域机构发出通知，通报了 6 月开始实行"一省一单"通报制度以来的全国大中型水库信息报送情况，指出了水库上报信息过程中存在的报送不及时、要素不完整、频次不符合要求等 3 大类问题，要求各地各单位进一步加强水库信息报送，杜绝错报、漏报、缺报问题。

强化现场核查。监督司先后派出多个工作组赴现场对 80 座超汛限水位运行的水库进行核查。通过核查发现问题并提出整改要求。

四、取得的主要成绩

据初步统计，纳入监管范围的 4037 座水库自入汛以来共发生超汛限水位运行 15578 座次，其中超汛限水位时间最长的为黑龙江的跃进水库，超汛限水位运行 82 天，超汛限水位幅度最大的为广西的小溶江水库，超汛限水位幅度达 10.94m。针对实时监控中发现的超汛限水位运行情况，各有关部门逐座次进行了分析，发现擅自违规超汛限水位运行的水库按照规定及时予以提醒、通报、现场核查，督促有关单位和部门及时整改，最大限度消除了水库安全度汛隐患，确保了水库安全度汛。2019 年汛期，全国大中型水库无一垮坝，仅有 3 座小（2）型水库垮坝（其中 1 座为非汛期因工程险情垮坝），且未造成人员伤亡。水库垮坝数为 1954 年以来年均垮坝数量（53.42 座）的 5.6%，处于历史最低位，水库汛限水位监督管理成效十分显著。

此外，还在以下几个方面取得明显成效：一是汛限水位红线意识进一步增强。通过汛限水位监督管理，使大家认识到汛限水位对水库安全度汛的重要性，不仅是法律规定的红线，更是一条技术线、生命线，越线即违纪、超限即违规。在当前预报技术有待突破、预见期还不够长、局地强降雨频发多发、水库工程安全隐患依然存在的形势下，严格按批准的汛限水位运行是确保水库安全度汛、确保人民群众生命财产安全最为可靠的手段。二是对汛限水位确定的严肃性有了进一步认识。通过汛限水位监督管理，大家特别是个别行政领导认识到汛限水位确定要考虑的因素很多，调整汛限水位必须经过专题研究并报审批权的单位审批才行，不得想当然强行调整。三是自上而下的监督管理机制基本形成。通过一个汛期的监督管理实践，水利部、水利部流域管理机构、地方水行政主管部门、水库主管部门（单位）或业主、水库运行管理单位都明白了监督什么、怎么监督、如何落实，一些规章制度不断完善，上下协调、平行协同的机制初步建立，监督效率不断提高，一大批监督工作人员得到锻炼，违规超汛限水位运行分析识别能力得到大幅度提高。

五、主　要　经　验

　　这些成绩来之不易，一是得益于领导高度重视、亲力亲为。水利部部长鄂竟平、副部长叶建春数十次在防汛会商会上分析水库的超汛限水位情况，针对超汛限水位的水库，鄂竟平部长、叶建春副部长和大家一起分析雨情、水情、工情，分析判断是正常拦洪削峰错峰还是违规超汛限水位运行，并约谈一些违规超汛限水位运行水库的主管单位负责同志，责令采取有效措施降至汛限水位。防御司、信息中心领导更是不敢掉以轻心，及时了解水库超汛限水位运行原因，责成有关流域机构、省（自治区、直辖市）水行政主管部门采取措施做好汛限水位监督管理工作，监督司及时派出工作组赴现场核查和通报有关情况。各有关处室每天查看水库超汛限水位运行情况，逐座了解情况、分析原因、掌握调度进度，直到水库水位降至汛限水位以下。二是得益于水利行业强监管主基调的强大推动力。"水利工程补短板、水利行业强监管"主基调推行以来，各级水利部门、各有关单位从怀疑到理解、从抵触到执行、从被监督到主动监督，逐步认识到监管是水利部门最大的短板，必须尽快得到加强，从而形成一种自觉行为，为开展汛限水位监督管理奠定了扎实的基础。三是得益于严格要求、一视同仁。不管是三峡、龙羊峡这样的超大型水库还是一般的小型水库，不管是水利部门主管的水库还是其他部门主管的水库，不管是混凝土坝还是土坝，只要是违规超汛限水位运行的，都坚持一个标准，要求限期降至汛限水位以下。四是得益于多年来形成的技术支撑。多年来形成并不断完善的水雨情信息采集、洪水预报、工程调度等信息化成果为 24 小时监督管理 4037 座水库提供了有力支撑，确保了第一时间发现、分析、研判水库超汛限水位运行情况，为督促整改、现场核查、责任追究等提供了科学依据。

六、汛限水位管理中存在的主要问题

　　通过汛限水位监管管理，发现各地汛限水位管理主要存在以下几方面的问题：一是家底不清。水利部、流域管理机构和省（自治区、直辖市）水行政主管部门对所辖地区大中型水库的汛限水位、防洪库容等指标掌握不够全面，一些指标发生了变化或调整，但没有及时更新。为此，防御司会同信息中心对纳入监管范围的 4037 座水库的汛限水位、防洪库容、汛期分期等指标进行了全面复核，摸清了家底。二是汛限水位确定不科学。部分水库确定的汛限水位低于溢洪道底坎高程，一旦水库发生洪水，只能通过放空洞小流量下泄或根本无法下泄，往往造成长时间在汛限水位以上运行。三是汛限水位确定不规范。有些水库的汛限水位由行政领导主观确定，特别是存在病险的水库，未按程序研究审批就确定汛限水位。四是有些单位打擦边球。有些水库尤其是水电站总是在水库汛限水位以上 0.5m 左右运行，通过抬高水位增加发电效益。五是部分地区水资源短缺，惜水心理严重。有些地区担心后期没有降雨，水放了可惜，尤其是北方干旱地区。六是汛限水位调整不及时。一些水库除险加固后，没有及时调整汛限水位，但实际运行中按除险加固后的指标运行。七是对汛限水位概念理解存在偏差。部分水电站管理人员不明白什么是汛限水位，甚至把运行水位、正常高水位等同于汛限水位。

七、新时期汛限水位监督管理策略

要最大程度确保水库安全度汛，汛限水位监管永远在路上，只能加强不能削弱。今年的汛限水位监管工作暴露出水行政主管部门、水库主管部门和运行管理单位存在的问题，也看到了我们监管工作自身也存在许多不足。今年的监管工作，为我们提供了很好的机会，让我们既有信心又有压力。如何围绕水利改革发展主基调做好新时期汛限水位监督管理工作，需要我们总结、思考、研究，提出切实有效的措施，久久为功、狠抓落实。

一是完善水库基础信息共享机制。要建立规章制度，对水库基础信息的报送提出明确要求，尤其是工程状况、特征指标等发生变化时要及时上报。要利用现代信息技术，开发信息更新共享系统，建立快捷高效的更新共享机制，确保所有信息得到及时更新并能在水利部、水利部流域管理机构、地方水行政主管部门、水库主管和运行管理单位之间实现实时共享，推动上下高效联动，形成监管合力。

二是规范汛限水位调整。各级政府行政领导、防汛抗旱指挥长要增强法制意识，绝不能未经研究调整汛限水位，更不得越权调整。有关职能部门要切实负起责任，根据实际情况变化及时提出调整需求，按规定组织有关部门开展专题研究，提出调整意见，并报原规划设计部门审批。坚决杜绝不研究、不审批擅自调整汛限水位情况的发生。

三是开展汛限水位动态控制研究。在前期水库汛限水位动态控制研究取得成果的基础上，慎重选择部分符合条件、确有需求、效益显著、技术可行的水库按照有关规定开展汛限水位动态控制研究，提出汛限水位动态控制方案按程序报批后实施。

四是扩大监管范围，实现监管全覆盖。充分发挥流域机构、地方水行政主管部门的作用，在目前监管 4037 座大中型水库的基础上，逐步扩大监管范围，直至实现汛限水位监督管理全覆盖。

五是完善规章制度，确保依法监管。要在已有《汛限水位监督管理规定（试行）》等规章制度的基础上，根据一年来的监督实践以及监管的需要，不断完善有关法律法规，使其更具可操作性，更具有约束力。

新时期水库移民监督检查工作实践

潘尚兴　　刘卓颖

水利部水利水电规划设计总院

一、工　作　背　景

水库移民监督检查包括大中型水利工程征地补偿和移民安置稽察和水库移民后期扶持政策实施情况的督导检查、稽查审计、监测评估、绩效评价和统计等工作，是促进水库移民政策贯彻落实、提高移民资金使用效益、维护移民群众合法权益的重要措施和手段。多年以来，在《水库移民后期扶持资金内部审计暂行办法》（移审计〔2013〕30号）、《大中型水利工程征地补偿和移民安置资金管理稽察暂行办法》（水移〔2014〕233号）和《水库移民后期扶持政策实施稽察办法》（水电移〔2017〕360号）等文件的指导和要求下，水库移民稽察审计作为监督检查工作的主要方式在全国范围内规范有序开展，大力推进了水库移民安置和后期扶持工作顺利进行。随着新时期"水利工程补短板、水利行业强监管"水利改革发展总基调的确立，水库移民工作提出了"强化工作指导、实施严格监管"的新思路，对水库移民稽察审计也提出了新的工作创新要求，原有的政策文件已难以满足强监管的总体要求。2019年5月，水利部水库移民司主持编制了《水库移民工作监督检查办法（试行）》〔以下简称《办法（试行）》〕计划近期出台，作为今后水库移民稽查审计工作的重要依据。相对于以往的监督检查工作，《办法（试行）》中重点对稽查审计工作的工作体制、工作职责、工作组织、工作范围、工作程序、工作方法等进行了明确或调整，提出了新的工作要求；特别是对水库移民政策实施中存在的违反相关法律法规和规章制度的问题进行了分类、分级和认定，并提出了责任追究措施。

此外，2019年水库移民稽查审计工作组织与以往的稽察和审计分别公开招标形式不同，首次由水利部采用依托技术支撑单位的方式，下达给水利部水利水电规划设计总院（以下简称"水规总院"）一并组织实施。水规总院按照新时期移民工作新的要求，于2019年6—10月，组织开展了2019年的水库移民稽查审计工作，并在多个方面进行了创新，取得了良好的工作成效。

二、工 作 过 程

（一）工作组织

水规总院接受工作任务以后，于 2019 年 5 月按国家有关规定对稽察工作进行了公开招标，内部审计工作直接委托的方式由具有规定资质的社会中介机构承担。经公开招投标，最终由长江勘测规划设计研究有限责任公司（牵头人）、黄河勘测规划设计研究院有限公司、中水东北勘测设计研究有限责任公司联合体中标，承担 2019 年水库移民后期扶持及移民安置稽察工作；由北京天圆全会计师事务所承担 2019 年水库移民后期扶持资金内部审计工作。随后，水规总院组织各单位相关人员多次讨论、研究，制定了稽察和审计工作的工作大纲和细则，作为开展相关工作的技术依据。2019 年 6—10 月，水规总院组织数个稽察审计工作组，分赴各地，各单位齐心协力，通力合作，圆满完成了 2019 年水库移民稽察和内部审计工作。

（二）工作对象

2019 年水库移民稽察和内部审计工作对象的选取与以往年度原则基本一致。2019 年稽察工作主要包括对全国部分省份部分县的后期扶持政策实施情况、部分重大水利工程的征地补偿和移民安置资金使用管理情况进行稽察；对全国部分省份部分县的后期扶持资金进行内部审计。按照水利部的工作安排，2019 年对天津、山西等 12 个省（自治区、直辖市）24 个县（市、区）的水库移民后期扶持政策实施情况及广西落久水利枢纽、四川李家岩水库等 8 座新建水库工程征地补偿和移民安置资金使用管理情况进行了常规稽察，对湖南、云南等 18 个省（自治区、直辖市）40 个县（市、区）水库移民后期扶持资金使用管理情况进行了内部审计。

（三）工作内容及重点

水库移民后期扶持政策实施监督检查内容包括省级移民管理机构主体责任、配套文件、人口核定、后期扶持规划及方案、项目管理、资金管理、档案管理及监督管理情况等项目；水库移民安置监督检查内容除以上检查项目外，还增加了对管理体制、实物调查、移民安置规划（大纲）编制和审批（审核）、移民安置协议、规划实施管理、年度计划管理、财务管理、移民验收和监督评估等方面的检查。内部审计工作内容还包括了资金使用效益和绩效情况，以及避险解困资金管理和使用情况。特别是，《办法（试行）》中还根据以往监督检查工作实际，对共性问题和重大问题进行梳理、归类和汇总，形成了各检查项目的问题清单，并根据移民政策贯彻落实情况和侵害移民群众利益程度将问题划分为一般、较重和严重三个等级，规范了监督检查范围和问题目标，保障了监督检查工作的公平公正，大大提高了稽察工作组的工作效率和工作质量。

2019年度水库移民监督检查工作重点由原来检查具体水利工程和抽查的县级移民管理机构转移到全面压实省级移民管理机构落实移民工作主体责任上来，从而督促和指导省级移民管理机构全面落实和推进本行政区域内的水库移民工作。省级移民管理机构是监督检查对象，接受和配合水利部开展的监督检查工作，并负责本行政区域内监督检查问题的整改落实。省级移民管理机构主体责任主要包括水库移民重大政策、决策部署和重点工作的落实情况，工作措施、办法和成效，主动督促检查工作情况等方面。

（四）工作方式

2019年水库移民稽察和内部审计在工作对象的选取上与以往年度有较大差别。以往的监督检查一般都是同被监督检查对象协商确定要检查的行政区、项目和内容，并在监督检查工作开展之前通知相关对象，监督检查工作存在失真、片面等隐患。随着强监管的不断推进和新的要求，2019年度的监督检查工作创新了工作方式，确保了监督检查情况的真实性和准确性。一是基本采用双随机的方式选取被稽察审计的县级行政区和项目；二是采用明察为主、结合暗访的手段；三是试行稽察审计联动机制，稽察审计工作同在辽宁、吉林等10个省份的，在稽察工作组带领下开展内部审计工作，部分省份还做到了稽查审计和绩效评价联动，人员共享、资料共享，工作中发现的重大问题需向稽察特派员报告，尽量减少打扰地方，同时也极大地提高了工作效率。

（五）工作力量

以往年度水库移民监督检查工作组成员一般为具有多年水库移民工作经历的移民工作者和财务人员，通过建立专家库随机抽取稽察人员开展工作。随着水库移民监督检查要求的提高，人员业务知识不全面、工作精力难以满足监管工作要求等问题逐渐凸显。为促进水库移民监督检查工作、充实监管力量，2019年度的监督检查工作在具有丰富工作经验的稽察特派员带领下，扩充了选聘专家范围，吸引勘测设计、工程建设、资金和档案管理等各方面的技术人才，极大地充实了监督检查工作力量。

（六）工作程序

2019年度监督检查工作程序较以往年度更加细化明确，主要分为准备、实施、成果和后续四个阶段开展。

1. 准备阶段

准备阶段的主要工作包括以下四个方面：

（1）确定稽察审计任务。按照随机原则，确定 12 个省份中的 24 个县进行后期扶持政策实施情况稽察；确定 18 个省份中的 40 个县进行后期扶持资金内部审计。

（2）组建稽察审计组。根据稽察审计对象和内容，组建后扶稽察组、安置稽察组和内部审计组。

（3）研究制订稽察审计方案。明确稽察审计的范围、时间、任务与内容、工作方式和程序，以及工作要求和稽察组人员工作分工等。

（4）发出稽察审计通知。由水利部水库移民司印发稽察通知和审计通知，明确稽察审计内容、稽察审计时间和配合要求，要求被稽察审计单位准备相关资料。

2. 实施阶段

实施阶段的工作主要是在现场开展的监督检查，包括以下几个步骤：

（1）听取汇报。稽察工作组首先到达省级移民管理机构驻地，听取省级水库移民后期扶持、在建重大水利工程移民安置总体工作情况及主体责任落实情况介绍，掌握和全面了解情况，安排和布置下一步工作。随后到达县级移民管理机构所在地，听取县级水库移民后期扶持、工程移民安置工作情况介绍。

（2）查阅资料。根据（不限于）稽察审计对象提供的资料，随机抽查工作档案、项目档案、会计资料，检查其移民工作、计划管理、项目管理、资金管理、财务管理是否符合国家有关法律法规、政策和技术标准、规章制度的要求。

（3）现场检查。根据稽察审计工作需要，召开座谈会，深入移民安置区村组和项目实施现场，调查了解情况。

（4）核实问题。对存在的问题及时进行核实。

（5）拟写稽察审计意见。对发现的问题提出稽察审计意见和建议。能及时整改的问题边发现边督促纠正。编写分县（市、区）稽察审计报告初稿。

（6）交换稽察审计意见。稽察审计组离开现场前召开通报会，向被稽察审计单位通报发现的问题，并听取被稽察审计单位意见。

3. 成果阶段

成果阶段主要是对实施阶段现场工作的成果进行整理、分析，并下发整改通知。

（1）撰写稽察审计报告。根据稽察审计发现问题情况，稽察审计组进一步进行综合分析，找出存在的问题及原因，提出问题处理初步意见，撰写分县（市、区）稽察审计报告和分省总报告，并征求省级移民管理机构意见后，完成省级稽察审计报告。

（2）下发整改通知。根据稽察审计中发现的问题，由水利部水库移民司向被稽察审计单位下达整改通知，内容包括存在问题和整改措施建议、整改期限和整改要求等。

4. 后续阶段

后续阶段的主要工作包括以下几个方面：

（1）资料归档。稽察审计报告提交后，由水规总院负责将稽察审计组收集的凭证、资料、工作底稿等资料进行整理并归档。

（2）考核评价。稽察工作结束后，由水规总院组织稽察特派员和稽察专家分别填写考核评价表并进行打分，对稽察工作组所有成员进行考核和评价。

（3）跟踪复查。由水规总院对照稽察审计中发现的问题，核实被稽察审计单位提交的稽察审计整改报告，必要时水库移民司组织复查，检查整改落实情况。

值得提出的是，2019 年度水库移民稽察审计工作严格执行了水利部《廉洁稽察八项规定》，得到了各级被稽察审计单位的肯定。

三、工 作 总 结

（一）工作成效

在水利部水库移民司的坚强领导、大力支持下，在相关省（自治区、直辖市）各级移民管理机构的积极配合下，2019 年度水库移民稽察审计工作共完成 12 份省级大中型水库移民后期扶持政策实施情况稽察报告、8 份重大水利工程征地补偿和移民安置资金管理情况稽察报告和 18 份水库移民后期扶持资金专项审计报告，以及相应的稽察审计整改意见建议。稽察审计工作中，各地积极主动配合，对稽察审计发现的问题高度重视，特别是对部分涉及移民资金结存量大、项目进度滞后等问题做到立查立改，对部分涉及挪用资金等严重问题进行了反馈，监督检查工作已初见成效，极大地促进了水库移民政策的贯彻落实。

（二）工作建议

（1）切实加强监督检查工作，积极主动落实主体责任。根据 2019 年度稽察审计工作总体情况，省级移民管理机构在"放管服"等国家宏观政策背景下，特别是新一轮机构改革现实影响下，移民管理工作不到位、贯彻落实移民安置政策办法措施欠缺、主动督促检查不及时等主体责任问题普遍存在。建议相关省级移民管理机构以水利部水库移民监督检查工作为引领，建立监督检查机制，完善监督检查配套制度，细化监管责任、监管程序、监管内容、监管方式、监管队伍，查问题、找原因，结合自身职能职责，按照水库移民工作补短板、强监管的新要求，进一步加强监督检查工作力度，积极落实主体责任。

（2）充分利用监督检查成果，举一反三提升移民工作。根据 2019 年度抽查县级稽察审计工作情况，移民资金结存量大、使用效益不高以及项目管理不规范等问题普遍存在。建议各级移民管理机构积极采取有效办法和有力措施，加强与相关部门的沟通与协调，切实推进后期扶持项目建设，确保后期扶持任务和目标落实到位，保证后期扶持资金及时高效发挥效益。

（3）综合运用不同监管手段，统筹安排监督检查工作。根据 2019 年度稽察工作组织实践及效果，稽察工作组成员工作经验、业务范围多元化是一个有益的尝试，提高了问题查找的全面性、准确性，提升了工作效率和工作质量。此外，稽察工作与审计工作联动机制成效明显，既为基层减负，提高了工作效率，又节约了工作成本，值得坚持。

水利科研项目绩效评价调研报告

周 普　陆 崴　李峻珏　李紫云

中国水利水电科学研究院财务资产管理处

党的十九大报告提出"建立全面规范透明、标准科学、约束有力的预算制度，全面实施绩效管理"。为贯彻落实党中央、国务院有关文件精神，紧密围绕"水利工程补短板、水利行业强监管"的水利改革发展总基调，结合中国水利经济研究会"2019年水利经济研究调查年"的主题任务，由中国水利水电科学研究院财务资产管理处牵头负责"水利科研项目绩效评价工作"的调研项目，深入水利行业科研院所和高校，运用实地考察、个别座谈、调查问卷等方式广泛开展专题调研，了解水利科研项目绩效评价工作的现状及存在的问题，提出完善水利科研项目绩效评价工作的建议。现将调研情况报告如下。

一、现场调研的基本情况

2019年3月中国水利水电科学研究院（简称"水科院"）财资处正式启动了"水利科研项目绩效评价工作研究"调研项目，采用"问卷调研"和"实地调研"两种方法，对水科院、南京水利科学研究院（简称"南科院"）、河海大学、黄河水利科学研究院（简称"黄科院"）、长江科学院（简称"长科院"）5家水利系统综合性强的院所高校进行统计。

从2019年4月起，调研组先后向相关科研单位及科研人员、管理人员发放了调查问卷（匿名）240份。截至目前收回有效问卷231份，回收率96.25%。与此同时，调研组在水利部财务司、水利部预算执行中心相关领导与专家的指导帮助下，赴江苏省南京市、湖北省武汉市、河南省郑州市以及北京市5家水利科研院所和高校，开展实地调研，组织召开了5次科研院所和高校科研管理部门、财务管理部门、科研所（中心）等不同层面的座谈会，参会人员累计60余人。

南科院实地调研现场

河海大学实地调研现场

黄科院实地调研现场

长科院实地调研现场

二、绩效评价工作开展情况及取得成效

（一）绩效评价工作的开展情况

近年来，5家科研院所和高校绩效管理理念不断深入人心，严格按照财政部等相关部委关于预算绩效管理规章制度执行，取得了一定的成效。主要体现在财政国库项目预算绩效管理方面。

1.建章立制情况

5家科研院所和高校主要依据《中央部门预算绩效目标管理办法》《水利部财务司关于开展年度项目支出绩效自评工作的通知》《水利部财务司关于开展年度项目支出绩效目标执行监控工作的通知》等政策文件已建立操作可行的预算绩效管理机制，但未制定专门的绩效管理制度办法。

2.绩效目标及指标的设定

5家科研院所和高校在水利科研项目绩效目标及指标的设定方面均按产出指标、效益指标、满意度指标三个维度，采用定量和定性相结合的方式进行考核。一般在填报时优先选择《水利部重点二级项目预算绩效共性指标体系框架》中的共性指标，水科院、南科院个别项目自行添加了少量个性指标。

3. 绩效评价开展情况

（1）绩效评价工作流程。5家科研院所和高校绩效评价工作流程严格按照"申报—审核—批复—执行—监控—调整—评价—整改"等环节进行，在收到上级主管部门相关通知后，由财务部门统一组织，各项目承担单位、负责人开展绩效目标及指标的填报工作并整理绩效佐证材料；最后由财务部门将审核无误的绩效目标及指标上报至"中央部门预算管理系统""水利财务管理信息系统"等绩效管理信息系统。

（2）绩效评价工作形式。

一是试点项目绩效评价。5家科研院所和高校以财政部、水利部、教育部批复的项目绩效目标表、项目申报文本等为基础，对项目的投入、过程、产出和效果作出评价，设定的分值分别为20分、25分、25分、30分。产出、效果维度的三级、四级指标是由5家科研院所和高校根据上级批复的绩效目标表自行调整，根据重要性原则在保证二级指标分值不变的基础上自行赋分。

二是执行监控。每年8月，财政部、水利部、教育部要求对所有二级项目1—7月预算执行情况和绩效目标实现程度开展绩效监控、汇总与分析。科研项目团队对照批复的绩效信息，以绩效目标及指标执行情况为重点，在收集绩效监控信息、分析偏离绩效目标原因的同时预计全年绩效目标及指标的完成情况，并对预计年底不能完成目标的原因及拟采取的改进措施作出说明。

三是绩效自评。5家科研院所和高校按照教育部、财政部、水利部统一要求，采取打分评价的方式，满分为100分（原则上产出指标50分、效益指标30分、服务对象满意度指标10分、预算资金执行率10分）。根据指标类型，得分评定方法分为定量指标和定性指标，最终该项目绩效自评的总分由各项指标得分加总得出。

（3）第三方中介机构复核和抽查情况。5家科研院所和高校根据上级主管部门工作安排接受第三方中介机构的复核与抽查。近年来，5家科研院所和高校不同频率被抽选，需要复核部分指标的完成情况并确认评价结果、补充相关佐证材料、核减部分分值。经复核后，绩效评价结果普遍与自评价结果基本一致。

4. 绩效评价经费保障情况

5家科研院所和高校的财政科研项目此前均没有绩效评价工作的经费保障。2019年"二下"批复时，对各单位以中央部门为主体开展的重点绩效评价项目（一般为行政事业类项目）给予了一定的"绩效评价工作经费"，比例约为项目当年预算的0.2%，经费安排渠道从项目经费中解决。横向财政科研项目，可以通过间接费用保障绩效评价工作经费。

5. 评价结果应用及公开情况

由于现阶段绩效评价结果应用机制不完善，5家科研院所和高校的应用程度各不相同。水科院已对绩效评价结果结合实际情况予以应用并在一定范围内予以公开公示；黄科院和河海大学对绩效评价结果予以应用；其余科研院所的评价结果和应用方式都并未得到有效的公开。

（二）取得的成效

1. 形成了绩效管理意识

随着国家层面绩效管理理念宣传不断加大、评价范围逐步扩大，5家科研院所和高校及其科研人员的绩效管理意识不断趋于成熟理性，绩效填报的科学规范性、绩效评价的严谨公正性不断提高。

2. 规范了绩效评价工作机制

5家科研院所和高校严格按照上级主管部门要求开展绩效评价，预算管理、业务管理、绩效管理初步形成一体化格局，评价范围不断扩大、评价方式不断创新、评价深度不断推进，绩效评价工作机制已基本形成。

3. 建立了水利科研项目绩效指标体系

统一、可比、易考核的指标体系是全面开展科研项目绩效评价的基础。科研项目的绩效目标及指标经过不断征求相关单位的意见建议及反复修改，基本能够满足科研院所的使用需求，水利行业统一规范、标准科学、约束有力的水利科研项目绩效指标体系已形成。

4. 取得了较好的绩效评价结果

2018年5家科研院所和高校项目绩效评价结果总体较好，基本达到了预期效果，完成了预期指标，试点项目绩效评价结果均为优。绩效自评除个别项目由于中央机构改革、地方政策调整等特殊客观原因分数较低以外，项目评分普遍达到90分以上。横向拨款的水利科研项目从2019年起开始实施综合绩效评价，具体的评价结果有待于有关部门公开公示后予以统计。

三、面临的困难和问题

（一）绩效评价理念尚未牢固树立

据调查问卷结果显示，29.87%对科研项目绩效评价不太熟悉或者完全不熟悉，

15.58%对科研项目绩效评价不太重视，反映出广大干部职工学习培训绩效管理的力度、深度、强度都还不够。少数水利科研单位及其相关人员确实存在"重投入轻管理、重支出轻绩效"的观念，在项目立项、预算申报、项目实施等环节对涉及绩效评价工作不够重视，导致整个绩效评价工作被动应付，从而制约了绩效评价管理向纵深推进。

（二）绩效评价管理机制尚未科学建立

1. 部门间协同机制尚不完善

水利科研项目绩效评价工作是一项多方协作的管理工作。据调查问卷结果显示，52.81%认为是科研管理部门和财务管理部门共同组织，5家科研院所和高校在绩效评价过程中，实际上是由财务部门牵头组织绩效评价，科研管理部门、科研项目团队予以配合。但相关部门的协同程度不够高，绩效管理、业务管理"两张皮"，单位内部缺乏顶层设计，导致职责不清晰、工作不连贯、目标不一致。

2. 分类管理机制尚未建立

根据有关要求，5家科研院所和高校组织开展中央财政拨款项目的绩效目标指标申报、绩效执行监控、绩效自评与试点项目绩效评价工作；国家自然科学基金委、科技部、水专项办近期出台相应项目的绩效评价工作规范，尚未正式开展科研项目的综合绩效评价。在评价过程中，没有合理区分科研项目与非科研项目的类型，仍然采用"一刀切"的方式，使得科研项目的绩效评价工作流于形式，无法客观反映水利科研项目的真实价值。

3. 评价导向尚不科学

目前，水利科研项目绩效评价存在"重数量，轻质量"的问题，往往更注重论文、专利、著作、获得奖励并以此作为主要评价标准，无法全面了解水利科研项目的进展、执行和实施效果，造成项目执行过程中某些关键性成果的流失，浪费了科研投入的资本，滋生了学术不正之风的土壤。

4. 评价主体的专业性有待提升

据科研人员反馈的信息，中央财政拨款的科研项目绩效评价方一般是行政主管部门、审查机构以及中介机构，绩效评价方对科研业务"不了解"，行政主管部门以安排的任务是否完成为主要评价标准；审查机构和中介机构往往是将已批复的《绩效目标申报表》中填报的指标值与实际产出值进行比较，评价的重点是数量指标，至于水利科研项目的原创性、前沿性、科学价值等无法从专业本身的角度出发予以合理评价。

5. 调整机制尚未有效建立

由于水利科研项目的实施具有很大的不确定性，绩效目标和指标也需要不断更新。

但根据财政国库项目绩效目标及指标调整的有关规定，只有当发生预算调整时才可履行绩效目标及指标的调整。对于横向拨款的水利科研项目，目前没有对绩效目标及指标调整作出相关规定。这些与水利科研项目实施方案、技术路线以及外在条件等因素在项目实施过程中不断变化的客观情况不相适应。

6. 激励约束机制尚不健全

由于水利科研项目实施绩效评价时间不长，其评价结果还缺乏足够的可信度，也使其运用受限，进而导致绩效评价信息有效公开有所欠缺。目前，水利科研项目的绩效评价结果通常仅仅局限在反映内部信息，对评价结果的应用不太充分；科研项目完成绩效评价后，有效的公开渠道不够畅通，导致科研团队缺乏责任感、荣誉感和积极性。

（三）绩效评价质量和深度不足

水利科研项目绩效评价的结果，必须考虑其对解决水资源、水环境、水生态问题的作用，评价结果的实用性和可靠性都依赖于绩效评价的质量和深度。目前，水利科研项目绩效评价质量和深度不足，一是相关佐证材料不够全面，评价质量不高。二是在绩效信息的处理方法上，更多的是采用定性分析方法进行简单的文字描述，对于效益指标的评价也仅仅是简单联合而不是真正意义上的深度融合。总之，绩效评价工作出现了"有名无实"的现象。

（四）绩效目标及指标值填报不够科学合理

目前，水利科研项目的绩效目标及指标值是由项目负责人填报，一般不经过单位内部或者行业专家的审核把关，容易导致以下问题：一是在绩效目标设定方面，反映的是填报的绩效目标与科研项目实际情况不相符，绩效目标设定相关性不够充分，绩效目标不够细化且不易考核等。二是在绩效指标设置方面，反映的是绩效指标分解落实不到位、按照易于实现的科研成果设定绩效指标值、项目申报书中的重要研究内容未能体现出来、绩效指标的标准不合理、定性指标不易衡量等问题。

（五）绩效评价工作面临的困难

1. 效益类绩效指标不易统计评价

科研项目短期内无法产生特定的效益，并且在水利科研项目的实施过程中，存在相互交叉、相互支撑进而相辅相成的情况，很难准确区分哪个科研项目到底产生多少社会效益、生态效益、经济效益等考核数据，对于科研项目，绩效实现周期较长且绩效指标统计很难而且不太适用。

2. 绩效指标的评判标准不易确定

目前水利科研项目的绩效评价结果，一般以项目申报环节提出的指标值作为参照标准，未经专业机构或者第三方机构的有效审查，有些科研项目涉及多指标计算的问题。在评判绩效指标时，如何以科学合理的评价标准评判科研项目的绩效目标及指标的完成程度，进而评判整个项目的完成程度，这也是科研项目绩效评价面临的难题。

四、相　关　建　议

（一）进一步深化绩效管理意识

水利科研单位绩效评价水平的提升，需要提高对科研项目绩效评价工作的思想认识，让单位和项目负责人等责任担当主体提高绩效管理的责任意识和主体意识，积极推进预算绩效管理工作向纵深发展。上级主管部门和水利科研院所（高校）应积极开展培训，加强对科研绩效管理政策精神的宣传解读；充分利用新闻媒体、网络平台等媒介，建立畅通的咨询答疑渠道，对水利科研院所、高校及其科研项目的好做法、好经验、好案例加以宣传推广。

（二）进一步优化绩效评价管理机制

1. 构建高效顺畅的协调机制

水利科研院所和高校是科研项目绩效管理的责任主体，应进一步增强绩效管理的服务理念，为科研人员提供便利化程度和自由度。预算管理、业务管理、绩效管理应深度融合，明确工作职责，优化管理程序，增强指导与服务能力，着力营造能够充分激发科研人员创新创造活力的良好环境。

2. 构建分类评价机制

进一步简化整合验收工作与绩效评价工作，分类开展综合绩效评价代替项目验收工作。对于水利财政科研项目应分类构建科学化、差异化的评价内容、评价标准、评价方法和实施机制，在开展绩效评价时，区分科研项目与非科研项目。对于水利横向财政拨款的科研项目，建议相关主管部门实行分类评价机制，基础研究与应用基础研究类项目、技术和产品开发类项目和应用示范类项目评价的重点和评价方式应有所区分。

3. 推动科研项目绩效评价导向的转变

推动水利科研项目管理从重数量、重过程向重质量、重结果转变。水利科研项目团队应明确设定科学、合理、具体的项目绩效目标和指标，并按照关键节点设定阶段性目标，用于判断实质性进展。上级主管部门立项评审应审核绩效目标、结果指标与项目的相符性、创新性、可行性、可考核性以及水利行业支撑性，实现项目绩效目标的能力和条件等；绩效评价时，应结合任务书、绩效目标及指标申报书，重点评价项目的突出代表性成果和项目实施效果，开展多维评价。

4．完善绩效评价主体

水利科研项目与其他类型项目不同，应充分尊重水利学科研究的灵感瞬间性、方式随意性、路径不确定性以及水资源的特殊性等特点，在绩效评价时建议构建绩效评价专家智库，制定专家评价行为规范，健全专家轮换制度、回避制度和信用制度，切实提高水利科研项目的绩效评价质量。

5．形成科学合理的调整机制

鉴于水资源、水环境、水生态及科研项目的特殊性，应改变目前绩效目标及指标"一般不予调整"的被动局面，在实际执行过程中，建议放宽绩效目标及指标的调整条件，不需要经过预算调整的前提下，均可结合研究现状（如试验失败等），按照绩效目标及指标的管理要求，履行相关的绩效调整程序，努力赋予科研人员更大的预算绩效管理自主支配权，减轻科研人员负担。

6．建立绩效价结果的运用与激励机制

一是将绩效评价结果及时反馈给承担单位，要求其完善管理制度，改进管理措施，提高管理水平，增强支出责任；二是对绩效评价优秀的项目组或项目承担单位，应在下一年度预算安排、后续项目支持、表彰奖励、绩效工资总量核定、允许基本科研业务费等稳定支持的科研项目中编列绩效支出等方面予以倾斜考虑；三是区分因科研不确定性未能完成目标和因科研态度不端导致项目失败，鼓励大胆创新，严惩弄虚作假；四是逐步提高绩效评价结果透明度，将绩效评价结果，依法向社会公开，接受社会监督，从源头上预防腐败。

（三）提升绩效评价质量和深度

提升绩效评价质量和深度，需要主管部门、项目团队、项目承担单位以及评价专家组等多方通力协作：一是主管部门及评价专家组应严格依据任务书、绩效目标及指标批复表等立项资料开展综合绩效评价。二是水利科研项目团队和项目承担单位，应高度重视绩效评价工作，提高绩效评价信息收集的全面性、相关性和合规性，提高佐证材料的证明效力；同时，还应提高绩效信息处理技术，以定量指标评价为主、定性指标评价为辅，深入分析和挖掘水利科研项目综合绩效水平。

（四）规范绩效目标及指标填报

绩效目标及指标编制是进行科学绩效评价的前提，影响整个项目的执行与绩效评价质量。因此，建议进一步做好以下三个方面工作：一是水利部在现有《水利部重点二级项目预算绩效共性指标体系框架》中进一步规范，结合科学研究型的项目特点，减少年度效益指标的设置，在最终评价时由专家组结合项目研究成果提出项目效益的成果；二是水利科研院所和高校加强绩效目标管理，结合《水利部重点二级项目预算绩效共性指标体系框架》和单位实际情况，尝试建立单位共性指标体系；三是科研人员应当立足科研项目本身，结合项目的具体特点，根据项目研究所要达到的目的设定绩效目标及指标，确保绩效目标及指标的具体化、科学化、合理化。

新时代治水总纲：从改变自然征服自然转向调整人的行为和纠正人的错误行为

陈茂山　　陈金木

水利部发展研究中心

习近平总书记在 2014 年 3 月 14 日关于保障水安全讲话中明确提出治水要从改变自然、征服自然转向调整人的行为、纠正人的错误行为。鄂竟平部长指出，这是对新时代治水方针的精辟论断，是习近平总书记"3·14"讲话中最重要、最核心、最关键和最具有指导意义的一句话。"纲举目张"。准确领悟新时代治水方针，就要深刻理解和牢牢把握"从改变自然、征服自然转向调整人的行为、纠正人的错误行为"这一总纲。

一、深刻领悟从改变自然征服自然转向调整人的行为和纠正人的错误行为的客观必然

（一）推进生态文明建设的应有之义

党的十八大以来，以习近平同志为核心的党中央把生态文明建设作为统筹推进"五位一体"总体布局和协调推进"四个全面"战略布局的重要内容，开展一系列根本性、开创性、长远性工作，提出一系列新理念新思想新战略，形成了习近平生态文明思想。从改变自然征服自然转向调整人的行为和纠正人的错误行为是这一思想的重要内容之一。习近平指出："建设生态文明，首先要从改变自然、征服自然转向调整人的行为、纠正人的错误行为。要做到人与自然和谐，天人合一，不要试图征服老天爷。"水是文明之源、生态之要，治水是生态文明建设的重要组成，将"从改变自然征服自然转向调整人的行为和纠正人的错误行为"等生态文明思想贯穿到治水全过程，是推进生态文明建设的应有之义。

（二）适应我国治水发展阶段的必然要求

古往今来，兴水利除水害一直是我国治国安邦的大事，也是历代治水的主旋律。我国历史上的治水，包括新中国成立后的治水，其核心总体上是如何以更好的工程体

系更好地兴水之利、除水之害，这在本质上就是如何更好地改变自然和征服自然，如何更有效地提高水利的生产力问题。经过多年大规模投入和高强度的开发建设，我国防汛抗旱工程体系已经基本形成，水利的生产力得到了极大的提高。中国工程院的评估结果显示我国在水旱灾害防御上已经达到了较安全的水平。

也要看到，在水利生产力得到极大提高的同时，我国的水问题仍很严重，尤其是水资源短缺、水生态损害、水环境污染，已成为当前和今后一段时期最主要的水问题。无论是水资源的过度开发、无序利用、低效利用，还是江河湖泊的过度围垦以及由此带来的江河干涸、湿地萎缩，抑或是水污染物的肆意排放以及由此带来的水质超标和水体黑臭等，从本质上看都是人类错误行为所导致的恶果，反映了人与人之间的生产关系已经严重不适应生产力的发展。这就决定了我国的治水必然要从着重提高生产力的阶段进入到调整和改变与生产力不相适应的生产关系的阶段。与我国治水发展阶段相适应，新时代治水也必然需要从改变自然征服自然转向调整人的行为和纠正人的错误行为。

（三）解决我国水问题的根本途径

从系统论看，目前我国所面临的水资源短缺、水生态损害、水环境污染"三大"水问题，已经不能简单视为由水资源时空分布不均等自然因素所造成的水损害人类的"水—人"之间的自然问题，而是由"自然—人—水—人"这一结构链所形成的社会问题：水资源时空分布不均等自然因素和水资源过度开发、水利监管薄弱、最严格水资源管理制度未真正落实等人为因素相互叠加，形成水危机，进而对人类自身造成严重损害。

因此，新时代治水的基本思路，首先不是继续想着如何进一步改变自然征服自然，而是首先要调整人的行为和纠正人的错误行为。就像人生病了固然需要治病，但首先要认识到之所以会生病，归根结底在于原有的生活模式和行为系统出了问题，因而治病首先要改变原有生活模式和行为系统，纠正错误的生活习惯和行为习惯，否则终究只是"治标不治本"。这对于治水而言也是如此。如果还是继续走改变自然征服自然的老路，还是蓄水少了就修更多的水库、缺水地区水少了就无休止地调水、原有水井不出水了就挖更深的水井、水被污染了就引水冲污释污，那只能是"头痛医头、脚痛医脚"，解决了眼前的问题，却可能埋下更长远的祸根。

（四）国内外治水教训的深刻总结

纵观国内外治水，凡是失败的治水，往往都与不尊重自然规律有关，而归根结底则是源于人类自身的错误行为。兹举几例说明。一是20世纪50—80年代，苏联曾在中亚地区建设大规模水浇地工程，虽然实现了中亚农业的大跃进，但却带来了咸海的严重生态灾难；二是 20 世纪 80—90 年代，沙特曾在沙漠地区靠大量超采地下水发展农业，导致原本脆弱的生态环境遭到严重破坏；三是 20 世纪 80 年代起，我国华北地区开始严重超采地下水，年均超采 50 多亿 m^3，已累计超采 1500 多亿 m^3，形成世界上最大的地下水"漏斗区"，进而造成河流干涸、地面下沉、海水倒灌、水体黑臭等问题。老百姓所说的"70 年代淘米洗菜，80 年代水质变坏，90 年代鱼虾绝代""有河皆干，有水皆污"就是这种恶果的形象体现。

这些案例都表明，放任人的错误行为滋长和过度地改变自然征服自然，必然会造成经济社会发展与水资源水生态水环境的严重对立，并最终会对人类造成反噬。对此，恩格斯曾深刻地指出："我们不要过分陶醉于我们人类对自然界的胜利。对于每一次这样的胜利，自然界都对我们进行报复。"总结国内外治水的深刻教训，也必然要求新时代治水要从改变自然征服自然转向调整人的行为和纠正人的错误行为。

二、准确理解调整人的行为和纠正人的错误行为的科学内涵

（一）关于调整人的行为

对于调整人的行为，可以从以下三方面进行理解和把握：

第一，人的行为的内涵及其背后的决定因素。由于人兼具生物属性和社会属性，因此人的行为可以分为本能行为和社会行为。在"调整人的行为"这一语境中，人的行为是指由人的社会属性所决定的社会行为，即人在一定目的、欲望、意识、意志等支配下所做出的外部举动。对于人的社会行为背后的决定因素，德国著名社会学家马克斯·韦伯曾作过深入分析。韦伯在《经济与社会》一书中指出，社会行为可以由以下四种情况决定：一是目的合乎理性，亦即通过对外界事物的情况和其他人举止的期待，并利用这种期待作为"条件"或者作为"手段"，以期实现自己合乎理性所争取和考虑的作为成果的目的；二是价值合乎理性，亦即通过有意识地对一个特定的举止的——伦理的、美学的、宗教的或作任何其他阐释的——无条件的固有价值的纯粹信仰，不管是否取得成就；三是情绪，尤其是感情，即由现时的情绪或感情状况来决定人的行为；四是传统，即由约定俗成的习惯来决定人的行为。

第二，治水过程中人的行为类型。在治水过程中，需要调整的人的行为主要是指人的涉水行为。主要包括：一是与水资源和供用水有关的行为，包括水资源开发、利用、节约、保护、规划、配置、调度、管理以及供水、用水、排水、污水处理等；二是与河湖水域岸线有关的行为，包括河湖水域岸线的整治、保护、开发、利用等；三

是与防洪抗旱有关的行为，包括洪涝干旱等的灾害预防、灾害应对、灾后恢复等；四是与水工程建设与管理有关的行为，包括投入与资金管理、工程建设管理、工程运行管理等；五是其他，如水利风景区建设与管理等。

第三，调整人的行为的内涵及其方式。所谓调整人的行为，是指通过法律、政策、道德等方式对特定主体施加影响，使其按照一定的方向和目标作出社会行为的过程。按照社会行为背后的决定因素，调整人的行为主要有四种方式：对行为背后的目的施加影响，对行为背后的价值施加影响，对行为背后的情绪施加影响，对行为背后的传统习惯施加影响等。需要注意的是，调整人的行为虽然有各种各样的方式方法和手段，但是，在现代法治社会中，国家可据以调整人的行为的手段主要有三种：一是法律规制，即通过制定或修订法律法规，明确规定什么是合法的行为，什么是违法的行为，并通过严格执法对人的行为进行调整；二是政策引导，即通过制定和执行特定的政策，对人的行为进行引导和调整；三是文化塑造，即通过塑造主流的精神文化和开展多种形式的宣传教育等方式，对良好的行为加以倡导，对不良的行为加以鞭笞。

（二）关于纠正人的错误行为

关于纠正人的错误行为，可以从以下三方面进行理解和把握：

第一，人的错误行为的内涵及其判定标准。顾名思义，人的错误行为是指不正确的行为。为了判断一个人的行为是否是错误的，客观上需要选定合适的参照系，也就是什么是正确的行为。在一个多元化的法治社会中，宗教、传统等因素已经不能作为判定一个人的行为是否正确或错误的普遍标准。而能作为一般性判断的参照系主要有两个，一个是自然规律，一个是法律规范。自然规律是万事万物运行的客观规律，是不以人的意志为转移的，因此可以作为判定人的行为是否错误的标准。法律规范是由国家制定或认可并由国家强制力保证实施的、以权利义务为内容的社会规范，因此也可以作为判定人的行为是否错误的标准。

第二，人的错误行为种类。以自然规律和法律规范作为参照系，可以大体上将人的错误行为区分为两类：一类是不科学的行为，即不尊重自然规律、甚至是违背自然规律的行为，如超过水资源承载能力进行经济社会发展规划、在不适宜筑坝的地区兴修大坝等。古往今来无数的案例已经表明，如果人类不遵守自然规律，甚至想让人类意志凌驾于自然规律之上，最终都将被证明是错误的行为。一类是不合法的行为，即违反法律规定并对公共利益或者其他个人利益造成侵害的行为，如侵占河湖、非法取水、非法采砂等。基于法律规范由国家强制力保证实施等特征，如果一个人不遵守法律规范，甚至想凌驾于法律之上，必将受到法律的制裁，因此也属于错误行为。

第三，纠正人的错误行为的内涵。所谓纠正人的错误行为，是指在调整人的行为基础上，进一步对已经发生的错误行为进行纠正，并对可能发生的错误行为进行预防。在治水中纠正人的错误行为，主要包括以下两个方面：一是对于已经发生的错误行为进行纠正。例如，对于河道乱占、乱采、乱堆、乱建等错误行为，采取综合措施予以纠正，恢复江河湖泊应有的功能。二是对于今后可能发生的错误行为进行预防。例如，对于用水总量接近区域用水总量控制红线的地区，采取区域取水许可限批等措施，防止水资源超载现象发生。

三、切实推进调整人的行为和纠正人的错误行为的有效落实

2019 年以来，水利部党组提出了"水利工程补短板、水利行业强监管"的水利改革发展总基调，在部机关成立了监督司，在部属单位，特别是流域机构强化了监督力量，部署开展了"四不两直""清四乱"等工作。这些都是落实从改变自然征服自然转向调整人的行为和纠正人的错误行为的重要体现。从目前情况看，水利实际工作的重心已经开始转向，但"转的不坚决，转的不到位"现象还比较普遍。造成这种现象，原因是多方面的，既有长期形成的工作思路惯性原因，也有水利监管顶层设计不到位的原因，还有监管能力不足等原因。为推进从改变自然征服自然转向调整人的行为和纠正人的错误行为的有效落实，提出以下建议。

（一）切实扭转错误观念，升级治水理念

新时代治水要从改变自然征服自然转向调整人的行为和纠正人的错误行为，就要改变对治水的传统理解和认识，不能再把治水单纯局限于"兴水利，除水害"，而要认识到治水除了涉及改变自然征服自然的水利工程建设之外，还包括通过水利监管，调整人的行为和纠正人的错误行为。特别是在我国水利生产力已经得到极大提高、水旱灾害防御水平已经达到较安全水平的情况下，水利改革发展的重点应当落在调整人的行为和纠正人的错误行为上，要通过不断调整和改变与生产力不相适应的生产关系，促进生产关系和生产力在更高程度上相适应。

为此，需要切实落实总书记提出的"节水优先、空间均衡、系统治理、两手发力"新时代治水思路，在水利改革发展中坚持节水优先，切实从增加供给转向更加重视需求管理，严格控制用水总量和提高用水效率；坚持空间均衡，以水定需，确定合理的经济社会发展结构和规模，确保人与自然的和谐；坚持系统治理，把山水林田湖草当成一个生命共同体来对待，形成治水合力；坚持两手发力，发挥市场配置资源的决定性作用和更好发挥政府作用。

（二）切实扭转重建轻管做法，形成水利行业强监管格局

长期以来，水利行业一直存在重建轻管问题。如果说"建"体现出通过水利工程建设改变自然征服自然的话，那么"管"则体现出通过水利监管来调整人的行为和纠正人的错误行为。新时代治水要从改变自然征服自然转向调整人的行为和纠正人的错误行为，就要切实扭转长期以来的重建轻管做法。

一方面，要切实把加强水利行业监管作为今后水利改革发展的总基调，全面强化江河湖泊、水资源、水利工程、水土保持、水利资金、行政事务工作等方面的监管，对于违反自然规律的行为和违反法律规定的行为实行"零容忍"，管出河湖健康，管出人水和谐，管出生态文明。

另一方面，按照辩证法思想，在扭转重建轻管的同时，也不能走极端甚至否定水利建设的重要性。针对水利工程体系中的薄弱环节，特别是防洪、供水、生态修复、信息化等方面，还要尽快补足短板，从而最终形成工程完备和监管有力"两手抓，两手都要硬"的良好局面。

（三）多措并举，形成"法律规制＋政策引导＋文化塑造"的良好局面

如果说改变自然征服自然反映的是人与自然的关系，主要靠兴修水利工程的话，那么调整人的行为和纠正人的错误行为反映的是人与人、人与社会之间的关系，则需要多措并举，综合运用法律、政策、文化等多种手段，形成"法律规制＋政策引导＋文化塑造"的良好局面。

法律规制上，需要按照"已经制定的法律得到普遍遵守，而人们普遍遵守的又是良好的法律"的法治精神，推进水利法治建设，实现水利良治。为此，既要按照落实新时代治水思路和水利行业强监管的要求，不断健全和完善水法律法规，不断提高立法质量，形成水事良法；更要切实强化水行政执法，保障水事良法得到普遍遵守。

政策引导上，需要综合运用产业、投入、税收、价格等政策，有效驱动和调整人的行为。例如，通过制定产业政策，对原有的产业结构加以调整，形成经济社会发展与水资源承载能力相协调的格局；通过水利投入政策，引导水利资金向中西部地区、贫困地区等聚集；通过水资源税和水价改革，推进落实两手发力，促进水资源的节约和保护等。

文化塑造上，一方面要在水利工作中切实弘扬"忠诚、干净、担当，科学、求实、创新"的新时代水利精神；另一方面要加强宣传教育，形成全社会爱水节水护水的良好氛围。

（四）不断完善体制机制，推进水治理体系和治理能力现代化

新时代治水中调整人的行为和纠正人的错误行为，需要建立健全与水利行业强监管相适应的体制机制，明确监管机构及其职责，完善监管机制，提高监管能力，不断推进水治理体系和治理能力的现代化。目前部党组提出的水利行业强监管，采取了"先改变管理者的行为，进而由改变了的管理者去改变社会公众的行为"的路径，这种路径符合行为调整的基本理论，是科学合理的。当前和今后一段时期的重点，要在已经建立的监督队伍基础上，进一步理顺监督管理体制，真正形成分部门、分层级监督与专职部门监督相结合的监督体制，并充分发挥公众参与在监督中的作用。在理顺监管体制的基础上，要逐步加大在水利管理方面人、财、物的投入，强化信息化等能力建设。

在这方面，考虑到基层水利管理能力薄弱是水利行业强监管的最大制约，因此在做好强监管这一"加法"时，就需要相应做好必要的"减法"，为基层水利部门合理减负。为此，需要切实落实深化"放管服"改革精神，一方面按照市场化、社会化思路，通过物业化管理等措施，切实把微观的水利工程建设和运行维护交给市场和社会来做，充分发挥市场在资源配置中的决定性作用，更好发挥社会力量在水利事务中的作用；另一方面，则通过编制规划、制定标准、强化监督检查等手段，切实把政府职责重点放在强化监管上面，最终重新塑造好水利行业政府与市场、政府与社会以及上级政府与下级政府之间的良好格局。

进一步加强水利统计对补短板、强监管的数据支撑

吴　强　　张岳峰　　张　岚　　郭　悦

水利部发展研究中心

水利统计作为反映水利发展情况信息的重要工具，长期以来在农村水利、洪涝干旱、水土保持、投资建设、供用水管理等方面为水利改革发展提供了大量的数据支撑与决策咨询。近年来，习近平总书记多次就加强和改进统计工作作出了一系列指示和批示，党中央国务院先后出台了《关于深化统计管理体制改革提高统计数据真实性的意见》《统计违纪违法责任人处分处理建议办法》《防范和惩戒统计造假、弄虚作假督察工作规定》等多个重要统计改革文件，从防范和惩治统计造假弄虚作假、提高统计数据科学性准确性、强化部门统计责任和提高统计人员职业素养等方面对统计工作提出了新要求。2019 年全国水利工作会议明确将"水利工程补短板、水利行业强监管"作为当前和今后一段时期水利改革发展的总基调。水利统计工作必须快速适应新形势、新要求，从统计观念、体制机制、手段方法、服务能力等方面加快推进水利统计现代化建设。结合近年来水利部发展研究中心承担的水利统计工作开展情况，认真总结经验，对标补短板、强监管要求，提出进一步强化水利统计支撑作用的意见和建议。

一、水利统计已成为水利改革发展的重要基础支撑

通过不懈的努力和实践，水利统计在水资源开发、利用、节约、保护和水害防治等方面构建了一套较为规范的指标体系，在数据采集、上报、审核、成果发布等方面建立了一套较为严谨高效的工作机制。水利统计工作按照"统一管理、分级负责"的管理体制，形成了"规计司归口管理、各司局分工负责、事业单位业务支撑，流域机构、县级以上地方水利部门分级履行统计职责"的组织体系，稳步推进水利统计各项工作的顺利开展，为水利改革发展提供了强有力的数据支撑。

（一）在统计内容方面，基本覆盖了水利工作的主要领域

目前，水利部在国家统计局审批备案的统计调查项目有《全国农村水电统计报表制度》《水利综合统计调查制度》《水利服务业统计制度》《大中型水利枢纽和水电工程

移民统计报表制度》《水利建设投资统计报表制度》《全国水文情况统计报表制度》《水行政执法统计调查制度》《南水北调工程统计报表制度》，其他调查内容还包括水资源管理、水务管理、水利科技、行政人事、财务资产、安全事故及稽察、行政审批事项、农村水利、水管体制改革等 20 余项，基本覆盖了水利工作的主要领域。如：涉及"防汛抗旱"的指标有水库数量及库容、堤防长度及达标长度、有防洪任务的河段长度及已治理长度、水闸数量、受灾面积、成灾面积、受灾人口、死亡人口、经济损失等；涉及"城乡供水"的指标有耕地灌溉面积、节水灌溉面积、高效节水灌溉面积、水利工程供水能力、工程供用水量、农村集中式供水工程数量及受益人口等；涉及"水行政执法"的指标有河湖水事违法案件查处情况、巡查河道长度、巡查湖泊水库面积、行政执法出动人员次数、现场制止处理行为个数等。

（二）在统计制度方面，基本满足了水利改革发展的数据质量要求

数据质量直接影响一项决策是否偏离实际，能否有效地指导实践，促进问题的解决。一是具有较全面的工作制度，确保数据的时效性。经过长期的摸索实践，建立了较固定、规范、合理的水利统计工作模式，出台了《水利统计管理办法》《水利统计通则》等管理文件和标准规范，审批备案了统计调查制度。全国水利统计任务由水利部相关司局召开年度统计工作启动会进行布置，逐级向基层传达。各级统计人员接到任务通知后，立即开展数据收集、整理、汇总和对下级水利部门的数据催报等工作，确保在时限内完成统计任务。二是具有较完备的审核制度，确保数据的准确性。采用"逐级审核"和"集中会审"方式对统计数据质量进行控制，全力保障统计数据的准确性。在数据上报时，要求水利部门分管统计工作的领导、统计负责人和具体统计人员对本地区的水利统计数据严格把关审核，签字确认后上报上级水利部门，做到统计数据可追踪、回溯；水利部对各地上报的数据初步审核后召开全国会审会，由业务司局、部直属单位、各相关行业专家等组成专家组，采取多种审核方法，分批次对各地上报的统计数据进行集中会审，及时发现问题，督促地方整改。三是具有较实用的检查评估制度，确保数据的真实性。统计数据质量检查评估是对统计数据的真实性、准确性进行判断和分析，保障源头数据质量提高真实性的重要举措。近年来，利用专项检查或调研开展数据质量检查评估，初步形成水利统计数据质量检查评估制度，如 2014 年以"水利统计数据质量年"活动为契机开展水利统计工作巡查，2013—2015 年连续三年在全国范围开展中央水利建设投资统计数据质量专项检查，"十三五"以来赴多地开展中央水利建设投资计划执行情况检查或调研等工作。各流域、各省（自治区、直辖市）水利部门依据地区实际情况不定期开展统计任务专项检查工作。

（三）在统计成果方面，已基本满足决策的数据要求

一是关注工程建设进展，提供决策支持。跟踪大江大河治理、主要支流和中小河流治理工程建设及效益发挥，对洪涝、成灾等情况进行分析，为合理安排大江大河治理、中小河流防洪等工程布局、资金安排提供决策依据；开展城乡一体化供水工程、水源工程、农村饮水安全巩固提升工程等建设进度统计，密切关注农村地区集中供水情况、自来水普及情况、水质达标情况等，为提升水资源供给和配置能力，加强农村贫困地区供水安全保障提供决策基础；对水土保持工程、生态清洁小流域、水土流失综合治理和地下水超采监测等进行统计，动态监测封育保护面积、水保林面积、种草面积、地下水回补等情况，为水生态修复工程的短板改善提供决策支持；组织中央投资水利工程建设进展情况统计，分地区分投资来源分项目类型对投资计划执行情况进行跟踪，为开展调度会商、督促工程建设提供数据支撑。二是开展异常情况分析，精准问题靶向。对河湖执法工作开展专项统计，建立河湖违法案件台账，及时分析水事违法案件查处情况，支撑"清四乱"、非法采砂、长江干流岸线保护和利用等专项行动；对水事矛盾纠纷排查化解活动开展统计，分析研判纠纷症结关键，支撑化解水事矛盾；对投资计划执行开展统计，分析投资计划完成变动异常，提出工程建设督察、暗访等重点项目和方向。此外，通过对综合统计、扶贫统计等数据分析，全面掌握水利改革发展"十三五"规划实施情况、水利扶贫工作进展情况，为今后水利工作部署做好决策支撑。

二、水利统计支撑补短板、强监管的差距和不足

目前，各级水利统计部门形成了较为规范的工作机制，在支撑水利改革发展数据需求上有了扎实的基础。但对标"水利工程补短板、水利行业强监管"水利改革发展总基调的要求，结合高质量发展统计体系的构建，当前水利统计工作仍存在着不少不足，有些方面差距还很大。

（一）水利统计的调查内容不规范不全面不深入

一是部分统计项目法制化进程滞后，数据权威性受到一定质疑。按照规定，水利统计调查项目须报国家统计局审批或备案。目前，水利部开展的统计调查项目中仅《水利建设投资统计报表制度》《水利综合统计调查制度》《水利服务业统计制度》《大中型水利枢纽和水电工程移民统计调查制度》《全国水文情况统计调查制度》《全国农村水电统计调查制度》《水行政执法统计调查制度》《南水北调工程统计报表制度》等8

项经过了审批或备案，而与水资源开发、利用、节约、保护密切相关的统计调查项目仍在报批过程中，或尚未考虑纳入法制化进程。开展统计工作的法律依据不足，统计数据的权威性难以得到保证。二是部分领域缺乏统计项目或指标。当前统计项目和指标主要表现为：建设方面多、运行方面少，水旱灾害的老问题多、水资源水生态水环境的新问题少。建设方面有项目的概况、投资进展情况、工程实物量形象进度等，报送频率有年报、月报、旬报；运行方面只有工程数量、位置等基本情况，报送频率基本为年报，缺乏工程维修养护等重要指标。老问题方面有洪涝灾害基本情况、防洪除涝保护、各类洪涝灾害毁坏情况、死亡人员基本情况、受淹情况、水文情况、抗洪抢险、旱情动态、抗旱情况、防汛抗旱工程等，报送频率有年报、月报、日报、实时；新问题方面仅有供水情况、供水能力、灌溉情况、水土流失治理情况等，报送频率基本为年报，缺乏节水、河湖、生态流量等方面的统计。三是部分指标采集困难、真实性难以核实。一些指标由多个司局分别布置，统计口径等方面存在差别，增加基层工作量且数据难以相互验证，如用水量（规计司、水资源司）、灌溉面积（规计司、农水水电司）、水土流失治理（规计司、水保司）、水土保持补偿费（政法司、水保司）等；一些指标缺乏必要的计量措施，靠经验或估算获取，难以复核，如用水量、灌溉水有效利用系数、巡查水域面积等；一些指标与统计局等其他部门的口径不一，造成偏差，难以相互验证，如水利建设投资的全口径统计与统计局的水利管理业固定资投资统计存在明显差异；部分数据来源于其他部门或非水利系统管理单位，数据的收集、汇总和协调难度较大，如综合统计中的水田、水浇地面积、用水量、城镇自来水水厂等指标，需要协调国土、环保、住建等部门才能获取。

（二）水利统计的技术手段不满足新要求

一是水利统计采集手段偏弱。目前，水利统计的数据采集主要靠人工，如水行政执法统计中，巡查河道长度主要依靠人工计算车、船等交通工具里程差值来采集数据；水利投资执行情况统计中，主要依据与工程建设相关的采购合同、监理文件等，通过人工填表采集；水利工程供水数据根据业务记录采集而得，有监测设备的取水口通过仪器进行采集；业务记录无法自动转化成统计数据，基层统计人员日常疲于填报、汇总，负担和压力非常大。二是统计系统与业务系统之间的壁垒未打通。各统计项目的数据上报系统相互独立，与业务系统之间也没有关联。如水利综合统计与水资源统计、农田灌溉统计等相互独立各成体系，与中小河流治理、病险水库除险加固等业务系统也没通过相关技术手段进行链接，使原本可以实时采集、相互共享的数据闲置，而重新耗费大量人力物力分别采集。三是与国家其他部门数据缺乏衔接。水利统计中部分指标需要与其他部门协商获取，一些指标与其他部门重复或重叠。如水利服务业统计中的项目法人情况与工商部门相关资料重复，法人的财务情况与税务部门数据重复；工业用水户等名录可以从统计局沟通获取。

（三）水利统计的成果分析支撑能力不足

统计成果运用是统计工作的初衷和目的。一是对"昨天"的总结偏少。汇编了水利统计年度、月度数据，形成了《第一次全国水利普查公报》《中国水利统计年鉴》《全国水利发展统计公报》《水资源公报》《中国水旱灾害公报》《水情年报》《地下水动态月报》等成果，对历年水利改革发展的数据进行了比较，但对数据变化的深层次原因未做归纳总结，难以发现水利改革发展过程中的深层次问题，难以为今后开展类似工作提供经验。二是对"今天"的分析不足。在投资计划执行管理领域开展的数据分析工作较为成熟，分析结果用于每月的调度会商会议，督促了各地加快推进工程建设。其他领域的现状数据分析工作极少开展，缺少主动发现问题、解决问题的工作推进机制。三是对"明天"的预测缺失。在防汛抗旱领域，利用水文等统计数据预测未来防汛形势；在规划编制领域，利用水资源使用情况等统计数据预测规划水平年的用水需求等。但总体而言，亟须充分挖掘统计数据的深层意义，加强开展预测预警预报等工作。

三、加强水利统计支撑补短板、强监管的建议

为全面支撑水利工程补短板、水利行业强监管的数据提供、分析、预测等需求，提升水利统计数据利用效率，结合地方实践经验和其他行业好的做法，提出进一步做好水利统计工作的意见和建议。

（一）抓好顶层设计，全面完善统计制度

一是研究解决水利统计重大问题，高位推动水利统计各项工作。规计司加强归口管理，相关司局各负其责组织开展统计工作，完善水利统计工作组织体系。二是紧紧围绕补短板、强监管十大重点领域，结合"九大业务需求"，研究确定新时代水利改革发展的数据需求，明确数据获取来源，以现有水利统计调查项目为基础，统筹绘制水利统计"一套表"，统一标准、统一口径、统一布置、统一数据源。三是按照依法治国的要求，抓紧出台防范和惩治水利统计造假、弄虚作假责任制，抓紧修改完善未审批备案的统计调查制度，报统计局审批备案后实施，依法依规开展水利统计工作。

（二）提升统计手段，着力补齐水利统计基础短板

一是积极将先进的信息技术运用到水利统计工作中去，研究利用人工智能、遥感、

无人机、车载单兵设备、手机移动端等手段用于统计数据采集。如在投资统计中，探索研发合同、监理等文件识别系统，或与工程建设管理有关信息系统对接，直接获取相关数据，自动完成指标计算并上报。在河湖执法中，运用车载或单兵设备，实时获取巡查路线及影像，对违法案件的事实认定及证据采集能够当场实现。二是加快水利大数据平台建设，推进水利统计方法和流程创新，将水利统计系统融入到水利大数据中，充分利用大数据平台的透彻感知和业务数据，提升水利统计基础资源的广度和深度。三是加强与国家其他部门沟通协调，构建统计数据的共享协作机制，做好数据合作、对接、共享以及相关系统的互联互通，将水利统计采集触手扩展到水利系统外部。

（三）强化分析预测，全面提升水利决策支撑水平

水利统计成果不能只是干干巴巴的数据，必须对数据进行加工、分析和评价，进行适当形式的展示，挖掘数据背后隐藏的规律。一是以目标为导向，由规计司牵头，会同相关司局围绕补短板、强监管，系统梳理业务工作开展对水利统计分析的需求，明确水利统计分析的重点、成果形式等。二是培育水利统计分析团队，保障足够的研究经费，配齐配强软硬件条件，综合利用高校、大数据企业等社会统计分析资源，加快提升水利统计分析能力。三是继续加强基层水利统计业务培训，完善培训体系，提升统计人员业务水平，保障用于统计分析的数据质量。四是完善和发布水利统计成果查询展示系统，将统计数据和分析结果部署到系统上，供领导参阅。

参考文献

［1］谷媛媛. 深化水利统计工作的几点认识［J］. 河北水利，2015（11）：44.
［2］金晓琴. 立足水利发展提高水利统计数据质量［J］. 农业科技与信息，2017（2）：119-128.
［3］肖丽丽. 对当前水利统计队伍建设的思考［J］. 农业科技与信息，2017（22）：107-108.
［4］王玮. 水利统计对于水利建设的重要性分析［J］. 河南科技，2019（5）：86-87.
［5］马一平. 水利统计工作存在的问题及改进措施［J］. 农业科技与信息，2019（3）：101-102.
［6］周秋露，江祖昌. 水利工程统计中存在的不足与改进措施［J］. 四川水泥，2019（1）：345.

试论构建农村供水行业监管体系的对策措施

徐 佳

中国灌溉排水发展中心（水利部农村饮水安全中心）

自 2005 年我国启动农村饮水安全建设以来，已建成农村集中供水工程 77.5 万处，供水人口约 7.38 亿人。"十三五"以来，我国农村饮水安全发展已从大规模工程建设解决饮水安全问题，逐步向提升供水服务质量和工程运行管理水平转变。农村饮水安全的主要矛盾已从"有水喝"向"喝好水"转变，要解决这个主要矛盾，就必须加强农村供水行业监管，但是目前行业监管薄弱的现状，难以满足数以万计的农村供水工程长效运行的需求。

一、农村供水行业监管面临的新形势和新要求

（一）全面建成小康社会、实施乡村振兴战略、健康中国行动对农村供水行业监管提出了新的更高要求

获得干净的饮用水是公民的基本生产权。农村供水工程是广大农村地区重要的基础公共设施，党中央高度重视农村饮水安全保障工作，将其列为全面建成小康社会的"一票否决"考核指标。同时，作为国家实施乡村振兴战略和城乡融合发展基础性支撑，农村饮水安全保障的重要程度日益攀升。随着在农村饮水安全巩固提升工程建设不断推进，越来越多的农村居民的饮水条件得到持续改善，工程能否正常运行，能否长期可持续，已成为农村饮水安全保障的决胜环节，只有通过强化行业监管，激发内生动力，才能不断提升工程运行管理水平。

（二）新时代水利工作总基调对农村供水行业监管提出了新的更高要求

在全面认真学习贯彻落实中央治水方针和习总书记"3·14"讲话的基础上，水利部党组提出了"水利工程补短板、水利行业强监管"的新时代水利工作总基调。农村供水工程作为重要的水利工程，关乎农村经济社会可持续发展和人民健康，关乎社会稳定，要让农民及时喝上放心水，对其安全运行实施行业监管至关重要。

（三）社会资本参与和企业化运营对农村供水行业监管提出了新的更高要求

"十三五"以来，各地多方筹措建设资金，通过引入社会资本参与工程建设和运行管理。"十三五"以来，在国家政策的鼓励支持下，金融信贷和社会资本积极参与农村饮水安全建设，从"十二五"年均不足 10 亿元，升至 2016 年的 72.1 亿元，增幅达 621％。越来越多的涉水企业进入到城乡供水一体化和规模化集中连片供水工程的建设和运营管理领域。企业受逐利性本质影响，往往追求效益最大化，因此需要通过农村供水强监管，规范企业的经营行为，确保企业履行保障饮水安全的义务，保障用户合法权益。

二、农村供水行业监管存在的薄弱环节

（一）"重建轻管"的思想尚未彻底转变

"十三五"以来，农村饮水安全进入巩固提升的新阶段，然而，一些地方固有的单纯以工程建设解决饮水问题的观念未及时转变，对工程建后管护工作重视不够，导致工程带病运行，未达使用寿命年限就濒临报废的现象较多，进入了重复建设的恶性循环。一些"十二五"初期建成的工程再次被列入"十三五"巩固提升范围。

（二）农村供水行业监管体系不健全

目前，各地初步建立了以县级水利局及其派生机构组成的农村供水行业监管体系。然而，行业主管部门长期从事工程建设的组织管理工作，对于向强监管的"裁判员"角色和行业技术指导的"教练员"角色转变不够；有的对做"运动员"乐此不疲，对做"裁判员"兴趣不大，有的既是"运动员"又是"裁判员"，行业监管形同虚设。

（三）农村供水行业监管能力相对不足

当前，全国 77.5 万处集中供水工程中，千吨万人工程仅 1.4 万处。数量众多且运行管理水平不高的工程，给行业监管带来了不小的难度。同时，基层水利部门人少事多，专业能力不高，给排水专业技术人员短缺，导致有效的行业监管难以覆盖现有工程。

三、农村饮水安全保障监管体系构建

(一)监管主体与监管对象

1. 监管主体

自"十二五"以来,农村饮水安全保障实行地方行政首长负责制,并已明确农村饮水安全属中央和地方共同事权,地方政府对农村饮水安全保障承担主体责任。因此,水行政主管部门是农村供水行业主管部门,国家发展改革委、财政部、卫生健康委、生态环境部、住房城乡建设部,以及税务和电力等相关部门配合做好相关工作。其中,县级水行政主管部门是监管的主体,流域水管站、县乡镇水利站是农村供水行业监管职能的延伸。区域水质检测中心作为供水行业监管水质问题的专业技术部门为水行政主管部门进行行业监管提供技术支撑。

2. 监管对象

供水单位是农村供水行业实施监管的对象。目前,全国共有集中式供水工程77.5万处,农村供水单位不仅数量众多且形式多样,其属性包括政府、村集体和企业。其中,政府机构主要管理以政府投入为主,规模较大的工程,包括县级水行政主管部门及其派生机构(供水总站、流域水利站)和乡镇水利站。村集体主要管理以政府投入为主但规模较小的工程(单村工程居多),包括农村集体经济和农民用水合作组织。企业主要管理融资建设、承包租赁、委托经营等具有一定规模的工程,包括政府成立的国企、民企、股份制企业等。

(二)监管目标与内容

农村供水行业监管的最终目标是保障农村饮水安全,包括水量、水质、方便程度、保证率四个方面的内容。对农村供水单位运行状况实施行业监管,主要从用户能不能够喝上放心水、工程能不能正常运行、工程运行是否可持续三个方面思考,将行业监管内容深化为水压、水质、可持续运行三个方面。

1. 水压达标

相关标准明确要求,管网最不利点用户龙头水压不低于0.1MPa。水压达标,代表了供水水量和保证率达标,是综合考核水源、水厂、管网及二次加压是否达标的绩效指标。

2. 水质合格

水质是饮水安全的核心内容。水质指标不仅可以直接评价饮水安全状况,而且反映了水源保护、水处理、消毒等工作的情况。《生活饮用水卫生标准》（GB 5749—2006）明确了出厂水和末梢水的水质要求。同时，《地表水环境质量标准》（GB 3838—2002）、《地下水质量标准》（GB/T 14848—2017）、《生活饮用水水源水质标准》（CJ 3020—93）等规定了水源水质标准。

3.运行可以持续

农村供水工程运行的可持续性，主要体现在供水设施资产的保值和经济上的可持续良性运行。

在国有资产保值方面，相关制度中应明确国有资产管理委托管理、租赁、盘点、处置等环节中的重要事项和有关要求，落实国有资产管护责任，并使得资产运行和管理水平处于良好水平。

在收支平衡方面，应建立使用者付费制度，按照"补偿成本、合理盈利"的原则确定水价，实行有偿服务、计量收费。按照《水利部、财政部关于做好中央财政补助农村饮水工程维修养护经费安排使用的指导意见》，发挥中央资金引导作用，落实地方配套补贴资金，构建符合当地特色的水价批复与补贴权责统一机制。

（三）监管措施与手段

坚持"问题导向，问责抓手"的工作方式，实行清单式管理，重点抓好"查、认、改、罚"四个关键环节，促进农村供水行业各项工作持续推进。

1.查找问题

作为对监管对象实施监督的基础性工作，"查找问题"的关键在于拉近监管者与实际情况的距离，畅通监管者了解实际情况的通道。一是开展暗访。飞检、"四不两直"督查，是能够查出真问题、看到"原生态"的检查方式，具有很强的针对性、实效性和威慑效力。二是设置举报热线和邮箱。畅通用户问题反馈通道，随时反映供水服务问题和合理诉求。三是水质检测。通过区域水质检测中心开展定期巡检，定向抽检等方式，查找水源保护、水厂净水消毒等环节的问题，及时反馈水行政主管部门；涉及水源因污染水质不达标问题，反馈生态环境部门。四是信息化监测。通过布设水压、水质、视频等探测设备，实时监控工程运行状况。

2.认定问题

对发现的问题进行分析判定。一是认定严重程度。根据问题造成的影响、法规政策、技术标准，判断问题严重程度，并采取相应措施加以应对。二是查找分析原因。从法制、体制、机制方面，查找顶层设计、政策执行等层面存在的问题。三是与相关部门座谈反馈并交换意见，明确责任单位和责任人。

3. 整改问题

要求供水单位随时整改、即查即改。对于不能及时整改的问题做限期整改要求。更为重要的是做好举一反三的工作，防止同一问题在不同时间、不同地域、不同工程反复发生。同时，定期开展回头看，对供水单位整改情况进行评估，确保问题整改到位。

4. 追究责任

根据问题的性质和严重程度，分清责任，追究到单位和具体责任人，并追溯上级主管单位责任。追责的关键在于执行力。有错必查，有责必追，不能含糊怠慢，要让法规制度"长牙""带电"，将问责转化为力行整改的动力，实现"纠正人的错误行为"。

四、农村供水行业强监管的对策措施

（一）健全农村供水法律法规体系

一是研究出台政策法规。在16个省（自治区、直辖市）和新疆生产建设兵团已出台的省级农村供水法律法规的基础上，抓紧研究制定国家层面的农村供水法律，健全农村供水法制体系的顶层设计；同时，建立健全基层管理规章制度，如县级农村供水管理办法、工程运行管理规章制度等。

二是加强政策法规执行力度。做到有法必依，强化约束机制，加强责任追溯，用好《水污染防治法》等已出台法规政策，强化取水许可证、卫生许可证、工商企业经营登记等行政许可的管理，倒逼相关责任主体履职尽责，提升工程管理水平。

（二）完善农村供水监管责任体制

一是理顺监管主体与被监管主体之间的关系。明确县级政府主体责任和水行政主管部门作为农村供水行业主管部门责任以及其他相关部门责任。化解水行政主管部门及其派生机构同时充当工程管理者和监管者带来的弱化行业监管的问题，处理好"运动员"与"裁判员"的关系。水行政主管部门在强化监管的同时，也应加强技术指导，组织专业技术人员培训，做好"教练员"的角色。

二是理顺工程产权主体和管护主体之间的关系。产权主体是工程管护的实施者，也是管护主体的监督者，对工程运行负总责。管护主体是工程运行管理的具体实施者。未实行产权主体与管护主体分离的工程，产权主体同时也是管护主体；实行产权主体与管护主体分离的工程，产权主体有责任监管管护主体的经营行为，掌握供水设施运行和资产保值情况。

三是创新规范工程产权和管护体制。根据需要将专业性强的维修管护工作，采取向社会购买服务的方式，委托、外包给具备相应资质的机构完成。当采取特许经营、委托管理、购买服务等方式确定管护主体时，应采取公开招标、邀请招标、竞争性谈判等方式择优选定。

（三）创新构建农村供水监管机制

一是构建延伸至基层的责任制体系。将政府主体责任延伸至镇村，充分发挥镇、村两级在水源保护、工程管护、水费收缴、安全饮水宣传等工作中的主体作用。发挥党员、干部在涉水事务中的垂范作用。

二是构建产权和管护主体约束机制。强化颁发产权证书、鉴定管护协议、委托合同等文件的法律效力，明确饮水安全保障和工程管护的责任，以及接受行业主管部门指导和监督的义务，以完善的法律性约定和法律追诉权，夯实行业监管基础。

三是构建考核奖惩激励机制。构建地方政府主体责任、水行政主管部门行业监管责任、供水单位运行管理责任，以及财政、生态环境、卫生健康、物价、税务、电力等部门参与的责任体系，逐级签订责任书，落实责任到人，构建绩效考核机制。同时，构建行业主管部门与供水单位间、供水单位各部门间的多层次的绩效考核和奖惩机制，调动人的主观能动性，激发供水单位内生动力。

五、几　点　建　议

一是持续开展各层级饮水安全工作暗访。鼓励指导各地参照水利部农村饮水安全工作暗访模式，开展省、市、县级飞检和"四不两直"督查。要着重做好前期培训，集中学习法规政策和技术标准，综合考虑不同区域分布、自然地理和经济条件、水源、水质类型、供水规模等因素，保障暗访工程选点的代表性和覆盖面。

二是进一步完善行业制度顶层设计。要用好暗访成果，高度重视暗访发现问题，深入分析原因，从制度缺陷上找原因，从制度执行上找差距，进一步健全农村供水法规政策体系，全面构建覆盖全过程的农村饮水安全保障机制。

三是加快推进农村供水信息化建设。鼓励各地加大农村供水工程信息化建设投入，根据行业强监管的需求，配套安装管网末梢水压、出厂水和末梢水水质的实时监测设施，升级信息系统报警功能，实现互联网数据远传共享储蓄备案能力。鼓励委托第三方开展农村供水单位运营状况评估。加大信息共享公示力度。

四是强化饮用水水质监管。要将区域水质检测中心牢牢把控在水行政主管部门手中，发挥其在行业监管中水质监督的重要作用。要配齐专业技术人员和运行经费，健全运行管理制度，确保正常运行。在建立检测中心向水行政主管部门全权负责机制的基础上，可将水质检测工作委托疾控部门负责运行，或向社会购买服务。抓紧构建水质结果反馈机制和水质信息多部门共享机制。

加强水利审计工作，强化行业强监管力量

贾建明　　侯　洁

水利部审计室

党的十九大在部署建设现代化经济体系中，把水利摆在九大基础设施网络建设之首，作为深化供给侧结构性改革"补短板"的重要领域，充分凸显了水利在我国经济社会发展中的重要战略地位。随着水利事业发展进入新时代，我国治水的主要矛盾已经发生深刻变化，治水思路和工作重点也要随之改变，在 2019 年 1 月 15 日召开的全国水利工作会议上，确立了下一步水利工作的重心将转到"水利工程补短板、水利行业强监管"上来，意味着强监管将是新时代水利改革和发展的主调，水利审计作为水利行业的重要监督手段，要进一步提高政治站位，精心谋划、认真做好水利审计工作，充分发挥水利审计的专业监督作用，有效防范补短板风险，强化强监管力量，推动部党组各项决策部署落地见效。

一、"强监管"对水利审计的要求

（一）贯彻党中央和部党组对构建完整有效审计体系的决策部署

党的十八大以来，党中央、国务院高度重视审计工作，着力加强党对审计工作的领导，相继作出一系列决策部署，颁布了《国务院关于加强审计工作的意见》《关于完善审计制度若干重大问题的框架意见》等一系列意见办法，提出了实现审计全覆盖的总体要求。为改革审计管理体制，构建集中统一、全面覆盖、权威高效的审计监督体系，中共中央于 2018 年 3 月组建中央审计委员会；习近平总书记在 5 月 23 日召开的中央审计委员会第一次会议讲话中指出："加快形成审计工作全国一盘棋。要加强对内部审计工作的指导和监督，调动内部审计和社会审计的力量，增强审计监督合力。"内部审计作为国家审计监督体系的重要组成部分，加强内部审计是实现审计全覆盖的必然要求。水利部党组提出了"水利工程补短板、水利行业强监管"水利改革发展总基调，随着水利改革发展的不断深入，水利审计工作面临着新的形势，要求水利审计"防范补短板的风险，强化强监管的力量"，充分发挥水利审计的专业监督作用，是推动新时

代水利事业发展的迫切需要。水利部部长鄂竟平多次听取水利审计工作汇报，指出水利审计作为"强监管"的重要手段之一，要强化顶层设计，形成完整、有效的审计体系，实现审计监督全覆盖。加强水利审计，与国家审计优势互补、形成审计监督合力，对拓展审计监督广度和深度、推动行业强监管、实现审计监督全覆盖具有重要意义，既是落实党中央对构建审计监督体系的要求，是践行部党组对水利审计的指示，也是顺应水利改革发展对审计监督的要求。

（二）做好"强监管"的有力抓手

在水利行业强监管背景下，意味着要坚持以问题为导向，以整改为目标，以问责为抓手，从法制、体制、机制入手，建立一整套务实高效管用的监管体系，通过强有力的监管发现问题，及时堵塞漏洞，有效防范风险。水利审计作为作为水利监督体系的重要组成部分，要认真领会习近平总书记"3·14"重要讲话精神和水利部部长鄂竟平关于"工程补短板、行业强监管"的讲话精神，深入思考"是什么""差什么""为什么""抓什么""靠什么"五个要求，做好行业监管的有力抓手。围绕党中央、部党组重大决策部署贯彻执行情况进行审计调查，聚焦水生态文明、水利基础设施网络、农村水利建设、河长制湖长制落实情况、脱贫攻坚等方面，摸清政策实效，确保各项政策措施落地生根；通过对领导干部开展经济责任审计，重点关注贯彻落实党中央和部党组重大决策部署情况、财政财务收支真实性合法性合规性、重点项目投资管理、对下属单位监管等方面，加强对权利运行的制约和监督，促进领导干部廉洁从政、履职尽责；从计划管理、建设管理到资金管理以及建设项目的进度、效益的发挥等方面对水利建设项目进行审计，揭示风险隐患，及时督促整改落实，促进项目如期保质完成，有效发挥项目综合效益；密切关注重点领域、重大项目、重要资金，摸清真实情况、加强过程监督、及时反映问题、有效防范风险。水利审计通过推进全过程监督、全覆盖审计，发挥审计"治已病、防未病"重要作用，为行业强监管提供有力支撑和保障。

二、制约水利审计充分发挥"强监管"作用的几个因素

（一）水利审计发展不平衡、不充分

根据《审计署关于内部审计工作的规定》（审计署令第11号，以下简称"11号令"）要求，内审机构应当在本单位党组织、主要负责人的直接领导下开展内部审计工作，向其负责并报告工作，目前水利审计一般都是在分管负责人的领导下开展工作；

11号令规定"国有企业应当按照有关规定建立总审计师制度。总审计师协助党组织、董事会（或者主要负责人）管理内部审计工作"，目前水利企业普遍未按规定设立总审计师制度。独立健全的审计机构是保障内部审计独立性，有效开展内审工作的前提，独立性是保障审计结果客观、真实的前提和基础，而水利行业部分单位还存在内部审计机构不健全等问题。这其中既有相关法律制度不健全、体制机制不完善等原因，也与单位和领导对内部审计的重视程度有关，近年来随着国家审计力度的不断加大，审计监督被纳入国家监督体系，越来越多的单位对内部审计的重视程度也在不断增强，但同时，水利系统也依然有不少单位和领导对内部审计没有给予足够重视，未设立单独的水利审计机构，或将水利审计与财务、监察等部门合并，或放在下属单位，由于水利审计关联部门较多，权威性不足，致使其独立性受到制约，难以保障独立客观的审计结果，极大影响了水利审计工作的开展和作用的发挥，有些单位甚至没有配备专（兼）职内审人员，以致水利审计工作无法正常开展，从而无法在强化水利行业监管、及时防范化解风险等方面充分发挥作用。

（二）水利审计队伍建设不足

新时代赋予了水利审计新的职责和使命，也对水利审计人员提出了更高要求，然而当下对水利审计的队伍建设还存在不足，主要体现在以下几方面：一是水利审计人员的政治站位还不够高，没有充分认识到水利审计在国家监督体系以及水利行业监管中的重要作用，政治意识和责任担当不足，没有将自己置身于党和国家事业发展以及水利改革发展的大局中思考开展工作，履行水利审计监督职责；二是水利审计人员编制普遍较少，力量较弱，普遍存在任务重、人员少的情况，有审计经费的单位能够借助社会审计的力量完成审计项目，受制于经费的单位不得不减少审计项目的开展，导致水利审计难以发挥应有的作用；三是水利审计人员综合素质还存在不足，随着水利审计范围的不断拓展，要求审计人员对审计覆盖的业务都要精通，专业知识过硬，同时也需要有良好的分析整合和沟通协调能力等，目前水利审计人员主要以审计、会计、经济类等专业为主，很多单位水利审计人员由财务、纪检监察等人员兼职，受专业技能的制约，缺乏高层次的审计专业理论和技巧；四是水利审计信息化建设薄弱，目前水利审计信息化建设还处于较落后的水平，大数据时代已经来临，审计技术却并未随着科技发展进行大变革，审计手段主要还是以手工查账为主，凭审计人员的审计经验和职业判断通过抽取样本进行，审计手段的单一使得审计对象的数据范围过于狭隘，无法客观全面地反映审计对象的财务情况以及更深层次的问题。同时，传统的审计方式和工具也不利于审计人员采集数据、取证查证、作出客观科学判断，内部审计信息化技术水平制约了审计业务的开展和效率。

（三）审计成果运用机制不完善

审计成果是经过实施审计程序，汇总工作成果形成的审计结论与建议，是审计成效的集中反映，是做好审计工作的重要衡量标准。审计成果的运用是审计工作的"最后一公里"，关系到审计的职能是否得到有效发挥、审计的价值能否得到充分体现。目前对于水利审计的成果运用机制尚未完善，导致成果的产生与转化运用之间没有良好有效的衔接，对审计成果的实际利用不充分，主要原因一方面是对审计发现问题的整改问责机制不健全，未明确被审计单位主要负责人为问题整改第一责任人，没有制度约束和机制作保障，审计成果的转化运用很难落到实处，有些单位对于审计发现问题重视程度不够，对问题疏于整改或整改流于表面，未能从问题根源上进行纠正，从而无法避免同类问题重复出现，内部控制难以得到完善；另一方面是未建立起审计与纪检监察、机关党委、人事、财务以及相关业务部门的问题整改联动机制，发挥合力促使审计整改落到实处。

三、对下一步加强水利审计促进"强监管"的建议

（一）进一步强化顶层设计

党的十八大以来，党中央、国务院对审计工作高度重视，在加强审计监督、完善审计制度、实现审计监督全覆盖、督促审计发现问题整改落实等方面作出了顶层设计，也为水利审计带来了新思路和新要求。一是进一步建立健全内部审计制度。随着内部审计制度的改革创新，水利审计应推动加快建立健全水利审计制度。2018 年 1 月，审计署颁布了《审计署关于内部审计工作的规定》；2019 年 7 月，中共中央办公厅、国务院办公厅印发了《党政主要领导干部和国有企事业单位主要领导人员经济责任审计规定》；水利审计与时俱进，发布《水利部内部审计工作规定》，及时组织修订《水利部领导干部经济责任审计规定》，编写《水利审计项目质量控制办法》等制度，通过不断加强顶层设计，推动制度建设，让水利审计在开展审计工作时有规可依，为发挥水利审计"强监管"作用提供根本遵循。二是发挥水利部审计室的行业指导和统揽龙头作用，整合水利审计力量，增强合力、共同发力，形成内部监督合力，采取部集中统一领导，通过带队主审、交叉审计、联合审计方式，逐步实现对所有下属单位的内部审计全覆盖。

（二）进一步提高水利审计机构独立性

独立性是内部审计工作的基本前提，内部审计的独立性主要体现在机构设置、人

员配备以及审计经费几个方面。首先在机构设置上，水利审计机构应当完全独立，不应隶属于或平行于财务、监察等其他部门，根据审计署 11 号令，内部审计机构应在本部门本单位党委（党组）、主要负责人的直接领导下开展工作，并严格执行重大事项报告制度，凡是涉及审计计划确定、审计情况报告、违规事项处理、违法问题移送等重大事项的，都要向党委（党组）报告。其次在保证审计机构独立的同时，人员、业务及经费的独立性也应得到保障，水利审计部门应配备专职的审计人员，不能由其他部门人员兼任，这样审计人员才能在规定的权限内独立行使职权，在开展审计业务时，能够站在客观公正的立场去观察、分析、查证问题。审计经费独立是内审机构、人员和业务独立的保障，水利审计机构履行职责所需经费，应当列入单位财务预算，予以保证。审计经费中可根据审计计划安排一部分经费，用于委托社会审计中介机构协助内审完成审计业务，以解决水利审计力量不足等问题，在"强监管"中发挥有利作用。

（三）进一步强化水利审计队伍建设

加强对专业化人才培养，强化队伍建设是水利审计持续健康发展的重要基础。按照习近平总书记建设信念坚定、业务精通、作风务实、清正廉洁的高素质专业化审计干部队伍的要求，首先要提高水利审计人员的政治站位和政治品格，水利审计人员应牢固树立"四个意识"，胸怀全局、登高望远，自觉站在党和国家发展以及水利改革发展的大局层面上思考开展工作，牢记审计职责和使命，以高度的责任意识和担当意识，认真贯彻落实党中央国务院和部党组对内部审计工作的新使命、新要求、新任务；其次要增强政治定力、纪律定力、道德定力、抵腐定力，慎独慎微、廉洁从审，始终做到不放纵、不越轨、不逾规。同时，应持续深入推进水利审计信息化建设，不断改进创新审计技术手段，探索将大数据应用嵌入审计监督全过程，实现信息技术与审计业务有效衔接，更好发挥信息化、大数据在推进审计监督全覆盖、提高审计审计效率等方面的重要作用；加大对科技复合型审计人才的培养力度，通过多途径、多渠道开展继续教育，优化审计人员的知识结构，不断提升水利审计人员实战能力，使水利审计人员与时俱进，形成水利审计科技创新和长远发展的有效支撑，为水利行业"强监管"提供智力支撑。

（四）进一步加大审计力度

对党中央国务院和部党组的重大决策部署落实情况进行审计监督，抓重点、攻难点、补短板、强监管，重点围绕水土保持工程建设以奖代补试点项目奖补资金使用情况、地下水超采综合治理试点项目经费使用及任务实施情况、移民后期扶持资金管理使用情况、脱贫攻坚完成情况等开展专项审计和审计调查，重点关注项目推进情况、资金到位情况、基建程序履行情况、建设管理及运营效益等，及时发现问题，对加强监管和风险防控等提出有效建议，确保重大决策部署落地生根。进一步加强经济责任审计力度，强化对领导权力运行的监督制约，提高任中审计比例，不断加大对权力集中、资金密集、资产聚集的重点岗位、重点事项和重点环节的审计监督力度，着力关注领导干部贯彻党中央、部党组重大决策部署和重大政策落实情况、"三重一大"决策执行情况、主要经济指标完成情况、内部控制建设及执行情况、审计整改落实情况、廉洁自律情况等，促进领导干部依法用权、秉公用权、规范用权。以防范资金风险为目标，加大对资金使用管理的监督力度，重点关注资金的分配、拨付、管理、使用是否合法合规，严查挤占挪用虚列套取资金情况，确保资金安全有效使用。在加强水利审计全覆盖的同时，要坚持问题导向，突出重点，聚焦重点领域、重点资金、重点项目，精准发力，对水利重大政策执行、重大战略规划落地、重大工作推进、重大投资项目、重大工程项目等进行跟踪审计，强化全过程监督，及时消除问题隐患，防范化解重大风险。

（五）进一步加强审计查出问题整改工作

审计整改是促进审计工作取得实效的关键环节，是审计成果的巩固和保证，水利审计应采取有效措施督促整改，切实做好审计工作"最后一公里"。督促各单位建立健全审计发现问题整改机制和问责机制，压实被审计单位主要负责人为整改第一责任人，督促单位负责人切实履行审计整改职责，组织对审计发现问题深入分析、认真整改、强化措施，既要重视"治已病"，更要在"防未病"上下工夫，充分利用审计成果，举一反三，着力完善体制机制，切实加强管理，确保审计查出的问题得到彻底整改，并将内部审计结果及整改情况作为考核、任免、奖惩和相关决策的重要依据。水利审计机构应当积极协助部党组督促落实审计发现问题的整改工作，对于整改不力、屡审屡犯的，要进行责任追究。水利审计要对审计发现的问题提出切实可行的整改意见，建立整改台账，制订整改督查方案，明确督查任务、整改时限和要求，强化审计整改责任，督促被审计对象整改，通过开展跟踪检查或"回头看"，促进问题整改落到实处；定期对前期审计项目完成情况和整改督查情况进行梳理，对新增的整改督查问题进行登记台账，对已完成整改落实的问题销号处理，使各项整改任务更加明确具体、更具操作性。

（六）进一步深化联动机制

内部审计作为对被审计单位审计监督的第一道防线，具有全面性、专业性、连续性等优势，对本单位的情况最为熟悉，可通过加强内部审计与财务、人事、国家审计、纪检监察等部门的沟通与协作，建立信息共享、结果共用、重要事项共同实施、问题整改问责共同落实等工作机制，确定各自管理和检查的范围及重点，不留死角的同时避免重复检查和多头检查，最大程度地形成强监管合力。内部审计与国家审计、纪检监察都是行使监督权力，但各自侧重不同，掌握的信息不对称，通过探索监审联动机制，将内部审计与国家审计、纪检监察建立起信息沟通分享机制、问题线索移送制度、审计纪检联合审查制度等，使三者在信息互通、资源共享、日常工作联动等方面形成常态化机制，协同高效合作，实现优势互补，为拓展监督的广度和深度、实现水利行业监督全覆盖夯实基础。

参考文献

［1］ 鄂竟平. 工程补短板　行业强监管　奋力开创新时代水利事业新局面——在 2019 年全国水利工作会议上的讲话［J］. 中国水利，2019（2）：1-11.

［2］ 王秀丽. 青岛市委审计委员会要求促进权力规范运行，加大经济责任审计力度［N］. 中国审计报，2019-08-16（1）.

［3］ 苑小巍，韩苗苗. 山东省人大常委会提出要推进审计全覆盖，着力提升审计监督效能［N］. 中国审计报，2019-08-14（1）.

关于加强南水北调维修养护项目全过程造价管理的相关建议

王　贤

南水北调中线干线工程建设管理局北京分局

全过程造价管理是为实现整体管理目标而进行的成本控制、计价与定价的系统活动，它贯穿于维修养护项目的全寿命周期，包括项目前期决策阶段、设计阶段、招投标阶段、施工阶段和竣工结算阶段。它是一个全方位的、全过程的、多层次的、系统性的、动态化的管理过程。实行全过程造价控制与管理，减少了分阶段造价管理的工作界面和协调难度，解决了信息不对称的问题。它将各阶段的造价业务整合在一起，从而形成一个完整的链条，使得工程造价管理的理念、目标和控制方式能够有效地统一和实现，并贯穿于整个项目的始终，从而更有效地控制投资。

一、南水北调维修养护项目的特点

南水北调工程多处于地势复杂、远离市区的偏远位置，具有规模大、线路长、运输难、维护项目分散、技术条件复杂、风险系数高、施工难度大、措施费用高等特点。尤其在高填方、深挖方、隧洞等位置进行施工，会受到地质、地貌、气象、水文、土壤、植被等自然条件限制，因此需采取相应的防护措施，化解不稳定因素和风险。基于此，南水北调维修养护项目存在复杂性及不可预见性，投资控制存在一定的风险，因此提高造价管理的规范化与精细化势在必行，而全过程造价控制与管理无疑是一个很好的解决方案。

二、全过程造价管理的主要工作内容

（一）决策阶段

在项目建设各阶段中，项目决策阶段对工程造价的影响最大，项目决策正确与否直接关系到工程造价的高低和投资效果的好坏。在该阶段，鉴于南水北调维护项目的技术复杂性，编制项目建议书和可行性研究报告时，应对项目进行投资评估和经济评价，必要时可邀请专家进行论证。此外，应对维护项目进行标准化审核与调整，使之成为可以复制的标准。

（二）设计阶段

设计阶段对工程造价的控制起着至关重要的作用，但往往由于设计阶段在技术、经济方面的偏差，造成维护项目造价失控、投资效益低下、超预算现象屡禁不止，也往往导致后期施工阶段的设计变更甚至方案的变更，最终使预算编制流于形式。因此，加强南水北调设计阶段的管理，优化工程设计，使其反映工程的实际造价，并体现工程设计的技术、经济、功能的最优化，是进行全过程造价管理的关键。

（三）招投标阶段

招投标阶段的规范与高效，对于择优选择施工单位，全面降低工程造价，使工程造价更趋于合理，具有重要的保证作用。在该阶段，应委托造价咨询机构全程参与，包括对招标合同划分和招标计划安排提供具体意见，依据招标图纸及技术规范编制工程量清单及招标控制价，编制招标文件及清标，对甲供材、暂列金额、暂估价等提供专业意见，协助进行合同谈判，拟定合同文本。

在该阶段，应充分结合南水北调维护项目的现场情况以及造价咨询公司意见，合理确定工程量清单和招标控制价，防止流标，控制投资，规避风险。

（四）施工阶段

工程项目的施工阶段是工程实体形成阶段。在这一阶段，造价管理人员应运用技术、合同等手段，做好隐蔽工程验收、工程计量、变更审核、费用调整、价款支付等环节，做好投资控制。

南水北调维护项目的工程特点决定了合同状态常因缔结之初无法预料到的情况而发生改变，变更几乎是必然发生的事项，且没有常规的依据可参考，需要根据变更内容和工程实际进行重新组价，因此工程变更也成为此阶段造价管理工作的重点。加强变更管理，对变更材料进行真实性复核，依据合同条款进行变更，将合同风险控制在一定范围内，是控制投资的有效方式，同时能够提高合同管理的精细化水平。

（五）竣工结算阶段

工程竣工结算是项目工程管理的最后一个阶段，这个阶段能够充分反映出项目前期以及施工过程的造价控制目标的实现，同时能够有效反映建设项目实际工程造价的技术指标。在该阶段，造价管理人员应依据法律法规、施工合同、工程竣工图纸及资料、工程量签认单、双方确认的索赔、变更洽商事项、现场签证、招投标文件等施工单位提交的结算资料进行审核、确认，并进行维护项目的后评价。

三、全过程造价管理的主要措施

（一）设计阶段

现实中，边勘测、边设计、边施工的"三边工程"仍然存在，由于给予设计单位的设计时间不够充足，致使设计单位为了赶图而忽略了对设计方案本身的优化，设计方案的经济性未能得到体现，从而给后期增加工程变更埋下隐患。在该阶段，进行造价控制的主要措施如下：

（1）优化工程设计。设计方案要因地制宜、因时制宜。结合南水北调工程特点，认真做好图纸的审查工作，减少图纸中的错漏现象，最大限度地控制设计变更的出现。此外，应用价值工程原理，选择技术上可行、经济上合理的设计方案。

（2）推行限额设计。限额设计是进行多层次的控制与设计，步步为营，层层控制，最终实现控制投资的目标，并实现设计的最优化。设计阶段要把限额设计作为重点工作内容，明确限额目标，鼓励采用新工艺、新设备、新材料，力求将工程造价控制在限额范围内。

（3）推行标准化设计。采用标准设计，不仅缩短了设计周期，同时加快了施工进度，提高了劳动效率，从而大幅度降低了工程成本。比如，排水沟采用预制排水沟，设计工作量减少了，施工难度也降低了，相比现浇排水沟而言，工程质量也得到了有效保证。就南水北调全线而言，节约的投资将非常可观。

（4）加强图纸会审。设计方案应尽量与施工工艺相结合，解决施工中遇到的难度问题，并从使用功能上进行合理分析。不得擅自扩大建设规模、提高设计标准、增加建设内容，避免因设计错误、遗漏或使用功能设计不合理产生的工程变更。

（二）施工阶段

工程实施阶段是整个项目建设过程中时间跨度最长、变化最多的阶段。在该阶段，进行造价控制的主要措施如下：

（1）参与图纸会审，了解施工图纸变更情况，并对图纸会审内容进行造价评估，对于其中不合理的内容提出建设性意见。

（2）对施工组织设计进行评估，对主要施工方案进行经济分析，查看有无因施工组织问题而增加工程造价的内容，并对施工进度、工艺、方案提出合理化建议，进一步优化施工组织设计。

（3）参与特殊材料、设备的定价工作，并提出合理化建议。

（4）根据工程进度进行工程计量，参与工程进度款支付控制，严格控制和管理工程进度款支付审核，定期报告项目的资金使用情况，杜绝工程价款超付现象。

（5）对拟进行的设计变更进行计量与评估。分析拟进行的设计变更对造价的影响，从多方案变更中优选出实际可行、最经济合理的变更方案，并测算出设计变更可能造成的费用上的增减。

（6）对工程签证单进行计量与评估。在施工过程中，造价管理人员应深入工地，全面掌握工程实况，做好隐蔽工程的查看和验收，涉及造价增减的，要做到及时签证、及时计量、及时评估。各种确认资料应及时办理，防止索赔事件的发生。

（三）竣工结算阶段

工程竣工结算是工程造价合理确定的重要依据，在该阶段，应严格按照合同的规范要求，对施工措施费进行严格控制。对于没有按照相关规范进行施工签证以及按照图纸要求进行施工的费用一律不得计入竣工结算。在该阶段，重点从以下几个方面进行造价控制：

（1）对工程量的审核。在开展审核工作时，在熟练掌握工程量计算规则的同时，应加强对于图纸的熟悉与了解，对工程变更签证进行全面的熟悉与分析。应仔细检查有无遗漏或重复计算的部分，同时应注意计算单位是否一致、工程量计算是否科学规范等问题。

（2）对变更项目的审核。应严格按照相关规则，对施工过程中的设计变更以及签证进行审核，施工单位应及时报送相应的工程计算式以及材料用量明细表。重点审核变更发生的原因，以此界定责任；审核人工费、材料费、机械费及取费费率是否执行原投标；审核材料、设备的签认程序是否完整等。重点关注取消某一项工作的变更程序是否完备，是否已经做了减项处理。

（3）定额套用审核。基价是否被高套、定额是否套用错误、子目是否有重复套用等现象直接影响到工程造价的高低，因此在审核工程结算时，应严格按照定额及有关工程资料进行复核，审查定额套用的合理性、合法性，以反映工程造价的真实性。

（4）对材料价格的审核。材料是影响工程造价的最活跃的因素，因此施工单位在编制结算时经常会出现虚报材料价格的现象。对此，根据国家规定的定额消耗量标准，对竣工结算中的材料价差进行审核，对定额中和招标文件中无明确规定的材料价格进行市场询价，以此核定材料价格及规定应计取的采购保管费和税金。此外，应加强对大型设备、大宗材料采购的审核程序以及验收程序，避免高套。

四、南水北调全过程造价管理的建议

为加强南水北调中线局预算管理工作，实现企业经营目标，2018 年 2 月中线局修订了《全面预算管理办法》，旨在合理配置经济资源，通过事前统筹平衡、事中监督考核、事后分析评价对经济活动开展控制、分析、监督与考评，从而实现安全、高效、规范管理。而在年度预算中，维修养护支出占据的比重最大，因此加强对其控制与监督尤其重要。

基于全面预算管理的原则，它强调"总额控制，分级实施"与"项目管理，过程监控"，在此框架下，作为项目管理单位，更应注重维护项目的全过程造价管理，以此实现全面预算的控制目标。以下是对南水北调运行维护项目加强全过程造价管理的一点建议。

（一）实行"目标控制＋过程控制＋动态控制"的控制体系

根据项目情况将预算控制目标逐步分解细化，通过招标阶段编制工程量清单和招标控制价、清标等一系列工作将预算控制目标细化明确，实现"目标控制"。在工程施工阶段，加强对合同执行情况的管理，严格把关设计变更及现场签证，及时进行预算执行情况的对比和分析，实现"动态控制"和"过程控制"。

目前，南水北调预算监管系统的建设实现了对预算项目分解下达、合同执行、结算支付、预算考核等全方位、全过程的实时监控，能够为上级领导决策提供更为直观的依据。下一步，建议将预算监管系统、合同管理系统以及财务管理系统集成于同一个大数据平台，并进行无缝对接，从而形成自上而下的反映资金流向的完整链条，以此实现多目标联动，更好地进行全过程项目管理，进而实现全面预算管理的目标。

（二）建立安全高效的造价控制内部审核机制

（1）建立健全内部审计制度。依据合同、定额、取费标准、维修养护标准、调价文件及南水北调有关规定，坚持客观公正、实事求是的原则以项目为基本单位进行内部审计，加强对维修养护项目的管理与监督，建立健全各级工程管理人员的经济责任制。针对重大项目，可委托造价咨询公司进行全过程跟踪审计，以保证审计的独立性，最大限度地控制工程造价。

（2）建立内部专业复核机制，无论是合同拟定、工程量复核、价款支付审核，还是变更洽商审核，建议业务处室内部形成复核机制，对申报材料进行层层把关，从而保证合同文本的规范性和严谨性，以及工程造价的真实性和合理性，降低履约风险。

（三）注重技术与经济相结合

在方案设计过程中，管理人员更多地侧重技术性，而忽略了经济性的影响。建议造价管理人员全过程参与项目的实施，从项目的源头参与，主动配合项目管理人员和设计人员通过方案比选、优化设计和限额设计等价值分析手段，进行工程造价主动控制与分析，确保建设项目在经济合理的前提下做到技术先进。

在南水北调维护项目中，诸如水下衬砌板修复、边坡修复、喷锚面修复等专项项目，设计方案和施工方案对工程造价的影响很大，因此该阶段需要造价管理人员充分参与到方案分析与比选的讨论中，并就工程造价和方案选取发表意见。通过方案比选，选择技术可行、经济合理的设计方案。此外，结合南水北调渠道特点，可引入标准化设计的概念，便于项目管理和造价控制。

（四）规范采购管理和合同管理程序

近年来，通过对运行维护项目资金进行多次的内部审计和外部审计，我们发现在招投标、采购管理和合同管理环节出现的问题最多，主要表现在以下几个方面：

（1）工程量清单编制不规范。项目特征描述不清，或者未按规范要求进行描述，给合同履约、变更洽商的处理带来一定难度。

（2）招标控制价编制不合理。运行维护项目不同于建设项目，具有维护项目分散、工作面狭窄、措施费用高、个性化强等特点，如果不结合现场实际情况，而按照常规编制招标控制价，则会出现招标控制价过低而无人应标或者流标的情况。

（3）未组织有效的清标。未对投标单位的资质、财务状况进行综合审查和评价，导致中标人的后期履约出现问题；未对投标报价进行合理性分析和评价，致使投标人的不平衡报价未被发现，一些清单项目定额高套、费率偏高、措施费偏高、组价不规范致使单价过高或者材料价格过高，导致一旦发生变更，则造价难以控制；一些清单项目材料价格低于市场价格，在合同履约时，施工方提供质量较差的产品以次充好，影响工程质量。

（4）对变更的控制力度不足。前期设计方案不成熟或者二次设计不深入即开始施工，边设计边施工，导致与招标图纸相比变更幅度较大，合同管理难度加大，造价难以控制。

（5）合同文本未评审。合同条文不完整、不清晰，双方责权利表述不严密，给后续合同履行带来争议。

鉴于此，建议进一步规范招投标采购程序和合同管理程序，主要做法如下：

（1）严格按照《水利水电工程标准施工招标资格预审文件》《水利水电工程标准施工招标文件》等进行招标采购。在招标时，应委托有资质的中介机构编制工程量清单及招标控制价，并组织中介机构进行清标，使工程造价更接近实际。

（2）严格控制设计变更。对于确属原设计不能保证质量、设计遗漏和错误以及与现场不符、无法施工非改不可的，应按设计变更程序进行；对于变更要求可能在技术经济上是合理的，也应进行全面评估，将变更以后产生的效益与现场变更引起施工单位的索赔所产生的损失加以比较，提出合理化建议；此外，应对设计变更进行分析，分析工程变更引起的造价增减幅度是否在控制范围之内，并对设计变更进行现场监督和重大事项记录。

（3）在合同文本评审时，建议增加内部复核机制，确保合同文本的规范化。对于前期不确定的项目应设置暂列金额或暂估价，对于重要材料的采购，可以采取甲供材或者委托采购的方式。同时，建议增加结算审计环节，最终结算价款以审计单位最终审定的金额为准，从而最大限度地规避风险，合理控制工程造价。

（五）推进企业战略化采购

南水北调工程由建设期转入运行期以来，材料、设备、备品备件的采购逐年增加。由于南水北调工程的特殊性，为保证设备运行的稳定性，很多产品的采购为单一来源，即从原厂家进行采购，采购数量大，采购成本高。由于大多数产品为标准化产品，仅有部分组件为定制，因此建议成立集中采购中心，推进企业集团化、战略化采购进程，对所需设备及备品备件进行集中、统一采购，既保证了产品的高标准、一致性，又降低了采购成本。

（六）重视物资回收管理

随着运行维护项目中设备、备品备件等的更新换代，应重视替换下来的物资的回收管理。由于电子元器件更新换代的速度很快，如不及时进行残值回收会带来很多遗留问题，一是长期积压会增加库房压力，二是拖延时间越久越难将残值变现，比如变压器、热油融冰设备、配电箱等。建议及时修订物资管理办法，对淘汰的物资进行残值回收处理，避免资金浪费。

总之，对南水北调维修养护项目实行全过程造价管理是为实现全面预算的管理目标、合理配置经济资源、实现造价管理的规范化与精细化的最佳解决方案。将这一理念贯穿于维修养护项目的全寿命周期，并进行系统性、多层次、动态化的管理，能够大幅缩减项目管理成本，合理控制预算支出，提高资金使用效率。

参考文献

［1］ 岳胜利. 水利工程造价全过程控制措施与管理［J］. 河南水利与南水北调，2019（4）.

［2］ 张亚娟. 水利工程造价全过程的控制措施与管理分析［J］. 建材与装饰，2018（18）.

［3］ 高华兵. 谈工程量清单计价模式下工程造价全过程控制的重点［J］. 黑龙江科技信息，2014，35（33）.

［4］ 霍昱辰，纪华，尹贻林，等. 基于法律事实建构的工程计量对合同状态补偿的研究［J］. 工程管理学报，2014（6）.

［5］ 谭炜，陈强，廖桂英. 工程量清单计价模式下工程造价风险管理方法探析［J］. 水电站设计，2013，12（4）.

新形势下南水北调中线工程监督管理体制构建的研究

管世珍

南水北调中线干线工程建设管理局河南分局

一、引 言

南水北调中线工程对缓解我国北方地区水资源短缺，实现水资源合理配置，保障经济社会可持续发展起到了重要作用，但又有其不同于其他水利工程的特点。

南水北调中线工程横跨长江、淮河、黄河、海河四大流域，不仅解决了水资源补给的问题，还在较大范围内进行水资源优化配置，为经济社会可持续发展提供了水资源保障。

二、南水北调中线运行管理现状分析

由于中线工程长度为 1432km，长距离调水工程受气候的变化影响很大，工程建设和运行的要求非常高。南水北调东中线工程五年来调水量突破 250 亿 m^3。因为中线工程又处于我国人口密集的中部地区，跨渠桥梁达 1800 多座，跨渠的公路、铁路、油气管道加在一起几千处，这也是运行管理上的挑战。

南水北调中线由 150 多个设计单元工程、2700 多个单位工程组成，各类建筑物多，水利机电设备种类繁多，自动化运行程度高，运行管理差异很大。随着供水需求发生明显变化，生态效益不断提升，水价政策迫切需要完善，尾工建设和配套工程持续推进，工程验收任务艰巨，工程监管体系不完善等诸多困难。

南水北调中线工程规模大、项目多、战线长、运行维护单位多，工程质量控制工作面临着极大的困难。相比一般水利水电工程工程，水利工程质量监督工作更为烦琐复杂，所涉及的范围大，南水北调工程监管具有专业性强、强制性、公正性、宏观性监管的要求。

随着工程进入运行期，由于其工作对象和管理目标发生了转变，建设期传统的监督管理模式已不能适应运行期各项工作。为此，改变监督管理思路，创新监管管理方法，对保障工程安全平稳运行，充分发挥工程效益具有重要意义。

三、南水北调中线工程监管的原则

基于工程运行管理的特殊性，南水北调中线工程总的监督管理必须符合以下原则：

（1）始终坚持以工程质量为上，为沿线省市供水服务。

（2）在工程项目质量监管过程中，要持续创新、勇于创新。

（3）在对工程监管过程中，监督管理人员在坚持客观公正的原则，有相应国家或行业规范支撑。

（4）将全面监管作为南水北调中线工程质量监督的重要工作方针。

（5）聘请第三方机构专家，定期开展专项稽查。

四、南水北调中线工程监管模式的体系与机制

南水北调建设初期监管体制受行政管理思想的深刻影响，客观上存在许多"部门边界"问题及"碎片化"问题，为解决这一问题，通过深入研究和深刻总结，提出了监管中问题指向、判定标准、功能要素和制度化条件，创新机制体制，将监管体制中需要重点解决的问题与之对应。

（一）南水北调中线工程监管模式的创建思路

南水北调工程本身与其他水利水电及建筑工程的质量监督有行业性差异，其具有专业性、强制性、公正性、宏观性等基本特征。因此，南水北调中线需要针对现状，完善体制机制，彻底改变传统的监管模式。

南水北调中线工程质量监督是履行水利部监督职责，在开展监督工作中既要严格执行国家和水利部等相关法律法规、规程规范等规定，又要根据水利工程强监管的新形势要求，结合运行管理需要进行积极探索和实践，才能解决好供水工程中质量监督工作的困难，保障质量监督工作行之有效。

水利部在南水北调中线大发展时期，转变质量监督管理思路，在职能转化、中线局监督机构建立和监督人员培养、质量检测工作等方面做了积极实践，对促进南水北调工程质量监督工作全面开展起到了积极的推进作用。根据南水北调中线工程质量监督过往实践，逐步形成了南水北调中线监管模式。

1. 强化管理，全面落实各级职责

水利部南水北调司继续支持和指导中线工程的质量监督工作；一级管理机构中线

局的监督机构建立和监督业务开展在起步阶段，因此，中线局要加强对基层监督工作指导，形成合力，确保中线工程监管到位。

2. 强化检查力度，完善"查认罚"监管机制

在南水北调中线建管局监督队的基础上，组建稽察大队，专门负责督促问题发现与整改。进一步明确各级、各部门监管职责，建立健全符合工程运行监管实际需要的监管制度，创新监管方式，丰富监管措施，构建责权清晰、分工明确、务实高效的监管机制。完善运行管理责任追究体系，在原有的问题责任追究管理规定的基础上，做了进一步进行修订，加大对由于自有管理人员失职、渎职等违规行为导致发生安全、质量问题的处罚力度，以问题为导向，以问责为抓手，促进各级管理人员严格落实责任，督促问题及时整改。

3. 建立完善安全、生产双重预防机制

构建风险分级管控与隐患排查治理双重预防机制，是落实企业主体安全生产主体责任，实现风险超前预知、超前控制和事故隐患标本兼治、综合治理的根本途径。针对中线干线工程特点，南水北调中线建管局在现有成果基础上，与国内权威安全生产咨询服务机构合作，在全线开展安全风险评估，着手建立风险分级标准，划分安全风险等级，建立风险分级管控措施和风险公告警示制度。同时，依托现有的"两个所有"等隐患排查机制和信息系统，进一步完善隐患排查治理体系，确保隐患得到及时治理，最终形成一整套双控预防体系建设成果。

4. 扎实推进运行管理标准化建设

推进运行管理标准化建设，是落实水利部关于加强水利工程监管的工作要求，建立运行管理长效管理机制，提高运行管理水平的重要措施。通水近 5 年来，按照原国务院南水北调办要求，积极开展运行管理标准化建设工作，初步建设完成运行管理的"八大管理体系"和"四个问题清单"，并在现场得到实际应用。机构改革后，按照水利运行管理标准化建设有关要求，对现有管理体系进行梳理，查缺补漏，明确按照一级达标要求进行体系创建。

5. 加强监督培训，提高质量管理水平

水利工程质量监督是一项政策性、规范性和技术性较强的工作，主体和监督人员的素质是实现水利工程质量的核心。因此，需要不断加强对监督岗位上的人员监督业务培训，只有监督人员熟悉国家、水利部的政策法规、规程规范，监督人员才能按照有关要求开展监督工作，同时，在监督工作中指导和帮助参建单位质量管理人员开展好质量管理工作，在工程建设中发挥好各自的质量管理作用。

6. 加快推进中线信息化建设

为适应水利生产信息化建设有关要求，提升安全生产管理整体水平，南水北调中线建管局对信息化建设高度重视，目前已建或在建的信息化系统主要有"工程巡查维护实时监管系统"和"南水北调中线干线工程时空信息服务平台"。工程巡查维护实时监管系统，涵盖信息机电、土建绿化、水质安全、安全监测、规范化管理等专业，实现了巡查维护管理过程任务全覆盖、标准全覆盖、流程全覆盖、人员全覆盖、过程全覆盖、问题全覆盖，达到"巡检有计划、过程有监督、事后有分析，处理可追踪"的数字化、精细化管理，为南水北调中线干线工程安全稳定运行提供了有效的技术支撑。中线干线工程时空信息服务平台，在时空标准体系的框架内，提供统一、高效、权威的"一张图"服务，使得各级部门及业务系统既是一张图系统的使用者、受益者，又是时空信息数据的贡献者。通过引入先进的 GIS 技术，提供一张图展示中线工程信息，依托应用集成技术，建立综合监管系统，有效提升中线工程数据共享和功能服务水平。

（二）南水北调中线工程监管模式三级监管体系的形成

在实际质量监管工作中，采取水利部飞检、局属稽查大队、分局整体性监管、聘请第三方监管机构的监管模式（图 1），做到了及时发现施工质量问题，提出整改要求，运行维护单位根据检查出的问题，及时整改，有效地保证了工程的运行维护质量。

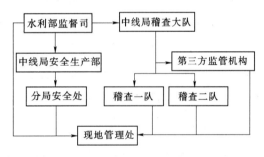

图 1　南水北调中线监管机构图

（三）监管过程中的问题处理

1. 责任追究的认定

为规范南水北调中线干线工程运行管理，落实运行管理责任，确保工程安全平稳运行，根据《中华人民共和国安全生产法》《生产安全事故报告和调查处理条例》《南水北调工程供用水管理条例》和《水利工程运行管理监督检查办法（试行）》等国家有关法律、法规、规章，结合工程运行管理实际，依据上述办法认定了运行管理违规行为、工程缺陷和运行安全事故三类责任追究。

2. 面向公众设立举报制度

质量监督机构在收到举报质量问题的来信或电话时，向有关人员了解情况，根据实际情况妥善处理。收到署名举报质量问题的来信或电话时，应认真、慎重对待，并及时安排有关人员到现场调查处理。必要时，请举报人到现场指认，但要加强保密工作，注意对举报人的保护。对署名举报质量问题的调查处理结果要及时回复举报人。对质量举报的调查处理情况应及时报水行政主管部门。

五、南水北调中线工程监管模式的保障措施

通过深入分析南水北调中线工程监管体制中的问题，明确问题指向、解决的要素、实施策略及制度化要求，提出改革监管体制的根本目标，借鉴水利水电工程体制特点和现实情况，以改革监管机制、完善监督方式、培养监管队伍、充分运行信息化技术为保障措施，形成具有南水北调中线特色的监管模式。

（一）完善质量监督机制，落实监督责任

南水北调中线工程强监管，要坚持以问题为导向，以整改为目标，以问责为抓手，从法制、体制、机制入手，建立一整套务实高效实用的监管体系，从根本上改变工程运行管理面貌。从制度入手，就是要建立完善监管的规章制度、标准规范、实施办法等制度体系，明确监管内容、监管人员、监管方式、监管责任、处置措施等，使监管工作有法可依、有章可循；从体制入手，就是要明确水利监管的职责机构和人员编制，建立统一领导、全面覆盖、分级负责、协调联动的监管队伍；从机制入手，就是要建立内部运行的规章制度，确保监管队伍能够认真履职尽责，顺利开展工作。作为长线工程，要针对运行管理中主要矛盾变化和工作中遇到的突出问题，因地制宜地建立相应的法制、体制、机制，加强上下联动、信息共享和资源整合，形成南水北调工程齐心协力、同频共振的监管格局。

（二）创新监督思路，完善监督方式、方法和内容

根据南水北调中线工程质量形势的不断变化，要改变思想观念，跟上变化形式，通过创新完善监督监管方式、方法，把监督监管工作由工程实物质量监督为主，改进为对参与运行维护多方企业主体及有关现场机构的质量管理控制行为和工程实体实物质量并重监督的监管方式。随机时间、随机人员对项目机构的人员到位、专业配备及履职尽责情况进行检查，对重要关键部位、重点工序旁站监理情况，对其施工组织设计的落实情况，原材料、预制构配件、机械设备使用或安装前的报告审查情况，质量性能抽检情况，单元、分部工程质量复核及监理抽检检查资料整理情况，现场发现的质量问题整改落实情况。

（三）实行分层分类监管，提高监督人员监管水平

大型水利工程的监管离不开质量监督管理队伍的建设，强有力的监管队伍既能避

免各类质量问题的发生，又能减少监管费用的开支，因此，南水北调中线工程管理单位需要有针对性地对各个部门，特别是监督管理部门的员工进行反复的培训和考核，尤其是水利工程法律、法规及技术标准更新后的学习，使监管人员不能墨守成规，不断更新自己专业理论，提升专业技能，所以监管人员不但有较高的管理经验，也要有较高的专业技术水平。

针对于不同地域、不同类型的水利工程，分析其项目特点、质量控制要点及易出现的质量问题，以此为依据制定相应的质量监督方针，对各环节实施分层分类监管，对关键部位及隐蔽工程项目实行重点监管，质量监督较薄弱的地方应有针对性地调整监督机制，增设监督人员，加大监督力度，将各人员的监督责任落到实处，保证工程质量。同时，加大监管人员的培训力度，定期进行相关专业知识的培训，不断提高监管人员的监管能力，增强监督人员的责任感，培养其工作素养；监督人员应不断提高自身能力，学习新知识及有关法律法规，提高自身工作水平。

（四）充分利用信息化技术，搭建信息化监管平台

通过推进中线工程运行管理标准化、规范化，补齐信息化、现代化短板。加快推进"规范化、标准化、智能化、信息化"建设，积极构建完善南水北调工程运行管理的标准化体系，提升工程运行管理精细化水平，积极搭建信息化监管平台。

1. 南水北调中线工程巡查维护实时监管系统的开发

南水北调中线干线工程巡查涉及信息机电、安全监测、土建绿化、水质安全以及规范化5大类20个专业。为解决当前存在的巡查手段相对落后、信息传递慢、统计查询难、巡查维护工作不易监管的问题，研发了适合巡查实时监管的信息化、数字化、智能化系统。并且优化完善设计方案，建设一套满足中线工程运行管理需要的一体化运营平台，不断提高管理水平和工作效率。

维护人员巡检设备和记录：对设备进行巡检和维护操作后，通过智能手机上的微信扫描二维码，按照系统设定好的检查项进行直接的检查即可，发现有缺陷时可以录入文字和拍照上传。然后用手机直接提交到系统中，管理人员随时可以查看。

管理人员后台查看和管理：管理人员在后台查看维护人员维护记录，检查巡检计划是否按时完成。根据上报的缺陷和故障及时安排维护人员进行设备维护。导出维护记录发送到其他设备上查阅。

各级领导及相关部门：现场扫描二维码或者手机接收设备二维码图片进行识别，查看相应设备的设备状态和巡检信息（图2）。

2. 闸站监控系统的开发

闸站监控系统是自动化调度系统的关键系统之一，在通信传输和计算机网络建设

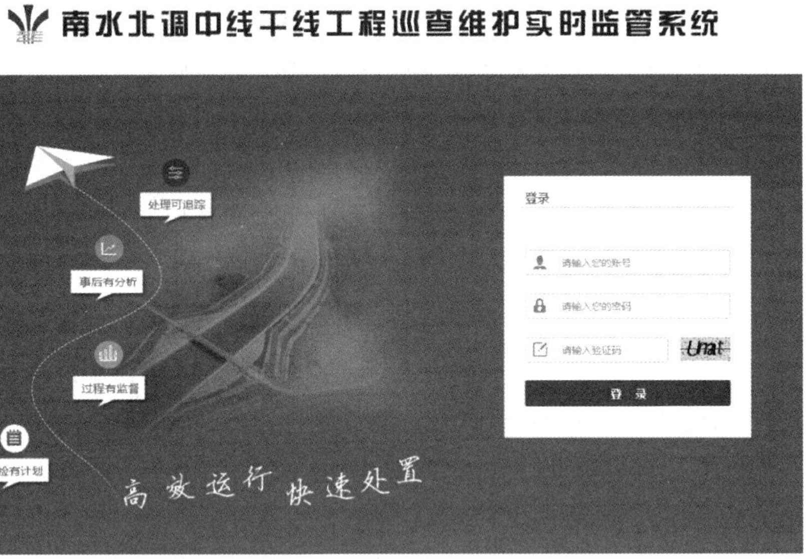

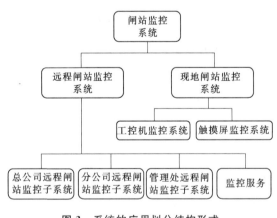

图 2 南水北调中线干线工程巡查维护实时监管系统界面

的基础上，采用计算机、自动控制和传感器技术，通过现地监测、控制等自动化设施建设，实现对全干渠闸站（阀）的引退水信息和运行状态的远程监测和全线自动化闭环控制；在实时水量调度方案编制子系统和闸站视频监视系统的支持下，完成全干渠所有闸站的自动化、一体化日常调度；遇到紧急情况时，和应急水量调度方案编制子系统协同工作，完成全干渠所有闸站的紧急调度。

闸站监控系统可以分为远程闸站监控系统和现地闸站监控系统两个部分。而远程闸站监控系统又分为总公司、分公司和管理处远程闸站监控子系统和监控服务四个部分，现地闸站监控系统包括工控机监控系统和触摸屏监控系统（图 3）。

图 3 系统的应用划分结构形式

六、结　　语

本文系统分析总结了南水北调中线工程质量监督管理中存在的问题，借鉴水利工程行业监管模式方面的经验和做法，探索了具有南水北调中线特色的质量监督管理模式。

　　通过完善质量监督机制、创新监督方式方法、分层分类监督、信息化监管平台的搭建等四类保障措施，形成了各级管理机构职权划分明确的三级监督体系，水利部、一级管理机构、二级管理机构的监督体制，形成整体性治理的南水北调中线工程监管模式，并进行了具体实践，得到了上级单位和运行维护单位的高度评价，客观上说明了中线监管模式是一套行之有效、合理可行的监管模式，值得在水利工程行业推广。

参考文献

［1］ 张锐，唐涛，杨明哲. 大型调水工程运行初期监督管理工作初探［J］. 河南水利与南水北调，2018，47（11）：78-79，82.
［2］ 龙生平. 基于整体性治理的我国电力监管体制改革研究［D］. 武汉：华中师范大学，2011.
［3］ 槐先锋. "飞检"在南水北调工程质量监管中的应用研究［J］. 建筑经济，2014（3）：48-50.
［4］ 汪露. 水利工程项目质量监督管理研究［D］. 济南：山东建筑大学，2014.
［5］ 许庆义，杨小秋. 基于GIS的水利工程管理系统研究［J］. 江苏科技信息，2015（13）：45-46.
［6］ 职轶. 水利工程项目质量监督管理研究［J］. 河南水利与南水北调，2016（7）：121-122.
［7］ 焦小彦，刘奎. 闸站监控系统在南水北调工程中的研究与应用［J］. 水电站机电技术，2018（A01）：1-2.

关于落实"节水优先"方针的问题与建议

董　力[1]　　段红东[1,2]　　陈　献[1,2]　　张瑞美[1,2]　　郭利君[1,2]　　王亚杰[1,2]

1 中国水利经济研究会　　2 水利部发展研究中心

2014 年 3 月 14 日，习近平总书记就国家水安全提出"节水优先、空间均衡、系统治理、两手发力"的治水思路，为做好新时代水利工作提供了思想武器和根本遵循。当前，我国治水主要矛盾已经发生深刻变化，水利部党组准确把握水利改革发展所处的历史方位，提出了"水利工程补短板、水利行业强监管"的水利工作总基调。新时代开展节水工作，就是要深入贯彻落实"节水优先"方针，综合运用行政、法律、经济和科技等手段，加强对水资源取、供、用、耗、排监管，使节水真正成为水资源开发、利用、保护、配置、调度的前提条件。"节水优先"是新时代治水思路的重要组成部分，节水工作是落实"节水优先"方针的重要载体。为了推动落实"节水优先"方针，了解三省市区落实"节水优先"方针的经验做法、存在的困难和问题，并提出了进一步推动落实"节水优先"方针的相关建议。

一、推动落实"节水优先"方针的主要做法

（一）加强组织领导

一是党委政府高度重视节约用水工作，成立节水工作领导小组。重庆市组织召开市政府常务会议、宁夏回族自治区组织召开水利工作会议、江苏省领导到省水利厅调研，研究部署和指导节水工作重大问题。二是将节水优先工作落实情况纳入地方相关考核，并与党委政府领导干部政绩挂钩，取得了较好效果。江苏、重庆将重要节水指标纳入经济社会发展综合评价体系，考核结果经政府审定后向社会公布，并对发现的问题开展专项督查，推动了节水优先工作目标任务的落实。

（二）建立制度标准

一是制定了一系列节约用水管理的政策制度，涵盖了取、供、用、耗、排全过程、各环节，为进一步推动节水优先落实提供了有力的制度保障。二是修订完善了部分有

利于节约用水的相关定额标准。江苏先后 4 次修订了省级用水定额,包括了 215 个行业、283 个产品、370 个定额项。重庆修订了城市经营及生活用水定额,涉及 95 个行业的 169 个主要工业产品用水定额。宁夏出台了覆盖城市、县(区)、灌区、企业、机关、学校等 7 类载体的节水评价标准。

(三)完善管理机制

一是发挥水资源费(税)的调节作用。实施差别化水资源费(税)标准,倒逼用水户开展节水技术改造,遏制用水浪费,促进节约用水。宁夏宁东基地管委会对超计划、超定额取用水企业征收 3 倍水资源税,初步建立了以税收杠杆倒逼节水、以经济奖补激励节水的新格局。二是因地制宜探索建立激励机制,加大财政资金投入。江苏、宁夏通过计提一定比例的水资源费、财政补助等方式筹集节水奖励资金,重点支持节水型社会建设试点、节水型载体建设等。三是积极探索水权交易。宁夏探索建立了"农业综合节水—水权有偿转让—工业高效用水"的农业节水支持工业发展、工业发展反哺农业的水资源高效利用新模式。如吴忠市利通区通过水权交易,既为宝丰能源新增工业项目发展提供用水保障,也为现代化灌区试点建设及区域发展拓宽了资金渠道。

(四)开展典型示范

一是加快推进节水型载体建设,发挥典型示范作用。三省市区水利部门联合发展改革委、工业和信息化部等有关部门,组织开展节水"进机关、进社区、进学校、进医院、进军营、进家庭"等系列活动,不断拓展节水型载体创建范围,逐步扩大示范带动作用。节水潜力较大的单位,运用合同节水管理方式,降低了节水改造成本,提高了节水积极性,促进了节水服务产业发展。如江苏已有南通商贸职业技术学院、盐城工业职业技术学院等 20 个合同节水试点项目顺利实施。二是鼓励和引导社会资本参与节水项目建设与运营。采用投资补助、运营补贴等方式,鼓励和引导社会资本参与有一定收益的节水项目建设和运营。如宁夏积极引入大禹节水、潞碧垦等企业,以农业节余水量转让工业获益为投资收益,积极参与灌区节水技术改造和运营管理,初步形成了"投、建、管、服"一体化的灌区建设管理新模式,推动了现代化灌区建设。

(五)加强宣传教育

一是倡导全民节水。发挥政府、企业、社会组织等各类主体在水情教育中的作用,构建"政府主导、多方参与"的节水宣传教育格局。如江苏已建成 2 个国家级、40 个省级节水教育基地。二是突出对青少年的教育。将节约用水主题教育纳入国民教育体系,提高学生对节水的认识。如宁夏开展了一系列校园节约用水主题宣传教育实践活动，强化对学生的教育和引导，推动小手拉大手带动家庭、社会节水。三是引导志愿者参与。推动引导社会志愿者参与节水有关工作，逐步扩大宣传范围。如江苏省组织开展了"清水航路"行动、"节水护水、志愿先行"等，获得中国青年志愿服务项目大赛节水护水志愿服务类银奖。

（六）加强技术引领

一是推广农业节水技术。突出农业节水重点，因地制宜推广滴灌、喷灌、激光平地、覆膜保墒等节水灌溉技术，融合水肥一体化、测控一体化、现代信息等先进技术，提高农业用水效率。二是开展工业节水技术改造。推广普及工业节水新技术、新产品和新装备，提高工业用水效率。如重庆积极推广工业水循环利用、重复利用、一水多用、串联用水等节水技术。三是加强城市供水管网改造。江苏加强控制管网漏损管理，全省一半以上城市公共供水企业建立了 GIS 管理信息系统，近 90% 的供水企业建立了 DCS 系统，超过 80% 的供水企业建立了 SCADA 系统，形成较为准确的管网监控预警系统，城市供水管网平均漏损率降至 11.9%。

二、落实"节水优先"方针存在的突出问题和困难

（一）认识不到位、不统一

一是水利系统对节水优先的认识不到位、不统一。"节水优先"是习近平总书记提出的一项重要治水方针，是着眼于我国国情水情、着眼于国家水安全、着眼于国民经济社会发展和生态文明建设全局，从战略高度提出的重要理念。但是，调研中发现部分水利部门对节水优先的认识还不统一，节水优先的地位尚未得到充分体现。部分干部职工对节水优先是一项局部工作还是涉及全局的工作，节水优先是否应该在水资源管理、规划计划、工程建设等各方面优先体现和统筹考虑还存在着不同认识；地方水利部门特别是基层单位关于节水优先等同于节水管理的认识还比较普遍，不知道节水优谁的先、怎么优先。二是政府及相关部门对节水优先的认识还不一致。部分地方党委政府没有将落实"节水优先"方针与地区经济社会发展规划相结合，一些部门认为落实节水优先更多的是水利部门的事情，存在"不想干、不会干"的现象。三是全社会对水情认识还不到位，节水意识有待进一步提高。部分地区特别是丰水地区对抓节水的认识还存在不同看法，认为抓节水不迫切，对节水就是节能、节水就是减污的认识还不到位。

（二）组织领导体制有待完善

一是领导体制不完善。节约用水办公室在一定程度上还只作为水利部门的"内设机构"，对有关重大问题组织研究的层级不高、时效不够、力度不大，各部门间协调难度较大，已形成的方案、计划等在落实上也缺乏刚性约束力。受机构编制限制，很多市、县水利部门并没有设置专门的节水工作机构，设立机构也以兼职人员为主，专职人员偏少。二是未形成齐抓共管的工作格局。许多地方还没有建立地方党委政府主要负责同志牵头的领导体制，推动落实"节水优先"方针还未形成齐抓共管的工作格局。政府各有关部门在开展规划布局、城市建设等各项工作时，没有与落实"节水优先"方针的相关工作有机结合。

（三）用水定额标准体系不完善

部分新产品用水定额缺失，现行的用水定额标准体系难以完全覆盖产品类型，无法发挥用水定额对用水户的约束作用。部分定额标准还比较宽松。行业用水定额主要依靠各行业协会或代表性企业来制定，其出于自身发展利益考虑，造成制定的用水定额标准相对宽松，导致依据用水定额确定的取水许可指标也相对宽松，对用水单位缺乏较强约束力。此外，还存在部分地区、部分行业用水定额修订不及时，与地区经济社会发展实际和行业产品用水水平发展实际不符等问题。

（四）节水管理关键环节存在突出短板

一是节水评价制度体系还不健全。在重大规划和产业布局水资源论证工作中，节水项目论证还不充分，节水的优先地位还不突出，在规划制定、建设项目立项、取水许可中节水有关内容和要求没有得到强化，科学合理的节水评价标准尚未建立。二是现有用水计量体系、监管能力已不能完全满足形势的需要。由于用水计量管理法规标准建设滞后、计量监管缺乏明确的法律责任划分及配套管理办法等原因，用水计量设施特别是农业用水计量设施安装率比较低，设备安装、运维和管理难度大。三是监督考核机制不完善。谁来考核、如何考核、考核哪些内容、如何进行责任追究等仍不明确；部分地方考核结果未与政绩考核、领导干部业绩考核挂钩，还没有通过考核机制倒逼形成水资源开发利用的刚性约束。

（五）节水动力不足、积极性不高

一是市场手段在节水优先工作中的运用还不充分，发挥作用不明显。如水价的杠杆作用发挥不够，水价总体水平偏低、不足以覆盖全成本，而短期内大幅度提高水价较为困难，难以通过价格杠杆实现强节水的目的。二是多元化投入不足。国家财政资金投入不足、资金缺口较大，多采用"先给钱后办事"的投入方式；现行的政策和补助方式、补助水平缺乏吸引力，社会资本参与节水项目建设和运营的意愿不强。此外，由于投入产出比和现有各种约束机制力度不够等因素，部分企业用水户开展节水技术改造的积极性不高。三是激励奖补措施不足。节水项目的奖补资金较少、标准低、覆盖面小、措施不具体，节水激励引导和驱动作用难以发挥。

（六）科技支撑作用有待强化

一是节水技术研究、设备研发及应用有待加强。"产学研用"相结合的节水技术创新体系亟待健全，缺乏对节水技术设备从研发到应用全过程的组织领导、规划计划和人才培养，对节水产业的扶持政策还不完善，对应用节水技术、设备的优惠鼓励政策和执行力度还不到位，节水技术创新示范和试点建设滞后。二是科研单位在节水技术工艺创新发展中的作用还不明显。水利系统现有科研机构设置与人员配置已不能很好适应"节水优先"方针落实和节水技术创新发展的要求，特别是在工业领域，水利系统能够有效引领和组织节水技术工艺研发和评价的科研机构、部门力量较为薄弱，系统内缺少熟悉工业节水先进技术工艺研发、推广应用的人才。三是缺乏节水技术推广交流平台。缺少对先进节水技术、工艺和设备的信息获取渠道和资源共享的服务平台，特别是针对中小企业和单位，造成产、学、研、用多方信息不对称。

三、进一步推动落实"节水优先"方针的建议

（一）进一步统一思想，提高认识

一是统一水利系统对落实"节水优先"方针的认识。水利部应尽快组织相关人员对节水优先的重要意义、内涵等作出权威解读并予以发布，争取写入国务院相关文件予以明确。完善相关法律法规、规章、制度，明确相关工作机制和程序，切实解决"干什么、怎么干、干到什么程度"等问题。针对基层干部流动性大的特点，要及时跟进培训。二是提高地方政府相关部门对节水优先工作重要性和紧迫性的认识。加强各部门工作职责和任务的落实，推动各级政府健全监督考核机制，强化对各部门及领导干部落实节水优先工作的考核，并将考核结果与地方政府业绩考核和领导干部个人政绩考核挂钩，倒逼政府相关部门及其领导干部提高对落实"节水优先"方针的重视程度。三是提高全社会对节水优先的认识。通过加强基本水情、节水意识、节水方法、节水措施的宣传教育引导，切实提高公众的节水意识，逐步转变、纠正人的错误行为。

可以全面强化节水教育基地创建，推进节水进党校、进课堂、进社区、进学校、进家庭，充分利用传统媒体和新媒体加强宣传引导，以群众喜闻乐见的形式进行宣传，在全社会营造节水优先的良好氛围。

（二）加强组织领导，完善管理体制

一是加强领导，提请国务院成立国家节水行动领导小组。水利部、国家发展改革委等相关部委作为成员单位，领导小组办公室设在水利部（全国节水办），组长由国务院领导担任，以加强领导和协调。领导小组负责研究拟定节水相关政策法规，组织、协调、抓好全国节水工作，督促各部门落实各项工作职责。建立部际联席会议制度，加强沟通协调，统筹研究解决落实"节水优先"方针中的重大问题和难点工作。二是推动形成齐抓共管的工作格局。落实节水优先工作涉及多部门、多行业、多领域，必须凝心聚力、高位协调推动，调动多方积极性形成工作合力。发挥流域管理机构的重要作用，协调流域内的各省（自治区、直辖市）开展具有共性特点的工作，组织标准定额的制定、修订工作。2019年，《国家节水行动方案》及其分工方案已经印发，应进一步推动地方出台节水行动方案及其分工方案，明确各部门职责任务。地方各级党委政府应建立相应的领导组织和机制，研究解决地方层面节水优先工作的重大问题，制定地方性法规、编制规划等，统筹抓好各项工作落实。三是加快推动完善鼓励节水的政策法规。加大推动国家《节约用水条例》出台的工作力度，将节水优先的相关要求、内容写入条例，并及时指导地方层面制定或修订节约用水办法。在《中华人民共和国水法》等法律法规的修订中，明确写入节水优先的相关内容。

（三）强化规划引导，形成刚性约束

推动将"节水优先"的战略要求列入国民经济和社会发展"十四五"规划。积极与国家发改委等相关部门沟通，争取在国民经济和社会发展"十四五"规划编制中将落实"节水优先"方针形成专章，或者在有关专章写入明确的内容。争取把节约用水的重要意义和要求在相应篇章中予以明确，放在与节能减排同样重要的位置。把节约用水的目标列为约束性指标，明确相应的工作任务和措施。目前，各地正在起草编制"十四五"规划，由于规划编制时间逐级往下提前，水利部应结合落实节水优先工作需求，尽快研究提出有关规划编制的指导意见，提早部署地方落实节水优先的有关工作任务，保证国家与地方层面规划协调统一。

（四）完善定额标准体系，强化定额管理

一是加强定额标准制定（修订）工作的组织管理。创新定额标准制定、修订组织

方式，水利部门要真正能够把握住用水定额的组织制定、修订工作，发挥流域机构在制定完善用水定额标准、强化定额管理中的作用，水利系统要面向全社会建立专家库，形成一批行业定额制定、评审的专家队伍。完善定额制定修订办法，抓紧选取一定数量样本进行研究，明确定额制定、修订的要求与程序，建立定额标准执行实时跟踪、评估和监督机制，逐步收紧定额标准。二是研究明确定额标准制定（修订）的计划。结合农业、工业、城镇等各方面用水实际情况，考虑新业态、新产品的用水需求，明确定额标准制定、修订的详细计划，列出时间表、路线图，不断细化分类、确定合理的定额幅度范围，逐步推进定额标准的全覆盖和更新。

（五）聚焦节水管理关键环节，强化监管措施

一是突出抓好节水评价。在规划制定、建设项目水资源论证、取水许可等工作中，进一步明确节水评价有关内容和要求，严格"双控"管理；逐步建立科学合理的节水评价标准，加强对节水评价工作的监督管理和检查评估，从严叫停节水评价不通过的规划和建设项目。二是强化取用水统计与计量监测。完善取用水统计调查制度，抓紧制定取用水统计数据成果审核、质量抽查与核查管理办法。水利部门和市场监管部门尽快出台加强水资源计量管理的指导意见。进一步推动大中型灌区、工业和生活服务业领域取用水计量监测设施建设。深入推进重点行业、重点取用水单位的计量监督检查工作，把加强水资源计量体系建设纳入水利行业强监管和最严格水资源管理制度考核重要内容。三是严格监督考核。推动将落实"节水优先"方针的有关工作纳入国务院大督查和中央生态环境保护督察范围，纳入到各级单位综合考核体系内，对严重缺水地区突出节水考核要求，考核结果作为政府领导班子和相关领导干部综合考核评价的重要依据，对责任落实不力的严格问责并督促整改。四是完善奖补措施。积极申请财政资金，鼓励地方研究制定节水奖补办法，发挥财政激励机制作用。通过计提一定比例的水资源费或整合相关部门节水扶持资金，设立节水工作专项基金，采用以奖代补、贴息等对节水型社会建设、节水型载体创建等成效突出项目予以表彰和奖励，提高资金使用效率与效益。五是充分发挥价格和水资源税费杠杆作用。完善居民阶梯水价制度，全面推行城镇非居民用水超定额累进加价制度，建立有利于促进节水的水价形成机制。完善水资源税费征收办法，对节水型企业核减水资源税费标准，对超计划、超定额取用水企业提高水资源税费标准。

（六）推进节水技术设备研发应用，强化科技支撑

一是编制节水技术进步发展规划。由水利部组织编制节水技术进步发展规划，明确当前和今后一段时间内节水技术发展的主要方向、阶段目标，并形成相应实施计划，

对节水技术研发的组织方式、重点任务和具体措施提出要求。二是发挥水利科研院所在推进"节水优先"方针落实中的作用。发挥水利科研院所的作用，聚焦水资源计量监测、工农业节水重点领域先进技术工艺研究和设备研发，调整机构设置，加快建成一批节水专项技术研究所（室），引进和培养一批节水技术研发、项目管理的行业领军人才，尽快推出一批切实管用的先进节水技术。三是加强先进技术设备和工艺的推广应用。建议全国节水办联合相关行业协会，每年选取2~3个农业、工业中的重点行业领域组织开展节水技术设备产品博览会、节水技术交流研讨会等，邀请科研院所、高等院校、技术研发机构和有关企业现场交流研究成果，推广一批节水技术设备和工艺。加大节水技改（科研）项目税收优惠政策扶持力度，提请有关部门对进行节水技术改造的企业研究出台税收减免措施或贴息办法，鼓励生产、销售和使用节水设备（产品），鼓励开发和利用再生水资源等。

参考文献

［1］ 中华人民共和国水利部. 水利部部长鄂竟平在《人民日报》发表署名文章：坚持节水优先　建设幸福河湖［EB/OL］.（2020 - 03 - 23）［2020 - 04 - 12］. http：//www. mwr. gov. cn/xw/slyw/202003/t20200323_1393224. html.

［2］ 中华人民共和国水利部. 工程补短板　行业强监管　奋力开创新时代水利事业新局面［EB/OL］.（2019 - 01 - 28）［2020 - 04 - 12］. http：//www. mwr. gov. cn/ztpd/2019ztbd/2019qgsltjzhy/zyjh/201901/t20190130_1107388. html.

［3］ 中华人民共和国水利部.《人民日报》发表鄂竟平部长署名文章：谱写新时代江河保护治理新篇章［EB/OL］.（2019 - 12 - 05）［2020 - 04 - 12］. http：//www. mwr. gov. cn/xw/slyw/201912/t20191205_1373783. html.

［4］ 江苏省水利厅. 副省长费高云调研指导水利工作［EB/OL］.（2018 - 11 - 23）［2020 - 04 - 12］. http：//jswater. jiangsu. gov. cn/art/2018/11/23/art_57424_7889387. html.

［5］ 宁夏新闻网. 利通区政府向宝丰集团转换1484万立方米水权［EB/OL］.（2018 - 10 - 13）［2020 - 04 - 12］. https：//www. nxnews. net/ds/wzdt/201810/t20181013_6060660. html.

［6］ 新华日报. 坚持节水优先　强化水资源管理［EB/OL］.（2019 - 03 - 22）［2020 - 04 - 12］. http：//xh. xhby. net/mp3/pc/c/201903/22/c610341. html.

［7］ 宁夏回族自治区人民政府. 我区初步建立现代化生态灌区试点建设模式［EB/OL］.（2018 - 12 - 20）［2020 - 04 - 12］. http：//www. nx. gov. cn/zwxx_11337/zwdt/201812/t20181220_1218777. html.

［8］ 江苏省水利厅. 我省水利系统在第四届中国青年志愿服务项目大赛中斩获多个奖项［EB/OL］.（2018 - 12 - 04）［2020 - 04 - 12］. http：//jswater. jiangsu. gov. cn/art/2018/12/4/art_42164_7943198. html.

［9］ 中华人民共和国国家发展与改革委员会. 关于印发《国家节水行动方案》的通知［EB/OL］.（2019 - 04 - 15）［2020 - 04 - 12］. https：//www. ndrc. gov. cn/xwdt/dt/sjdt/201904/t20190418_1130650. html.

［10］ 全国节约用水办公室. 国家发展改革委办公厅　水利部办公厅关于印发《〈国家节水行动方案〉分工方案》的通知［EB/OL］.（2019 - 07 - 05）［2020 - 04 - 12］. http：//qgjsb. mwr. gov. cn/tzgg/201907/t20190710_1345245. html.

流域机构水利风景区建设发展现状及问题研究

程存虎　　席凤仪　　张　玥　　张壤玉

河南黄河河务局

为贯彻落实部党组"水利工程补短板、水利行业强监管"的新时期水利改革发展总基调，按照中国水利经济研究会 2019 年度重点课题调研工作部署，在收集整理有关资料、梳理总结流域机构水利风景区建设发展现状的基础上，2019 年 6—9 月，河南黄河河务局课题组开展了调研活动。现将调研情况报告如下。

一、流域机构水利风景区建设发展现状

流域机构水利风景区大多依托流域机构直属单位管辖的水利工程而建，分布广泛、类型多样、特点鲜明，是全国水利风景区的重要组成部分。多年来，流域机构水利风景区坚持尊重自然、顺应自然、保护自然，积极践行生态文明理念，充分发挥"维护水工程、保护水资源、改善水环境、修复水生态、弘扬水文化、发展水经济"六大主体功能，在保护流域生态环境、提升水利工程管理质量、弘扬传承水文化、实施水利科普教育等方面发挥了积极作用。

（一）发展规模及分布

截至 2019 年，七大流域机构（含其他部属单位）共建成 35 个国家水利风景区（表 1），分布在山东、河南、山西、江苏等 10 省（自治区）。其中，长江委 3 个，黄委 22 个，淮委 3 个，海委 2 个，松辽委 2 个，太湖局 1 个，其他部属单位 2 个。

表 1　流域机构国家水利风景区

序号	景区名称	所在省（自治区）	管辖机构	批准时间
1	济南百里黄河水利风景区	山东	黄河水利委员会	2003 年
2	淄博黄河水利风景区	山东	黄河水利委员会	2007 年
3	山东滨州黄河水利风景区	山东	黄河水利委员会	2009 年
4	东阿黄河水利风景区	山东	黄河水利委员会	2010 年
5	德州黄河水利风景区	山东	黄河水利委员会	2010 年
6	垦利县黄河口水利风景区	山东	黄河水利委员会	2010 年

续表

序号	景区名称	所在省（自治区）	管辖机构	批准时间
7	山东邹平黄河水利风景区	山东	黄河水利委员会	2011 年
8	山东菏泽黄河水利风景区	山东	黄河水利委员会	2011 年
9	利津县黄河生态水利风景区	山东	黄河水利委员会	2012 年
10	黄河三门峡大坝风景区	河南	黄河水利委员会	2002 年
11	河南故县洛宁西子湖水利风景区	河南	黄河水利委员会	2012 年
12	河南黄河花园口水利风景区	河南	黄河水利委员会	2003 年
13	开封黄河柳园口风景区	河南	黄河水利委员会	2005 年
14	濮阳黄河水利风景区	河南	黄河水利委员会	2005 年
15	范县黄河水利风景区	河南	黄河水利委员会	2006 年
16	河南台前县将军渡黄河水利风景区	河南	黄河水利委员会	2007 年
17	河南孟州黄河开仪水利风景区	河南	黄河水利委员会	2008 年
18	洛阳孟津黄河水利风景区	河南	黄河水利委员会	2014 年
19	长垣黄河水利风景区	河南	黄河水利委员会	2017 年
20	山西永济黄河蒲津渡水利风景区	山西	黄河水利委员会	2004 年
21	潼关县金三角黄河水利风景区	陕西	黄河水利委员会	2006 年
22	甘肃庆阳南小河沟水利风景区	甘肃	黄河水利委员会	2011 年
23	丹江口市松涛水利风景区	湖北	长江水利委员会	2006 年
24	丹江口大坝水利风景区	湖北	长江水利委员会	2013 年
25	陆水水库水利风景区	湖北	长江水利委员会	2017 年
26	沂河刘家道口枢纽水利风景区	山东	淮河水利委员会	2013 年
27	骆马湖嶂山水利风景区	江苏	淮河水利委员会	2016 年
28	石漫滩水利风景区	河南	淮河水利委员会	2001 年
29	德州市漳卫南运河水利风景区	山东	海河水利委员会	2004 年
30	迁西县潘家口水利风景区	河北	海河水利委员会	2005 年
31	齐齐哈尔市尼尔基水利风景区	黑龙江	松辽水利委员会	2007 年
32	兴安盟市察尔森水库水利风景区	内蒙古	松辽水利委员会	2005 年
33	吴江市太湖浦江源水利风景区	江苏	太湖流域管理局	2011 年
34	黄河小浪底枢纽水利风景区	河南	小浪底枢纽管理中心	2003 年
35	黄河万家寨水利枢纽水利风景区	山西	黄河万家寨水利枢纽有限公司	2003 年

（二）景区类型

流域机构水利风景区的类型有自然河湖型、水库型、城市河湖型、水土保持型 4 类，其中自然河湖型水利风景区 19 个，占比为 54.3%；水库型水利风景区 12 个，占比为 34.3%；城市河湖型水利风景区 3 个，占比为 8.6%；水土保持型水利风景区目前仅有 1 个，即甘肃庆阳南小河沟水利风景区（表 2）。

表 2　流域机构国家水利风景区类型

类　型	自然河湖型	水库型	城市河湖型	水土保持型	总计
风景区数量/个	19	12	3	1	35
所占比重/%	54.3	34.3	8.6	2.8	100

（三）流域机构水利风景区的主要特点

1. 公益性功能凸显

公益性是水利风景区的重要特点，与地方政府主导创建的盈利性水利风景区相比，流域机构水利风景区的公益性功能发挥更加凸显。第一，大部分流域机构水利风景区都是纯公益性开放式景区，不收取门票，游客可免费参观。以黄委管辖的水利风景区为例，22 个国家水利风景区中的 21 个景区均无门票。第二，各景区内景观资源丰富，生态涵养较好，百草丰茂，绿树成荫，为群众提供了休闲、养生和亲近大自然的良好环境，成为河湖沿岸城乡居民的主要休闲场所。

2. 水文化特色鲜明

流域机构水利风景区以弘扬水文化为己任，致力于打造内涵丰富的文化建设主阵地。一是兴建水利展览馆、展示区，利用光影技术、动画展示、沙盘模型、废旧器件等载体，向游客展示水利工程建设的辉煌成就；二是通过改造水利设施、水工建筑物彰显水利文化品位，借助堤防、涵闸、泵站等工程建设时机，增添标志性景观文化符号，提高水利设施的文化附加值；三是结合景区所在地实际开展水情教育或红色教育，如黄河花园口景区结合 1938 年花园口事件、石漫滩水利风景区结合"75·8"水灾、台前将军渡景区结合刘邓大军渡黄河红色历史建设了各具特色的水情水灾文化教育和红色教育基地。

3. 与水利工程建设依托紧密

与水利工程互融共建是水利风景区的主要建设理念之一。多年来，流域机构水利风景区注重景区建设与工程建设同步进行，紧紧抓住工程项目建设的机会，积极开展水利风景区建设，各景区各显其能，将水利工程和景区建设融为一体，打造了一批独具特色的景区。2019 年，35 个流域机构国家水利风景区全部依托水利工程建设发展，有的以大型水利枢纽工程为主景观，有的借助堤防工程或水土保持工程建设契机兴建，有的则围绕城市河道工程及泵站、涵闸改建做足水文章。

4. 与城市生态文化建设融合发展

流域机构水利风景区大多位于所在地城市的中心区域或近郊，景区建设与城市生态文化建设密不可分。一方面，景区建设积极融入与城市生态建设总体布局，成为了城区附近重要的生态涵养地；另一方面，作为城市滨水区域的公共空间，水利风景区也承担着展现城市文化底蕴和时代精神的功能，实现了水利风景区与城市生态文化建设融合发展。

5. 景区管理模式多样化

流域机构水利风景区的管理模式较为灵活，呈现多样化的特点。第一，由流域机构的派出机构直接管理。主要集中在垂直管理层级较多的流域机构，如黄委、淮委的基层水管单位直接管理其工程管辖范围内的水利风景区。第二，由流域机构与地方政府联合创建和管理。通过成立流域机构和地方政府共同参与的景区管理单位，对水利风景区实施联合管理，同时理清各自权责、职能，形成齐抓共管的机制。第三，由流域机构下属的国有企业管理。此模式在流域机构管辖的水库型水利风景区中较为普遍，据统计，12 个水库型景区中有 7 个由国有企业管理。

二、典型景区经验分析

（一）注重生态建设，构建绿色生态屏障

丹江口松涛水利风景区位于南水北调水源地丹江口市北郊，景区三面环水，一面靠山，由 15 个山头和众多库汊组成，总面积 2347 亩。景区发端于水利部丹江口水利枢纽管理局（汉江集团）职工的大规模植树造林活动，自 1981 年起，历经 30 多年不间断的努力，原来的荒山秃岭变成了绿树成荫的水利风景区，森林覆盖率达 90％以上，成为流域机构造林绿化的典范。据统计，景区现有各种林果花木 100 多万株，品种多达 87 个，环境保护质量较高，水资源环境质量达到水源地保护要求。

黄河下游的河南、山东两省黄河沿岸星罗密布着流域机构管理的 17 个国家水利风景区，这些景区大多伴随着黄河下游标准化堤防工程或险工、控导工程建设而兴起。按照"防洪保障线、抢险交通线、生态景观线"的标准，经过近 20 年的防洪工程绿化建设，各景区内黄河大堤两侧的防浪林、适生林、经济林、生态林郁郁葱葱，堤肩堤坡绿草盈盈，植被覆盖率达 90％以上，形成了美丽的工程景观和良好的生态环境，成为名副其实的沿黄生态涵养带。丹江口松涛水利风景区和黄河下游沿岸各水利风景区的建设经验表明：生态功能发挥已成为流域机构水利风景区建设的重中之重，生态建设是水利风景区建设的首要内容。

（二）聚焦文化建设，打造文化科普教育基地

兰考黄河水利风景区位于河南省开封市兰考县东坝头乡的黄河东岸，景区建设具

有丰富的文化特色。一是整合各类文化资源，将毛主席视察黄河纪念亭、铜瓦厢决口处、兰坝铁路支线等历史遗迹和东坝头险工教学坝、河务部门旧址苏式建筑等实体文化资源统一整合，建成兼具年代特点和黄河文化特色的东坝头观光游览区。二是彰显红色文化特质，兰考是焦裕禄精神诞生地，兰考黄河水利风景区紧抓焦裕禄精神这一红色文化特质，联合焦裕禄干部学院建设焦裕禄精神现场教学点，近三年每年接待参观学员超过 100 万人次。

黄河三门峡大坝风景区在景区内建设黄河三门峡展览馆和黄河文化园，通过详尽的工程建设资料、图片等历史文献和截流石、废旧机组的转轮体、泄水锥等水力发电景观元素，运用影像、沙盘模型等载体，普及水力发电知识，展示水利枢纽工程效益，成为当地政府机关和教育部门开展水利水情科普教育的重要场所。据统计，近三年来，约 115 个机关单位和中小学校先后到景区开展主题党日活动或科普教学活动，平均每年接待各类参观群体约 17 万人次。兰考黄河水利风景区和黄河三门峡大坝风景区的建设经验表明：水文化水科普建设是流域机构水利风景区的主要亮点和特色，也是水利风景区与国家风景名胜区、国家旅游景区的重要区别。

（三）创新管理机制，形成水利风景区发展合力

太湖浦江源水利风景区位于太湖东南岸、江苏省吴江市七都镇境内。该景区创新机制，与当地政府合力共建，不断提高建设管理水平和发展质量。一是创新联合申报形式。太湖浦江源国家水利风景区由太湖局苏州管理局和吴江市七都镇人民政府共同建设、联合申报，形成了合作治理开发的协调机制。二是探索共同管理模式。在保证水资源统一管理、统一调配和有效保护的条件下，将水利风景资源实行资产化管理，所有权与使用权分离，由专业化的管理公司对风景区管理。苏州管理局和七都镇人民政府共同成立了太湖浦江源水利风景区管理委员会，管委会明确委托太湖浦江源国家水利风景区文化旅游发展有限公司负责景区的日常运营管理。三是拓展共赢发展空间。2010 年以来，通过实施近岸水域垃圾清理、太湖蟹围养清理和沿湖生态湿地修复等一系列综合整治生态修复项目，有效净化了太湖水质，带动了当地产业发展。据悉，生态整治后东太湖螃蟹年均亩产量提高至 100kg 以上，东太湖蟹已成为备受消费市场欢迎的著名品牌。同时，景区环境整治后引进的服务业项目也有效拉动了当地就业。

黄河小浪底枢纽水利风景区地处河南省孟津、济源两地交界，景区包含 6 个游览区 30 多个景点，是一处以水利工程为主景观，集科普价值和文化价值于一体的水利风景区。该景区 1998 年对外开放，经过多年建设，已成为国内较为著名的水利风景区。景区采用多方共建的管理模式，由小浪底枢纽管理中心、河南省小浪底旅游管理局以及济源市政府、孟津县政府四方共同参与、共同管理、互利共赢。一是建立以小浪底

枢纽管理中心为主导、其他有关各方共同参与的一体化管理体制，日常管理由小浪底枢纽管理中心负责，有关四方定期召开旅游联席会议商讨解决景区管理中的问题。二是景区门票收入采取水利部门与地方政府五五分成的办法，合理分配景区收益。三是统一景区宣传营销模式，使用统一标识、标语，纳入地方政府旅游宣传推介计划，形成旅游市场宣传合力。浦江源水利风景区和小浪底枢纽水利风景区的建设经验表明：在行之有效的管理机制下，流域机构与地方政府联合共建水利风景区能够更好地促进景区发展，实现生态效应与经济效应的协调统一。

三、流域机构水利风景区建设存在的主要问题

（一）顶层设计与规划标准较为滞后

水利风景区建设是生态文明建设的重要体现。党的十八大以来，党中央高度重视生态文明建设工作，把生态文明建设作为统筹推进"五位一体"总体布局和协调推进"四个全面"战略布局的重要内容。这些重大部署、方针政策进一步明确了新形势下水利风景区建设管理工作的前进方向，对水利风景区设计规划水平提出了更高要求。水利风景区建设的顶层设计规划指导思想已从以开展水利旅游为主导向以水环境保护、水生态修复为核心、水文化建设为主题转变。流域机构管辖的 35 家国家水利风景区中，30 家创建于党的十八大之前，创建之初的建设规划标准和水平已不能满足当前的新形势、新任务、新要求，需要进一步梳理完善和调整更新。

（二）景区相关事权协调机制需进一步厘清

流域机构水利风景区的行业管理和日常管理由流域机构负责，但水利风景区范围内的土地、渔业、林草湿地、文化遗产等各类资源又分归国土、农业、林草、环保、文化旅游等其他政府部门管理，各部门间缺乏长效的协调沟通机制，导致各自职责事权划分不明晰，在一些地方仍存在多头管理、交叉管理等现象。

（三）流域机构景区分级评价机制亟待确立

在以往的国家水利风景区创建机制中，流域机构水利风景区经流域机构初审评定后即可申报国家水利风景区，这种机制，一方面鼓励支持并有力促进了大批流域机构水利风景区的建设发展；另一方面，由于创建周期较短客观上造成部分流域机构水利风景区建设水平和质量不高。根据《水利风景区管理办法（修订草案征求意见稿 2019年 3 月）》，流域机构的水利风景区需先经省级水行政部门评定为省级水利风景区两年

后才可申报国家级水利风景区，取消了流域机构水利风景区直接申报国家水利风景区的资格，删除了流域机构进行国家水利风景区初审评定的相关条款，这样将降低流域机构在水利风景区评审创建工作中的权重。出现这些现象都与流域机构水利风景区分级评价机制的缺失有关。

（四）资金投入保障机制尚未建立

尽管流域机构各水利风景区尽力拓宽资金投入渠道，有的积极争取地方政府投入，有的合理利用水利工程建设结余资金，还有的引入市场机制和社会资本筹集资金。但是，上述方式没有改变景区建设资金投入较为匮乏的实际情况。地方政府投入局限于当地政府的财政收入水平，利用工程建设结余资金更是"从牙缝中挤肉吃"，社会资本的逐利本质又不能完全满足水利风景区公益性的要求，景区建设的资金投入保障机制需要在更高层面加以解决。

（五）景区专业人才相对缺乏

水利风景区建设是一项综合性工作，既涉及水利工程规划、建设、管理各个环节，还涉及生态修复、城市规划、园林景观、旅游管理等方方面面。流域机构水利风景区的管理人员大多是水利工程管理单位职工，缺乏在生态园林建设、旅游管理运营等方面的专业技能，水利风景区建设专业人才相对缺乏的情况仍然存在。

四、流域机构水利风景区发展形势及对策建议

（一）发展形势分析

1. 习近平总书记在黄河流域生态保护和高质量发展座谈会上的重要讲话为流域机构水利风景区工作提供了根本遵循

习近平总书记在黄河流域生态保护和高质量发展座谈会上的重要讲话从五个方面为黄河流域生态保护和高质量发展提出了主要目标任务，擘画了黄河流域生态保护和高质量发展的重大国家战略，既是新时代治黄工作的指导思想，又是流域机构水利风景区工作的根本遵循。其中，加强生态环境保护，推动流域高质量发展和保护、传承、弘扬黄河文化三项目标任务与黄河流域水利风景区建设工作息息相关。从黄河看全国，流域机构水利风景区建设理应以总书记重要讲话精神为指导，提高政治站位，把水利风景区的生态功能、文化功能摆到更加突出的位置，使流域机构水利风景区成为各流域生态文明建设和文化建设的主阵地。

2. 部党组"水利工程补短板、水利行业强监管"水利改革发展总基调为流域机构水利风景区建设发展提供了内生动力

水利部党组提出的新时代水利改革发展总基调明确从防洪工程、供水工程、生态修复工程、信息化工程四个方面补短板，对江河湖泊、水资源、水利工程、水土保持、水利资金、行政事务工作六个方面强监管，这些要求为加强流域机构水利风景区建设管理工作提供了内生动力。一是工程补短板为流域机构水利风景区创造了发展契机。水利风景区离不开水利工程建设，无论是生态修复工程还是防洪、供水工程建设，随着工程补短板各项工作的推进，将为流域机构水利风景区建设提供新的发展契机。二是行业强监管为流域机构水利风景区监管工作提供了有力抓手。流域机构水利风景区管理单位应当把强监管要求落实到景区工作的各个相关领域，整合水利部门内部监管力量，结合河湖长制工作，建立一套行之有效的水利风景区联合监管机制，通过景区建设管理打造美丽河湖、健康河湖、幸福河湖。

（二）对策建议

1. 强化流域机构水利风景区顶层设计

梳理流域机构水利风景区的建设规划，进一步明确目标，理清工作思路。建议由水利部景区办牵头，各流域机构积极参与，审定修改水利风景区建设相关的行业标准和评价体系，共同研究制定新时代、新形势下流域水利风景区建设发展的顶层设计、重大规划和工作举措。

2. 全面建立自上而下的水利风景区事权协调机制

从部委层面对水利风景区相关事权进行划分，厘清水利部门与环保、国土、农业、林草等部门之间的管理职责，通过出台全国性法规或部门规章的方式予以明确。同时，自上而下建立由水利部门召集的多部门联席会议制度，定期商讨解决有关问题。

3. 确立流域机构水利风景区分级评价机制

参照省级水利风景区设置流域级水利风景区，赋予流域机构不低于省级水行政管理部门的审批权限，对流域机构水利风景区实施分级评价，提高景区建设管理质量，畅通流域机构水利风景区申报国家水利风景区的渠道。

4. 加强流域机构水利风景区强监管工作

一是建议各流域机构成立由水利风景区行业主管部门或单位牵头，工程建设管理、防汛、水利监督、水行政执法等业务部门联合参与的水利风景区专项监管工作组，定期或不定期对水利风景区建设管理工作开展专项检查；二是各流域机构应综合运用河湖长制、"清四乱"等水行政工作平台或专项行动，将对水利风景区的监管纳入到各项

强监管工作机制中去。通过综合施策，形成水利风景区监管合力。

5. 统筹推进水利工程和水利风景区建设管理工作

一是在工程前期阶段开展水利工程景观资源普查评价。对于具备水利风景区建设条件的，要把水利风景区建设开发作为工程设计规划工作的重要内容纳入进去，同时将景区建设经费列入工程项目造价中去，解决景区建设资金先天短缺的问题；二是统筹兼顾水利工程主体功能发挥和水利风景区建设发展，划定水利工程安全保护范围、区域并设置醒目标识，合理界定工程管理区域和景区开发、旅游观光区域，不适宜对外开放和开发的区域坚决不开发。

6. 建立景区建设资金保障机制

一是设置水利风景区建设奖励性资金，大力支持流域机构的重点景区、精品景区建设，把各精品景区打造成科普景区、"智慧景区"和幸福河湖建设的重要示范点；二是完善全国水利风景区招商服务平台，通过服务平台及时发布各景区宣传推介或招商引资信息，引导社会资本合理有序参与水利风景区建设或运营。

7. 加大水利风景区专门人才培养力度

近年来，水利部景区办每年定期举办水利风景区建设专题培训班，取得了良好的效果。一是建议部景区办进一步增加景区管理培训批次和人数，提高景区一线管理人员的业务能力和专业水平；二是各流域机构应更加重视水利风景区培训工作，邀请部景区办专家、相关领域行业专家对基层景区管理人员辅导授课，全面提高水利风景区从业人员的专业素养。

基于甘肃农村饮水情况调研对强化农村饮水安全监管的几点思考

王 旭 张 玥

河南黄河河务局

一、强化农村饮水安全监管的背景及意义

（一）强化农村饮水安全监管的背景

党的十九大报告指出"建设生态文明是中华民族永续发展的千年大计""我国社会主要矛盾已经转化为人民日益增长的美好生活需要和不平衡不充分的发展之间的矛盾"，水利部鄂竟平部长在专题党课上指出："当今治水的主要矛盾从人民对除水害、兴水利的需求与水利工程能力不足之间的矛盾，转化为人民对水资源、水生态、水环境的需求与水利行业监管能力不足之间的矛盾。"按照 2020 年全面建成小康社会的奋斗目标，以及"水利工程补短板、水利行业强监管"的治水工作总体思路，笔者根据在甘肃省走访调研的实际情况，希望探索出一条可复制的农村饮水安全监管高效、可持续发展的道路。

（二）强化农村饮水安全监管的意义

农村饮水安全是保障民生的重要一环。强化农村饮水安全有利于维护最广大人民群众的根本利益；有利于加快扶贫攻坚进程，实现全面建成小康社会；有利于构建社会主义和谐社会；有利于提高农村饮水供水保障率；有利于推动城乡供水一体化发展；有利于促进地区经济发展，缩小地区差距，为当地群中脱贫致富奠定基础；有利于解决城乡水资源短缺情况，改善群众的生活质量和身体健康；有利于提高农村居民健康生活水平；有利于增加就业机会，缓解劳动力就业压力；有利于调整产业布局，加快实施水资源的有效合理配置，促进水资源可持续利用；有利于为加快社会主义新农村建设进程提供水资源保障。

二、甘肃省水资源概况

甘肃地处内陆腹地，远离海洋，紧靠世界屋脊，特殊的地理位置，造成全省气候

干燥，蒸发量在 2000mm 以上，雨量稀少，降雨集中，多年平均降水量只有 277mm。甘肃是全国最干旱省份之一，全省大部分地区属半干旱、干旱和严重干旱地区，水资源匮乏是制约甘肃经济社会可持续发展的重要因素。

（一）降水量情况总述

全省多年平均降水总量 1258 亿 m³，多年平均降水量 277mm，是全国平均降水量的 43%。降水量 300mm 以下区域占总面积的 64%，平均蒸发量 1306mm。降雨量由东南的 600 多毫米向西北递减到不足 100mm，降水量随季节变化较大，6—9 月降水占全年降水量的 55%～70%。各市（州）降雨量统计见表 1。

表 1　甘肃省各市（州）降水量统计

市（州）	多年平均年降水总量/亿 m³	多年平均年降水量/mm	市（州）	多年平均年降水总量/亿 m³	多年平均年降水量/mm
酒泉市	177.9	93.1	临夏州	42.4	518.7
嘉峪关	1.1	84.2	定西市	94.8	483.1
张掖市	103.4	252.7	天水市	78.4	547.8
金昌市	13.3	176.1	平凉市	59.2	531.8
武威市	71.7	215.6	庆阳市	127.5	470.2
兰州市	43.7	322.1	甘南藏族自治州	218.6	568.1
白银市	54.9	274.2	陇南市	171.5	614.5

（二）水资源量总述

甘肃省横跨内陆河、黄河和长江三大流域，分属 11 个水系。内陆河流域有疏勒河、黑河、石羊河等三个水系；黄河流域有黄河干流、洮河、湟水、泾河、渭河、洛河等 6 个水系；长江流域有嘉陵江、汉江水系。年径流量大于 1 亿 m³ 的河流 78 条。全省多年平均水资源量 289.4 亿 m³，其中地表水 282.1 亿 m³，地下水 7.3 亿 m³，自产水资源量人均 1077m³；水资源分布极不均匀，主要产水区在甘南藏族自治州、陇南市，占全省自产水资源量的 56%；嘉峪关、金昌市、白银市和兰州市自产水资源量人均不足 100m³，仅占全省自产水资源量的 1.4%。

（三）水资源质量总体情况

地表水水质：长江流域水质较好，矿化度和总硬度均低于内陆河流域和黄河流域，内陆河流域次之，黄河流域矿化度和总硬度均最高，且工矿企业、生活污水、油污染严重，其中中部地区的祖厉河矿化度和总硬度分别高达 13100mg/L 和 4180mg/L，东部地区马莲河环县以上的部分区域矿化度和总硬度高达 11800mg/L 和 3350mg/L，既不能饮用也不能灌溉。根据国家《地表水环境质量标准》（GB 3838—2002），对全省132个水质监测断面的水环境监测资料进行综合分析评价，全省河流Ⅰ～Ⅳ类水质河长7072.7km、占80.5%，Ⅴ类以上水质河长1712.1km、占19.5%；Ⅲ类以下水质河长5898.5km、占70%。根据地域分布，河西的祁连山区、中部的太子山区，东部的六盘山区和南部的陇南山区，河流水质较好，普遍属Ⅰ～Ⅲ类水质。

地下水水质：通过有关部门在不同区域观测化验分析，深层地下水水质总体良好，浅层地下水水质由于超采、污染等原因，局部存在氟超标、苦咸水和污染水等水质不达标问题。

三、走访调研甘肃部分县农村饮水情况及存在问题

（一）农村饮水工程设施运行维护情况及问题

大多数村设有管水员且履职认真，能够负责收取水费、操作供水设施，并对村级供水工程进行日常的简单维护。村级管水员多为兼职，知识技能水平参差不齐，管护人员技术能力与供水安全保障任务不完全匹配；多数管水员酬劳低、保障程度低，不利于保证工作责任心和积极性。此外，部分村社自建的农村人饮工程设施简陋，存在一定安全隐患。

（二）用水户情况及问题

用水户大多数水量能够保障、水质好、出现供水问题能得到解决，均可达到能饮用或基本能饮用的标准，用户满意度高。存在主要问题：一是高海拔地区，冬季持续时间长，昼夜温差大，冬季水管容易长时间上冻，停水时间长；二是个别水源地水质不好；三是计量收费比例低；四是个别地方农饮工程设施维护不及时；五是部分村村民居住相对分散，供水入户或集中供水，成本太高。

（三）农村饮水工程运行管理情况及问题

走访调研的大多数农村饮水工程运行管理基本到位，水量能保证，能提供合格的水质检测报告。规模较小的集中供水工程，多将山泉水作为水源，进行简单过滤，县水质检测中心定期到村内取末梢水检测。存在的主要的问题是：工程净化消毒设备、自动化控制设备及监控设备配置比例低，有取水许可证、卫生许可证的比例低，供水服务热线电话配备比例低；水质检测结果反馈运用机制不健全，未采取简便实用的方式及时向用水户公示宣传；个别水厂操作规程未在明显位置张贴，规范化生产管理不

到位；个别水厂消毒药品随意堆放，存安全隐患。

（四）千人以上供水工程水源地保护情况及问题

通过走访调研发现，部分水源地保护措施不到位，未划定水源保护区或者保护范围不明确，无水源标志，个别水源地附近有牛羊粪便、垃圾堆等污染源，分析其主要原因在于水务部门指导监管不到位。

特别需要指出的是，因调查涉及的村大多位于山区，大型集中供水工程较少，大多为千人以下工程的水源地。千人以下供水工程饮用水源保护工作还有诸多不到位的情况。

（五）水质监测中心情况及问题

大部分县水质检测中心能够落实相关经费，开展定期巡检，但普遍缺少检测资质认证。由于资金问题及缺少具备相关能力的检测人员，走访调研的县水质检测中心均无法达到42项常规指标全部检测的检测能力，部分检测项目需要委托第三方检测机构检测。

四、强化农村饮水安全监管、保障农村饮水安全的措施

（一）做好顶层设计，精细化施策

政府是地方经济发展的主心骨，政府的顶层设计直接关系着地方经济发展的可持续性。就农村饮水安全而言，政府一是要对每年的农村饮水安全任务进行分解、细化，明确目标任务、责任部门、协作部门，提出质量要求，制定保障措施，同时要纳入对地方政府的年度目标考核体系之中；二是精细化制订实施方案。实施方案要紧扣对象、目标、内容、方式、考评、保障等相关方面，把农村饮水安全作为一项长期工作重点研究实施；三是各级地方政府和水利部门要把农村饮水安全工程建设列入重要议事日程，层层明确，层层签订责任书，强化工作措施，全力推进农村饮水安全工作。

（二）实施最严格的工程建设程序，确保农村饮水安全工程高质量、高标准制定相关规章制度，从前期工作、建设管理、资金管理、建后管理与运行管护等方面进行严格规范

对大型饮水工程如千吨万人及以上集中供水工程要全面落实项目法人责任制、招投标制、建设管理制和合同管理制，其他小型工程推行规划建卡、社会公示、资金报账、集中采购、巡回监理、落实管理责任等。建立农村饮水安全国家补助、省市县三级配套、受益区群中自筹等多渠道、多元化的投入保障机制。同时建立市级报账资金

管理制度，按照基本建设财务规定和办法，专账核算、专款专用，确保建设资金安全高效运行。

（三）强化监督检查，确保工程进度与质量

适时定期派出督查组对农村饮水工程进行专项检查，对待进度相对较慢的相关地方要采取专项督办、挂牌督办、蹲点督办、跟踪督办、印发通报等办法。适时派出专家组对工程的建设质量分阶段进行跟踪评估，确保施工各阶段高质量，高标准。

（四）强化水质监管，保障老百姓喝上安全放心水

以县级水质检测中心为着力点，加快推进县级水质检测中心建设，培养一批高素质专业人才，加快推进县级水质检测中心规范化建设，提高县级水质检测中心检测能力。制定相关制度，对水源地、生活饮用水、水质卫生检测、检测指标、项目、频次等制定处明确要求，逐步实现缺水地区群众从吃水难向吃上放心健康水转变。

（五）建后规范管理，确保工程高质量良性运转

一是拓宽管理思路，完善管理方式、管理制度，加大管理力度，坚持建管并重，以管促建，以建促管，将管理贯穿于建设，运行等全过程；二是明确管理责任，明确饮水安全项目的管理体制，运行机制，水价核定等；三是明晰工程归属权、管护主体，供用水双方权利及义务；四是积极探索饮水安全工程有效形式，有条件的情况下尝试建立引水管理总站、供水管理站、乡镇管理委员会、村社管理小组、受益组，全方位多角度管理网络。

（六）建立科学化、规范化长效化运行机制

一是依靠科技水平，提升运行管理水平。加大科技对农村供水发展的支撑力度，积极开发推广应用适应农村供水的先进技术、工艺和设备。加快水厂信息化建设，提升农村农村供水行业现代化水平。二是明确责、权、利，规范化运行。从县、乡、村三级管护主体入手，明确管理责任，划定权力范围，确定受益主体，建立长效化、规范化运行机制，保障农村供水安全。

五、结　语

农村饮水安全事关群众切身利益，事关党群、干群关系，事关到 2020 年能否全面建成小康社会。因此，建立一套安全、高效、规范、科学、可持续的农村饮水安全监

管机制有助于改善群众生活，提高群众健康水平；有助于解放和发展生产力，促进区域经济发展；有助于促进社会主义新农村建设。在习近平新时代中国特色社会主义思想的光辉指引下，秉承十六字治水思路，增强"四个意识"，坚定"四个自信"，做到"两个维护"，一定能打赢这场农村饮水安全脱贫攻坚战。

浅析黄河流域开门治河管河对策

吕志刚

河南黄河河务局新乡河务局

全面推行河长制，是党中央、国务院为加强河湖管理保护工作的重大决策部署，是落实绿色发展理念、推进生态文明的内在要求，是解决我国复杂水问题、维护河湖健康生命的有效举措，是完善水治理体系、保障国家水安全的制度创新。2017 年 6 月《河南省全面推行河长制工作方案》印发以来，河南黄河省市县乡村五级河长体系形成，有力推进了开门治河管河工作，黄河河道联控建设取得了一定成就。同时，也存在一定问题，下面仅以新乡黄河河道为例，分析黄河河道联防联控建设存在的问题。

一、基 本 情 况

（一）新乡黄河概况

新乡河务局是黄河河道新乡段主管机关，承担着黄河新乡段的防洪治理和工程管理工作。新乡黄河堤防总长 218.345km，其中临黄堤 153.21km，太行堤 44km，贯孟堤 21.12km。设防堤防 184.532km，其中临黄堤桩号 90+432～200+880、0+000～42+764，太行堤桩号 0+000～22+000，贯孟堤桩号 200+880～210+200，为 1 级 1 类堤防；太行堤桩号 22+000～32+740、贯孟堤桩号 9+320～21+123，为 1 级 3 类堤防；位于封丘陈桥至邵寨的防洪堤为 4 级堤防。1 级 1 类堤防，全线均达到了防御花园口 2000 年 22000m³/s 洪水的设防标准。

新乡辖区段，地处黄河下游之上端，上与武陟接壤，下与濮阳毗邻，河道长约 165km，流经原阳、封丘、长垣 3 县，其间有黄河一级支流天然文岩渠汇入。新乡黄河河务局共有 3 处险工（辛店险工、曹岗险工、禅房险工）、27 处控导及护滩工程（马庄、双井、三官庙、武庄、毛庵、大张庄、顺河街、大宫、古城、曹岗、贯台、禅房、大留寺、周营、周营上延、榆林等），防洪坝 309 道。按标准折算共有丁坝 1021 道，垛 303 座，联坝 935 段，护岸 92 段。

据统计，新乡黄河滩区涉及原阳、封丘、长垣 3 县和含平原新区 17 个乡（镇），其中 15 个乡（镇）被河南省确定为扶贫工作重点乡镇。滩区面积 797km², 滩内人口 63.32 万人，是黄河下游人口最多、面积最大的滩区。根据《河南省黄河滩区居民迁建规划》显示，长期以来，受特殊地理环境等因素的制约，黄河滩区以种植业为主，产业结构单一，经济发展水平低，交通、水利、电力等公共基础设施薄弱，教育、医疗、文化等社会事业发展滞后。据对规划外迁的 33 个乡镇的摸底调查，2016 年农村人均居民可支配收入约 7743 元，为全省平均水平的 66.2%，全国平均水平的 62.6%。黄河滩区已成为河南省较为集中连片的贫困地区和全面实现小康社会目标的"短板地区"。新乡黄河滩区中一半以上乡镇存在贫困村、贫困乡等，已经成为集中连片贫困带，也是新乡市扶贫攻坚的重点地区。

（二）新乡河务局机构设置、承担的水行政执法职责及水行政执法工作机制现状

1. 承担的水行政执法职责

（1）负责《中华人民共和国水法》《中华人民共和国防洪法》《河道管理条例》《黄河水量调度条例》等有关法律、法规的实施和监督检查，并根据上级授权，拟定新乡黄河治理开发、管理与保护的政策和规章制度。承担新乡市防汛抗旱指挥部黄河防汛抗旱办公室的日常工作。

（2）负责辖区内黄河水资源的管理与监督。受上级委托组织开展新乡黄河水资源调查评价工作。组织拟定新乡黄河水量分配方案和年度水资源调度计划以及旱情紧急情况下的水量调度预案，实施黄河水量统一调度与管理；组织或指导辖区内黄河水资源建设项目的水资源论证工作，组织实施取水许可等制度。负责辖区内黄委审批发证的取用水工程或设施的取用水统计工作。

（3）根据授权，组织辖区内建设项目的审查许可及监督管理。负责辖区内及授权河段河道采砂管理与监督。

（4）负责辖区内水政监察和水行政执法工作，查处水事违法行为；负责辖区内水政监察队伍的建设与管理工作；负责辖区内黄河水事纠纷的调处工作；协调黄河派出所建设与管理有关工作；根据有关法规计收黄河供水水费和有关规费。

2. 水政监察队伍现状

2015 年 10 月、2016 年 10 月，河南河务局分别以《河南河务局关于原阳河务局水利综合执法专职水政监察大队机构设置、人员编制等问题的批复》（豫黄人劳〔2015〕108 号）、《河南河务局关于新乡河务局水利综合执法专职水政监察大队机构设置、人员编制等问题的批复》（豫黄人劳〔2016〕99 号）文件对三县局水政监察队伍进行了批复。2016 年 1 月和 2017 年 2 月，三县局水政监察队伍分别通过了黄委和省局验收，正

式开始运行。2019 年，市县局共计有专职水政监察队伍 4 支，专职水政监察人员 57 人，实现了行政执法职能和法制监督职能的分离。

（三）河长制建立情况

2017 年 5 月，中共新乡市委、新乡市人民政府印发了《中共新乡市委办公室　新乡市人民政府办公室关于印发〈新乡市全面推行河长制工作方案〉（暂行）》，明确了市政府主要负责人担任黄河河长，对河长、河长制办公室职责、市级责任单位职责予以了明确，重点规定了发展改革委、国土、环保、公安、交通、林业、规划、黄河河务等部门职责，提出了加强水资源保护、加强水污染防治、加强河湖岸线水域保护、加强执法监管等八项主要任务。同时，原阳、平原示范区、封丘、长垣等县区均印发了河长制工作文件，黄河及支流均明确了各级河长，均明确由政府主要负责人担任黄河河长，明确市县级河长组织领导相应河湖的管理和保护工作，牵头推进河湖突出问题整治，借助河长制工作平台，将违章建筑、违法采砂等问题纳入了"一河一策"问题清单治理范围。

（四）建立了河道采砂联防联控机制，规范了黄河河道采砂管理

原阳、封丘、长垣河务局分别协调三县政府印发了《原阳县人民政府关于建立黄河河道采砂管理联防联控长效机制的通知》（原政文〔2017〕95 号）、《封丘县人民政府关于进一步加强黄河河道采砂管理工作的通知》（封政文〔2016〕37 号）、《长垣县人民政府办公室关于建立黄河河道采砂管理联防联控长效机制的通知》（长政办〔2017〕66 号），对国土、河务、环境保护、交通、公安、乡镇政府的河道采砂监管职责予以明确，建立了采砂许可联审联批机制，对采砂联合执法检查予以了明确。

（五）探索建立河道监管联合执法新机制，严厉打击河道水事违法行为

新乡市防指印发了《新乡黄河河道内开发建设管理意见》（新汛〔2012〕29 号），明确了黄河河务、发展改革委、住房城乡建设、国土资源、交通（海事）、公安等各方在新乡黄河河道内开发建设管理工作中的职责和工作内容，完善管理机制，确保了黄河防洪安全。2014 年 7 月由省局、市县局和平原示范区管委会、桥北乡政府联合召开滩区开发建设座谈会，促进了滩区开发建设工作规范有序。2014—2015 年原阳河务局配合平原示范区管委会拆除桥北乡滩区仓储、厂房等违章建筑 260280m²。2018 年以来，封丘、长垣与地方环保、交通、公安、国土、综合执法等组织联合执法行动合计 5 次，共计拆除违法违章建筑 8300m²，取缔砂石料厂 2 处，起到了强大的震慑作用。

二、存　在　问　题

（一）黄河河道开发建设缺乏科学规划，河道开发建设盲目性大

黄河作为新乡市的重要自然生态资源，对保障区域经济社会发展具有极其重大的意义。黄河河道开发建设在考虑经济效益的同时，要更多地考虑社会效益、生态效益。从以往的砖瓦窑厂整治、违规仓储治理、河道采砂整治分析，黄河河道开发建设缺乏地方政府科学规划，开发盲目性、破坏性问题较为突出，对黄河河道联防联控工作带来了挑战。

（二）黄河河道管理工作涉及多个部门，涉河法律法规较为复杂，缺少政策法规对黄河河道管理工作明确职责分工，没有形成有效的联动共管合力

2002 年以来，黄河下游河道管理实行的是流域管理与区域管理相结合的管理模式。黄河河道管理涉及发展改革委、自然资源、生态环境、住建、交通、水利、农业、林业、河务等多个部门和行业，仅法律法规就涉及《中华人民共和国水法》《中华人民共和国防洪法》《中华人民共和国水污染防治法》《中华人民共和国环境保护法》《中华人民共和国土地管理法》《河南省湿地保护条例》等诸多法律法规。现行的法律法规只是具有原则性和概括性，对于解决黄河河道监管问题缺乏具体的综合性法律法规和相关规范性文件。在实际执法监管中，造成各职能部门往往"各管一摊"，形成了条块分割的状况，缺乏统筹管理，甚至出现政策"打架"的现象，没有形成有效的联动共管合力，难以有效防治。

（三）黄河河道内行政许可事项联审联批机制尚未完全建立，造成部门行政审批信息孤岛现象，影响了水事违法行为的事先预防

随着沿黄地区经济社会发展用地空间不断缩小，加之滩区经济社会发展滞后，一些政府和企业把眼光转向了黄河滩区，致使黄河河道内违规建设时常发生。从近几年来水行政执法和黄河河道清四乱实际情况来看，许多水事违法行为前期已经由地方政府发展改革委、自然资源、生态环境、农业等部门审批，但是缺乏河务部门审批手续，由于黄河河道内行政许可事项联审联批尚未建立，上述行政审批信息河务部门未能及时掌握。造成了诸多水事违法行为在其他部门合法在河务部门违法的情况，从而造成后期执法成本高、查处难、执行难等问题。

（四）黄河河道联合执法队伍和联合执法常态化机制尚未完全建立，联动机制执行力度仍需加大

2019 年，新乡黄河河道仅对河道采砂集中整治中实施了自然资源、综合执法、公安、河务等部门联合执法、联合巡查，取得了明显成效，有效规范了河道采砂行为。但是在黄河河道联合执法工作中领导主抓、部门间协同配合的统筹协调机制尚不健全，部门只是按照自身业务范围履行职责、开展工作，没有整体协调长效机制，存在着联合执法组织难、耗费时间久等问题，造成部分水事违法行为不能及时查处整改，给黄河河道管理造成了不良影响。

（五）部分单位和基层河长存在着对黄河河道规范管理认识不到位的现象

随着国家和地方机构改革推进，自然资源和生态环境部门成立，对黄河河道管理提出了更高的要求，要求地方政府和相关部门严格履行水资源监管、水污染防治、河道开发建设管理等职责。同时，随着公益诉讼制度的推行，地方政府和河务部么牵涉公益诉讼的概率增大。据不完全统计，新乡沿黄县级检察院累计已向乡镇政府、有关部门下发检察建议书 10 余份，但是部分部门和乡村河长还存在着多一事不如少一事的心态，对违法行为不制止不处理不上报，贻误了最佳处理时间，以至于后期处理被动。

（六）行政执法和刑事司法衔接具体操作机制不健全，造成案件移送效率偏低

行政执法和刑事司法衔接缺乏具体可行的操作机制办法，造成水政执法和刑事司法衔接不够顺畅。在实际执法过程中，刑事司法立案标准比行政执法立案标准更加严格，河务部门往往因受困于办案力量不足、执法专业水平不高、专业技术人才缺乏等因素，对收集刑事证据的程序、范围、程度不清晰，向公安机关移送的案件证据无法达到刑事立案标准而被公安机关不予立案，造成了大量时间被占用在补充调查材料上面，影响了工作效率。

（七）国家和社会对黄河下游河道功能定位的转变也对水行政管理工作提出了新的要求

长期以来，黄河下游河道公认的主要功能为行洪输水和供水灌溉。《国务院关于黄河流域防洪规划的批复》（国函〔2008〕63 号）中着重提出："加强防洪管理，提高洪水风险管理水平。"2018 年 5 月，习近平总书记在全国生态环境保护大会上提出："良好生态环境是最普惠的民生福祉，坚持生态惠民、生态利民、生态为民，重点解决损害群众健康的突出环境问题，不断满足人民日益增长的优美生态环境需要。"2018 年 6

月，河南河务局和河南省水利厅在郑州联合召开《黄河下游滩区生态治理规划方案》（以下简称《规划方案》）咨询会认为"黄河下游滩区是黄河行滞洪沉沙区域，也是滩区居民赖以生存的家园"。近几年以来黄河下游河道的生态功能、旅游景观功能愈加突出，从而使河道采砂整治、自然保护区管理、水污染防治等工作增加，国家对河道环境治理的追责力度加大，对河道水行政管理工作提出了更高的要求。

三、下一步工作建议

（一）按照《国务院关于黄河流域综合规划（2012—2030 年）的批复》对黄河下游河道滩区土地开发利用进行总体规划

根据《国务院关于黄河流域综合规划（2012—2030 年）的批复》（国函〔2013〕34号）提出的黄河下游河道开发法治理要求，积极争取地方政府在编制土地利用总体规划时对滩区农田、河道岸线、生态旅游、防洪工程等综合考虑土地用途，按照行政区域统一编制土地开发规划，发挥土地利用总体规划的总体引导和约束作用，力争滩区土地开发在河道行洪、河道环境保护和区域经济发展之间协调推进。

（二）积极推动地方立法，完善黄河河道联防联控联审联批机制，推动黄河河道水行政管理工作规范化、制度化

积极推动中央和地方政府制定出台针对黄河河道管理的法律法规和规章，对黄河河道管理工作进行明确；力争地方政府出台黄河河道管理规范性文件，对自然资源、生态环境、河务、发展改革委、林业、交通等部门黄河河道管理职责权限予以明确，减少职责重叠冲突，为黄河河道管理提供依据。

（三）积极做好黄河河道联审联批平台建设，实现黄河河道管理的事先预防

在前期建立河道采砂联审联批机制的基础上，探索将黄河河道内行政许可事项统一纳入联审联批机制，明确自然资源、发展改革委、生态环境、河务、乡镇政府等的行政审批职责，规范涉河行政许可事项。综合运用政务服务平台、企业信用信息监管平台、政务资源共享平台等，实现涉河部门政府数据信息共享，建立黄河河道管理信息共享机制，实现水事违法行为的事先预防，提高行政管理效率。

（四）推进黄河河道联合执法队伍建设，明确地方河长、河长办、相关部门的联合巡查、联合执法职责，实现"1＋1＞2"的效果

成立由地方河长牵头、地方河长办具体协调调度，由公安、自然资源、生态环境、

交通、河务等部门组建的黄河河道联合执法队伍，对黄河河道履行联合巡查、联合执法职责，对发现的违法行为依法处理，推进管理方式从被动处置向主动防治转变，形成执法合力，有效查处各类违法行为。

（五）加强工作督导考核，有效夯实基层河长特别是乡村河长职责

根据不同河湖存在的主要问题，实行差异化绩效评价考核，将领导干部自然资源资产离任审计结果及整改情况作为考核的重要参考。对问题突出的，通过检察机关诉前程序、公益诉讼等形式，督促相关河长和政府部门履行职责。县级及以上河长负责组织对下一级河长进行考核，考核结果作为地方党政领导干部综合考核评价的重要依据，并纳入政府绩效考评体系。

（六）建立完善水行政执法机关与公安机关执法衔接工作的指导意见，为行政执法与刑事司法衔接提供指导

由公安机关与河务部门制定出台水行政执法机关与公安机关执法衔接工作的指导意见，明确双方职责，加强执法联动；明确衔接程序，规范案件办理；建立日常联络制度、重大案件会商制度、建立重大案件挂牌督办制度等制度，形成执法合力，有力打击黄河河道内涉河犯罪行为。

创新监管机制　全力构建水利工程质量监督新局面

沈小强[1]　　张莹滢[2]

1 郑州黄河河务局巩义黄河河务局　2 河南黄河河务局

引　言

近年来，随着国家对中小型水利建设投资规模的加大，尤其是继承县局河流综合治理等项目建设步伐的加快，基层水利工程质量监督机构任务明显增加，这对强化基层水利工程质量监督机构建设，以及在新形势下如何做好质量监督工作提出了更高的要求。

一、基层水利工程质量监督工作存在的主要问题

（一）监督机制不健全、不完善

水利部原先将水利工程质量监督机构按总站（含流域分站）、中心站、站三级设置，只设置到市一级。最近水利部在《贯彻质量发展纲要提升水利工程质量的实施意见》中提出大力推进县级质量监督机构，旨在加强基层质量监督机构能力建设。当前基层质监机构普遍存在两种现状：一是有机构没编制，经费落实不了；二是虽有机构有编制，但实际在岗专职人员少，缺乏工程经验。

（二）质量监督经费不足

国家规定质量监督工作所需经费由同级财政预算予以保障，因各地财政状况不同，落实情况也不一，多数地方质量监督经费不能足额落实到位，多数是同级财政预算只给了人员工资，未安排工作经费，无法保障质量监督工作的有效开展，致使质量监督工作缺乏科学有效的检测数据来支撑。

（三）监督管理水平不高

质量监督工作涉及法律、法规、规范标准及设计、施工、监理等方面多个领域知

识，这就要求从事质量监督的人员既要懂法律、法规，熟悉行业规程、规范和工艺，又要具备一定的专业理论知识和较强的综合能力。然而，当前基层质监机构大多数为新设立，监管水平还普遍不高。概括起来：一是技术力量严重不足，缺少水利工程专业技术人员；二是工程经验不足，基层以前接触小农水工程多，水利基建项目少，对工程建设与管理有关政策、法律、法规和相关技术标准规范掌握的不够，处理问题的能力不强，缺乏经验。

二、加强基层水利工程质量监督工作的建议

按照分级管理的原则，基层水利工程质量监督机构负责对本行政区域内的水利工程实施监督管理。实践证明，县级质量监督机构的设立及其有效运作对保证基层水利工程建设质量有重大意义，是政府对行业建设项目质量监管不可缺少的有效手段。

(一) 完善监督机构，健全监督管理机制

基层水利工程建设大多为河流综合治理项目为主，均系民生水利，实施好这些中小型水利工程更是响应上级主管部门号召。质量监督是水利工程质量管理工作的重要组成部分，水利工程质量监督机构是代表政府对工程建设参与各方建设行为和工程实体质量进行强制性监督，为水利工程建设质量提供保障。作为县级水行政主管部门要努力向上级主管部门及地方政府有关部门汇报，会同编制、财政等相关部门赴其他水管体制改革先进的市县实地考察，争取编制部门在事业单位改革中加强对质量监督机构的扶持力度，设立专门机构，增加人员编制，充实技术力量，健全监管机制，为基层水利工程质量保驾护航。

(二) 落实监督经费，保障质监工作开展

对已经政府编办批复成立但未落实经费的基层质监机构（主要指财政部门已将质监机构人员工资费用列入同级财政预算，未安排质量监督经费的），县级水行政主管部门要努力争取。

(1) 积极向政府领导汇报。善于把握汇报时机，如每年政府领导检查防汛工作时，在汇报防汛工作的同时，突出强调工程建设是防汛抗灾的重要基础，优良的工程质量是水利工程发挥防洪减灾效益的根本保证。落实建重于防，从源头上增强抵御洪涝灾害能力，必须要确保工程质量，时刻强调抓好质量的重要性。

(2) 加强与财政部门沟通。如在召开水利项目竣工验收会时，借工程实例向财政部门介绍质量监督工作的开展程序和方式，争取他们对基层质量监督工作的理解和支持，

尽早将质量监督经费纳入同级财政预算范围，特别增加在交通和检测经费上的投入，以确保质量监督工作的有效开展。

（三）创新监督方式，保证监管工作成效

基层质监机构多数存在人少事多、项目点散面广的特点，开展有效监管往往心有余而力不足，尤其是在每年汛前汛后项目建设高峰期时最为突出。为保证质监工作成效，就得创新方式，因地施策。

（1）采取区别化监管。在项目质量监督中，运用分类监管和差别化监管的方式，突出对重点工程和民生工程的监管，突出对质量管理薄弱项目的监管，突出对那些质量行为不规范和社会信用较差的施工企业监管。在办理质量手续时，就建立好项目清单台账，分类区别，有所侧重。

（2）采取市县联合监管。由市县两级共同组建项目质量监督组，明确主监人员和各自责任分工。这样既能有效解决人少的问题，做到市县互补，保证了监管工作成效，同时又增强和提升了基层质监队伍的业务水平和综合能力。

（四）加强教育培训，提升质监队伍管理水平

强化"传帮带"的工作方法，注重加强对新进的质量监督人员综合技能培养，通过在具体项目建设上对各参建单位的质量行为和工程实体质量监督实例中，逐步实现由"教练员"到"裁判员"的转变，促进基层质监机构管理水平的提升。按照分级管理的原则，省级主管部门应发挥引领和行业权威作用，加强对各基层质监队伍在水利基建项目建设与管理相关政策、法律、法规、行业标准及地方性标准等方面的宣贯力度，让市县质监机构人员都参与进来，共同交流学习。若集中培训有困难，也可采取分区域划片的办班模式，可分批开展。市级主管部门应发挥"班长"作用，要结合本地区实际，组织开展好本辖区内基层质监机构教育培训工作，特别要加强对基层一线质量监督人员法律法规、技术标准、业务技能的培训，提高他们的业务水平和依法行政能力。可邀请专家授课、现场讲学等方式。若条件允许，可以让本地区的水利项目法人单位、在建工程的项目总监、项目经理等人员都参与进来。

（五）严格规章制度，规范质监工作程序

质量监督机构应根据国家有关法律法规和相关标准规范，建立健全各项规章制度，做到有法可依、有章可循，落实质监工作的内容，突出重点，规范质监程序，保证质量监督工作的权威性和严肃性。在办理质量监督手续前，要严格核查设计、施工、监理等单位的资质和从业人员的执业资格，其人员数量是否满足工程要求，是否严格按照投

标承诺兑现并按时到位；工程开工初期，重点检查建设单位的质量管理体系、监理单位的质量控制体系、施工单位的质量保证体系和设计单位的现场服务体系建立情况等；工程施工中，要检查参建各方是否严格执行设计和技术规范标准，检查项目法人组织施工图审查、委托检测和履行设计变更等情况，检查施工单位"三检制"落实情况，检查监理单位见证取样送检、平行检测和跟踪检测情况，检查设计单位的质量管理和现场服务情况。检查中，要重点加强对涉及公共安全的基础、主体结构等部位和竣工验收等环节的监督检查，加强对质量问题的整改措施跟踪督查和工程建设质量检验评定和核定（核备），为工程建设把好质量验收关。

（六）加强检测力度，确保质监成果科学

质量检测是水利工程质量管理和监督的重要手段，对保证质量管理和监督的科学性、准确性、公正性有着重要意义。质监人员在现场质量检查时，要善于借助检测器具设备进行检查，通过采集必要的数据资料，进行数理分析，用数据说话，保证质量监督工作的科学性、准确性，不能还停留在凭个人经验，采用"手摸、眼看、尺量"的传统方式。要加大对工程原材料、中间产品及半成品的检测，尤其对在建工程的关键部位、重要隐蔽工程实体质量的抽检，及时有效地判断工程建设质量实时状况，以便更为准确、真实地核定工程质量等级。进行质量抽样检测时，若质监督机构自身没有条件，但经费已落实，可委托第三方检测。在招标前，制订详细的招标方案，明确检测内容、控制价、单位资格、拟派人员及检测设备等，要求检测单位具有独立的法人资格，且与施工单位无利益关系，这样使得检测结果更加客观、公正，具有法律效力。同时，要督促项目法人按规定要求及时委托符合条件的质量检测单位开展工程建设质量竣工检测，从主体工程开工起即开展全过程质量跟踪检测，确保工程建设实体质量。

三、改革创新，建管并重，构建水利建设与管理良性机制

新时期基层水利建设与管理工作要积极践行可持续发展治水思路，坚持改革创新建管并重，深入推进水利工程建设和管理体制改革，着力构建制度完善、监管有效、市场规范的本利工程建设机制，着力构建权责明确、管理科学运行安全的水利工程管理机制，着力构建法规完备、监管有力、注重保护的河湖管理机制，以科学的管理体制和良性运行机制，保障水利建设与管理工作顺利进行，促进新时期水利事业的跨越式发展。

水利建设与管理工作必须抓好两项改革，即水利工程建设体制改革，水利工程管理体制改革和"三项管理"，即工程建设管理、运行管理和河湖的社会管理，努力实现

水利工程建设与工程运行管理并重，实现河湖治理与保护的统一，促进水利事业全面、健康发展。

（一）强化监督，深入推进水利工程建设管理体制改革

为适应大规模水利程建设，必须不断创新建设管理机制，进一步强化监督管理，保障工程建设质量、安全和进度。

一是认真落实三项制度。全面落实以项目法人责任制为核心的"三项"制度，严格基本建设程序。根据大规模水利工程建设的特点，着重规范中小型水利工程项目法人组建，按"一县（市）一法人"的原则，优化整合当地建设管理力量，由县（市）级人民政府统一组建专业的水利工程建设项目法人，实行集中建设管理，保障大规模工程建设的组织实施。强化招标投标行政监督，对招标投标活动进行全过程监督，严肃查处围标串标、借用资质投标等违法行为；出台水利工程进入有形建设市场交易的指导意见，稳步推进水利工程项目按照属地原则进入有形市场交易，促进工程项目招投标阳光操作。加强水利工程建设监理、造价和质量检测市场准入管理，结合市场信用体系建设，健全市场主体退出机制，积极推进行业自律管理。

二是创新建设管理模式，推行"先建机制再建工程"。结合水利建设实际，积极创新建设管理模式，有序推进设计施工总承包和 BOT 模式，试点推行代建制，积极探索 BT 模式。在大规模水利建设中，严格执管理设施与主体工程"三同时"制度，积极推行"先建机制、再建工程"的模式，把管理贯穿于规划实施的全过程。在项目建设的同时就考虑工程建成后的运行管理问题，为工程管理创造必要的管理条件和手段，在项目立项审批、工程前期设计时就注意完善运行管理设施，建立运行管理机制，落实运行管理经费。

三是加强质量和安全管理。研究建立施工图审查制度，强化政府对工程实施过程质量的监管；进一步健全质量保证体系，特别是推进市（县）一级质量监督体系建设，强化项目法人、施工单位的质量责任和监理管理责任；加强质量检测，强化第三方检测，实行质量抽检和"飞检"制。实行"政府统一领导、行政主管部门依法监管、项目法人负责、企业全面保证、群众监督参与"的安全生产管理体系，落实水利工程建设安全生产监督管理制度，坚决防止发生安全责任事故。

（二）规范管理，深化水利工程管理体制改革

水利工程是保障防洪安全、供水安全、粮食安全、生态安全、支撑经济社会发展的重要基础和手段。必须坚持科学调度、规范管理，加快推进水利工程管理体制改革，建立水利工程良性运行机制，保障工程安全运行和充分发挥效益。

一是加快小型水利工程管理体制改革。针对面广量大的小型水利工程产权不清、管理主体缺位、老化失修、效益衰减、安全隐患突出等问题，必须加快推进小型水利工程管理体制改革。在改革中，要坚持政府主导与发挥市场机制作用相结合，坚持责权利相统一，坚持分类指导、因地制宜，坚持统筹兼顾的原则，以落实工程管护主体和责任为核心，以明确工程所有权和使用权为抓手，以落实财政补助和创新工程管理模式为重点，以确保工程安全运行和充分发挥效益为目标，着力建立归属清晰、权责明确的小型水利工程产权制度，按照"谁投资、谁所有"的原则，明确小型水利工程的所有权，落实管护责任主体，积极落实公益性小型水利工程管护经费财政补助政策，建立健全水利工程管理的良性运行机制。

二是创新水利工程管理模式。结合所有权、管理权和使用权分离等方式，创新水利工程管理模式。针对不同类型小型水利工程特别是小型水库的特点，因地制宜采用县（市）、乡集中管理、国有水管单位专业化管理和社会化管理等多种方式，逐个落实工程安全管理责任，明确责任主体，划定工程管理范围和保护范围，落实管理机构或专职管护人员，落实公益性工程管护经费。积极引入市场竞争机制，推进水利工程管养分离，促进水利工程维修养护的市场化、集约化、专业化和社会化。

三是推行水利工程规范化管理。加强水利工程管理考核和水库运行管理督察，以考核为抓手，不断提高水利工程管理的规范化水平进一落实水库大坝安全管理责任制，指导水库管理单位编制完善水库调度规程；完成水库、水间注册登记工作，不断推进确权划界、安全鉴定和降等报废工作；建立风险管理和应急管理机制，制定水利工程安全管理应急预案，有效预防和妥善应对突发事件；建立健全各项管理制度和操作规程，将水利工程管理考核纳入日常管理、严格执行调度指令、在保证工程安全的前提下、统筹水利工程防洪、供水、发电、航运、生态等各种功能和作用、充分发挥工程综合效益。

四是推进水利工程管理现代化。借鉴国内外先进管理经验，创新管理理念，健全管理制度，着力构建职能清晰、权责明确、人员精干、技术先进、科学规范、安全高效的现代化水利工程管理体系；充分吸收和应用当代信息、通信、预测、政策等方面的先进技术，改进管理手段，加强水雨情测报、安全监测、通信预警和远程控制等系统建设，促进信息化与管理、调度、运行等各个环节的深度融合，实现自动监测、远程控制、优化调度等，不断提高水利工程管理信息化、自动化水平，促进水利工程管理的现代化。

四、结　　语

"生命至上，质量第一"，水利工程质量监督工作任重道远。面对当前水利工程建设质量管理的新形势和新任务,为有效促进基层水利工程质量监督工作的蓬勃发展,必须正视所存在的问题,及时采取有效措施加以解决。要牢固树立工程质量首位意识,强化质量管理能力,才能切实提高基层水利工程质量监督的成效,为水利工程建设质量提供强有力的保障。

参考文献

［1］ 郑航. 新形势下基层水利工程质量监督工作中存在的问题与对策［J］. 水利科技,2015(3).
［2］ 徐球,李大峰. 浅谈基层水利工程质量监督机构的工作创新［J］. 水利建设与管理,2015(2).
［3］ 宋智. 基层水利工程质量监督机构的工作创新［J］. 计算机系统应用,2007.
［4］ 海贵山. 关于水利工程质量监督机构的思考［J］. 中国水利,2016(5).

浅议"大数据＋水利监管"方式的应用

李贵岭

郑州黄河河务局巩义黄河河务局

随着大数据热潮的兴起与数据技术的进步，对数据的利用变得更加便捷与直接。各行业都已开始着手开始进行数据归集、数据整理、分析计算。未来，在全球七大重点领域，包括教育、交通、消费、电力、能源、大健康以及金融，大数据的应用价值也将呈指数级增长。

中国水利信息化建设在过去几十年的发展中，取得了辉煌的成就，水利大数据的价值不仅在于降低成本提高经济效益，水利作为国家的重点领域和行业，挖掘水利大数据的价值肩负着推动国家经济繁荣，改善人民生活水平的使命的责任，而数据治理就是连接大数据科学与应用的桥梁，是把数据资产变现的重要手段。

一、水利行业信息化发展现状及建设方向

（一）水利行业信息化发展现状及存在问题

2019 年，水利从业单位大多已基本建成了满足单位业务需要的生产和信息化管理系统，并随着信息化技术的提高而不断深入和完善。但由于起步晚、专业相对封闭等客观原因，信息化建设水平、管理和应用深度与国内外的信息化建设相比尚存在不小的差距。

1. 顶层设计相对匮乏

信息化建设只有不断投入，才能在一段时间后逐渐见到成效。这种成效的渐进性决定了建设和维护阶段需要不间断投入，且具有投入在前、产出滞后、无法立见成效的特点，因此需要单位主要负责人转变传统观念，加大投资力度，力求高层负责人统筹规划、合理推进，从而形成自上而下全面重视的理想局面。信息化工作被称为"一把手工程"，其发展理念需要单位主要负责人予以充分理解，制定适合本单位应用的顶层设计方案和总体规划，并自上而下形成"有效贯通，坚决执行"的工作态势；如果只是一拍脑瓜起步、走一步看一步，形成"遇到问题解决问题"的被动局面，将会使

本单位的信息化发展走入死胡同，得不到个性化发展。

2. 缺乏有效的协调平台

有效的协同平台主要用于处理数十年来水利事业工作过程中积累的各种信息，主要包括生产经营、工程管理、文书档案等。协同平台的缺乏将无法对上述资料进行有效的关联、处理和应用，最终形成信息孤岛，其价值大大降低，无法达到有效积累、资源共享和重复利用等行业要求。

3. 促使行业持续有效发展的需求得不到满足和保障

伴随经济建设不断转型升级及各地区水利行业内的专业增设，包括水利信息化、水旱灾害防御、水文水资源、水行政执法、水利安全监管与水利规划等专业越来越受到重视。面对水利行业内新兴专业和产业的发展，传统意义上的数据采集已经不能随着建设内容和目标的要求进行人性化调整，无法满足当代信息化建设发展要求。

（二）大数据时代对水利行业信息化的技术支撑

20 世纪 90 年代末至 21 世纪初，水利行业从业人员已逐渐将计算机作为主要生产工具运用在勘察设计中。随着不断发展，水利行业生产、经营等工作生成的数据通过积累形成了大数据的雏形，如何有效使用这些数据，使其投入生产管理工作，充分发挥价值，为单位生存发展提供技术支撑，成为水利行业对大数据技术最直观的客观需求。

（三）水利行业信息化建设方向

以大数据时代为背景的水利行业信息化建设工作必须顺应时代要求，以创新为动力，以需求为导向，以整合为手段，以应用为目标，以安全为保障，加快数据整合共享和有序开放，推进水利业务与信息技术深度融合，深化大数据在水利工作中的创新应用，促进水治理体系和治理能力现代化。

二、大数据的特征及其价值

随着信息化技术的迅猛发展，越来越多的水利信息化基础设施及应用系统，被应用到水利工程建设与管理、水行政业务处置等领域中。由此产生的数据量指数攀升，引发了水利数据中心建设的热潮。与此同时，随着整个社会（尤其是互联网上）的信息量呈爆炸性增长态势，大数据技术应运而生。大数据技术是一场技术革命，时刻改变着我们的生活、工作和思维方式。将大数据技术引入水利行业，将其作为水利数据中心建设的基础技术，成为一种必然的趋势。水利信息化涵盖水利工程勘测、规划、设计、施工、运行管理和维护，防洪、水资源管理、水土保持等水行政管理等诸多方面。水利数据形式多样、种类繁多，数据总量庞大且持续高速增长。例如，近年来监测设备种类及数量增多，监测数据跨地区上传频率加快，使得采集监测数据量急剧上升；在防洪管理业务中，应用水文模型预报、推演、调度而产生的数据量也正迅猛增长；视频、图像和文档等非结构化数据大量累计，难以采用关系型数据库存储与管理。在管理和应用层面上，用户已不满足于数据存储和管理碎片化的现状，提出了高效管理和共享的要求。如何存储、传输、处理和应用水利大数据，已成为水利信息化发展必须面对的问题和挑战。根据水利信息化规划要求，水利数据中心建设的目的是全面整合分散的各类水利信息资源，实现信息共享，并对数据进行深度挖掘，以满足水利业务和事务发展需要。其中解决的主要问题包括：分布各处的水利数据到水利数据中心的实时汇集，海量水利数据的集中存储，结构化数据和非结构化数据的统一管理，以及有效的数据分析和挖掘等。

　　水利信息化长期的业务实践积累了大量分布异构独立的业务数据。遥感、GIS、传感网和射频技术等现代化信息化术的发展与应用，全面拓展了水利信息的空间尺度和要素类型。水利数据已逐渐呈现出多源、多维、大量和多态的大数据特性。在经过大量调研的基础上，水利大数据的特征概括以下 5 点，①数据量大：水利数据量在数百 TB 或 PB 以上；②来源及形式多样：包括勘测、规划、设计、施工、管理等多种来源，以及长系列的结构化、半结构化数据和大量非结构化数据；③持续增长：在水利行业各领域和环节的信息化应用不断增加，监测密度及指标不断提升，数据增加速度不断加快；④数据价值高：水利数据是水利工程建设、管理及水行政业务处置的依据，蕴含较高的价值；⑤实时或准实时要求：部分水利数据（如水利工程安全监测、地质监测等）是判别应急事件的依据，存在实时或准实时处理的需求。

　　大数据水利建设在信息技术应用过程中，在关键技术与环节上都有所创新与突破，其重点任务体现在以下五个方面。

（一）信息监测与传输子系统

　　对现有监测系统进行完善、整合与升级改造，基于先进感知技术、物联网、无线传感等技术，建设布局合理、结构完备、功能齐全、高度共享的天地空一体化水利基础信息采集与传输系统，实现对"九水润城"规划重点区域与关键断面的水文、水资源、水生态、水环境的立体监测网络，实现水利信息全方位的实时动态监测、快速传输。

（二）大数据水利云中心

　　建立以云计算、云存储技术为核心的大数据处理系统，形成大数据水利云中心平台。实现水文监测、水资源监测、水利部门的其他水利数据、社会经济数据、其他部门的涉水数据、模型计算产生的数据、卫星遥感影像数据和气象信息等结构化、半结构化和非结构化数据的统一数据管理，实现多源数据集成、数据挖掘与互联互通。

（三）数字流域与仿真模拟子系统

建立以流域水循环综合模型、3D 虚拟仿真可视化为支撑的新型数字流域与仿真模拟子系统。系统的核心是联合调度和可视化，系统的主要驱动力是分布式水循环模型的集成与模拟。数字流域是以流域水循环综合模型为支撑，结合 3S 技术和三维模拟技术的仿真模拟系统。通过水文物理模型的精密计算和模拟系统的仿真模拟，进行数据挖掘，并实现数据的可视化和智能化。数字流域是水利信息从静态到动态的跨越，是从三维到多维的跨越，是正确科学到精准智能的跨越，是过去数字水利到智慧水文的跨越。通过构建数字流域与仿真模拟平台。

（四）业务应用与公众服务子系统

建立以大数据水利云中心为核心支撑的统一门户网站，多用户分级管理的业务应用与公众服务子系统，实现多源信息整合与业务系统协同，提升便民利民服务。业务应用是实现大数据水利的核心工作之一，是以数据感知层获取的水信息为基础，设计水循环模型，并借助各类先进的信息技术构建专业的水信息管理系统，提升对基础水信息的处理和管理能力。

（五）决策支持与执行反馈子系统

在数字流域与仿真模拟基础上，建成多业务协作、涉水事务一体化综合管理的决策支持与执行反馈子系统。重点推进"水量—水质—水生态"耦合模拟与联合调度系统建设，实现考虑多目标的智能化"水量—水质—水生态"联合调度与科学决策；建立决策过程跟踪与实施方案后评估的执行反馈子系统。

三、现代大数据水利的建设路径

按照"深度融合、智能决策、全面共享"的指导思想，以信息技术、互联网技术为依托，智能感知和信息采集控制终端为基础，大数据、云计算技术为支撑，建立完善的监测与信息发布网络系统，从而实现精细预报、实时预警与智能调度；建立水利信息云平台，实现信息资源的高度共享和各业务应用系统之间的互联互通；打造大数据水利无线应用平台，将水利应用移动化。

（一）完善水利信息监测与信息发布网络系统

一方面，进一步完善水利信息监测网络系统。围绕水资源、水环境、水生态、河湖管控、水务设施管理等核心业务，利用遥测、遥感、卫星、互联网等技术，构建智能感知体系，确保信息互通和资源共享，形成全天候、全天时天空地的水务监测网络体系；另一方面，加快水利信息传输网络建设。以通信网、互联网等公网设施为载体，以现有信息传输网络为基础，扩充及完善水利信息网络，形成覆盖县级及以上水利信息局域网。局域网主要满足系统内部工作信息传输、信息交流与共享。在完成建设局域网的基础上，将各局域网联结成一个信息共享的区域网。

（二）建立以大数据水利信息云平台

首先，建设水利信息数据存储体系。以水利信息监测体系为基础，对现有的地理信息系统数据、基础水文数据、水务普查数据、水务工程数据，水资源数据、防汛抗旱数据、水质水环境数据、水土保持数据等相关数据库进一步完善，建设并完善水情数据库、水资源水环境数据库、历史大洪水数据库等专业数据库。

其次，建设水利云数据中心。以云计算、"大数据"等先进技术为依托，以数据资源共享等为根本出发点，整合各类水利信息资源，实现水利数据集中采集、集中存储、集中管理、集中使用，一体化地解决水利信息资源整合与应用系统集成问题，为水利信息化、水利业务的可持续发展提供支撑。

最后，建设水利信息云平台。在水利云数据中心内，通过整合已有的硬件设备，将硬件资源虚拟化，搭建统一的开发与运行环境，对基础设施、数据资源、业务应用系统等进行整合，建设水利信息化云服务体系。综合集成各业务应用系统，扩展接口和信息支持，开发建设水利信息云平台，打造集水利数据存储、管理、交换、发布与应用支撑服务等功能为一体的综合管理决策平台，最终，在国家水务信息化框架下，建成省、市、区（县）分级管理的水务统一门户和多层业务协同平台。

（三）打造各类水利信息业务的应用平台

借力移动互联网，打造大数据水利无线应用平台，将水利应用移动化。在水务信息云平台的框架内，进行统筹规划、统一部署，建立集业务管理平台、决策支持平台、行政管理平台、公众服务平台于一体的信息化综合业务应用系统。借助移动互联网终端和4G网络等现代信息技术，整合水利行业的各种可用数据，打造包括水利办公、山洪灾害预警、视频会商、水利工程视频监控等系统的应用平台，为智能办公，灾害预警、应急抢险、水利工程管理等提供及时、科学、便捷的信息决策参考。

四、水利大数据监管应用方向

（一）水利基础信息分析

利用大数据技术分析研究区水雨情特征，水利工程建设情况，为区域来水情况分析，区域汛情灾情预警预报，工程防洪和供水能力分析提供基础支撑。

（1）水雨情分析。从研究区水情特征出发，应用大数据分析方法进行研究区内的水情分析，综合分析梅雨期降雨、台风影响及旱情影响等，辨识区域来水量的年内变化特征及变化趋势。

（2）水利工程分析。从研究区工情特征出发，应用大数据分析方法进行研究区内的水利工程建设、运行、管理等情况分析，结合不同区域地形特点、水雨情特征及社会经济发展情况，辨识区域水利工程建设程度。

（二）水资源管理分析

利用大数据技术预测研究区水文、水质、水环境变化，从水资源供需分析、调配决策分析、应急管理分析等方面进行研究区内大数据决策分析。为制定更加可行、合理的水资源政策和方案提供大数据分析支持。

（1）水资源供需分析。利用大数据评估研究区内的需水量，分析历史供用水数据，辨识研究区内水资源供需矛盾，结合供需矛盾进行各类用水预警分析。

（2）水资源调配决策分析。通过对水量分配、水资源调度、用水户及水权交易等数据进行多维度的统计分析，可以实时调整水库蓄泄水量和供水分配，从而高效地协调政府与市场关于水资源配置问题的关系。

（3）水资源应急管理分析。随着通信技术和移动互联网的发展，通过对公民在网站、论坛、微信、微博等发布的突发水灾害事件进行数据共享，关联分析和挖掘利用，能够为水资源监测和预警、水资源应急管理等提供依据。

（三）防洪防旱管理分析

大数据在洪旱灾害管理方面可以通过研究区内预报预测模型的应用，对洪旱灾害进行预报预测，通过洪水调度、水资源调配实现水资源的合理分配，从而有效地减少未来洪旱灾害带来的损失。

（1）防洪排涝调度决策分析。对研究区地形、水文特征、降雨、洪水、工程调度等进行大数据分析，根据降水预测来评估洪水流量、洪峰时间、洪灾影响，从大数据库中匹配相应的工程调度方案，以进行研究区内的洪水调度决策与管理。

（2）抗旱调度决策分析。对研究区地形、水文特征、降雨、旱情、工程调度等进行大数据分析，在对旱情形势、旱情影响预测的基础上，从大数据库中匹配相应的旱情调度方案，以进行研究区内的抗旱调度决策与管理。

（四）工程运行管理分析

通过对研究区地形、地质、气象、水雨情、蓄滞洪区空间分布，以及社会和经济等大数据进行分析，并构建面向水利工程分析主题的多维大数据库，实现水利工程大数据进行重组和综合，从而实现研究区内区域工程运行能力、管理效率等分析，为工程调度及运行管理提供决策支持。

（1）工程运行能力分析。对研究区内历史洪涝灾害信息与工程调洪能力进行大数据匹配分析，辨识水利工程对研究区防洪能力的影响大小，对研究区内的历史旱情信息与工程供水能力进行大数据匹配分析，辨识水利工程对研究区供水能力的影响大小，为水资源的优化配置提供决策支持。

（2）工程管理效率分析。基于水利工程运行管理的台账信息、日志等，对工程运行管理水平进行分析，辨识各类水利工程的运行效率、工程信息化和标准化管理水平，促进水利工程发挥运行效益。

五、结　　语

本文从水利大数据应用分析的角度出发，探讨了水利大数据体系建设、水利大数据分析平台及水利业务应用分析的思路：以现有的水利数据为基础，融合外部门相关数据，采集互联网相关数据构建水利大数据体系；以关键技术及组件为支撑，通过大数据存储、分布式处理、大数据挖掘和交互式可视化分析搭建水利大数据应用平台；从水利业务管理的角度出发，设计水资源、防汛防旱、水利工程等大数据应用管理场景，以实现基于大数据的水利业务管理及决策分析。通过数据体系、分析平台、业务应用3个层面的建设，促进信息数据的交互共享、数据潜在价值的挖掘，为水利监管能力的提升提供技术支持。

参考文献

［1］ 成建国，钱峰，艾萍. 国家水利数据中心建设方案研究［J］. 中国水利，2008（19）：32-24.
［2］ 李国杰，程学旗. 大数据研究：未来科技及经济社会发展的重大战略领域——大数据的研究现状与科学思考［J］. 中国科学院院刊，2012，27（6）：647-657.
［3］ 杨鸿宾，宋明. 元数据管理平台总体架构设计研究［J］. 计算机系统应用，2007，32（7）：

17-20.

［4］　庞靖鹏.关于推进"互联网＋水利"的思考［J］.中国水利，2016（5）：6-8.

［5］　王忠静，王光谦，王建华，等.基于水联网及智慧水利提高水资源效能［J］.水利水电技术，2013（1）：1-6.

［6］　刘陶."互联网＋"时代下智慧水利建设分析［J］.现代信息科技，2017，1（6）：119-122.

［7］　武建，高峰，朱庆利，等.大数据技术在我国水利信息化中的应用及前景展望［J］.中国水利，2015（17）：45-48.

［8］　杨宇，谈娟娟.水利大数据建设思路探讨［J］.水利信息化，2018（4）：26-35.

大数据与云计算背景下基于项目标准化建设的财务管控

赖雪梅　　成　飞　　孙爱云

山东黄河工程集团有限公司

一、加强在建项目财务管控的背景

山东黄河工程集团有限公司（以下简称"工程集团"）为国有大二型企业，注册资本金 5 亿元，是黄河系统和山东省大型水利水电施工企业之一。自工程集团组建以来，主营业务发展迅速，截至 2018 年年底，在建项目 86 个，合同总额 76.3 亿元，在建项目遍及全国 20 多个省（自治区、直辖市）。主营业务的迅猛增长对内部控制（以下简称"内控"）制度建设提出了极高的要求，但是，由于受在建项目规模大、经营模式不统一、地域跨度大、施工周期长、地域政策差别、财会人员不足等因素影响，在建项目没有形成统一的财会管理制度、核算依据和内控流程，在建项目财务核算质量和管控水平较低，各项目分阶段形成的数据、表单等会计基础信息资料没有统一格式，无法汇总使用，财务决策支持作用丧失。降低财务风险、提升管控水平成为"补短板、强监管"需解决的最迫切问题。

鉴于上述情况，我们选取了工程集团四川九绵高速 LJ33 合同段（以下简称"九绵项目"）项目开展了一系列财务管控改革试点工作，其主要目的就是以项目管控标准化建设为基础，借助科技手段，充分利用云计算和大数据处理分析功能，实现会计信息采集、业务处理、信息反馈、决策支持等全流程标准化和信息化，探索在建项目科学、规范、高效的财务管控模式。

二、在建项目财务管控现状及存在问题

（一）项目集中管控缺失

1. 粗犷管理模式下的管控失序

在当前管理模式下，单一项目中标后，项目经理组织施工队伍及管理人员进驻现

场,并在项目当地开立银行账户,同时设账核算,直至项目结束。在项目建设的整个过程中,集团总部机关不参与项目具体管理,总部机关各职能部门仅从项目经理和相关人员的不定期汇报及各类季报、年报中获得相关信息。项目的资金情况、结算进度、经济效益等关键信息都不能及时获取,更无法实现总部机关对在建项目的实时管控。这就导致了财务集中管控和项目过程控制的缺失,以至于某些项目由于管理不善产生巨额亏损后束手无策、疲于应付。

2. 统一标准缺失下的管控失衡

由于在建项目各自为政,没有形成严格规范的统计标准和统计报表制度,总部机关各职能部门根据各自管理需求,分别设定统计报表的范围和口径,导致了统计标准缺失下的管控失衡。其结果就是总部机关没有一个职能部门能全面统筹掌握一个时期内在建项目数量、合同金额、有效产值、资金结算、管理费上交等信息,并实现对整个集团在建项目的数据分析和动态反应。体现在财务管控上的最大弊端就是资金在各项目间丰欠不均,资金在各项目之间的流动受阻,流动资金效益最大化沦为空谈,造成了巨额的资本浪费。

(二)集体决策程序缺失

在建项目管控缺陷的另一个体现就是集体决策程序的缺失。"三重一大"决策程序仅停留在总部机关层面,各在建项目仍沿用长期形成的项目经理"一言堂"的粗犷管理模式。由于没有制度制约,项目经理常常一人独大,在劳务队伍选择、大宗材料购入、重点设备租赁、大额资金支出、招聘人员薪金待遇、员工奖金发放等方面,项目经理仅凭个人主观判断、既往施工经历及个人人脉关系作出决策,其他管理人员碍于情面和权威,难以提出有效的反对意见,没有制度强硬约束的集体决策沦为空谈,为腐败的滋生提供了温床。

(三)职能部门间沟通不畅

项目部各职能部门间沟通不畅,缺乏信息共享。在对在建项目的历次检查中发现,部分项目在预付工程款或劳务分包款时,施工部门未向财务部门提供已完工工程量和累计工时,财务部门仅凭项目部领导批复的金额进行支付,在这种结算与支付不同步的情况下,难免会发生超付现象,给项目带来经济损失和潜在的法律风险。部分项目在财务建账之初,因项目部主管领导未明确要求对各工区进行成本辅助核算,待项目结束进行成本分析时,财务人员无法提供各工区准确的实际成本,影响了对工区的绩效评价。

三、在建项目财务管控标准化建设内容

在建项目财务管控标准化建设的两大基础模块是"完善的管控制度建设"和"科学的管控流程设计"。首先，完善的制度建设是确保在建项目财务管控从"人治"走向"法治"的基础，同时，也是规范和约束在建项目一切经济行为的标尺；其次，以项目部各项经济活动的实际工作流程为依托，创建科学的管控流程，打造既符合真实业务需求、又能实现管控要求的流程设计，既要避免管控缺位造成的权力真空，又要规避因繁复的流程设计导致的效率低下。标准化建设内容具体如下。

（一）总部管控

1. 目标管理

新承揽的项目中标后，项目承建合同由集团经营处转入施工处。施工处作为集团在建项目建设管理的主管职能部门，在整个集团范围内选取项目施工单位，核算项目成本，与项目部或项目部主管单位签订《目标任务书》，明确项目性质、管理费上交比例、项目经理权责、派驻人员费用上缴等内容，同时将《目标任务书》送达集团财务处。集团财务处根据《目标任务书》确定项目财务管控方式、核算模式、核算人员、建立账套、开展核算。

2. 人员管理

设计并实施了直属单位财务部门主要岗位人员聘用考核审批制和重点项目财务人员委派制。集团财务部门负责统一对直属单位财务部门主要岗位人员的聘用进行业务考核，并对重点项目财务人员进行统一委派，确保直属单位财务关键岗位和重点项目财务人员的专业素质和工作能力能够胜任相应工作。

3. 资金管理

为加强总部机关对在建项目的资金管控，将九绵项目资金审批纳入工程集团NC网上审批、报销系统，项目部收到业主拨付的资金后，由项目部财务人员通过网上审批、报销系统中《工程款（上交利润）》流程，发起资金支付申请流程并上传《项目工程款支付审批表》，审批流程各环节审批人根据管理需要，从集成了各类关键信息的《项目工程款支付审批表》中提取相关信息，完成事项审批，行使管控职责。

4. 统计管理

为了弥补各职能部门分别设定统计报表范围和口径，导致统计标准缺失下管理失衡的漏洞，实现对整个集团在建项目的数据分析和动态反应。我们联合各职能部门统一了统计标准和口径，设计了以统计项目成本和资金情况为目的的《资金收支情况表》和《成本支出统计表》、以统计项目管理费上交及欠交情况为目的的《上交利润及资质使用费情况表》和以统计在建项目变动情况为目的的《项目基本情况表》。

（二）制度建设

为了规范项目部财务管理制度建设，我们根据工程集团财务管理制度，结合项目实际情况，制定了九绵项目《财务管理办法》《设备设施管理办法》《物资材料管理办法》等制度。不同于以往的项目财务管理制度，我们在财务管控制度建设过程中，打破了惯用的"假、大、空"模式，采用了更实用的"过筛式"制度设计方式，即根据工程施工项目特性，按照实际应用的会计科目逐项进行设定，并对以下关键环节和薄弱环节进行了专项设定。

1. 人工费管理

根据项目部人员组成类别，将人工费分为以下3种模式进行管理和核算：

（1）已与单位签署劳动用工合同的全日制在编及聘用制人员，此类人员由单位为其缴纳劳动保险，其收入以工资表形式列支，工资在单位发放，工地补助在项目发放，所有收入在"应付职工薪酬"科目核算，个人所得税在单位所在地和项目所在地分别申报。

（2）与单位签署劳动用工合同的非全日制聘用制人员，根据劳动法规定，单位可不为此类人员缴纳劳动保险，其收入以工资表形式列支，在工地发放，其所有收入在"应付职工薪酬"科目核算，个人所得税由单位在项目所在地为其申报。

（3）与单位签署劳务分包合同的劳务分包队伍，此类劳务分包队伍必须签署劳务分包合同后方可进场，劳务分包合同需明确约定劳务费应按照一定比例由项目部直接代发给工人。办理劳务分包队伍工资发放业务时，项目部施工部门应根据工程量清单或用工考勤表出具劳务费结算单，并责成劳务分包队伍提供相应的劳务分包发票和工人工资表。项目部统一为劳务工人办理工资银行卡，并按照劳务分包队伍提供的工人工资表通过银行转账的方式直接将工资发放到每张卡上。财务人员根据施工部门提供的结算单和劳务分包队伍提供的劳务分包发票直接计入成本科目，根据《中华人民共和国税法》规定，此类工资不再需要进行个税申报，避免了涉税风险。

2. 材料费管理

项目所需材料由项目部物资和财务两个部门共同管理，具体流程如下：

（1）材料收取。项目购置的材料送达指定地点后，经质检部门检验合格的材料，由物资部门派收料员过磅并开具收料单，随后将榜单、送货单、收料单交至材料员，材料员对上述原始单据进行汇总，并负责定期与各供货商进行对账，对账无误后，由材料员编制材料入库单并取得相应发票。财务部门根据物资部门提交的材料对账单、入库单和发票编制凭证登记材料明细账，所有材料均需采用数量金额式进行分类明细核算（图1、图2）。

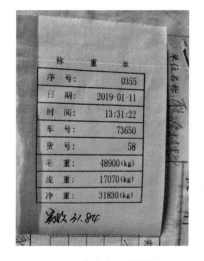

图 1　过磅称重单样例	图 2　材料入库单样例

（2）材料领用。一是可清点和准确计量的材料，领用时由仓库保管员开具出库单，领料人、领料部门负责人签字，交至财务部门登记材料出库。二是沙石料等地材出库时，物资部从实验室取得配合比数据，根据拌合站生产的成品料数量计算出本批次沙石料的理论使用量，并据此开具各项材料的出库单交至财务部门，财务人员按照先进先出法核算材料单价，编制凭证登记材料出库（图3）。

图 3　主材出库领用汇总表样例

（3）材料盘点。每月底财务部门会同物资部门对库存材料进行盘点，盘点数量与财务部门登记的材料明细账数量差额较大时，由项目部分管领导组织相关部门进行原因分析，根据分析结果进行相应处理（图4～图6）。

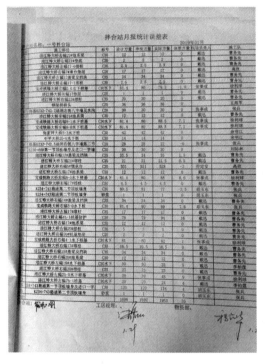

图 4   混凝土生产原料分析表样例

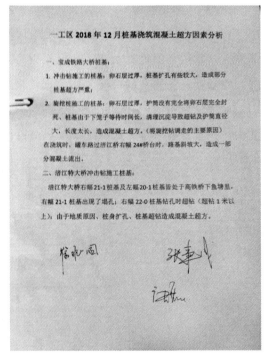

图 5   材料统计误差表样例   图 6   材料盘点结果分析样例

3. 分包结算管理

项目部计划合同部门负责定期对分包工程进行计量并出具工程结算单，财务人员根据工程结算单及分包队伍提供的分包工程款发票及时进行成本核算。

所有工程分包合同，支付最后一笔工程款时，应履行末次会签程序，工程部门出具款项结清证明单，分包队伍发票齐全并提供承诺书，经末次会签流程中各职能部门审核确认后方可进行支付。

（三）流程设计

经济业务审批流程的清晰和规范化设计，是确保内控制度有效实施的必然途径。将内控制度嵌入流程设计的每一个节点，通过合理设置岗位角色与流程中对应的职责权限，落实内控责任，让处于业务流程中的每个岗位角色都能够相互牵制、协调配合、服务整体、效益优先。以劳务费支付审批流程为例：

劳务费付款审批流程：劳务分包单位提出申请→工区经理→计划合同部→物资部→工程部→财务部→总工→项目经理。

在这个流程中，当劳务分包单位提出付款申请后，首先经劳务分包单位所属的工区经理对劳务分包单位所提申请的真实性进行审核确认，其主要目的就是避免因项目部管理部门对施工现场实际情况不熟而作出错误判断；工区经理审核后，由项目部负责合同和计量管理的计划合同部审核劳务分包单位提交的工程量和合同单价；物资部负责对劳务分包单位在计量期间领用的物资材料进行核对并进行相应扣除；工程部负责对劳务质量和完成情况进行审核；财务部负责对支付金额等相关信息进行审核，并查找比对有无往来款项，确保对往来款项进行及时清理；经项目部总工和项目经理审核后，该流程审核完毕。整个流程将经济业务涉及的每个部门所担负的职责融入其中，各部门各司其职、缺一不可，同时，流程的不可逾越性确保了每个控制节点的管控职责不会缺失。

为改变过去项目经理"一言堂"的管理模式，规范决策程序，堵塞权力寻租漏洞，防控廉政风险，工程集团制定并印发了《山东黄河工程集团有限公司关于加强工程项目和资金资产管理实施细则》，对承揽项目决策、施工项目管理、大额资金资产支出、大宗物资采购、房产设备场地出租、资产处置等重大事项作出了明确要求（图7、图8）。

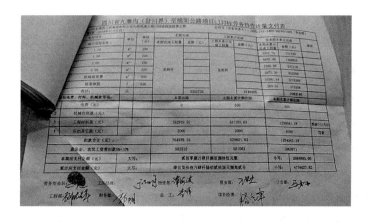

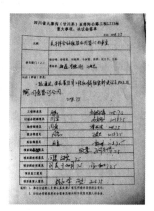

图7　劳务协作计量支付样例　　　图8　项目部重大事项、决议
　　　　　　　　　　　　　　　　　会签单样例

四、取得的成效和创新点

（一）制度建设规范化

制度建设的规范化是项目规范化建设的基石，制定一套依据合法、程序完善、责任清晰、契合实际、行之有效的管控制度，是"补短板"的首要任务。为此，我们依照质量、环境及职业健康一体化安全管理体系认证标准、水利部水利行业安全生产标准化建设管理标准和交通运输部交通运输建筑施工企业安全生产标准化建设管理要求，结合上级主管单位相关规定制定了一整套管理体系，弥补了项目部制度建设的漏洞。图 9 为九绵项目《管理办法汇编》。

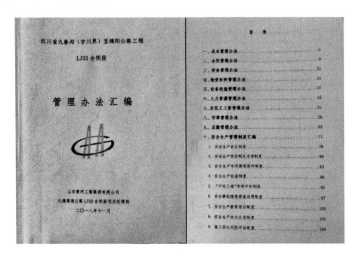

图 9　九绵项目《管理办法汇编》

（二）项目建设规范化

项目建设规范化则是项目管控规范化的外在表现形式，项目部作为企业管理的重要组成部分，对内承担着完成项目施工的重任，对外承担着树立企业形象，提高企业知名度的重任，项目部的规范化建设是企业文化建设的外在表现，也是树立企业形象的一面旗帜。因此，在制度制定的过程中，我们结合了水利部、交通运输部等部委关于安全生产、文明施工的相关要求，对项目部规范化建设提出了明确要求。

以钢筋加工厂和小型预制构件场标准化建设为例：九绵项目将钢筋加工厂和小型预制构件场等纳入项目部临时设施管理，整个建设和运营期间，采取切实可行的措施确保各项设施功能设定齐全、安全保障及时、质量把控到位。九绵项目小型预制构件场由生产区、成型区、打包区、养护区 4 大区构成，成型区对构件进行收浆、压光作业，同时对浮浆过厚的预制构件进行补料收浆，防止因浮浆过厚造成脱模时构件破损；等待打包的构件在打包区分类堆放，每层构件之间衬垫软垫，防止因混凝构件硬接触造成挤压破损；养护区由专人负责定时养护，采用雾化喷头自动洒水，节约用水的同时，提高了养护质量（图 10）。

（a）钢筋加工厂外景   （b）钢筋加工厂内景

（c）材料分类存放区   （d）预制场外景

（e）拌合站实景   （f）项目部试验室外景

图 10   钢筋加工厂和小型预制构建场标准化建设

（三）财务管控信息化

九绵项目管理改革试点对科技手段的应用，最直接的体现就是财务管控的信息化。随着信息技术的发展和管理要求的提高，大数据背景下，通过科技手段的运用，提高数据传输的时效性、数据分析的科学性、人机互动的简洁性和项目管理的协同性是九绵项目财务管控取得的最大亮点。

1. 数据传输的时效性

2018年，工程集团全面升级用友NC5.75系统，该系统是综合利用互联网、云计算和移动应用技术等，通过构建大企业私有云来全面满足集团企业管理、全产业链管控和电子商务运营的大型企业管理与电子商务平台。通过将九绵项目纳入用友NC网上审批、报销系统，实现了管理费用、资金支付和重要经济业务事项的网上审批，将传统的跑签模式升级为网上审批，充分提高了数据传输的时效性。

2. 数据分析的科学性

通过设定统一的报表模板、统计口径和报送频率，将有关制度、标准和管理要求，嵌入到各种业务表单中，确保了数据的精准填报。借助用友集团数据中心与商业分析平台，可以实现对业务数据的实时分析与加工，并以此为基础，搭建战略管控分析模型、业务分析模型及企业运营多维分析报表，为管理人员提供科学、准确的辅助决策信息支持，提升经营决策效率，规避经营决策风险。

3. 人机互动的简洁性

网上审批、报销系统采用了Web化操作界面，界面清晰，简单易用，降低了系统的使用门槛。作为一款财务管理软件，该系统的应用对象不再局限于财务人员，拓宽了受众群体。系统实现了手机移动终端审批，具有跨终端连续记录功能，彻底解决了跨终端数据传输和保存的难题。

4. 项目管理的协同性

项目管理协同性差主要体现在以下两点：一是在建项目管理普遍存在"大施工、小财务，重建设、轻管理"的现象。在这种管理模式下，项目部财务部门仅承担着核算职能，部分项目甚至仅设置一个记账会计，财务管理职能完全丧失。二是就内部财务核算来讲，因财务数据相对独立，数据互联互通性差，与其他部门信息共享度低，不能实现数据的有效兼容和管理信息的同步更新，易形成信息孤岛。财务信息化的应用打通了数据共享和部门协同的渠道，通过高效的数据分析实现了决策支持功能。图11为项目成本分析报告示

图11　项目成本分析报告示意图

意图。

通过项目标准化、规范化建设和财务管理改革试点，九绵项目一是实现了制度制定的规范化和标准化，提高了财务管控能力和财务核算的精准性，各项经济业务职责明确、流程清晰、操作规范、公开透明，为推进管理改革经验奠定了坚实的基础；二是重大事项集体决策制度的应用，消除了管理风险和滋生腐败的温床；三是管理改革得到上级单位的肯定和推广，2019 年 6 月 3 日，山东黄河河务局印发了《关于推广山东黄河工程集团九绵高速 LJ33 合同段项目部规范化管理试点经验的通知》（鲁黄经管〔2019〕5 号），在山东各市河务（管理局）、监理公司、设计院推广九绵项目规范管理试点经验。

参考文献

［1］ 刘艳芝. 企业内部会计控制研究［J］. 经济论坛，2015（7）：124 - 126.
［2］ 吴水澎，陈汉文，邵贤弟. 企业内部控制理论的发展与启示［J］. 会计研究，2000（5）：2 - 8.
［3］ 聂元昭. 构建企业内部财务控制体系措施——构建内部财务控制的核心企业内部财务控制信息系统［J］. 财经界（学术版），2008（10）：75.

南水北调中线工程生态补水机制建设研究

杨海从

汉江水利水电（集团）有限责任公司

一、南水北调中线工程生态补水工作面临的形势

（一）南水北调中线工程生态补水工作的重大意义

2019 年 1 月，水利部、财政部等四部委印发实施《华北地区地下水超采区综合治理行动方案》（以下简称《行动方案》），要求实施河湖地下水回补，多渠道增加供水水源，将"用足用好南水北调中线水""实施河湖相机生态补水"作为重点治理行动。3 月，水利部动员部署华北地区地下水超采综合治理行动，叶建春副部长强调，推进华北地区地下水超采综合治理是党中央、国务院的重大决策部署，是贯彻中央关于生态文明建设和保障水安全有关部署的重要举措，要求各单位要切实提高思想认识和政治站位，深刻理解实施华北地区地下水超采综合治理行动的重大意义，切实增强责任感、使命感和紧迫感，全力打好华北地下水超采综合治理这场攻坚战。4 月，鄂竟平部长主持会议时强调，实施华北地区地下水超采综合治理是认真贯彻习近平总书记十六字治水思路，深入落实水利发展总基调的重大举措，具有重大政治意义、生态意义、社会意义，要以遇山开路、遇河架桥的精神，坚定不移、千方百计、全力以赴地推动这项工作，一定要把这件事情办好。

（二）生态补水是南水北调中线工程的重要任务

2018 年 4—6 月，南水北调中线工程生态补水主要考虑利用当时丹江口水库来富余水量相机实施生态补水。自 2018 年 9 月起实施向河北省试点河段生态补水以来，南水北调中线工程管理单位按照水利部要求真抓实干，坚决按补水计划的高限实施生态补水。《行动方案》要求，从 2019—2022 年南水北调中线工程年均向受水区 11 条河湖补水 10.00 亿～13.00 亿 m^3，到 2035 年利用南水北调东线、中线后续工程，力争年均河道生态补水 30.00 亿～40.00 亿 m^3。

鄂竟平部长就南水北调中线工程提出要求——要发挥南水北调中线工程重要作用，

千方百计增加生态补水水量，原则上要确保三条试点河流不再断流，今后南水北调中线工程的一项重要任务是向华北地区进行生态补水。

二、南水北调中线工程生态补水工作存在的问题

（一）南水北调中线工程较规划阶段变化较大

北调水成为受水区大中型城市的重要水源。国务院批复的《南水北调工程总体规划》规定，南水北调中线工程的水资源配置总体原则为"中线工程供水是受水区的补充水源，应与当地地表水源、地下水源联合运用，丰枯互补，实现水资源的优化配置和合理利用"。南水北调中线工程通水以来，北调水因水质好显著改善了受水区人民群众的生活用水品质，水量配置比例越来越高。据统计，北调水占北京市城区供水量的73％，天津市14个行政区居民都用上了北调水，河北省石家庄、邯郸、保定、衡水等主城区75％以上为北调水，河南省郑州市中心城区自来水80％以上为北调水。北调水已成为受水区大中型城市的重要水源。

生态补水影响了南水北调中线工程的任务格局。《南水北调中线一期工程可行性研究总体报告》提出中线工程的任务是，向北京、天津、河北、河南四省（直辖市）受水区城市提供生活、工业用水，缓解城市与农业、生态用水的矛盾，将城市挤占的部分农业、生态用水归还于农业与生态，基本控制大量超采地下水、过度利用地表水的严峻形势，遏制生态环境继续恶化的趋势，促进该地区社会、经济可持续发展。通水以来，部分受水区申报生活、生产用水尚未达到规划指标，受水区对南水北调中线工程的正常用水需求没有完全释放。2017—2018年度受水区接纳南水北调中线工程水量69.00亿 m^3，其中生态补水12.55亿 m^3，占18.2％。2018—2019年度受水区接纳南水北调中线工程水量69.16亿 m^3，其中生态补水10.85亿 m^3，占15.7％。利用南水北调中线工程直接补水受水区河湖，增加了南水北调中线工程的供水压力，挤压了受水区正常用水需求，影响南水北调中线工程规划的效益实现。

（二）南水北调中线工程供水水源不足

受水区用水需求不断增加，生态用水占比增加。近年来，水利部抓紧推进华北地下水压采工作，受水区对南水北调中线工程供水需求也快速增长。2014—2015年度陶岔渠首供水21.67亿 m^3，2017—2018年度增加到74.63亿 m^3，4年增加3倍多。2018—2019年度，受水区四省（直辖市）申报年度用水计划总需水量折算至陶

岔为 94.52 亿 m³，其中生态补水量 7.64 亿 m³。2019—2020 年度分别为 98.44 亿～ 101.88 亿 m³，其中生态补水量 18.00 亿～21.00 亿 m³，受水区生态补水需求增加更为明显。

丹江口水库入库径流有减少趋势，供水保障压力日益突出。南水北调中线工程规划设计阶段，按照 1956—1998 年水文系列分析陶岔渠首多年平均调水量 95.00 亿 m³，95％频率枯水年陶岔年调水量 62.00 亿 m³。根据丹江口水库的运行情况显示入库径流有减少趋势，1956—2016 年水文系列平均径流量 374.00 亿 m³，比 1956—1998 年水文系列 388.00 亿 m³ 减少 14.00 亿 m³；1999—2016 年多年平均径流量为 341.00 亿 m³，比 1956—1998 年系列减少 47.00 亿 m³；2013—2016 年为汉江连续枯水年，平均径流量 251.00 亿 m³。同时，汉江流域又实施了引汉济渭工程和鄂北水资源配置工程，继续增加丹江口水库及上游用水，南水北调中线工程供水保障压力日益突出。

（三）生态补水配套措施尚不完善

生态补水的计量设施不完善。水源工程方面，陶岔渠首枢纽因远离受水区无法直接计量生态补水水量，但是生态补水与正常用水水价、效益等存在差异，要求必须分别计量。中线总干渠方面，实施生态补水的退水闸缺乏计量设施，大部分采用水力学公式计算生态补水量，计量途径简单，计算成果不准确，导致南水北调中线计量水量出现显著的不协调。例如中线总干渠漳河断面（省界控制断面）2018—2019 年度过水量为 44.70 亿 m³，而河北、北京、天津三省（直辖市）2018—2019 年度总供水量 44.90 亿 m³，末端用水量超出干渠总过水量。

生态补水实施管理制度尚未建立。生态补水实施条件、程序不明确。丹江口水库运行管理单位难以掌握受水区生态补水需求，在编制月度水量调度方案时无法合理安排陶岔渠首正常供水和生态补水计划，造成有时编制的月度生态补水计划与月计划批复和实际调度差异很大。生态补水信息通报不畅。丹江口水库运行管理单位尚无掌握受水区哪些河流实施了生态补水，通过哪个口门补水，补水量多少，效益怎么样等信息的渠道，开展相关总结评估存在困难。

（四）生态补水水价、水费落实存在的问题

生态补水水价尚未落实。2018 年国家发展改革委牵头对南水北调中线供水价格进行了调研，2019 年印发了《国家发展改革委关于南水北调中线一期主体工程供水价格有关问题的通知》，明确南水北调中线工程供水价格按运行初期水价政策及有关规定执行，暂不校核调整，要求"在上游来水充裕，正常生产生活供水得以保证的前提下，在受水区足额缴纳基本水费的基础上，中线工程生态补水价格由供需双方参照现行供

水价格政策协调确定""用水单位要及时足额缴纳水费，保障工程安全平稳运行""发挥价格杠杆促进水资源节约的作用，同时更好保障中线工程良性运行"。2019 年 4 月，水利部南水北调司发函督促中线工程管理单位和受水区水利主管部门协商确定生态补水水价。南水北调中线工程运行管理单位作为企业，与水行政主管部门协商确定水价，在生态补水实施的角色上存在不对等，协商确定生态补水水价存在较大困难，目前尚未形成水价成果。

南水北调中线水源工程水费收取率不足，工程管理单位运行的资金压力较大。根据国家发展改革委印发的中线一期工程运行初期水价政策，截至 2019 年 10 月底，通水以来 5 个供水年度水源工程应收水费 45.66 亿元，累计收到水费 34.11 亿元，水费收取率为 74.7％。由于南水北调中线工程供水尚未达产且水费收取率不足，南水北调中线水源工程年均收到水费不足以偿还年均银团贷款本息，南水北调中线水源工程管理单位资金入不敷出的情况已经出现。

三、做好中线工程生态补水的建议

（一）认真分析南水北调中线工程出现的新形势，抓紧研究解决出现的新情况

建议开展提高可供水量的丹江口水库调度运行方式研究及规程修编。随着南水北调中线工程不断增加供水直至完全达效，工程将全面承担防洪、供水、生态、发电、航运等综合利用开发任务，丹江口水库工程任务增加了生态补水。近两年在连续来水偏少的情况下，丹江口水库因汛期运行水位接近汛期限制水位而导致蓄水来水未充分利用，2018 年汛前丹江口水库水位削落不足，进入汛期水库水位仍在汛限水位以上，导致一进入汛期水库就发生弃水，合理调整水库调度规程、科学优化丹江口水库调度已成当务之急。为进一步适应南水北调中线工程新的调度运行形势，提高工程供水保障程度，充分协调防洪与供水矛盾，统筹水源区与受水区用水，建议针对出现的新情况、新问题，总结经验、创新方法，进一步研究丹江口水库运行调度方式，提出适应新形势新变化的对策措施。

（二）充分发挥已有工程潜力，加快推进中线后续工程，加大中线水源工程增供能力

建议挖掘丹江口水库弃水利用渠道。挖缺受水区供水潜力，在丹江口水库丰水年，鼓励受水区增加南水北调中线水量配置，相机增加中线生态补水水量。汛前期提高供

水流量，避免水库遭遇早汛出现弃水。主汛期提高中小洪水利用率，6—7月运行水位以不高于158.00m为宜，避免主汛期运行水位临近汛限水位出现一发生小洪水就立马发生弃水的不利现象，降低弃水发生的概率。8月适时抬高运行水位至汛期限制水位，提高水库蓄水保障程度。秋汛期9月根据条件适当提高运行运行水位，进一步做足汛末蓄水工作。10月全力实施蓄水，为下一年度做好保供水工作。

建议在丹江口水库建立强监管模式下的汛期运行水位动态控制。丹江口水库是直管水库，优势是管理层级高、能力强、水平高。2017—2018年度丹江口水库开展了汛期运行水位动态尝试，效果良好，效益显著，获得很好的评价。2019年，在"水利工程补短板、水利行业强监管"的新时代水利改革发展总基调的指导下，丹江口水库严格按照规程规范运行调度，既实现了汛期不超汛限水位运行，又较圆满地开展了汛末蓄水工作。需要指出的是，若科学开展汛期运行水位动态控制尝试，2019年丹江口水库10月初蓄水位可提高为2.00～168.00m，增加蓄水近20.00亿m³，增加供水规模十分可观。在水利行业强监管的大形势下，建议发挥直管水利工程优势，通过加强监督管理的方式在丹江口水库实施汛期运行水位动态控制尝试十分可行，建议水利部继续支持。

建议加快推进引江补汉工程规划工作。引江补汉工程的实施对提高汉江流域水资源保障能力、增加中线工程北调水量、完善中线工程后续水源具有重要意义。水利部正在组织编制引江补汉工程规划，按照目前比选方案，认为大宁河提水汉江堵河结合归州引水丹江口水库坝下方案布局灵活、运行有利、无重大环境制约因素、方案可行，推荐重点研究，建议条件成熟时尽快实施。

（三）尽快建立南水北调中线工程生态补水管理机制

建议加强中线水量调度会商，加强中线水量调度座谈和调研、月度计划制订会商，通过会商建立上下联系、计划共商、信息互通的水量调度管理机制，方便各方及时掌握生态补水需求，合理安排生态补水计划，顺利完成水量调度任务。

建议尽快健全中线生态补水计量体系。南水北调中线工程水量计量是相互联系、相互影响的大系统，针对目前的计量现状，建议首先完善中线工程生态补水计量设施，逐步开展中线水量计量设施校核，尽快实现中线工程水量计量总体合理。建议主管部门组织丹江口水库运行管理单位和中线总干渠管理单位协商明确陶岔渠首枢纽生态补水的计量途径。

加快出台中线生态补水管理相关办法。长江委已按照水利部的要求组织编制了《南水北调中线工程生态补水管理暂行办法（试行）》，建议尽快研究完善，加快出台。

（四）加强生态补水水价的协调和水费支付的督促

指导协商确定生态补水水价，督促中线工程水费支付。中线工程管理单位作为企业，与受水区政府部门协商价格处于弱势地位，平等互利协商生态水价困难较大，建议主管部门敦促受水区足额缴纳基本水费，组织供用水双方协商确定相关口门的生态补水价格并按规定签订供水协议。

丹江口水库管理现状分析及对策研究

周 溪

汉江水利水电（集团）有限责任公司

引 言

按照新时代水利精神，根据中央治水思路和"水利工程补短板、水利行业强监管"的水利改革发展总基调，为做好南水北调中线水源地丹江口水库的保护管理工作，必须全面强化对丹江口水库的运行监管、水资源管理和水质保护等工作，研究水库监管途径，确保水库水质和水量。

一、水源地工程概况

丹江口水利枢纽是开发治理汉江的关键控制性工程，也是南水北调中线水源工程。枢纽位于湖北省丹江口市，汉江与其支流丹江汇合口下游 800m 处，集水面积 9.52 万 km²，占全流域面积的 60%，坝址处多年平均径流量 384 亿 m³，约占全流域水量的 75%。

丹江口水利枢纽初期工程于 1958 年 9 月动工兴建，1973 年年底建成，初期工程坝顶高程 162m，水库正常蓄水位 157m，相应库容 174.5 亿 m³，总库容 209.7 亿 m³，水库面积 745km²，是一座年调节水库。南水北调中线水源工程是在丹江口水利枢纽初期工程的基础上进行加高续建，于 2005 年 9 月正式开工，2013 年 6 月主体工程全部完成，8 月 29 日工程通过蓄水验收，2014 年 12 月中线水源工程正式通水。完建后坝顶高程加高至 176.6m，正常蓄水位提高到 170m，相应的库容提高至 272.0 亿 m³，总库容 319.5 亿 m³，升船机通航能力提高至 300t 级，水库变为多年调节。

丹江口水库横跨鄂豫两省，库区主要涉及湖北十堰市丹江口市、武当山特区、郧西县、郧阳区、张湾区和河南省淅川县等 6 个县市区，共辖 82 个乡镇。水库 170m 正常蓄水位时水库水域面积 1067.42km²，库岸线长度 4499.35km。

二、管　理　现　状

（一）管理体制

根据《中华人民共和国水法》规定"国家对水资源实行流域管理与行政区域管理相结合的管理体制"，据此，丹江口水库实行"流域管理与行政区域管理相结合"的管理体制。

（二）近年来开展的主要工作

在水利部的坚强领导下，长江委不断强化丹江口水库联合执法和信息共享等工作。依托"河长制"、丹江口水库"1＋3＋5"水行政执法联席会议等各方优势，每年与库区各级地方水行政执法部门开展联合执法巡查、水法规宣传活动，邀请地方人民政府参加联合执法会议。2018—2019 年 6 月，长江委已联合鄂豫两省水利厅开展 5 次联合执法现场检查和 4 次专项现场督查，督办了 61 个各类涉水建设项目，提出了明确的查处要求和整改措施。

水库管理单位不断加大日常巡查和卫星排查力度。库区日常巡查每月至少巡查报送一次，每季度覆盖整个库区；在水利部、长江委的技术支撑下，加大卫星遥感解译排查工作，基本实现每月从水利部信息中心获取最新影像，开展解译排查，基本实现每月全覆盖排查库区一次。2018 年巡查河道长度 55299km，巡查水域面积 7750km²，出动巡查人员 1440 人次。同时定期开展库区取水单位现场核查，摸清水库取水单位的基本情况。

三、存 在 的 主 要 问 题

（一）库区周边经济发展对消落地土地需求与日俱增

随着库周地区经济发展，城镇人口和企业的增加，地方对水资源和土地的需求进一步加大。库区各类填库造地项目存量有所增加，尽管部分项目发现后能够及时制止，但由于后期整改所需资金大、责任主体难以落实等原因，项目仅停工或用于生态治理，没有彻底整改，导致库容被侵占的事实暂无法改变。随着强监管和库区划界工作的进一步开展，解决库区造地存量和杜绝新填库造地项目发生的问题急需研究解决。

(二)库区孤岛开发问题日益突出

根据《中华人民共和国水法》《南水北调工程供用水管理条例》等法律法规和有关批复文件，丹江口库区 170m 土地征收线范围内的孤岛都已经依法征收，并将被划定为丹江口水库管理范围。2017 年以来陆续有区县（或乡镇）将孤岛发包用于旅游开发、养殖等，作为新问题的出现为库区管理和水质保护留下隐患。

(三)库区消落地新兴起筑塘项目及其他遗留问题

为保水质，水利部、长江委及地方各级人民政府花大力气、大资金开展"打非治违"，取缔库区网箱、拦网养殖等，为一库清水永续北送提供了有力保障。但有少部分遗留或者反弹的拦汉筑坝、筑塘等项目尚需进一步整改，同时 2018 年 7 月以来，库区部分区域新兴起大规模造塘、涉水建设等项目。新老各类项目急需"清零"。

(四)库区消落地管理机制不完善、土地无序利用

国家关于水库消落地方面的法律、法规空缺，丹江口水库也没有专门的管理保护办法或者条例，从而导致丹江口水库消落地主要由库周群众自发利用管理、村组集体利用管理或企事业单位占用等，开展农业种植、林业种植、水产养殖等。缺乏统一规划和管理，无序利用情况严重。

四、国内河湖水库管理经验分析

主要分析了污染治理效果显著的云南洱海和滇池、水库管理体系完善的北京密云水库、拥有湖北省最大灌区的漳河水库，水利部所属的陆水水库、江垭和皂市水库、三门峡水库、小浪底水库等的管理经验。

(一)设立专门的管理机构

纳入分析的河湖水库均设有专门的业务管理机构和单位。由地方管理的河湖均由地方政府成立了专门的管理局（处），管理局（处）为政府部门或事业单位，责任主体明确，各项管理权责划分清晰，总体效果良好。水利部所属的水库管理单位为企业或事业单位，主要在流域机构的直接管理和指导下开展管理工作。

(二)依法划定保护区、管理范围

根据水法规及水利部相关文件规定，水利工程划界是依法保护水生态环境、水利

工程和水资源的重要措施，是加强水利工程管理的一项基础工作，也是水行政主管部门执法的依据。划界确权工作基本全部完成的河湖水库，地方政府及相关部门、工程管理单位在依法行政、依法管水、依法履职方面的范围权属明晰，管理工作开展顺利，保证了水利工程功能发挥。反之则在管理方面存在较大阻力。

（三）制定专门的保护管理条例

为加强河湖水库的保护管理，防治水污染，改善流域生态环境，合理分配水资源，明确相关职责，促进经济社会可持续发展，在现有水法规的基础上，各方结合实际均制定了专门的保护管理条例。例如云南省专门制定并出台的《云南省大理白族自治州洱海保护管理条例》《云南省滇池保护条例》；黄河水利委员会出台的《黄河流域河道管理范围内建设项目管理实施办法》《三门峡水库供水水费计收和管理办法（试行）》等。

（四）制度化、标准化、综合性监管

"不以规矩，不能成方圆"监管工作必须有制度和标准，同时点面结合，管水不能局限于水利一家，而应综合各方开展监管工作。有些管理单位在巡查方面制定了严格的制度，巡查内容、巡查路线、巡查人员等明确，巡查中按标准规范完成巡查手册（表），巡查后及时上报等一系列流程；同时成立监察大队，负责飞检工程管理情况，发现存在的问题；成立监管中心，负责对发现的问题进行审核、认证；成立监督司，负责对认定问题的相关人员等进行处罚，建立了"查、认、罚"三位一体的制度化、标准化管理模式。有些管理单位则集环保、农业、林业、国土、规划、水务等领域，并设有综合执法部门，确保涉水项目查处落到实处；有些企事业类型的管理单位在内设库区管理部门的基础上，通过水利部或流域机构授权成立相应的水政监察队伍，一套人马两块牌子开展工作，同时依托"河长制""清四乱"等加强与地方相关部门协作，联合开展相关管理工作。

（五）信息化与网格化管理

纳入分析的河湖水库管理单位均已建立或正完善信息化建设，研究出适合自身需要的信息化管理系统，同时聘请协管员、管水员、巡河员等开展现地网格化管理，通过信息化技术手段与人员网格化现地管理相结合实现保护管理全覆盖。

有些管理单位综合各方资源开发了环境信息综合展示与服务系统，系统综合了各水质水量监测点数据、流域雨量数据、湖区各部分水质数据、入湖流量数据、政府监控系统数据等；同时充分发挥群众的力量，在河湖周边布设了"管水员"和"滩地管理员"，并设置了相应的岗位考核机制。有些管理单位则实现全封闭式围网管理，建立防护网，

在围网基础上，库区划定网格，安排专人在所属网格内从事保水工作。有些管理单位在建设"监管系统"的基础上，成立了保安服务公司，主要负责安全保卫工作。有些水库管理单位则与地方河长办聘用河道巡河员相结合，河长办巡河员兼水库协管员。

（六）创新渠道保障经费

经费是开展管理工作的基础，在依法依规的前提下，创新渠道保障经费来源。为彻底截断污水入湖库，有些管理单位实施环湖截污工程，但环湖截污工程巨大，投入高。为保障经费来源，运用PPP模式实施环湖截污工程，使工程得以顺利开展。事业类管理单位则主要依靠财政拨款保障经费，企业类管理单位则通过水力发电收入和供水收入等方式自筹资金。

（七）控制水权、规划节水用水

有些管理单位探索并实施了一套有效的管控水模式。管理单位直接管控水库及灌区所有引水涵闸启闭，实行计划用水、合同供水。每年结合水库蓄水、年末来水预测和用水需求，制定用水计划，实施总量控制、定额管理，严格审批计划外用水，牢牢控制住水权。供用水合同明确权责、水价标准、收费时间、有效灌溉面积等，实现了"先交费后放水，放一次水结一次账"的管理模式。取用水户深刻认识到水资源的取之不易，增强了节水和保水意识。同时结合相关法律法规等依据和管理实际测算供水成本，通过向水利、物价部门等申请调增水价，并取得了实效。

（八）其他

为防止农村垃圾乱堆乱放、随意倾倒影响水质，部分河湖水库周边农村垃圾实行"户分类、村收集、镇运输、县处理"的模式。为使周边群众形成自觉保水、护水意识并营造良好的社会氛围，河湖水库管理单位全面加强宣传工作，在湖周边树立界碑、标识牌、警示标语牌。为保水质部分管理单位还采取入湖河道整治及湖周生态治理、补水工程、增殖放流等系列措施。

五、对 策 与 建 议

（一）进一步明确丹江口水库管理的各方职责

根据中央治水思路和"水利工程补短板、水利行业强监管"的水利改革发展总基调，丹江口水库的保护和监管需进一步加强，需明确各责任主体。长江委对丹江口水库的事权明晰，但地方事权尚不明晰或未达成共识。汉江集团公司为丹江口水利枢纽管理单位，中线水源公司则为代国家实行南水北调中线库区征地移民的单位，均为企业性质。在水利部、长江委的领导下，两公司需加快融合进度，厘清水库管理职责。同时寻求途径进一步明确各方对丹江口水库的事权，建议上级单位对企业类管理单位的监管工作给出具体指导。

（二）依法划定丹江口水库管理和保护范围

丹江口水库管理和保护范围尚未正式划定，计划 2019 年完成划定工作。库区管护范围划定后可进一步明晰界线，规范开发利用行为，为库区水行政执法、消落地管理等提供更强有力的依据。库区划界确权工作在依法依规的前提下，应统筹考虑实际情况和可操作性尽快完成，争取管理范围的划界和确权工作同步完成。

（三）拓展联合管理领域

丹江口水库实行"流域与行政区域相结合"的管理体制，并且取得了较好的效果，但大部分局限于水利方面的结合。丹江口水库横跨鄂、豫两省，若两省设立共同的管理机构，需要的层级太高，难以实现。可考虑在现行管理体制下，通过长江委联合两省政府，工程管理单位联合县市区政府的双联合模式，建立涵盖水利、环保、国土、规划、农业等多个领域的联席会议体制机制，进一步全面加强丹江口水库的保护管理工作。

（四）推进库区保护管理立法工作

丹江口水库作为南水北调中线水源地尚无专门的保护管理法律法规或管理条例。尽管《丹江口水库管理办法》已报水利部审批，但具体颁布实施时间未知。在部委的指导下，应进一步推进相关立法工作，在正式办法颁布实施前，应建议由部委发布库区保护管理通知，明确库区管理相关要求，尤其是消落地和孤岛方面。

（五）积极争取政策支持

目前，丹江口水库库区的管理资金主要来自于管理单位自筹资金，企业承担的压力较大。南水北调中线工程建设期已接近尾声，待验收，但工程水费不能全部收取，偿还工程贷款后，相应的运维管理费紧张。需积极争取部委和相关地方政府的政策支持，将丹江口水库防洪、供水、生态等方面取得的综合效益和社会效益给予适当经费补偿，用于库区管理；长江委对丹江口水库水资源实施全额管理的同时要求取用水户足额按时向工程管理单位缴纳水费；相关地方政府依法制定相关制度规范、督促辖区范围内的取水户缴纳水费，价格由物价部门核准。

（六）逐步实现库区全覆盖巡查常态化

由于丹江口库区岸线长、水域面积广、地势复杂，目前尚没有实现全覆盖巡查常态化，仅实现了常态化巡查。通过日常巡查、联合巡查和卫星核查等多种手段相结合，基本实现一季度全覆盖库区一次。随着机械化施工技术的发展，违建项目一周甚至一天就将形成较大规模，一旦成规模，后期整改投入大、难度高。应在探索技术手段的同时尽早组建一支专职库区巡查队伍，加强巡查报告。探索逐步实施库区"协管员"模式和围网封闭式管理模式，通过多项措施相结合逐步实现库区全覆盖巡查常态化。

（七）进一步做好现阶段的保护管理工作

在以上几项中长远工作没有落地前，做好现阶段工作尤为重要。一是在部委的领导和支持下，加强与地方政府及水行政主管部门等的联系，完善联动机制，争取与地方河长办和水行政主管部门实现库区信息共享，保护管理理念一致，行动统一；二是加强库区巡查，通过多途径、多方式开展工作，做到早发现早汇报早制止；三是加快推进库区划界确权工作，进一步明晰库区管理和保护范围，恢复已损坏的界桩，增设各类标识牌、警示牌，必要区域增设围栏；四是加强库周水法规和水资源保护相关宣传，增强库周居民的尊法守法和保水护水意识，营造良好的社会氛围。

六、结　　语

丹江口水利枢纽作为综合应用大型水利工程，承担着地区性综合兴利效益及南水北调水源供应的社会效益等多重任务，丹江口水库的管理工作责任重大不容轻视。在参考其他地区大型水库和湖泊管理单位的经验基础上，结合丹江口水库水利工程及水文状况，探索将体制标准化、区域模块化、资料信息化、水权规范化等方法，不断总结完善对丹江口水库的综合管理方法体系。在丹江口水库的管理上，进一步加大投入资源、加强联合地方管理力量，力求使管理工作更加精细化，全面提升丹江口水库管理水平，为南水北调中线工程安全稳定供水提供有力保障。

参考文献

［1］　孙继昌. 中国的水库大坝安全管理［J］. 中国水利，2008（20）：10 - 14.
［2］　吴钢，刘磊，李皓. 浅谈当前中国水库运行管理中存在的主要问题及对策建议［J］. 水利建设与管理，2017（11）：42，102 - 104.
［3］　胡振鹏，冯尚友. 丹江口水库运行中防洪与兴利矛盾的多目标分析［J］. 水利水电技术，1989（12）：42 - 48.

创新体制机制 强化行业监管

——内蒙古黄河干流跨盟市水权试点总结

赵 清

内蒙古水务投资集团有限公司 内蒙古自治区水权收储转让中心有限公司

内蒙古黄河干流跨盟市水权试点立足内蒙古区情水情，落实最严格水资源管理制度，以节约和高效利用水资源为导向，以引导和推动水权合理流转为重点，以培育和规范水市场为抓手，强化行业监管，创新水权中心运作机制，建立健全水权交易规则体系，探索开展水资源使用确权登记和灌域秋浇制度改革，充分发挥市场在资源配置的决定性作用，更好地实现了政府的施政目标，发挥了政府宏观调控职能。促进水资源优化配置和可持续利用，推动跨盟市水权转让试点工作取得了积极的成果。

一、水权试点背景和节水工程建设情况

（一）水权试点工作背景

内蒙古是一个严重缺水地区，水资源总量为 546 亿 m³，仅占全国总量的 1.9%，耕地亩均水资源量仅为全国平均水平的 1/3。水资源匮乏，且时空分布极不均衡，严重制约着自治区生态文明建设和经济社会发展。为破解水资源制约瓶颈，在水利部和水利部黄河水利委员会（简称"黄委会"）的大力支持和指导下，自治区于 2003 年率先在黄河流域开展了盟市内水权转让试点工作，取得了一些成效和经验。2014 年，水利部将自治区列入全国七个水权试点省份之一，重点开展跨盟市水权交易、建立健全水权交易中心、构建水权交易制度和探索相关改革等任务。

（二）水权试点节水工程建设完成情况

依据黄委会《关于内蒙古黄河干流水权盟市间转让河套灌区沈乌灌域试点工程可行性研究报告的批复》，自治区水利厅分批次对工程初步设计进行了批复并组织实施。内蒙古黄河干流沈乌灌域节水工程建设累计完成投资 15.86 亿元，衬砌骨干渠道 520条、总长度 893.8km；整治田间渠道 3786.6km，新建、改建渠系建筑物 13651 座、完

成畦田改造面积 65.4 万亩、实施滴灌面积 12.76 万亩。

（三）水权试点节水工程建设主要成效

内蒙古黄河干流水权试点节水工程建设取得了积极的成效。一是节水工程建设节水效果明显。沈乌灌域灌溉水利用系数由工程实施前的 0.3776 提高到 0.5844，总体节水能力达到 2.52 亿 m³，实现了预期节水目标。二是试点区域生态状况改善。地下水埋深处于合理区间，土壤盐渍化程度减轻，区域生态环境总体呈现改善的态势。三是试点灌域灌溉效率显著提高。田间灌溉用水保证率提高 8.7%，亩均灌溉用时由 0.77 小时缩短到 0.66 小时。灌溉效率提高 14.3%。

二、创新体制机制强化监管方面做法

（一）明确责任分工，为水权试点提供组织保证

为保障试点工作顺利开展，内蒙古自治区党委、政府高度重视，将水权试点纳入重要议事日程，加大水权试点工作指导、协调和监督力度，加强政策支持，统筹组织协调，做好顶层设计，及时解决水权试点中出现的问题。为了更好地推进跨盟市水权试点工作，自治区政府、自治区水利厅、相关盟市政府成立了工作领导小组。自治区政府分管主席挂帅，发展改革委、财政厅、经信委、水利厅、农牧厅、法制办等部门分管领导参加，组建自治区水权领导小组，负责水权试点工作的总体指导和组织协调。同时，试点盟市、逐级逐部门成立地方水权领导小组，落实水权试点工作分工和工作职责，并制定完善配套的措施和有关试点管理办法。自治区水利厅成立专门水权领导小组办公室，从试点方案编制、报批到资金筹措，工作推进，试点跟踪、监测评估、考核验收等都做了详细的安排部署。在自治区党委、政府和地方政府的统一领导下，在参与各方的通力协作和密切配合下，自上而下建立健全水权试点部门协作联动体制机制，为水权转让试点提供了重要的组织保证。

（二）完善水权平台，为水权试点奠定基础保证

2013 年 12 月 17 日，内蒙古自治区水权收储转让中心有限责任公司取得呼和浩特市工商行政管理局颁发的企业法人营业执照，注册资本 1000 万元人民币。水权试点实施以来，水权中心进一步完善了企业法人治理结构设置，配备了专业技术人员，明确了部门工作职责，建立了一整套规章制度，搭建了内蒙古水权中心官方网站，水权交易平台实现规范有序运作。特别是明确了水权中心的职能定位：一是自治区水资源管

理改革的业务支撑单位，服务自治区水利中心工作；以节约和高效利用水资源为导向，以引导和推动水权合理流转为重点，促进水资源的优化配置与高效利用；二是公益类国有企业，提供水资源管理公共服务；三是运营自治区级水权交易平台。盘活存量，培育水权交易市场；严控增量，探索开展水资源使用权确权登记等配套改革，建立并完善水权交易运作机制与规则体系。为市场化水权交易奠定了重要的基础保证。

（三）发挥平台优势，为水权试点提供资金保证

2014 年内蒙古水权试点项目启动后，自治区人民政府统筹经济社会发展，将全部水权试点转让节水指标 1.2 亿 m^3 全部分配给沿黄八家新增工业项目用水单位，其中鄂尔多斯市 1.15 亿 m^3，阿拉善盟 500 万 m^3，并签订水权转让合同，水权转让合同签订后，受让水权资金迟迟不能到位，河套灌区节水工程项目建设又急需资金。在这种情况下，内蒙古水权收储转让中心有限公司作为灌区节水改造工程项目实施的管理主体，积极履职项目法人的资金筹措职责，先后 6 次通过银行从内蒙古水务投资集团公司委托贷款 4.05 亿元，及时投入到水权试点节水工程建设之中，保证了水权节水工程项目的按时启动和工程建设的顺利实施，筹措如此大额的资金光靠政府行政命令很难实现，只能靠银企合作才能完成。水权中心作为国有独资企业为水权试点资金协调和筹措发挥了重要作用，为节水工程项目建设的顺利开展提供了重要的资金保障。

（四）加强制度建设，为水权试点提供制度保证

水权试点开展以来内蒙古自治区坚持规范管理，构建水权制度体系，始终把制度建设作为水权试点的核心工作来抓，立足区情水情实际，总结自治区盟市内水权转让经验，制定出台了一系列行之有效的制度办法。为了促进水资源集约高效利用，盘活存量闲置水资源，制定了《内蒙古自治区闲置取用水指标处置办法（试行）》；为了促进水权交易及其监督管理的规范化，探索建立公开公正和规范有序的水权交易平台运作机制和方式，制定了《内蒙古自治区水权交易管理办法》；为规范水权交易行为，制定了《内蒙古自治区水权交易规则》；为了明晰水权、产权，确权到户，在试点地区推行水资源管理权证和使用权证制度。此外，在节水工程建设管理、水权交易平台运行管理等方面，还配套制定了相关制度。这些制度基本构建了水权转让制度体系，对试点工程的顺利进行提供了重要支撑和有力保障，为细化充实国家水权制度提供了重要的实例参考。

（五）两手发力，通过市场化运作实现水权再配置

在内蒙古黄河干流水权试点实施过程中，自治区水利厅和沿黄地方水行政部门通

力协作、密切配合，按照两手发力、动态管理的原则，先后三次通过水权交易平台进行市场化再分配。其中 2000 万 m³ 闲置水指标通过中国水交所进行公开交易，4150 万 m³ 和 1294.45 万 m³ 闲置取用水指标通过内蒙古自治区水权交易平台进行协议转让。通过水权交易平台采用市场化运作调节后，原有政府行政配置数额发生了很大的变化，鄂尔多斯由 11500 万 m³ 变成了 6575.55 万 m³、阿拉善盟由 500 万 m³ 增加到 2380 万 m³，乌海市新增用水 3044.45 万 m³。内蒙古水权试点水权指标转让主要体现以下特点：一是规范水权转让流程。严格按照"自治区政府决策—水利厅细化分配—盟市政府配置给用水企业—报黄委会备案"流程进行配置和转让。二是实行市场化运作和水行政部门动态管理相结合。通过水权交易平台先后三次分别对 2000 万 m³、4150 万 m³、1294.45 万 m³ 闲置水指标进行市场化配置。三是统一水权交易价格。综合考虑节水工程使用年限等因素，水权转让价格统一确定为每年 1.03 元/m³，包括工程建设费、运行维护费、更新改造费等费用。不但增加了水资源的利用效率和效益，实现了政府的施政目标，而且大大提高了水资源的利用率。自治区采用市场化水权交易实现了试点水权再配置的做法受到水利部、中国水交所、有关省份、自治区领导的高度重视以及社会各界的广泛关注。

（六）推进灌区精细化管理，探索体制机制改革

在巴彦淖尔市河套灌区沈乌灌域深化水权制度改革，推进灌区精细化管理。一是开展水权确权登记。按照建立"归属清晰、权责明确、监管有效"的水权制度体系要求，建立了用水确权登记数据库。对沈乌灌域 461 个直口群管用水组织发放了《引黄水资源管理权证》，为 16073 个终端用水户发放《引黄水资源使用权证》，确权水量 2.48 亿 m³、面积 87.17 万亩，完成了沈乌干渠引黄灌溉水权确权登记与用水指标细化分配工作，明晰了用水组织的水资源管理权和用水户的水资源使用权。二是开展农业水价综合改革。强化灌区供水计量设施配套建设，累计投入资金 1.56 亿元，完成斗口及以下计量设施 774 套，机电井灌溉计量设施 923 套。开展小型农田水利产权制度改革，明确工程产权主体和责任，解决了工程管理主体缺位的问题，实现了群管水利工程"民建、民管、民受益"的良性运作。加强农民用水协会标准化建设，强化农业水权制度与农业供水规范化管理，灌区内田间灌溉用水管理更加科学，水事纠纷不断减少，收缴水费按时足额，末级渠系维修管护更加及时，用水户的节水意识明显增强，水管单位与用水户的关系更加密切，逐步建立合理反映供水成本、有利于节水和工程管护运行的水价体制机制。三是开展灌域秋浇制度改革。通过推迟并压缩灌域秋浇放关口时间、控制灌域秋浇面积、调整种植结构、推行有计划干地、加强田间用水管理、控制秋浇灌水定额以及采取"水量包干、指标到渠、一次供水、供够关口"等一系列

措施，对灌域秋浇制度进行改革。灌域秋浇面积、用水量、时间分别由 48 万亩、1.2
亿 m³、45 天减少至 26 万亩、0.57 亿 m³、30 天。灌域秋浇效率明显提高。

三、创新体制机制强化行业监管方面的经验

（一）坚持问题导向，探索水权改革途径

针对水资源短缺、供需矛盾突出等现实问题，以水权、水市场理论为指导，以水
资源总体规划为基础，以水资源优化配置、高效利用和合理保护为目标，以节约用水
和调整用水结构为手段，兼顾效率与公平，通过政府调控，市场引导，摸索出一条
"用水企业出资、挖掘灌区节水潜力、统筹区域配置、进行跨盟市转让"的水权转让创
新模式，为解决我国北方干旱缺水地区水资源短缺问题提供了有效途径。

（二）坚持规范管理，突出水权制度监管

从出台的水权试点制度看，内蒙古水权试点强化制度监管设计。一是成立自上而
下比较完备的管理机构，压实部门责任，试点方案明确节水工程建设责任主体和实施
主体，细化的具体方案又明确了渠道分级运行维护管理主体，做到责任明晰；二是用
《内蒙古自治区闲置取用水指标处置办法（试行）》对水权转让合同履行进行监督管
理，水行政部门动态管理，做到层层把关，确保制度落实；三是把水权交易监管放在
突出重要位置，现有水权制度设计中基本实现了交易流程监管全覆盖，《内蒙古自治区
水权交易管理办法》用大量的篇幅构建了水权交易监管体系框架，充分发挥各级水行
政部门、水权交易平台、基层用水合作组织等不同层面的管理主体的监管作用；四是
为了实现内蒙古水权试点达到"可计量、可考核、可控制"的总要求，试点之初就做
好了顶层设计，选取第三方机构对水权试点主要指标开展跟踪监测评估。总之，建立
完善的行业监管制度是内蒙古水权制度建设又一个突出的特点。

（三）坚持两手发力，积极培育水权交易市场

将行政管理与市场调控有机结合，两手发力推进内蒙古水权试点稳步实施。在完
善内蒙古水权交易平台过程中，通过完善交易平台有关制度，联合中国水权交易所建
立了水权交易管理系统，实现了水权交易用户注册、交易申请、发布公告、意向申请、
交易撮合、成交签约、价款结算等功能，同时开发了手机 App 移动终端服务，为水权
交易提供了便捷、高效的实现途径，形成了具有内蒙古特色的水权惠民交易服务平台，
为全国水权试点带来示范效应。

（四）坚持技术创新，激发灌区节水改造潜能

推进灌区节水改造是水权试点的基础，在节水改造工程建设中，积极进行工程技术创新和新技术推广应用，为提质提速提效提供了技术支撑。渠道模袋混凝土衬砌技术的应用，有效解决了冻胀问题，同时大幅提升了施工进度；设计研发的田口闸结构成功申请了国家专利；结合试点灌区信息化管理的需要，制定了水利信息化地方标准；雷达波测流、激光平地等先进技术的运用，有效提升了灌区节水改造效率和运行管理水平，为北方大型灌区节水改造提供了典型示范。

在内蒙古水权试点验收会上，水利部水资源司领导这样评价内蒙古水权：

内蒙古水权试点 3 个方面可圈可点：①将水权制度改革和节水工程措施相结合；②将水权节约水量和水权转让水量相衔接；③将水权制度建设与水权实践探索相统一。5 个方面值得借鉴：①通过建立收储制度解决用水指标闲置的经验可以借鉴；②募集社会资本解决灌区节水工程改造资金的经验值得借鉴；③通过确权保证农民用水权益不受损害值得借鉴；④统一水权定价公平公开交易接受各方监督值得借鉴；⑤采用大数据强化水权制度改革精细化管理值得借鉴。

在看到成绩的同时，我们也清醒地认识到，按照新时代中国特色社会主义思想的标准衡量，我们的工作还存在很多差距和不足，比如，自治区现有一些法规或规范性文件仍需要进一步修订完善，以便为水权改革进一步深化提供政策支撑；跨盟市水权转让对出让方的利益补偿机制和制度还有待深入研究和建立；水权转让制度和操作流程需要进一步完善和优化，以保障各方利益诉求得到有效合理解决。以上是内蒙古黄河干流跨盟市水权试点中创新体制机制强化行业监管的一些做法。下一步，我们将以习近平总书记"节水优先、空间均衡、系统治理、两手发力"新时代治水思路为指导，继续努力实践、创新体制机制，不断巩固和扩大自治区水权试点成果，为自治区经济社会发展提供水资源保障，为全国水权制度改革贡献内蒙古方案。

堤（塘）闸工程安全运行标准化管理
的实践与思考

罗　正

浙江省钱塘江管理中心

一、问 题 的 提 出

近年来，随着"美丽乡村、美丽河湖建设"的深入推进，国家不断加大水利工程建设规模，水利工程质量不断提升，但"重建设、轻管理"的顽疾仍不同程度存在。水利工程发挥作用，不仅在于建，更在于管护。特别是像堤（塘）闸等基础水利工程，具有保护特定区域免受洪水、风暴潮入侵的功能，是区域防灾减灾体系的重要部分，检查与观测、日常维修养护、岁修、大修和抢修，对防汛工程安全长久运行至关重要。近两年尽管出台了不少水利工程管理类标准和规范，但水利工程运行管理单位仍存在不少薄弱环节。经梳理，发现水利工程运行管理普遍存在以下问题和短板：

（1）县级基层水利工程管理基础薄弱。由于先天不足，县一级水利工程管理基础较为薄弱，诸如技术人员力量、专业服务水平等均不能满足新时代水利工程管理需要。从人员配备来看，受编制、工作条件、薪酬待遇等客观原因所限，大部分县级堤（塘）闸专业化管理队伍尚未健全，专业技术人员配备不足，甚至还有很多小型水利工程直接由乡镇政府负责日常的运行管理，整个运营管理粗放、服务水平较低。

（2）管护经费不能足额到位。堤（塘）闸工程管护经费保障额度较低（尤其是小型工程），主要原因有三个方面：一是部分属地财政保障能力有限，投入管护资金较难达到所需管护经费定额测算；二是部分水利工程管理单位为自收自支性质，资金来源少而不稳定；三是人力、材料、机械设备价格上涨幅度较大，尤其是全面推行标准化管理后，管护经费保障难以满足水利工程管理要求。

（3）物业化管理水平亟须提升。水利工程管理物业化市场还处于萌芽阶段，专业的物业化公司少之又少，融合现代物业管理知识和水利专业管理知识的复合型技术人员更是凤毛麟角。一方面采用物业化管理水利工程的专业化公司尚未成型，缺乏专业化队伍及人员配备；另一方面水利工程物业化管理准入制度尚属空白，未形成统一规范的物业化监督条例和物业化技术标准，水利工程由专业化公司开展维护条件不足，不能确保水利工程管理到位。

（4）现行管护制度难以适应水利工程管理标准化需要。许多水利工程管护制度出台已 10 多年，已难以满足新时代水利工程管理要求。如水闸原注册登记系统以及登记证书发放，基本处于停滞状态；对照新出台的《水利水电工程等级划分及洪水标准》（SL 252—2017），发现部分水利工程规模与工程等别不一致，既与现行标准不相符，也与原设计标准不一致，涉及省市县水行政主管部门事权的重新划分等问题。

二、案例解读：塘（堤）闸工程运行管理模式概况

目前，浙江省塘（堤）闸工程现有的运行管理模式主要有四种：纯公益性水管单位管理、准公益性水管单位管理、经营性水管单位管理、乡镇单位直接管理。每一种管理模式背后折射出的不同问题和劣势短板，急需通过谋划标准化管理提升等体制改革，不断探索元素化管理与标准化运管平台的有机融合，以期推动水利工程管理向数字化转型迈进。现结合浙江省各地区堤（塘）闸工程特点和河湖管理实际，举例解读，尝试剖析四种运管模式优劣态，以便进一步实现工程目标任务化、任务责任化、责任具体化管理。

案例 1：浙江省钱塘江管理中心嘉兴管理处，在职在编 50 人，主要负责钱塘江北岸海宁市、海盐县、平湖市境内省管海塘工程。该管理处面对人少线广的难局，始终秉承质量提升、标准先行原则，采取"内控＋外调"的办法破解瓶颈。一方面用《制度手册》《操作手册》和《岗位事项人员对应表》管人管事，明确每个职工岗位职责及操作要求，确保工作流程规范实用，零容忍失职渎职情况发生；另一方面优化创新管理机制，建立县区"3＋X"联络协调机制，积极协调协同配合海宁、平湖、海盐、嘉兴等市、县（区）相关单位落实配套管理制度，使防汛防台、水政执法、海塘维护、古海塘保护等每项工作都能够重重落地。该管理处以党建为统领，以"勇立潮头、塘工传承"的精神，实行一岗双责，在水情教育与水文化建设、水利管理现代化建设的推进中，实现了让标准成为习惯，推进了全面管理工作标准化建设，成为浙江省第一个海塘堤防类国家级水管单位，成为全国行业标杆。

概况解读：该模式为纯公益性水管单位运行管理，权责明确、队伍专业是纯公益性水管单位运行管理的最大亮点。依托水利工程标准化创建为基础，推动以党建为统领的"1＋X"的全面标准化管理体系。将水利工程标准化管理深度融入"智慧水利"中，始终坚持标准化工作永远在路上，创标不是终点，依标管理才是新征程！在人员管理中科学合理的设置一岗双责，让专业的人干专业的事，在各个岗位相互协调的前提下，避免或减少岗位之间的交叉。其完备健全的标准化制度具有可持续性，能够起

到很好的示范引领作用，值得其他纯公益性（准公益性）水管单位借鉴。

当然，该管理模式也有明显的弊端，部分单位严重存在人员超编、机构臃肿、人浮于事等问题，未来一个时期需要积极探索深度融合水利工程标准化管理新模式。

案例2：姚江大闸是浙江省首家通过标准化验收的大型水闸，其管理单位为宁波市三江河道管理局，核定人员编制46人，承担了甬江、奉化江和余姚江干流河道堤防和姚江大闸等21座沿江骨干水闸泵站运行管理工作。由于堤防养护线长、面广，水闸管理调度事多、人少，运管人员数量和专业技术配置曾经一度难以满足江闸运管的需求。

后来，根据流域区域特点，实施专业化服务外包进行运管。探索标准化管理进一步精细化，按照责任部门、管理属性进行分类，对标标准化内容逐级细分为管理元素。每一个管理元素均落实相应的责任人，逐项分析管理单位和管理工作人员年度工作或专项工作完成情况，考察元素状态实施绩效管理。这一改革实施全流域统一调度，建立水雨情遥测系统、视频监控系统、闸门自动控制系统，所有视频信号均接入中控室及东西区门卫，可以对水闸上下游、闸室、闸门和管理区进行实时监控，能够利用运行管理平台实现闸门自动控制，充分发挥水闸工程的综合效益。既做到管理向信息化和现代化迈进，又确保水利工程维修养护管理到位，姚江大闸也因此被省水利厅列为标准化管理样板工程。

概况解读：该模式主体为准公益性水管单位，具有经营性和公益性具有双重功能。既要承担公益性的防洪、拦洪、排涝等任务，又可以经营灌溉、供水、发电等项目，情况比较复杂。由于社会公益性和经营开发性工程合在一起，导致管理单位内部长期事企不分，监管与运营的职责不清，资产管理方式界线不清，使水管单位既不像事业单位，又不像企业单位，一度影响了工程的管理并阻碍了企业的发展。直接造成的后果就是事企不分、内部人员混编混岗，职责缺位，工程公共职能履行不到位。

为破解专业管护力量不足的难题，尝试推行准公益性水管单位＋物业化运行管理模式，以购买服务方式引入专业化管理机构，承担下辖部分闸泵工程日常运行管理及保养服务，有效提升了工程标准化管理水平。从长远看，实行物业化经营的标准化运行管理模式，是堤闸运行安全改革发展的必然趋势。从人员、技术、市场等多方面进行破题，实现管养分离，明晰产权，在提升水利工程专业化、精细化和标准化管理水平上下工夫，能强化水利资产的管理，使水利工程充分发挥效益。该模式亟须理顺水利管理体制，补足物业化管理水平这一最大的短板。

案例3：常山县长风水利水电枢纽工程水闸，其管理单位是浙江恒昌实业集团有限公司，属于私企，前几年因为监管不到位，事故频发。为解决工程维护不到位、服务水平低等问题，省、市、县水行政部门多管齐下，按照"权责一致""谁所有，谁负责"原则，深度聚焦"管得好"：水利部门、乡镇（街道）、项目业主各司其职，督促落实行政主体、行业监管、运行管理"三个责任",帮助建立管理机构、管理办法、运行机制和维护经费等"三项制度"。另外,通过查看工程现场、抓培训、质询管理人员、翻阅台账和检视运管平台等方式,倒排时间节点,开展"末位帮扶",开出"治病"方子,定出"祛病"日子,精准传递水利工程标准化管理理念和要求,打通"最后一公里"。

概况解读:案例3为经营性(含私企)水管单位运行管理模式。工程建成后,在不改变工程所有权的前提下,由产权所有者将经营管理权以合同方式委托给承包者。该模式既落实了管理责任,又减轻了政府财政投资压力,这是该模式最大的优势。但基于公益属性和政府资产管理的考虑,使用权已流转给生产经营主体负责管护运行,经营权归私营公司,负责工程的经营管理、日常维护和业务拓展,管护经费原则上由工程产权所有者负责筹集。这就容易造成生产经营主体会过分追求效益忽视工程运行安全,且在管护经费保障使用监管方面有一定难度,这是不利因素。

为有效解决水利工程管理责任主体不作为问题,依据"谁受益,谁负责;谁主管,谁负责"原则,省、市、县三级水行政部门借助标准化管理平台信息化建设契机,因地制宜建立监管体系,把准经营性水利行业监管难"脉象",有效弥补工程监管缺位问题,让标准化制度在私企运行管理中扎根。通过将其纳入标准化创建名录,依托水利工程标准化管理服务体系,严抓"标准落实",使标准化管理迈向系统化、流程化、制度化。

案例4:桐庐县有许多小型水利工程零星散布在全县的各个乡镇,由于地处偏远,管理缺位,设施破损严重,致使水利工程安全问题时有发生。为切实保障水利工程安全,桐庐县按照集约化、专业化要求,推行水利工程"管养分离",积极创新小型工程管理"小小联合""以大代小""分片统管"等模式,有效解决了基层水利工程管理单位人员不足、技术力量薄弱等难题。为鼓励加快培育水利工程物业化管理所需的市场主体,开展一揽子承接或分专业承接等不同形式的物业化管理,实行政府购买服务的方式,瞄准工程管护单位及人员责任——落实。目前桐庐县已对220余座万方以上山塘、5段20年一遇及以上县级管理堤防、118个水雨情遥测系统、76个沿江泵站水利工程全部实行物业化管理。

概况解读:上述为乡镇单位直接管理模式,在浙江省也较为普遍。特别是3级以下堤防、小型闸站等水利工程建成后,移交至乡镇政府,由乡镇政府组织人员全面负责工程的运行管理工作。该类工程没有明确的水管单位,运行管理模式产权归乡镇政府所有,责任直接落实到乡镇政府。该模式优点是因地制宜推进工程建设,短处是未完全落实经营管理权,管理人员多为乡镇政府职工,专业化水平不高,管理粗放,处于"啃老本"的状态,不利于工程的持续良性运行。

　　为破解小型水利工程运管难题，同时也为其他乡镇管理单位提供解决思路，可通过开展小型水利工程产权制度改革，落实产权主体，建立较为完善的县乡村三级工程运行体系。将零散的小型水利工程打包统一纳入标准化管理，推行实施"集中管理""联片管理"，明确责任主体和工作职责，确保工程有人管，促进责任主体从"要我管"向"我要管"转变。在一些有条件的县域，应积极推行成立统一管理的现代化物业化经营模式，或全部依托当地水管单位运行管理模式。当然提升县、乡、村三级集约化服务任重而道远。

　　以上四类堤（塘）闸典型工程运管模式相通之处，在于寓标准化于管理中，使平台报送成为标准化管理必备的先决条件。一方面借助手机 App 等信息化手段，拉动水利工程信息等静态数据和各类管理事项的动态数据，并逐一分析巡查过程中报送的隐患，及时对堤塘闸站动态进行实时监督，方便各级水行政部门全面掌控水利工程日常运管情况，做到有据可查找，心中有底数。另一方面在实施标准化管理中，结合加入本单位特色元素，像嘉兴管理处实行的"一岗双责"＋"党建统领"构建流程化管理方式，宁波三江管理局推行的"管养分离"物业化管理，常山长风水利枢纽水闸工程提炼出市县监管单位落实"三个责任"的实际操作样式，桐庐县乡镇水利工程实施集约型标准化管理，这些案例实践均实现了管理手段转变。

三、结　语

　　"精益原则"告诉我们：用系统的、有章法的方式，不断改善和优化现有的流程，让价值流动起来。目视水利工程管理一切资源，我们的管护方式，现状是什么样的，最理想的状态是什么样的？有多大比例是没有多余和浪费的？水利工程管理和维护的员工能否满足不同岗位的管护需求？

　　弥补不足之处必定要有应对措施，通过"三个坚持"助推水利工程标准化管理：坚持"输血"与"造血"相结合，坚持"强内力"与"借外力"相结合，坚持"强管理"与"重创新"相结合。开发建设"水利工程管理数字平台"，从水利工程管理目标、管理责任、安全评估、运行维护、监测检查、隐患治理、应急处置、教育培训、制度规范、生态环境、监督考核等全过程、各环节实行标准化控制和网络化管理，实现网上实时监控和现场实地监督检查相结合，切实了解掌握各类水利工程标准化管理动态。

　　为了维护统一的组织和严格的纪律，保持水利工程管护所要求的连续性和节奏性，提高劳动生产率，实现安全生产和文明生产，凡是与管护员工密切相关的规章制度、标准、定额等，都需要公之于众；与岗位员工直接有关的，应分别展示在岗位上，如岗位责任制、操作程序图、工艺卡片等，并要始终保持完整、正确和洁净。

为贯彻落实"水利工程补短板、水利行业强监管"水利改革发展总基调，进一步提升水利工程主体监管工作效能，我们可以从上述四种水管单位典型工程案例分析中发现，任何工程的标准化、规范化向专业化、信息化、景观化迈进，必须实现管理手段现代化转变，必须在创建标准化管理中注入自身特色元素，提炼最符合运行管理工作者的实际操作条例，因地制宜地构建流程化管理方式，遴选工程长效运行的适宜模式。当然，融入自身特色并不是"标准不一"，而是在标准框内结合自身特点拉高标杆。利用现有优势打造特色，使创建内容更加高端化，让高标准谋划能够不断推陈出新又不偏离实际，确保水利工程安全运行。

举一纲而万目张，解一卷而众篇明。水利运行管理投融资体制虽然是多元化、多层次、多渠道的，根据财政部、水利部制定的《水利发展资金管理办法》要求，鼓励采用 PPP 模式开展项目建设，意味着水利建设维护资金还有很大缺口。遵循"先建机制、后建工程"原则，坚持建管并重，支持水利工程建管体制机制改革创新仍然任重而道远。

数字化转型是政府主动适应数字化时代背景，贯彻落实网络强国、数字中国、智慧社会战略，也是深化数字水利的关键抓手。基于此，因地制宜提升标准化运行管理是实现数字化转型的必然趋势。任何先进的运行管理过程都离不开标准化，而推行物业化管理、实现信息数据平台报送、完成后台数字分析可以让管理更加便捷科学，为建立健全标准化管理长效机制注入源源不断的生命力。

关于河湖管理范围内溺水伤亡案件的调研报告

王　治

水利部政策法规司

近年来，河道、湖泊、水库、渠道（简称"河道"）内溺水伤亡事故时有发生，发生溺亡事故后，溺水者家属往往以水利部门是河道的管理者为由，依据《中华人民共和国侵权责任法》（简称《侵权责任法》）主张自己享有的权利，到当地水行政主管部门、河湖管理等单位要求赔偿，或向法院提起民事诉讼，且法院判决结果差异较大。为贯彻落实以人民为中心的发展思想和水利行业强监管的要求，加强水利社会管理和公共服务，水利部政策法规司（简称"政法司"）于2018—2019年组织开展了河道管理范围内溺水伤亡案例的调查研究工作，并对法律适用进行了分析研究，以提出加强和改进溺水伤亡案件审理及加强河湖管理的建议和意见，不断推进河湖管理的法治化、规范化水平，维护稳定良好的水事秩序，更好保护公民的合法权益。

一、基本情况和主要特点

2016年以来，政法司向各流域管理机构，各省（自治区、直辖市）水利（水务）厅（局）、各计划单列市水利（水务）局、新疆生产建设兵团水利局征集了近20年来河道内溺水伤亡的相关案例，并先后赴淮河水利委员会、黄河水利委员会、上海、江苏、天津、四川和甘肃等流域管理机构和省市调研座谈。截至2019年9月，共收集到259件案例，涉及溺水死亡人数318人。259件案例中司法文书判决不承担责任的有191件，其中经司法调解给予补偿的21件，不予赔偿的170件。判决承担赔偿责任的有65件，其中承担70%责任的1件，50%的2件，40%的1件，30%的11件，25%的2件，20%及以下的48件。赔偿金额在1.6万～66万元之间，补偿金额在1万～15万元之间。

总体上，全国多数省份都有溺亡案例，其中东部和南部省份较多，如河南、广东、山东等地，中西部省份较少，如甘肃、宁夏、内蒙古等地，涉及的流域机构有长江水利委员会、黄河水利委员会、淮河水利委员会等。溺亡时间大多发生在夏季的6—8月，溺亡地点主要发生在水利部门直管河道内，溺亡主体以未成年人居多，成年人较少，溺亡原因大多数是未成年人脱离看管自行下河游泳嬉戏，成年人有的擅自下河游泳、捕鱼，有的搭载交通工具意外落水，有的醉驾或者酒驾不慎坠河，极少数跳河自杀。

二、原告诉讼理由和观点

溺亡案件的发生，无论对于哪个家庭来讲都是不可承受之痛，为了弥补损失，缓解痛苦，原告往往以河道的管理者或者水行政主管单位为被告提起民事诉讼，街道、乡镇、绿化、市政、旅游公司等部门常被列为共同被告。原告提出的诉讼理由主要有以下几点：

一是河道管理部门作为河道的主管单位，理应对其有管理职责，未设置警示牌、护栏、防汛墙，未见管理人员巡视，就是疏于管理或怠于履行职责，应当为其过错承担相应的赔偿责任。

二是河道等地作为公共场所，都应该设置警示标志，有些设置了警示牌，但事发处并没有设置，或者防汛墙太低、护栏太高、间隔太大，认为是河道管理部门管理不当或水利工程的建设有缺陷，才导致了溺水死亡事件的发生，河道管理部门应当承担不作为造成的赔偿责任。

三是河道管理部门批准他人在河道中采砂，留下了深坑，改变了河道，增加了潜在的危险性，而河道管理部门又没有设置警示标志和安全护栏，世代生活在这里的居民并不知道河水变深了，极易造成溺水伤亡事件，因此河道管理部门应当承担相应的责任。

四是易引发群体性事件，社会稳定压力大。如 2017 年西部一省某镇杨王村渭河河段两名小学生溺亡，发生群体性事件，数百名群众聚集于事发沙坑附近的公路上堵塞交通。个别地区如黄河某河口控导工程，甚至出现搬运死者遗体至水利部门办公场所的极端情形，对正常工作秩序造成冲击，影响社会稳定。

三、法院判决依据和理由

法院在判决时主要依据《侵权责任法》第 37 条规定的侵权责任构成要件和过错责任原则，承担赔偿责任的主体主要是河道的实际管理者，如水行政主管单位；或者水利工程设施的开发者、利用者、受益者，如水利工程设计院、水电站、开发公司等；或者引起危险发生的人如共同饮酒人、采砂业主；如果事情发生在在校期间，还会判决学校承担赔偿责任。

目前存在的主要问题有：一是各地法院法官在对 2010 年颁布实施的《侵权责任法》第 37 条规定的"车站、码头、民用航空站、市场、商场、公园、影剧院、娱乐场、运动场、展览馆等供公众活动和集聚等公共场所"(简称"公共场所")的适用上认识不一,判决水利部门承担赔偿责任的一般认为河道是公共场所,因此水利部门有安全保障义务。2002年9月,我部曾以《关于对黄河主河道是否为公共场所等问题的批复》(水政法〔2002〕408号)答复黄河水利委员会,提出"行洪区和人工水道是属于作为行洪输水通道的河道,其功能是行洪输水,不是供行人使用的通道,也不同于通常意义上的公共场所"。目前,各地水利部门在应诉中也多以此批复作为抗辩理由之一,但是否参考采纳取决于受理法院的层级和法官的自由裁量。二是法院在审理案件时经常以水利部门是否尽到安全保障义务,如是否设置安全警示标志或护栏等,作为判决是否承担赔偿责任的重要依据。三是法院判决赔偿对水利部门经费管理和人员追责的负面影响不容小觑。随着近年来人身损害赔偿标准的不断提高,法院一旦判决水利部门承担赔偿责任,即使承担次要责任也需支付数万元赔偿,经济发达地区可能动辄数十万元。对于行政或事业单位性质主要吃财政饭的水利单位而言,随着财务预算管理要求越发严格,支付赔偿经费存在较大的财务风险和隐患。另外,根据《中华人民共和国国家赔偿法》等有关党纪国法的规定,一旦涉及赔偿,还可能引发对相关单位及其工作人员的责任追究等后续问题。四是河道的主要功能是行洪输水,与《侵权责任法》第37条规定的"公共场所"有很大的不同之处。管理者不希望人们去河道,而希望人们去车站、码头、市场、商场等"公共场所"。人们在公路上开车或行人在公路上造成伤亡的,也不去找公路管理者,而去找保险公司和责任者以及交警部门。

(一)法院判决河道管理部门不承担责任的理由

一是河道属于输水行洪区,不是供人活动集散和游玩娱乐的场所,也不同于《侵权责任法》第37条规定的"公共场所"。河道管理部门行使国家法律法规授权的行政管理职责,没有在河道内设置明显标志和采取安全措施防止他人损害的义务,不应当承担责任。

二是成年人在河道等地逗留游玩,应当有安全防范的意识,且有预见危险的能力,如果因此而溺亡,则应自行承担责任,损害后果和河道管理部门是否有警示标志和安全设施没有因果关系。2017年7月,支某擅自进入北京永定河消力池冰面遛狗,不慎溺亡,其家属以永定河管理处未尽到安全保障义务为由提起诉讼。法院经审理认为,男子溺亡地点非公共场所,明知进入河道冰面行走存在风险的情况下,仍进入该区域,应自行承担责任。2020年10月,最高人民法院将《支某1等诉北京市永定河管理处生命权、健康权、身体权纠纷案》列为第25批第141号指导性案例,供各级人民法院审判类似案件时参照。未成年人脱离监护人的看管下河游泳嬉戏,实质为监护人未尽到监护职责导致被监护人陷入危险，监护人应当承担全部责任。

三是法律法规没有明文规定河道管理部门应当设置警示标志和安全护栏，但近年来，随着有关部门对河道进行整治，修建了护栏，设置了警示标志，而且在节假日进行了大量的宣传，已经尽到了合理的注意义务，不能苛求河道管理部门在每一处都设置安全护栏和警示标志，也不能把行政单位的监管职责无限扩大。

四是河道采砂行为应当按照"谁设障、谁清除"的原则，由采砂业主自行设置警示标志和安全设施，河道管理部门没有监督采砂业主回填的职责，并且河道管理部门对河道内潜在的危险没有法定警示义务。

五是河道管理部门的管理职责是法律授权的行政管理职责，而非一般民法意义上的管理，例如公路上发生交通事故，应由负主要责任的当事人向受害方赔偿，而不是交通管理部门，又如发生凶杀案件，应当由侵害人对受害人承担责任，所以河道管理部门没有安全保障的义务，不应承担责任。

（二）法院判决河道管理部门承担责任的理由

一是自身操作或管理不当，例如某市公民李云霞、张超诉某市永定新河防潮闸管理所案，防潮闸管理所在防潮闸关闭时操作不符合规范，引起了海水倒灌，造成受害人溺水死亡，法院二审判决防潮闸管理所承担70%的责任。

二是法院在判决时认为，河道管理部门作为国家授权的水行政主管单位，对本行政区域内的河道具有统一管理和监督职责，管理的职责就包括设置警示标志和护栏，如果没有设置警示标志和护栏，就是没尽到管理职责，就要承担责任。

三是采砂行为，法院认为河道管理部门应当尽到监管职责，对非法采砂行为要及时制止，处罚，甚至部分法院还认为要及时回填砂坑，对河道管理部门许可业主采砂的要及时设置警示标志，安全护栏，并及时回填砂坑。

四是即便设置了护栏、警示标志，但如果没有阻挡住事故的发生，仍然有过失。例如河北某市公民王华强、冯素英诉某地南水北调工程建设管理局案，本案中已经设置了警示标志、护栏，受害人为未成年人，从护栏下面钻过去，结果溺水死亡。法院认为护栏的设置较高，没有起到防护少儿进入危险区的作用，虽然南水北调水渠不是公共场所，且采取了多种宣传方式提醒注意安全，派人对河渠进行巡查，但安全防护栏的设立没能阻挡住事故的发生，没有尽到安全注意义务，对事故的发生有一定过失，故判决承担10%的民事责任。

五是虽然法律未明文规定在河道两侧必须设置护栏，但事发河道紧邻公路或公共区域，明显存在安全隐患，应当设置安全防护设施。例如上海辛探春诉中国电信上海分公司、上海市浦东新区祝桥镇政府、上海市浦东新区河道管理事务中心案，因事发河道紧邻公路，河道管理中心设置的护栏在事发地有缺口，存在明显的安全隐患，未尽到合理的安全保障义务，判决承担 20％ 的责任。

四、对河道溺水伤亡事件适用法律进行司法解释或发布指导性案例十分迫切和必要

党的十九大报告指出："中国特色社会主义进入新时代，我国社会主要矛盾已经转化为人民日益增长的美好生活需要和不平衡不充分的发展之间的矛盾。""人民美好生活需要日益广泛，不仅对物质文化生活提出了更高要求，而且在民主、法治、公平、正义、安全、环境等方面的要求日益增长。"当前溺水伤亡案件呈现多发高发态势，引起社会各界和水利等有关部门单位的高度关注，这充分证明了党的十九大的上述判断是完全正确的。做好河道溺水伤亡事件调研及其后续工作，强化河湖的监管，减少溺水伤亡事故的发生，对于落实"水利工程补短板、水利行业强监管"的水利改革发展总基调，加强社会管理和公共服务，维护社会公平正义，促进社会和谐稳定具有重大意义。

一是坚持以人民为中心的发展思想、保障人民生命安全的迫切需要。进入新时代，人民对美好生活的向往更加强烈，期待有更优美的环境、更丰富的精神文化生活，期盼孩子们能成长得更好、生活得更好。随着经济社会的快速发展，人民群众对安全居住地、优质水资源、健康水生态、宜居水环境的需求也越来越高。许多城镇大力推进河道整治，很多穿城而过的河道都已改造成临河公园，成为休闲和娱乐的场所，已很难不认可这些穿城河段不是"公共场所"。这些穿城而过并改造的河段，在满足人民亲水需求的同时，也增加了发生溺水伤亡事故的几率。根据有关部门的统计，溺水是造成十四岁以下未成年人意外死亡的"第一杀手"。每一起溺水伤亡案件的发生，都是对溺水者家庭的沉重打击。目前河道内溺水伤亡案件的原因比较复杂，而在事故责任认定以及民事损害赔偿等问题上缺乏明确的法律规定，不利于保障人民生命安全。

二是深入推进依法行政、加强水利社会管理的迫切需要。我国河道点多面广战线长，第一次全国水利普查成果显示，流域面积 50km² 及以上河流有 45203 条、总长度 150.85 万 km，各类水库 98000 多座，水面面积 1km² 及以上湖泊 2865 个，而且这些河道往往分布在深山峡谷、人烟稀少的地方，不是一般意义上的公共场所，难以对所有的河道设置护栏，如长度 105km 的北京京密引水渠也时常出现游泳、垂钓者，也发生过溺水伤亡案件，引水渠是北京供水的大动脉，一级水源保护区，到目前也没有实现全程设置防护网，因为成本极高。各级水行政主管部门或河道管理单位是河道的管理者，主要负责河湖水域、水资源、防洪、供水和水工程管理，这些管理职责是由法律、法规和规章以及各级人民政府"三定"规定等确定的。根据"法无授权不可为、

法定职责必须为"的原则,在没有明确法律规定的前提下,发生的溺水伤亡事件都要求水利部门承担对溺水人员的人身安全保障义务,给各级水行政主管部门或河道管理单位履行行政管理职责带来了较大的困难。

三是保障公平正义、维护社会主义法制统一的迫切需要。"理国要道,在于公平正直"老百姓讲"一碗水端平",如果不端平、端不平,老百姓就会有意见、就会有怨气,久而久之社会和谐稳定就难以实现。我国现行法律对溺水伤亡损害赔偿问题尚无明确规定,各地法院对同类型案例的判决结果差距较大,有的判决水利部门不承担赔偿责任,有的判决承担50%以上的赔偿责任,且有的地区法院裁判观点带有较强的地域性,易引发攀比现象,一定程度上影响了司法公正和水事秩序的稳定,也影响了国家法制的统一和法律的权威。

五、对河道溺水伤亡事件适用法律进行司法解释或发布指导性案例的建议

河道内溺水伤亡事件关系到公民的人身安全、社会的和谐稳定以及水利部门的依法履职,处理不当易引发群体性事件,形成舆论聚焦的热点。在开展调研时,水利部门基层一线的同志迫切希望国家层面能够尽快出台司法解释或发布指导性案例,对河道内溺水伤亡事件的归责原则与归责标准作出明确规定。

一是推动出台相关司法解释或指导性案例。与最高人民法院做好衔接配合,针对溺水事故的具体情况,推动对溺水伤亡案件的法律适用问题进行司法解释或发布指导性案例,统一各地法院的判决标准,依法维护当事各方的合法权益。

二是加强基础工作,研究制定河道管理的国家强制性标准或技术规范。通过收集和总结发达国家先进的河湖管理做法经验,以河长制湖长制等平台为抓手,制定完善河湖管理工作的相关规范和标准,对河道管理范围内设置安全警示标志、配置落水救生设施设备、修建护栏等安全管理设施等作出明确规定,切实加强对全国河湖的管理,提升河湖管理的法治化、规范化水平。

三是加大宣传防范力度。各级水利部门要进一步加强与教育部门的沟通协作,实现涉水安全进校园,将溺水作为中小学生暑假安全防范的重点领域,通过主题班会、溺水事故警示、开家长会、告家长书等形式进行防溺水安全教育。同时,每年汛期利用电视、报纸、新媒体等多种手段发布警示通知、报道等,预防和减少溺亡事故的发生。

新时期水利工程运行"强监管"工作展望

阮利民

水利部运行管理司

引 言

习近平总书记在"3·14"讲话中站在党和国家事业发展全局的战略高度提出了十六字治水思路,精辟论述了治水对民族发展和国家兴盛的重要意义,赋予了新时期治水的新内涵、新要求。水利部党组系统学习习近平总书记"3·14"讲话精神,深入研究推进新形势下的水利改革发展工作,科学判断我国治水面临的形势和主要矛盾的转变,提出"水利工程补短板、水利行业强监管"水利改革发展总基调。通过一年的实践证明,总基调正在逐步深入人心,带来了思想观念的转变、工作重点的调整和工作方法的创新,对水利行业改革发展产生了全局性影响、根本性变化。我国水利工程面广量大,截至 2018 年年底,水库总数 9.8 万座,5 级以上堤防总长度 31.2 万 km,规模以上(5m³/s)水闸工程总数 10.4 万座。多年来,由于重建轻管,各类问题凸显,主要包括管理责任不落实、经费不足、基层管理单位制度不健全、技术能力薄弱、底数不清等方面。经分析梳理,我们进一步认识到,强监管是解决上述问题的核心,为水利工程运行管理指明了发展方向,提出了目标要求,水利工程强监管面临新的形势、新的机遇、新的挑战。

一、强监管的重大意义

强监管作为总基调的核心,是适应治水主要矛盾的新变化,为解决新老水问题,对治水思路和工作格局的重大调整,其目的是扭转水利工程重建轻管的局面,增强监管能力,提高监管水平。

从中央提出的要求来看,强监管是贯彻落实习近平总书记"3·14"重要讲话的具体措施。水利改革发展总基调为新时代水利改革发展明确了工作重点、指明了前进方向。面对新的历史起点和时代需求,水利工作必须努力实现从重建轻管、追求建设的发展转向建管并举、强化监管的发展。强监管是根据新时代治水思路,做出的思想观念重大转变、工作重心重大调整和工作方法重大创新，更是贯彻落实习近平总书记"3·14"重要讲话的具体措施。

从运行管理的现状来看，强监管是解决当前突出问题的根本途径。水利工程新老水问题叠加凸显，运行安全隐患多，功能效益难以正常发挥。造成这种现象的主要原因是人们认识水平、观念偏差和行为错误，以及责任不落实、管理不规范、能力跟不上等问题。强监管就是调整人的行为，纠正人的错误行为，把水利工作重心转到水利工程运行管理和社会管理上来，扭转监管薄弱的被动局面，提升管理能力，确保工程运行安全和功能效益的发挥。

从运行管理的长远发展来看，强监管是促进水利工程更好满足人民群众美好生活需要的必由之路。进入新时代，人民群众有了新需求和新期盼，需要水利工程提供更高的安全保障、更强的服务功能和更美好的生态环境。实行强监管，既夯实管理基础，又抓标准化管理，建立一整套完备的运行管理制度和监管体系，标本兼治，从源头上解决问题，不断推进水利工程运行管理的规范化和标准化，是满足人民群众美好生活需要的根本措施。

二、水利工程强监管面临的形势分析

2018年首次在全国大范围采取"四不两直"方式开展小型水库暗访督查，并以"一省一单"方式督促地方整改落实，对加强小型水库的管理起到了很好的促进作用，同时也为水利行业强监管积累了宝贵经验，起到很好的示范作用。暗访督查发现，运行管理薄弱的局面是长期积累的，原因是多方面的。强监管面临的形势十分严峻，要从根本上扭转运行管理薄弱的局面，必须经过长期的艰苦努力。

（一）思想观念需要进一步转变

思想观念的转变是强监管的先导。水利部党组着眼水利事业长远发展，把水利工作中心调整到强监管上来，既是管理方式的创新，更是思想观念的转变。专项督查表明，水利工程运行管理的薄弱环节，最主要的原因就是思想认识不到位，一些地方特别是市县水行政主管部门重建轻管的思想观念没有根本转变，仍习惯于争投资、上项目、搞建设，对强监管的重要性认识不足，重视不够，工程运行维护管理的办法不多、用力不深，强监管还没有做到凝心聚力，成为上下一致的统一行动。形势迫切需要转变思想观念，统一到党中央的治水思路上来，统一到部党组的决策部署上来。

（二）强监管的传导作用还有待强化

专项督查的主要目的是通过发现问题、整改问题、追责问责等方式，督促地方按属地管理的原则，切实履行起主体责任，增强安全责任意识，加强安全管理，提升管理能力和水平。但有的地方开展暗访督查的力度不大，市县层面更是层层递减。暗访作为强监管的有力手段未能得到全面深入推进，"查、认、改、罚"四个环节还没有真正落到实处。暗访督查工作的传导机制还不顺畅，层层传导压力，压实主体责任和监督责任，还需要进一步强化。

（三）水利工程强监管的任务繁重

强监管是手段不是目的，目的是要促进水利工程运行管理能力和水平的提升。当前，从工程体系看，近2万座水库存在病险问题，水库的安全度汛风险总体较高，一些河道堤防不达标、防洪标准较低；从管理能力看，水利工程普遍存在基础数据不全、底数不清，管理设施不配套，信息化发展滞后等问题；从经费保障看，运行管理经费不足，隐患排查、维修养护、整改落实无法正常开展。解决这些问题，不是一蹴而就的，需要理顺中央和地方职责关系，调动中央和地方两个积极性，坚持政府和市场两手发力，激发基层干部群众的主动性和创造性，促进法制、体制和机制创新，提供资金和政策保障，建立一整套务实高效管用的监管体系。

三、水利工程强监管的总体思路和目标任务

（一）强监管的总体思路

深入贯彻落实中央新时期治水思路，按照水利改革发展总基调要求，将夯实水利工程管理基础作为近期重点任务，推进水利工程标准化管理作为中长期任务，坚持科学创新，在守住安全底线的基础上，着力构建水利工程运行管理长效机制，促进水利工程效益充分发挥。

（二）强监管的总体任务

一是督促落实责任，严格落实以政府行政首长负责制为核心的安全责任制；二是摸清安全状况，完善水利工程基础数据库；三是狠抓水利工程安全度汛措施，确保工程安全度汛；四是进一步深化小型水利工程管理体制改革，建立运行管理体制机制，落实管护人员和经费；五是健全完善管理制度，分类指导、因地制宜推进水利工程标准化管理试点示范；六是争取国家政策支持，增加中央和各级财政的资金投入，逐步提升水库监测能力，促进信息化智能化管理。

四、下一步工作展望

按照总基调的要求，针对专项督查发现的问题和运行管理薄弱环节，当前和未来一段时期重点推动 8 个方面的工作。

（一）切实落实安全责任制

统筹协调好"三个责任人"（行政责任人、技术责任人、巡查责任人）和水库大坝安全责任人之间的关系，规范"三个责任人"履职要求，实现水库大坝安全责任制从有名到有实。针对堤防、水闸工程，建立以行政首长负责制为核心的安全责任体系，逐段逐座、逐级逐岗落实责任。

（二）准确掌握安全状况

深入开展排查，掌握水库安全运行状况，提出安全鉴定工作计划和目标任务。开展水库安全鉴定管理体制机制研究，完善水库安全鉴定管理制度。加快 5 级及以上堤防工程的险工险段排查，逐级汇总建立堤防险工险段名录，并在排查、检查险工险段的同时，推进重点堤防险工险段的安全评价。按照水闸安全鉴定办法要求，做好水闸安全鉴定工作的监督管理，推动水闸安全鉴定工作常态化。进一步完善水闸工程安全鉴定情况和病险水闸工程名录。

（三）狠抓专项督查发现问题梳理分析与整改落实

全面梳理 2018 年和 2019 年小型水库、水闸专项督查发现的问题，找准主要问题和关键环节，深入分析原因，对小型水库、水闸运行管理状况作出总体判断。狠抓小型水库、水闸专项督查问题的整改，落实责任，强化督导，加大暗访抽查力度。

（四）落实安全度汛措施

编制"三个重点环节"（水雨情测报、调度运用方案、应急预案）的技术要求。梳理建立病险水库名录，对存在重大安全隐患的水库，逐库明确限制运用措施。做好堤防险工险段和病险水闸的安全度汛。按期开展水闸安全鉴定，对存在安全风险的要及时制定处理措施，尽快消除安全隐患。

（五）抓紧完善运行管理制度体系

按照强监管要求，结合水利工程管理实际需要，建立适合小型水库的管理制度体系，填补当前堤防、水闸工程运行管理制度空白。

（六）深化小型水利工程管理体制改革

根据工程产权归属，落实小型水利工程设施管护责任，统筹考虑政府事权、资金来源、受益群体等因素，合理确定管护主体和标准等；充分发挥中央补助资金的撬动作用，加大省、市、县各级地方财政投入因地制宜采取专业化、社会化的多种管理模式，大力推广物业化管理模式。在有条件的地区，试点推进水利工程管护城乡一体化。

（七）稳步推进水利工程标准化管理

制定水利工程标准化管理指导意见，明确总体要求、目标任务和实施步骤，以落实水利工程管理责任为核心，建立水利工程标准化管理体系，大力推进水利工程标准化管理工作。鼓励各级水行政主管部门、水管单位推进标准化管理和申报水利工程管理考核的积极性。

（八）大力提升信息化水平

加快全国大型水库大坝安全监测监督平台一期工程建设，建立完善水库、水闸、堤防等工程基础数据信息库，夯实信息化管理基础。注重水库、堤防、水闸安全监测预警设施建设，制订水利工程监测预警相关制度，逐步完善监测信息和预警指标。

五、结　　语

"水之兴利在于建，利多利少在于管"。扭转重建轻管局面，还需下更大气力，任务艰巨，任重道远。需要进一步贯彻落实习近平总书记新时代治水思路，按照水利改革发展总基调的部署要求，加强水库、堤防、水闸等工程的运行管理，多措并举，强化监管，实现职责明确、机制完善、制度健全、管理规范、监管有力的水利工程运行管理新提升。

河南省信阳市、南阳市河道砂石统一开采管理调研报告

陈大勇　　陈岩

水利部河湖管理司

河南省信阳市、南阳市境内河流众多，河道砂石资源较为丰富，近年来两市非法采砂活动一度十分猖獗，引发社会关注。2018 年根据中央领导批示，水利部对信阳市罗山县淮河干流非法采砂问题专门进行了调查处理。面对河道非法采砂这一顽疾，河南省委省政府高度重视，两市痛定思痛、重拳出击，有效遏制了非法采砂乱象。同时，积极探索建立长效机制，实施河道砂石资源管理改革，趟出了一条集中统一开采管理的新路子，实现了河道采砂由乱到治的根本性转变。

2019 年 7 月，我们赴河南省信阳市息县、南阳市唐河县开展调研，现场查看了部分砂场、管理站和砂石公司，与两市 8 个县进行了座谈。通过调研，认为政府主导的统一开采管理是解决河道采砂问题的有益探索，值得借鉴。

一、做　　法

（1）政府组织推进。一是出台相关政策。信阳市《关于建立健全河道采砂管理长效机制促进生态文明建设的指导意见》，明确要鼓励规模化开采，摒弃零星化作业；南阳市《推进河道砂石资源管理改革的意见》，要求对河道砂石开采实行统一管理。二是组建国有公司。两市各县区根据各地河砂资源储量，结合实际情况组建国有或政府控股砂石企业，目前信阳市 8 个县、南阳全市 13 个县（区）全部由当地水投、城投、建投等国有公司出资，组建国有独资或控股公司。公司经政府直接指定获得采砂权，经县水利局发许可证后，从事采砂经营活动。

（2）实行采运销一体化管理。以南阳市唐河县为例，2017 年在县委县政府的领导下组建国有鑫森砂石公司。目前公司在全县有 56 个采砂作业区，各作业区依据许可控制作业船只（机具）数量、作业范围、作业时间、开采量等，采用自行开采、劳务委托等方式进行作业，由公司派驻管理人员进行现场管理，水利局派驻人员进行现场监管。公司实行了"一场多点"管理模式，公司设 10 个管理站，由一个管理站辐射几个

采砂点，管理站同时负责运输车辆的过磅、计价，各采砂点、管理站均安装有监控设施，相关数据直接接入水利部门，便于实时监控各采砂点作业情况及砂石开采情况。实行专车专运、专路线运输销售，委托物流公司承担砂石运输，购砂户一般不能直接运砂，如需自行运输砂石的，需在管理站缴纳押金和保证金。对所有运砂车辆安装GPS定位系统和自动识别芯片，砂场、管理站车辆出入口设置地磅和扫描装置，无芯片车辆进出砂场会触动自动报警装置等。通过以上做法实现了采运销各环节的闭环管理。砂石销售价格由物价部门根据开采成本、管理成本、税额、合理利润及市场情况综合确定，优先保障当地重点工程用砂和老百姓自用的建筑用砂。

二、成 效

（1）从根本上解决了监管难的问题。实施统一开采管理之前，两市主要以拍卖的形式出让河道砂石资源开采权，往往是价高者得，如桐柏县一处标底 780 万元的砂场拍出了 3500 万元的高价，远超许可采量的实际价值，采砂业主为实现盈利唯有靠超量滥采河砂。同时，由于采砂业主主体多元，一些县、乡、村级领导干部及有关部门与采砂业主之间有着千丝万缕的联系，存在利益输送，有些甚至蜕变为采砂业主的保护伞，导致采砂管理混乱，积重难返。信阳市 2018 年因涉及河道采砂问题，对 53 人予以警告或记过处分，诫勉谈话 7 人，约谈 19 人，免职 1 人。实施统一开采管理之后，由政府直接委托有资质、有实力、有信誉的国有企业进行开采，一是杜绝了拍卖价格虚高的问题；二是企业收益与开采量脱钩，超量开采对于业主来说只有风险，没有收益，杜绝了受暴利驱使铤而走险盗采河砂的非法行为；三是国企接受政府和社会监督，规范化运作，斩断了政府部门、领导干部与砂石企业之间的利益链条，企业自觉履行开采协议，加强内部管理，实现科学、有序、规范开采。

（2）妥善处理了集中整治后的遗留问题。在整治非法采砂行动中，原有采砂业主的出路问题必须要妥善处理，才能更好地巩固整治成果，实现由乱到治的平稳过渡。唐河县实行统一开采管理以来，由鑫淼公司出面，水利部门配合，通过"三步走"，将100 多个合法私营砂场、数百艘采砂船纳入规范管理，逐步消化。第一步是有序回购采砂权，以劳务外包形式委托原有采砂业主进行开采；第二步是加强管理，实现有序、规范开采，对于有意退出的原采砂业主给予一定补偿；第三步是巩固提升，实现标准化、规范化开采。通过"三步走"，消化了过剩产能、淘汰了违法采砂业主、规范了采砂行为，确保河道采砂有序、规范。

（3）缓解了供需矛盾，规范了市场秩序。各地组建国有砂石公司以后，坚持疏堵结合，进行科学管理，合理开采河道砂石，规范了砂石市场秩序。一是平抑砂石价格，如南阳市各国有砂石公司普遍以低于市场价 20%～50% 的价格销售，信阳市固始县、罗山县、息县国有砂石公司销售价格每吨分别为 80 元、90 元、100 元，低于周边每吨 130～180 元的市场价格。二是保障重点工程用砂需求，在砂石短缺的大环境下，国有砂石公司优先向地方重点项目供砂，有力保障了重点项目用砂需求。三是提供便民服务、保障民生用砂，信阳息县城投公司在乡镇建立便民服务站，月均向地方百姓供砂 2.5 万吨；南阳唐河县鑫森公司持续开展"平价砂石进社区"活动，2019 年已向 6000 余户居民供应砂石 26 万余吨。

（4）环保措施得到有效落实，走出了一条绿色发展之路。一是企业严格执行许可协议，及时修复河道，按照"谁开采、谁修复""边开采、边修复"的原则，及时按照修复方案对作业现场进行清理、修复；唐河县鑫森公司谢岗砂场经过 4 个月的开采，于 2018 年 6 月关闭，鑫森公司当月即投入人力物力对采砂现场进行了平复，2019 年 2 月又组织人力植树种草进行复绿，调研组在现场看到该处河道平整、岸坡平顺、生态良好，根本看不出一年前还是一处采砂场。二是实施规范化管理，采砂、屯砂、洗砂等作业方式进一步科学、规范、环保，现场建有 3 级沉淀池，确保尾水达标排放。三是加强了运输环节的管理，运砂车装卸砂石均在封闭厂房内进行，砂场及周边道路有喷淋设施，运输车辆实现生产作业无扬尘、运输过程全覆盖。对运输车辆实行空车、装载、行驶、停放全程跟踪定位，从源头上把控住了超载超限问题，历史上因运砂车辆带来的交通秩序、道路安全问题得到了很好的解决。

（5）政府财税收入有增无减，同时增加了水利建设管理的资金投入。一是稳定了财税收入。由政府指定的企业统一开采管理，表面上看减少了一笔矿业权出让收益，但实际增加了财税收入，一方面国有采砂企业运营规范、财务公开透明并能够接受有关部门和群众监督，原有河砂开采企业偷税漏税的现象得到有效遏制；另一方面采砂企业还按比例向地方财政上缴部分收益，如信阳市各国有采砂企业每年要将收益的 15% 上缴财政，其中固始县建投公司 2018 年上缴财政达 2800 余万元。二是监管体制进一步理顺。实施统一开采管理之前，各地河道砂石监管部门均为自收自支事业单位，靠收取河道采砂管理费乃至罚没款维持单位运营，"费改税"使监管单位失去了主要收入来源。实行统一开采管理之后，企业承担了一定管理责任，消化了监管机构部分人员，同时可通过财政渠道解决开支问题，使监管机构更加规范。三是反哺水利等基础设施建设，如南阳唐河县鑫森公司将每年县级留成部分的 50% 划拨乡镇，50% 设立水利发展基金，实行专户管理，主要用于河道整治、农饮安全、水利工程建设等方面。

三、启　　示

通过调研，我们认为河道砂石统一开采管理是一种制度创新，有效解决了困扰水利行业多年的河道采砂企业小、散、乱的问题，是合理开发资源，保护河道健康的有益探索，值得在更大范围推广。

（1）关于政府与市场关系问题。改革开放 40 多年来，我国经济体制实现了由计划经济向市场经济的转变，使全社会在制度设计、社会管理、思想观念等方面都深深植入了市场经济的理念。在当前砂石价格暴涨、河道采砂管理日益严格的背景下，把由市场配置的砂石开采权收归国有，由政府主导，人们会产生一种疑问，推行统一开采管理是否是一种倒退？是否是"只许州官放火，不许百姓点灯"？信阳市、南阳市经历了凤凰涅槃、浴火重生总结出来的经验值得肯定。两市坚持问题导向，疏堵结合，整治与规范并举，统筹生态、经济、社会效益，全市一盘棋，顶层设计，系统谋划，实行集约化开采、绿色化运输、市场化经营。实践证明，这一举措是富有成效的。同时，在推行统一开采管理后，一些被淘汰的采砂业主曾发声质疑，一些媒体和群众也积极进行舆论和社会监督，倒逼采砂企业和地方有关部门不断规范开采、加强监管、完善制度，促使统一开采管理在探索过程中不断完善。

（2）关于合法性问题。目前统一开采管理推广过程中有一些反对声音，主要是认为《行政许可法》第 53 条明确：有限自然资源开发利用"应当通过招标、拍卖等公平竞争的方式作出决定。但是，法律、行政法规另有规定的，依照其规定"。《行政许可法》第 12 条明确"直接涉及国家安全、公共安全、经济宏观调控、生态环境保护……"的事项，"可以设定行政许可"，但未明确许可方式。我们认为河道采砂关系防洪安全和生态安全，实行招标、拍卖之外的其他方式进行许可，与《中华人民共和国行政许可法》第 53 条的规定不矛盾。江西省 2016 年出台《江西省河道采砂管理条例》时，针对能否实行集中统一管理曾进行了激烈讨论，基于 2002 年以后九江、南昌等地的实践经验，后来《江西省河道采砂管理条例》出台后明确"县级以上人民政府可以决定对本行政区域内的河道砂石资源实行统一经营管理"。在立法层面开创了地方性法规立法之先河。湖北省借鉴江西经验，2018 年出台的《湖北省河道采砂管理条例》也允许地方政府对河道砂石资源实行统一经营管理。四川遂宁市为整治涪江采砂问题，推行政府配置资源开采权，运行中采用市场机制，实现了资源开发与河道管理、生态环境保护双赢。本次调研的信阳市也正在推进河道采砂管理条例立法工作，拟允许地方政府实行统一开采管理，在起草阶段存在一些争议。综上，建议在制定全国性《河道采砂管理条例》时，在许可方式上能给地方政府在资源配置方面一定的自主权。

（3）关于制度设计问题。统一开采管理虽然取得了成效，但需要在制度设计上予以约束。一是要研究如何有效防止因垄断采砂权导致的腐败等问题，把权力约束在制度的笼子里，实现整个管理过程的公开透明，唐河县采用"人防＋技防"的办法值得借鉴。二是要探索如何进一步简化、优化审批和许可手续，目前河南信阳、南阳两市由政府直接指定国有企业开展统一开采经营，企业需要办理河道采砂许可、环评、占用地手续，由于缺乏相应的标准，往往耗时耗力，如信阳固始县砂石公司因环评手续迟迟未批，导致今年入汛前只开采了12天，应当在制度设计层面科学规定审批、许可流程，确保统一开采管理充分发挥其制度优越性。三是要加强行业调控，当市场配置资源时，出现供应不足、砂价上涨等问题，人们会认为是市场问题；实行统一开采管理后，出现问题人们自然会认为是政府管理的问题，因此，实行统一开采管理，政府必须统筹好砂石资源的产、供、销，确保市场供应。从全国来看，河砂只占砂石资源的一小部分，单靠河砂难以满足市场需求。一方面要科学规划，合理开发河砂资源，探索疏浚砂综合利用；另一方面要统筹规划矿山开采，加快推进机制砂工业化、标准化、绿色化，鼓励利用矿山废石、尾矿、建筑废弃物和石料等加工生产机制砂，两手发力，扩宽砂石来源，满足建设用砂需求。

创新水库移民监督管理工作，保障移民稳定与中长期发展

谭 文[1] 刘 青[1] 范 敏[1] 孙 辉[1] 汪 奎[1,2]

1 水利部水库移民司 2 中国电建集团成都勘测设计研究院有限公司

引　言

水库移民监督管理是促进水库移民政策贯彻落实、提高移民资金使用效益、维护移民群众合法权益的重要手段。2019 年，在《大中型水利工程征地补偿和移民安置资金管理稽察暂行办法》（水移〔2014〕233 号）和《水库移民后期扶持政策实施稽察办法》（水电移〔2017〕360 号）等文件的指导和要求下，水库移民稽察工作在全国范围内规范有序开展，大力推进了水库移民安置和后期扶持工作顺利进行。但是，随着水库移民工作重心的逐步转移，特别是"水利工程补短板、水利行业强监管"新时期水利改革发展总基调对水库移民工作提出新的要求，如何调整工作思路、创新监管方式、提升监管效果、进一步加强和规范水库移民监督管理工作，是各级移民管理机构和工作人员共同关注的热点，也是不断深化水库移民工作改革、为新时代水利改革发展保驾护航的要求。

本文拟通过分析水库移民监督管理工作开展的现状，按照"水利工程补短板、水利行业强监管"新时期水利改革发展总基调，从工作思路、管理机制、监管重点等方面总结 2019 年水库移民监督管理工作，梳理 2019 年水库移民监督管理工作的创新点，以期促进水库移民监督管理工作规范高效开展。

一、工　作　现　状

（一）工作开展情况

水库移民监督检查工作主要是对水库移民后期扶持政策的实施情况、水利工程建设征地补偿和移民安置资金管理情况进行监督检查，对后期扶持资金进行内部审计。从工作的政策依据来看，除移民安置和后期扶持的相关政策规章外，水利部针对水利

工程征地补偿和移民安置资金的拨付、使用和管理以及水库移民后期扶持政策实施情况，专门出台了《大中型水利工程征地补偿和移民安置资金管理稽察暂行办法》（水移〔2014〕233号）、《水库移民后期扶持政策实施稽察办法》（水电移〔2017〕360号），目前开展的水库移民监督检查工作均是遵照上述政策执行的。

从之前开展的水库移民监督检查来看，水利部负责组织开展全国水库移民的监督检查工作，于每年对全国部分重大水利工程的征地补偿和移民安置资金使用管理情况、部分省份部分县的后期扶持政策实施情况进行监督检查，其检查的重点是被抽查到的重大水利工程和县级移民管理机构。监督检查采用稽察特派员或组长负责制，每个稽察组根据工作需要配备一名特派员和数名专家，专家主要从各省级移民管理机构中具有多年水库移民工作经历的移民工作者中选取；稽察工作实施完成后，稽察组撰写稽察报告，由水利部水库移民司下发整改通知，相关责任单位负责督促整改落实。

（二）以往监督检查发现的主要问题

根据对历年水库移民监督检查成果的汇总、统计和分析，在历年的水库移民监督检查发现省级移民管理机构主体责任落实、征地补偿和移民安置资金使用管理、后期扶持政策实施情况中存在一些共性问题。

一是省级移民管理机构主体责任落实不到位，主要表现在省级移民管理机构主体责任意识薄弱，贯彻落实移民安置和后期扶持相关政策有差距，政策制度不完善，工作效果不明显，主动担当和作为不够，开展省内监督检查工作不及时，没有充分发挥帮助指导、督促提高的作用。

二是征地补偿和移民安置资金使用管理方面，主要表现在：移民安置管理制度不够完善，各级移民管理机构未及时出台移民安置实施过程中亟需的政策文件；移民安置实施进度滞后，如移民搬迁安置进度缓慢、移民生产安置措施未有效落实，从而制约了工程建设；资金使用管理不规范，如实际使用资金超出审批概算资金、相关资金使用违反政策规定、会计工作不规范等；移民安置规划设计变更较多、管理不规范，设计变更往往未按规定的程序上报审批。

三是移民后期扶持政策实施方面，主要表现在：相关规划未履行审批手续，未经过上级移民管理机构批复就自行组织实施；项目前期工作不满足要求，如设计单位没有资质，项目前期工作深度不够或没有开展前期工作；计划管理不完善，如项目进度计划严重滞后、计划变更未履行审批手续、未编制项目年度计划；招投标管理不规范，如应招标项目未依法进行招标、进行虚假招标；生产开发项目见效不明显，如项目形成固定资产的产权不明晰、项目未达到预期收益或收益未充分用于移民；资金使用管理不规范，如资金使用超出后期扶持范围、资金结存量或比例较大、进度款支付不规范等。

二、监督管理工作创新

2019 年，水利部已在全国 12 省（自治区、直辖市）24 县（市、区）开展水库移民后期扶持政策实施稽察、8 座新建水库工程开展移民安置资金使用管理情况稽察、18 省（自治区、直辖市）40 县（市、区）开展水库移民后期扶持资金使用管理内部审计。可以看出，水库移民监督检查工作涉及面广、工作量大、情况复杂、要求很高，必须要跟上时代发展的步伐才能完成好这项艰巨而重要的工作。本年度水库移民监督管理工作深入贯彻习近平总书记新时期治水方针和做好监督检查工作的重要论述，积极践行"水利工程补短板、水利行业强监管"的水利改革发展总基调，彻底转变观念、调整工作思路、创新工作方式，坚持以问题为导向，以整改为目标，以问责为抓手，用监督传递压力、用压力推动落实，为推动新时代水利改革发展和水库移民工作提供监督保障。

（一）创新工作思路

由于水库移民工作重心的转移和国家政策要求的变化，新时代水库移民监督检查工作应以习近平新时代中国特色社会主义思想为指导，根据党中央、国务院关于坚决打赢脱贫攻坚战、实施乡村振兴的战略部署和加强监督检查工作的要求，按照"水利工程补短板、水利行业强监管"总基调，紧密结合水库移民工作实际，全面落实监督制度、强化水库移民工作监管。同时，由于《大中型水利工程征地补偿和移民安置资金管理稽察暂行办法》（水移〔2014〕233 号），《水库移民后期扶持政策实施稽察办法》（水电移〔2017〕360 号）等相关政策已出台较长时间，随着水利改革发展的快速推进和水库移民工作重心的逐步转移，上述两个稽察办法已经难以满足强监管的总体要求。因此，按照水利部"2＋N"监督制度体系架构规定，本年度水库移民监督管理工作以计划 2019 年出台的《水库移民工作监督检查办法（试行）》为依据，以新的思路开展水库移民监督检查工作。

（二）创新工作机制

按照《大中型水利水电工程建设征地补偿和移民安置条例》对于移民工作管理体制的规定，结合水库移民监督检查工作开展的实际情况，水库移民工作监督检查应实行水利部组织领导、流域机构参与、省级移民管理机构配合和县为基础的管理体制和工作机制。

首先，水利部是水库移民监督检查工作的领导单位，负责组织开展水库移民监督检查工作，包括对监督检查过程中问题的认定、责任追究和整改后的复查等工作，还应该发挥帮助和指导作用，督促省级移民管理机构按照规定和要求开展本行政区域内的水库移民监督检查工作。其次，在强监管总基调的要求下，水库移民监督检查的重点是全面压实省级移民管理机构落实移民工作主体责任，一方面省级移民管理机构是水利部组织开展监督检查的对象，应该按照要求和规定接受检查，并负责本行政区内问题的整改落实；另一方面，省级移民管理机构还应该负责本行政区域内监督检查政策制定和完善，按照相关政策要求负责组织开展本行政区域内水库移民监督检查工作。再次，市、县各级移民管理机构和其他参与水库移民工作和管理使用移民资金的单位，负有接受和配合水库移民监督检查工作的责任，对于确认的监督检查发现的问题应进行整改，并将整改结果按要求反馈。

上述管理体制和工作机制不仅能够充分发挥水利部在水库移民监督检查工作方面的指导、帮助和示范作用，更能够保证省级移民管理机构根据本行政区的特点和实际情况，行使省级移民工作的主体责任，体现了"政府领导、分级负责、县为基础、项目法人参与"的管理体制。

（三）创新监管重点

水库移民监督检查作为促进水库移民政策落地见效的重要手段，应充分发挥指导帮助、整改提高和参谋服务作用，发挥监督检查在水库移民工作打通环节、疏通堵点、提质增效中的积极作用，从而解决移民安置和后期扶持工作中的实际问题，促进重大水利工程移民安置和后期扶持规范有序进行，保障水利工程顺利建设。在强监管总基调的要求下，各级移民管理机构应以监督检查工作为契机，补齐当前水库移民监管机制不健全、监管能力不足和监管思想认识不到位的短板。

同时，本年度水库移民监督检查工作重点由原来检查具体水利工程和县级移民管理机构转移到全面压实省级移民管理机构落实移民工作主体责任上来，从而督促和指导省级移民管理机构全面落实和推进本行政区域内的水库移民工作。因此，水利部水库移民监督检查的对象是省级移民管理机构，省级移民管理机构应接受和配合水利部开展的监督检查工作，并负责本行政区域内监督检查问题的整改落实。

（四）创新监管方式

监管方式是水库移民监督检查工作成功开展的重要保障，以往的监督检查一般都是同被监督检查对象协商确定要检查的行政区、项目和内容，这就给被监督检查对象预留了提前准备的时间。随着强监管的不断推进，新的监管方式如飞检、暗访等不断应用，对水库移民监督检查方式提出了更高的要求。一方面，应该深刻的认识到水库移民的监督检查同工程建设监督检查存在较大的差距，主要表现为各个行政区的机构设置、职能职责、能力建设和各个项目工作特点、社会经济条件等存在较大的差异，难以用完全一致的方式开展。另一方面，本年度监督检查工作按照强监管要求积极创新监管手段，一是采用双随机的方式选取被监督检查的行政区和项目，二是采用明察为主、明察暗访有机结合的手段，三是充分运用信息化手段推进"互联网＋监管"。

为充分贯彻"以整改为目标，以问责为抓手"的思想，真正发挥调整人的行为、纠正人的错误行为的作用，本年度监督检查工作根据监督检查发现问题的严重性、按照我国相关法律法规的要求实施责任追究。参与水库移民工作的主体较多，因此责任追究不仅应对单位进行责任追究，还应对直接负责的单位负责人、分管领导和直接责任人员等个人进行责任追究。一方面，针对监督检查发现的问题应该动真碰硬、敢于问责，特别是对于严重侵害移民群众合法权益、贯彻落实移民政策明显不到位的情况应该严肃问责、严肃处理；另一方面，责任追究应做到客观合理、证据充分，应充分考虑工作的实际情况，不能让移民干部"流血又流泪"。只有实施严肃客观的责任追究，才能真正发挥好监督检查这把"利剑"的威慑作用，才能保障移民工作在有效的监督下开展和进行。目前，本年度监督检查已对6个省进行了追责或问责。

（五）创新监管力量

以往的水库移民监督检查工作主要是在各省级移民管理机构的推荐下，聘请具有多年水库移民工作经历的移民工作者作为专家，通过建立专家库随机抽取稽察人员开展监督检查工作。随着水库移民监督检查工作的全面开展，特别是强监管总基调对水库移民监督检查要求的提高，监督检查力量薄弱的问题逐渐显现，相关工作人员业务知识不全面、工作精力难以满足监管工作要求。因此，为促进水库移民监督检查工作，本年度的监督检查工作不断充实监管力量；一是创新监管力量组织方式，按照《国务院办公厅关于政府向社会力量购买服务的指导意见》精神，将适合市场化方式提供的稽察审计工作事项交给具备条件、信誉良好的社会组织、机构和企业来承担，通过市场购买服务引入第三方或依托直属技术支撑单位等方式；二是扩大选聘专家的范围，吸引勘测设计、工程建设、资金和档案管理等各方面的技术人才，充实监督检查力量。

（六）监督管理标准化

正是考虑到我国各省移民管理机构设置、职能职责、能力建设和管理规章制度等存在差异，各个项目工作特点、社会经济条件等也存在较大的差异，为提高水库移民监督检查工作效率和工作质量，便于监督检查工作人员查找问题、发现问题、认定问题和判定问题等级，压缩自由裁量权，避免随意定性，确保移民稽察工作的公平公正，本年度在对以前年度监督检查发现的共性问题和重大问题进行梳理、归类和汇总的基础上，形成问题清单。一方面，问题清单将移民工作中容易出现的、普遍性的重大问题归类列出，从而保证监督检查人员能将实际检查中发现的问题归入问题清单的类型；另一方面问题清单根据问题的严重程度将其分为不同的等级，从而便于发现问题后的责任追究，不同程度的问题其责任追究方式和惩处力度是不同的。但是，值得指出的是，由于问题清单是对以往监督检查发现问题的梳理分析，具有一定的局限性，因此问题清单应该根据水库移民监督检查工作的逐步开展而不断完善更新，促进水库移民监督检查工作规范化、标准化。

三、下一步工作措施

（1）进一步贯彻落实新时期水利改革发展总基调。水库移民监督检查是行业管理的重要环节，对于实现水库移民工作健康有效开展有举足轻重的作用。2019 年全国水利工作会上明确了当前和今后一个时期的水利改革发展总基调是"水利工程补短板、水利行业强监管"，水库移民行业应该进一步营造浓厚的强监管氛围，切实把加强监督检查和水库移民实际工作联系起来，使水库移民工作都在有效的监督下开展和进行。

（2）全面压实省级移民管理机构移民工作主体责任。为全面贯彻"政府领导、分级负责"的移民工作体制，强化水库移民政策的贯彻落实，特别是提升水库移民政策执行质量和效果，下一步在水库移民监督检查时，应重点关注省级移民管理机构移民工作主体责任的落实情况，检查其主动担当是否积极、政策制度是否完善、办法措施是否有效，从根本上形成省级移民管理机构做好移民工作的长效机制。

（3）进一步创新水库移民监督检查工作方式。监督检查的方式直接影响监督检查的质量和效果，水库移民监督检查应该结合工作特点和实际情况，以明察为主，明察暗访有机结合，在对象选取是采用"双随机"的原则。下一步应该将新技术、新手段引用到水库移民监督检查中来，如采用"互联网＋监督"、利用已有的信息平台，强化监督检查的公众参与，使水库移民监督在更能大范围和更广深度上开展。

（4）强化监督管理成果运用。充分利用监督检查的成果推动水库移民工作的开展，一是要利用监督检查成果建立追责机制，对监督检查发现的一般问题应现场立查立改，严重问题要通报、约谈和追责，警示有关单位规范管理，严重违法违纪线索，及时移交有关纪检监察部门。二是应通过分析监督检查发现的问题，找准问题产生的原因，查找薄弱环节，及时修订完善水库移民工作管理制度，建立标本兼治的长效机制，推动监管从单纯的"体检"逐步向"防治"功能转变。

（5）加强监督管理工作保障。要做好水库移民监督检查工作，必须做好人员和经费保障。一是要注重监督检查队伍建设，从事监督检查的人员要具备勤勉敬业、高度负责、能力突出、敢于担当的工作作风，不断充实监督检查人员，建立一支人员稳定、高质量的水库移民监督检查队伍。二是各级移民管理机构要做好工作经费保障，从2019年的情况来看，大多数省级移民管理机构均未明确该项工作的经费来源，因此下一步应积极协调同级财政部门将监督检查经费列入预算，确保监管需要。

水利行业强监管总基调下小型水库专项检查对运行管理的促进

李　哲[1]　　叶莉莉[2]　　陈玉辉[1]　　祝瑞祥[2]　　陈相铨

1 水利部监督司　　2 中水珠江规划勘测设计有限公司

新一届水利部党组确定了"水利工程补短板、水利行业强监管"的水利改革发展总基调，对当前和今后一个时期水利改革发展具有重大指导意义。小型水库在灌溉、防洪、供水、生态方面效益突出，是农业生产、农民生活、农村发展的重要基础设施，对实施乡村振兴、改善农村人居环境具有重要支撑保障作用。水利部印发了《小型水库安全运行监督检查办法（试行）》（简称《办法》），通过开展小型水库安全运行专项检查工作，督促各地各单位严格落实水库安全管理责任，落实"三个责任人"和"三个重点环节"，对小型水库安全运行全面查找安全运行薄弱环节，及时消除风险隐患，促进小型水库工程管理水平提升，确保小型水库度汛安全。

一、水利部检查工作情况

（一）专项检查开展情况

2018 年以来，采取"四不两直"的方式，共派出 769 个检查组，2788 人次检查人员，对 11251 座小型水库进行了检查，占注册登记小型水库数量 91754 座的 12.3%。做到了对全国 32 个省（自治区、直辖市、兵团）全覆盖检查，分省检查小型水库比例见图 1，检查结论具备较强的代表性。总体来说，检查的 11251 座水库中，46% 的水库可以正常安全运行，48% 的水库有一般安全隐患，6% 的水库有重大安全隐患。

（二）整改问责情况

对检查发现的问题，水利部办公厅共印发问题整改通知单 254 份，责任追究通知单 96 份，有 28 个省（自治区、直辖市、兵团）959 座水库，管理责任单位受到了追责，占检查水库总数 11251 座的 8.5%，并对 3 个省级水行政主管部门主要负责人和 7 个省级水行政主管部门分管负责人进行了约谈，对多次检查发现问题较多、程度较重

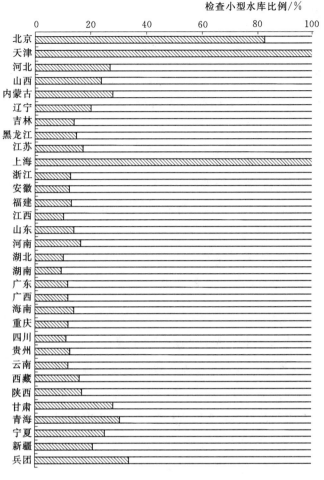

图1 分省检查小型水库比例情况

的3个省，将检查情况通报了省（直辖市）政府。各省（市）水行政部门高度重视小水库专项检查发现的问题，对问题整改通知单能够对标对表、立行立改，对不能立即整改的问题能够列出整改方案和计划完成时间。

二、检查发现的主要问题

（一）整体情况

检查共发现各类问题35418个，平均每座小型水库3.15个，其中发现严重以上问题6588个，平均每座小型水库0.19个。

从检查情况看，小型水库管理"三个责任人"落实率达99%，但履职好的比例不高；小型水库防汛"三个重点环节"中除具备水雨情预测能力的比例较低外，其他两项落实率达90%；有93%的小型水库可以发挥效益。

(二) 需重点关注的问题

经过两年多批次对小型水库的专项监督检查，全国小型水库运行管理水平有了一定的提升，但是仍存在一些需要重点关注的问题，主要有以下几个方面。

1. 一些地方对水库管理责任落实不到位

在检查中发现，有部分省（自治区、直辖市、兵团）单座小型水库的运行管理问题数目较多，按《办法》规定，对这些省（市）相关单位和部门进行了问责，但是个别省（市）对小型水库运行管理仍重视不够。

在 2018 年开展的检查中，发现水库存在问题较多、占比较多的省（市）中，在 2019 年开展的检查中，仍有 3 个省（市）发现"三个责任人"落实不够、履职情况较差、工程运行管理存在较严重的不足、工程存在重大安全隐患等问题。这表明在个别地区对小型水库的运行管理问题仍不够重视，管理责任仍未实现落到实处。

2. 部分小型水库存在的重大安全隐患不容忽视

已检查的 11251 座水库中，有 708 座小型水库存在重大安全隐患，占检查水库总数的 6.3%。708 座水库中，安全鉴定为三类坝应除险未除险的 362 座（占 51%）、挡水建筑物存在重大安全隐患的 139 座（占 20%）、泄洪建筑物存在重大安全隐患的 146 座（占 21%）。在汛期重点对病险水库进行的暗访检查中发现，存在重大安全隐患的水库半数以上安全鉴定为三类坝未除险加固，还有的水库因管理失控，造成溢洪通道堵塞、溢洪闸门无法启闭等问题，安全隐患不可忽视。

3. 小型水库按要求开展安全鉴定工作有待加强

安全鉴定是客观、科学评估小型水库安全状况的重要手段和依据。2018 年检查发现有 19% 的小型水库未按要求开展安全鉴定，2019 年检查发现仍有 17% 的小型水库未按要求开展安全鉴定，甚至个别小型水库自建成之日起数十年未开展过安全鉴定工作，安全状况难以判断，存在很大的安全风险。

4. 少数小型水库除险加固工作还存在安全隐患

已检查的 11251 座水库中，共发现 362 座水库安全鉴定为三类坝应除险加固未除险加固，占存在重大安全隐患水库 708 座的半数以上；有 576 座水库未按批复内容实施除险加固，未完全处理安全鉴定报告中提出的风险隐患，占检查水库总数的 5.1%；此外，还有 140 座小型水库除险加固后出现了新的安全隐患，占检查水库总数的 12.4%。

5. 部分小型水库未能有效发挥效益水平

2019 年以来，对小型水库的效益发挥情况进行了检查，约 93% 的小型水库在提供饮用水、灌溉、防洪、养殖和发电方面发挥效益，但也有7％的小型水库由于水源严重不足（北方地区尤其是西北地区）、配套设施不全、城市发展和规划调整、维修养护不力造成水库淤积严重无法形成兴利库容、小型水库产权和管理体制等方面的问题，已经无法按原设计要求发挥效益。

（三）问题原因分析

1. 地方各级政府对小型水库的重视程度影响到小型水库运行管理水平

通过对2年的检查成果和问责情况进行分析，可以明显看到，地方政府和水行政主管部门对小型水库运行管理比较重视的省（自治区、直辖市、兵团），能积极出台相应的规定，明确管理机构和人员，设法落实（部分）经费，管理水平相对比较好。比如江苏、浙江、辽宁等省针对小型水库的运行管理专门出台了相应的管理办法；重视程度一般甚至比较差的省（市），对小型水库的运行管理缺少相应的规定，水库的管理责任缺失，部分水库的"三个责任人""三个重点环节"只能做到有名，未能尽到有实。

2. 地方财政支出水平影响小型水库管理水平

在检查及实地调研过程中发现，东南沿海及部分内地财政支出水平较高的地区，财政经费能充分划拨到小水库管理单位，小水库管理水平普遍较高，检查中发现的问题数相对比较少。财政支出水平一般的地区，小水库管理单位从当地财政获取的经费较少，多数依赖中央补助资金，自筹配套资金到位不稳定，部分水库管理人员工资难以全额发放，需要从水库自身的灌溉、供水、养殖等效益中补充支出，导致小水库管理水平一般，发现问题较多。

3. 管理体制机制不健全影响小型水库管理水平

目前小型水库管理体制尚不健全，运行管理体系未完全建立。一方面小型水库大多建设年代早、建设标准低，权属多为乡镇或村集体，在没有明确管理机制体制条件下，各地水库管理模式和管理方式各异，部分水库没有管理单位、管护人员缺乏甚至无人看管，水库主管部门和水库管理单位沟通不畅，导致在小水库的实际运行管理中，容易出现"三不管"的问题，管护难以及时到位。另一方面水利部、各流域管理机构与地方各级政府及水行政主管部门间未建立针对小型水库的联系沟通机制，缺乏运行情况、问题上报机制及平台，对全国小型水库管理状况尚不能完全及时掌握，无法做到小型水库管理的"全国一盘棋"。

4. 小型水库效益发挥对管理水平有较大的影响

在检查及实地调研过程中发现，以下几种情况下的小型水库，管理得都比较好。一是水库作为饮用水源地，有专项资金和管理单位，管理水平较高；二是具有灌溉、防洪、生态效益等功能的水库，多数由乡镇统一管理并按相关规定收取适量水费，管理比较尽心；三是水库被承包用于休闲、养殖等用途，承包人为了自身利益同时把水库管理水平大大提升，形成一个良性循环。而一些不能发挥效益的水库，当地村集体不愿意接手，仅靠地方水利主管部门管理，经费也得不到充分保障，管理状况一般都存在不足。

5. 部分地区对水库安全鉴定和除险加固投入的资金及技术力量不足

从对小型水库的检查过程中了解到，一些地方对小型水库安全鉴定和除险加固重视不够、投入不足，部分小型水库没有进行除险加固，或除险加固不彻底；部分地方水行政主管部门技术力量不足，委托的咨询设计施工单位实力不强，出现除险加固设计不合理、或未依据安全鉴定报告进行初步设计、除险加固施工不满足设计要求或者达不到蓄水验收条件要求，造成工程实体隐患仍长期存在。小型水库数量众多，如何有效地开展安全鉴定还需要有更为明确、操作性强的办法。

三、检查对运管工作的促进

（一）我国水库运行管理历程

结合相关文献资料可以看到，我国水库运行管理历程可分为以下几个主要阶段：第一阶段为解放初期到改革开放（1949—1978年），水利部门的工作中心在水库修建上，以建设为主，水库运行管理较粗放，是水库运行管理的初级阶段。第二阶段是从改革开放到20世纪末（1978—2000年），改革开放以来，水利主管部门在运行管理中总结经验教训，水库运行管理的法规、制度和技术标准得到了完善。第三阶段是从2000年左右到近两年，2002年国务院办公厅转发国务院体改办关于水利工程管理体制改革实施意见的通知，同时大规模地开展了水库除险加固，水库运行管理条件和管理水平有了较大的提升。第四阶段为2018年以来，水利行业依靠工程措施治理水灾害、水资源、水生态、水环境等问题已经比较完备，而对工程、河湖、水资源等涉水行为的监管却显现出严重不足，我国治水的主要矛盾已经转变为人民群众对水资源水生态水环境的需求与水利行业监管能力不足的矛盾，为小型水库运行管理指明了方向；同时，水利监督制度体系不断完善，标志着对水库的管理进入一个新的阶段。

（二）小水库安全运行专项检查成效

2018年以来，通过在全国水利行业大范围开展"四不两直"暗访监督检查，手段新、效果好，水利部党组成员亲自带队多次开展暗访，不断开创"水利工程补短板、水利行业强监管"的新局面,对提高小水库安全运行及管理能力起到了极大的促进作用。经过检查,掌握了大量小型水库运行管理情况第一手资料,引起地方各级政府对小型水库安全运行管理工作高度重视,小水库安全管理责任得到更好落实,小型水库"三个责任人"落实及培训明显加强,履职情况明显好转,安全运行管理能力得到明显提高,提高了小型水库安全度汛的能力。

从检查成果看,在水利部对小型水库的强监管态势下,地方各级政府对小型水库的安全运行管理工作予以了重视,管理水平在不断提高,水库管理面貌逐步好转。

1. 单座水库的发现问题数有所下降

2018 年,检查小型水库 4702 座发现各类问题 16713 个,平均单座水库存在问题3.55 个;2019 年,检查 6549 座发现各类问题 18705 个,平均单座水库存在问题 2.86个。2019 年在检查内容上增加了金属结构、日常维护等方面,同时根据 2019 年水利部防汛工作会议上提出的要求,对"三个责任人"落实培训履职、"三个重点环节"落实和演练、执行汛限水位情况进行高标准、严要求检查。在检查的深度和广度同时拓展的情况下,单座水库发现问题数量平均下降 0.7 个。

2. 水库管理水平有明显提升

2019 年以来,"三个责任人"的落实、方案预案的编制审批、水库运行管理等方面的情况有明显提升。"三个责任人"不落实占比情况由 2018 年的 1.1% 下降为 0.4%,未编制调度方案和应急预案占比情况由 2018 年的 9.8% 大幅下降为 2.9%,不具备雨情预报能力占比情况由 2018 年的 33.3% 大幅下降为 5.9%,经费不落实占比情况由 2018年的 25.5% 大幅下降为 9.0%,未按要求开展安全鉴定由 2018 年的 18.5% 下降为16.8%,未发现问题水库由 2018 年的 16.0% 上升为 21.3%,详见图 2。

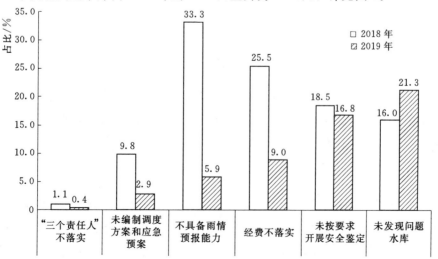

图 2　2018 年、2019 年检查问题情况趋势图

3. 推动地方完善督查体系和队伍，开展督查工作

在水利部通过专项暗访、印发一省一单等方式开展小水库强监管的同时，推动地方水行政主管部门切实肩负起强监管的责任，积极开展小水库的运行管理的监督检查工作以此逐步建立完善地方督查体系，组建监督队伍，开展地方督查。2019 年 5 月，考虑到部分小型水库还存在较大安全隐患，严重影响度汛安全，向地方省级水行政主管部门印发了关于提醒开展小型水库安全运行专项检查工作的函，提醒各地水行政主管部门按水利部要求开展本地区小型水库安全运行专项检查工作。除个别省市外，全国 35 个省（自治区、直辖市、计划单列市、兵团）等均制定了本省的小型水库检查计划，并开展了较全面的小水库暗访检查，在开展省内小水库安全运行检查的地区中，有 14 家为对辖区内小型水库全覆盖检查（占 40%）、有 21 家为部分抽查（占 60%）。通过以上的检查、整改、问责和提醒工作，有效地推动了地方开展对小型水库的监督检查工作。

四、结　语

水利部对小型水库的"四不两直"专项检查，帮助地方各级政府发现小水库在制度上、管理上、效益发挥上存在的各种问题，这样的监督检查方式与中央关于统筹规范督查检查考核工作的要求和部党组强监管的总基调是高度一致的。检查有效地提高了地方各级政府对小型水库安全运行管理的重视程度，促进了小型水库的安全运行管理，对加强小型水库安全管理提供了数据支撑。

在继续开展小型水库监督检查工作中，还有一些需要完善的地方。

1. 理顺相关部门在具体监督工作中关系

在全国范围内大规模开展小型水库安全运行专项检查作为强监管一个有力的抓手，在实际开展检查工作中发现水利监督部门和其他部门、单位还存在着目标思路有偏差、检查重点不统一、信息沟通不通畅等问题，在工作组织、分工、协调、成果汇总梳理上仍存交叉重叠甚至矛盾的地方，不利于在专项督查工作中统一思想、统一标准、统一整改、统一追责，需要在今后工作中进一步明确目标任务，理顺相关工作关系。

2. 持续完善监督检查制度体系

目前水利监督制度体系不断完善，为监督检查工作提供了行为准则和制度支撑，各类违规行为问题清单的提出也为现场检查工作提供了标准参照。但是随着监督工作的逐步深化，发现在一些业务管理方面的制度方面还缺少具体的依据和标尺，如小型水库"三个责任人"履行标准目前没有统一的规定，部分省市反映现有的安全鉴定和

降等报废办法等制度不尽符合当下实际等，这些业务管理制度规定的缺失使监督检查工作无法进一步统一标准尺度，也为问题认定和责任追究带来了一定阻力，需尽快予以完善。

3. 适时修订《办法》

为进一步加强小型水库工程运行监管，落实安全运行责任，在总结和梳理已经开展的小型水库专项检查工作成果基础上，2019年4月水利部出台了《办法》，在办法中制定了运行管理和工程实体方面的违规问题清单，对小型水库安全运行专项检查工作提出了更高更严格的标准要求，但也发现部分问题的定性和问责标准有待进一步完善。下一步，将适时做好《办法》的修订工作，对各项评价标准、细则进行研判，为更好地评价小型水库的运行管理情况提供精确、合理的依据。

强化水资源监测　做好监管排头兵

陆鹏程[1]　　杜耀东[2]　　任　冰[3]

1 水利部水文司　2 长江水利委员会水文局　3 黄河水利委员会宁蒙水文水资源局

习近平总书记在国家水安全重要讲话中提出的"节水优先、空间均衡、系统治理、两手发力"的治水思路，为新时代研究解决"水旱灾害防御、水资源短缺、水生态修复和水环境治理"四大水问题指明了方向。水利部党组关于"水利工程补短板、水利行业强监管"的决策部署，确立了水利改革与发展的总基调，对水文行业做好水利改革与发展和经济社会发展"两个支撑"提出了更高的要求。

一、传统水文与新时代要求的差距

水文是研究自然界中水的时空分布、变化规律的一门学科。长期以来，水文主要为防洪和水利工程建设提供信息支撑，重心都放在防御洪水灾害和发电兴利等方面，水文站网布设、水文监测设施建设、水文数据传输和水文分析计算等都围绕减轻洪水灾害影响展开。我国在江河高洪测流、洪水预警预报等方面积累了丰富的经验和大量成果，在国际上享有较高声誉。

随着经济社会高速发展和人类活动频繁，带来了水资源短缺、水环境恶化等一系列生态环境问题，给人民的生产和生活带来了极大困扰。部分河流河道相继出现干枯或断流、湿地面积逐年萎缩、地下水埋深逐年加剧等问题，原有的水文站网和监测方式已不能满足新形势的要求。特别是由于河道低水水文监测长期没有得到重视，近年来发展迅速的洪水监测技术无法适用于低水监测，致使开展枯水期水文监测存在方法落后、监测设备简陋、人工劳动强度大等问题，使得枯季水资源计算有较大误差甚至空白。同时，传统水文注重水量监测，水环境质量监测要素有限，对水生态监测要素及其要求更是陌生。因此，在面对水资源短缺、水生态修复和水环境治理新水问题时，现有水文监测手段和现有监测条件与新时代社会经济发展对水文的新要求存在着较大的差距。

水资源监测数据是最严格水资源管理考核、河湖长制实施与管理考核、水资源调度等工作的基础支撑，水文部门需要大量增加控制断面数量和监测时段频次，仅靠现有技术手段对水资源管理需要监管的断面全面开展监测是难以完成任务的。对于未建设水文站的水资源管理控制断面，针对枯水期、水情数据异常、突发水事件等情况，现有水文部门开展监督性监测的能力不足。为水资源管理服务的水资源重要控制断面的分析评价工作尚未系统的开展，难以很好应用已有的水资源监测数据。

二、水文水资源监测的主要短板

（一）水文监测站网体系亟待完善

目前，我国现有水文监测站点主要布设在大江大河和重要水源地，一些行政区界地处偏僻，水文监测站点稀少甚至空白，与实施最严格水资源管理的要求相比尚有差距。针对省界水资源管理和河湖长制管理需求，水文水资源监测站点覆盖面不足，不能有效开展水资源预测预警、分析评价和管理考核工作，已成为制约水文服务经济社会发展的障碍。

（二）监测装备现代化程度不高

水文站网中水资源监测站点主要分布在行政区界，交通和通信条件较差，监测方式普遍采用常规的、传统的监测仪器装备，有的依然采用人工监测，时效性不强。截至 2019 年年底，适宜河道低、枯水期水文水资源监测的仪器设备不多，能够全天候进行自动监测的水文仪器设备更少见，导致水文水资源监测技术手段比较落后，自动化、信息化程度偏低。同时，在开展水资源、水生态和水环境监测方面，可用的装备和办法不多，难以满足水资源管理和河湖长对及时准确的水文、水资源、水环境和水生态动态信息的需要。

（三）水资源监测相关基础工作薄弱

各地水文部门的数据库目前属于分散管理状态（尚未建立统一的数据库中心），水资源监测数据未进行系统的整合与梳理，且数据标准化程度低，数据共享、交换难以实现，影响水资源监测管理的应用和服务。蓄水类取水户（水库、电站）水情数据对于水资源监测和管理具有重要意义，受管理体制的限制，该类数据很难及时获取。水资源管理部门对有关考核指标、考核方法尚未明确和细化，行政区界、水利工程、重要城市等水资源重要控制断面的分析评价工作尚未系统的开展，导致水资源监测数据难以有效的应用。现有的水文整编数据、分析成果也不能完全满足考核要求，如最小下泄流量达标情况，不达标持续时间等难以用现有的数据和系统进行统计等。

（四）监测成果应用水平有待提升

多年来，水文水资源监测成果应用方式大多是向社会提供基础数据与资料，或定期应用于水资源公报、水资源质量通报编制等相关常规工作，没有紧密结合不同区域河湖突出问题、社会公众关注点及未来发展需求。利用多年来积累的历史监测数据，进行深度的加工提炼与分析尚未深入开展，水资源动态的趋势分析及预报预警等工作还处于起步阶段，缺乏对水功能区纳污能力、水体主要污染物来源、水量水质结合、行政区界水污染等问题进行系统、深入的探究；没有充分发挥水量水质同步监测资料特有的服务功能及应用价值。

三、强化水资源监测与评价的举措

（一）进一步完善监测站网体系

需要结合区域经济社会发展需求，结合区域经济社会发展需求，统筹规划和优化水文站网布局，完善监测站网体系，建成设站目的明确、代表性好、监测指标充分、监测覆盖点多面广的水资源监测站网体系。针对不同地区河湖自然特性及突出问题，分类、分级设立差异化的监测站点，填补中小河流及小水库水文监测站点空白，补充行政区界、水源地等水量、水质、水生态监测站点，增强重点区域、重要城市水文站网覆盖范围，充实监测内容，增大站点密度，扩大信息采集覆盖范围。

（二）进一步提升水资源监测技术能力

针对水文水资源监测能力不足的问题，着力改进监测技术手段与方法，大力推进新技术、新仪器、新装备的应用与研发，进一步提高水文监测的信息化水平和数据的时效性。特别要加强低枯水水文监测设备研究，加强传感器等智能感知技术、智能视频识别技术的研究与应用，因地制宜地采用无人机、走航式 ADCP、水下机器人、测速雷达等先进技术设备，全面提升水文水资源监测的技术能力和数据质量，自动获取全方位、多要素水文信息。

（三）进一步提高水资源监测与评价水平

充分利用已建水文站网和各水电站水情数据，相互补充、校正，并适时开展监督性监测，提高水资源监测覆盖面和工作效率。围绕水利行业监管需求，逐步推进水量、水质、水生态同步监测，增强水资源水生态监测评价工作，开展行政区界河流断面的生态流量水文监测与分析评价，全面支撑水利强监管。加强河湖监测与调查工作，充分利用资料移用、资料插补技术和卫星遥感手段等，开展基础数据分析评价，提高小流量测验精度，加强行政区界断面最小控制流量和水库下泄生态流量监测评价工作。积极开展区域用水总量和用水效率的监测监控和分析评估，推进行政区域水文水资源信息服务全覆盖。

（四）进一步探索监测成果应用方式

水资源管理部门研究制定水资源管理需求，水文部门掌管着水文水资源站网监测工作，过去水文部门只要能推算出流量，能够支持水资源开发利用就行，较为粗放。随着最严格的水资源管理和水利强监管的实施，水资源监测数据更多地被用于监管，要求水文监测站点更多，监测位置更准，监测精度更高，时效性更强。水文和水资源管理部门需要加强协作，发挥水文部门在数据采集传输的一线信息收集与实时纠错优势，建立服务于水资源监管的水资源情报信息会商制度，提高水资源监测数据应用的时效性，及时将分析评价结果应用于水资源管理及其他相关工作。

四、拓展水文面向社会服务渠道

过去，水文主要为江河防洪减灾和水利工程建设提供信息服务，在监测和预报洪水灾害方面取得了很大进步，积累了丰富的成果和经验。一直以来，水文除在汛期需要提供实时监测数据外，主要工作停留在收集和整理监测数据，直到刊印水文年鉴为止，水文主动服务经济社会发展需要努力不够，致使水文行业在经济社会发展中的地位日益衰弱。在国家实施最严格水资源管理制度和实行河湖长制的今天，水文担负着水利强监管的"尖兵"和"耳目"责任，需要围绕水资源管理、水生态修复和河湖长管理需求，以及区域河湖突出问题、社会公众关注点及经济社会发展需求，主动作为，提供及时准确的水文水资源监测信息服务。

（一）加强水资源"三条红线"管理服务

水文信息是实施用水总量控制、用水效率控制、限制纳污控制和管理责任监督考核的重要依据。加强取用水总量精细统计、用水效率分析、水功能区达标分析、水资源综合统计与评估工作，提高水资源管理信息化、智能化水平，探索建立水资源承载能力监测预警机制，为最严格水资源管理制度考核、水量调度和水资源管理等工作提供良好的支撑和保障。

（二）拓展水生态监测分析工作

水文信息是水生态环境保护与修复的重要基础，是水生态文明制度建设和水生态环境质量评价的重要依据。现有水生态监测要素主要针对藻类等浮游生物进行监测分析，亟须扩大水生态监测涵盖面和内容以适应经济社会发展需求，针对其他水生生物（如浮游动物、底栖生物、鱼类等）开展探索性的监测分析，扩充水生态分析要素和内容。

（三）增强河湖长制服务支撑能力

水文信息是推进河长制、湖长制从"有名"到"有实"转变的重要支撑。水文部门主动向社会各界公告河湖概况、水资源状况、水环境状况、水生态状况、河长制湖长制主要工作任务完成情况及年度重要工作事项，提供精细化水文信息服务产品，为各级河长办和有关成员单位工作的重要技术依据和决策参考，增强全社会关心河湖、珍惜河湖、保护河湖的意识。

（四）为水资源用户提供信息服务

建立面向取水户的水位（流量）信息发布与预警。理清水文监测站点与取水户取水的对应关系，根据取水户最低取水水位高程信息和附近水文站点所监测的水位数据，对接近最低取水水位的取水户发布信息并预警。后期可接入水文预报数据对取水户开展预见期内枯水的预警。创立与水资源相关各类民生指数，并通过互联网利用微信公众号、各类新闻移动终端等新媒体进行实时推送，提高公众认知度与参与度。

没有信息的采集、数据处理和分析评价，就没有"强监管"的手段。水资源监测是进行水资源科学管理的前提，是"强监管"的重要支撑。水文部门要强化水资源监测，做好监管排头兵，努力以优质的水文服务为水利行业和经济社会发展提供可靠的支撑。

补短板　强监管　推进水资源统一调度

邱立军　刘昀东　张园园

水利部调水管理司

中国特色社会主义进入新时代，我国社会的主要矛盾从人民日益增长的物质文化需要同落后的社会生产之间的矛盾，转化为人民日益增长的美好生活需要和不平衡不充分的发展之间的矛盾；我国治水的主要矛盾也从人民群众对除水害兴水利的需求与水利工程能力不足的矛盾，转化为人民群众对水资源水生态水环境的需求与水利行业监管能力不足的矛盾。水利部党组深入贯彻落实党的十九大精神，积极践行习近平总书记提出的"节水优先、空间均衡、系统治理、两手发力"十六字治水思路，聚焦破解我国新老水问题，适应治水主要矛盾变化，提出了"水利工程补短板、水利行业强监管"的水利改革发展总基调。其中，对水资源的监管明确要落实节水优先方针，按照以水定需原则，体现水资源管理"最严格"的要求，全面监管水资源的节约、开发、利用、保护、配置、调度等各环节工作。要抓紧制定完善水资源监管标准，建立节水标准定额管理体系，加强水文水资源监测，强化水资源开发利用监控，整治水资源过度开发、无序开发、低水平开发等各种现象。

作为组织指导重要流域、区域及重大调水工程水资源调度工作的行业主管部门，更要积极践行"水利工程补短板、水利行业强监管"的水利改革发展总基调，深入研究水资源调度监管工作，推动行业健康发展。

一、我国水资源现状

我国是一个干旱缺水严重的国家。我国的淡水资源总量约为 28000 亿 m^3，占全球水资源的 6%，仅次于巴西、俄罗斯和加拿大，名列世界第四位。但是，我国的人均水资源量只有 2300m^3，仅为世界平均水平的 1/4，是全球人均水资源最贫乏的国家之一。同时，我国又是世界上用水量最多的国家，2018 年，全国用水总量已达 2015.5 亿 m^3。

目前，我国不少流域水资源已经被过度开发，黄河、淮河、海河等 3 个流域水资源利用率已经超过一半，海河甚至已超过 100%。流域的水资源过度开发以及跨流域与跨区域长距离引调水活动，带来了一系列生态环境问题，华北平原面临有河皆枯、有水皆污，全国河湖都面临着严峻的挑战和潜在威胁。20 世纪以来，罗布泊、居延海先后消失，洞庭湖、白洋淀逐渐萎缩，黄河、海河、辽河、黑河、塔里木河、石羊河间歇断流，太湖、滇池等许多河湖污染严重，这些都表明流域生态系统严重破坏，生态功能严重退化，地下水超采和深层污染。

面对水资源短缺问题，我们需要未雨绸缪，及早研判，牢牢把握"空间均衡"原则，强化水资源环境刚性约束，破解水资源短缺问题，加强流域生态环境保护。

二、水资源调度的实践

（一）黄河

黄河作为中华民族的母亲河，像母亲一样哺育着中华儿女，以占全国 2% 的水资源量，承担了 12% 的人口、15% 的耕地以及几十座大中城市的供水任务，在我国经济社会发展中具有重要的战略地位。但随着黄河流域及下游引黄灌区农业灌溉面积和耗水量的迅速增加，使本来就水量贫乏的黄河水资源供求矛盾日益突出，一旦遇到枯水年份，沿河各地通过引水工程争抢水量，导致下游断流严重。1972—1999 年，黄河有 22 年出现干涸断流，1997 年还出现了迄今为止最为严重的断流，断流河道从入海口一直上延至河南开封，断流河长达 704km，占黄河下游河道总长的 90%。

世纪之交，面对黄河"二级悬河"加剧，下游生态河道频繁断流，水资源供需矛盾尖锐等新情况新问题，党中央、国务院对黄河治理开发作出一系列重大决策。1998 年 12 月，经国务院批准，水利部等部门联合颁布实施《黄河水量调度管理办法》，授权黄河水利委员会对全流域实行水资源统一管理和全河水量统一调度，并于 1999 年正式开始黄河统一调度。2002 年，国务院批复黄河水利委员会组织编制《黄河近期重点治理开发规划》。2006 年国务院颁布《黄河水量调度条例》，确立了"国家统一分配水量，流域管理机构组织实施，省（区）负责用水配水，用水总量和断面流量双控制"的黄河水资源管理与调度模式。

依照《黄河水量调度条例》和国家确定的"八七"分水方案，黄河水利委员会通过建设黄河水量调度管理系统，加强水资源实时监控、快速反应、优化配置，探索实施"订单调水""协议调水"等措施，加强精细调度。积极开展水权转化试点，发挥市场在水资源配置中的作用。在各有关方面的共同努力下，成功应对了连年干旱、生态恶化等严峻挑战，至 2019 年实现了黄河连续 20 年不断流，连续 14 年不预警。黄河水资源统一管理与水量调度的成功实践，使河道湿地得到滋润修复，河口三角洲生态系统生机再现，保障了下游河南、山东两省国家"粮仓"连续 19 年增产，黄河以仅占全国 2% 的水资源支撑了占全国 14% 的国内生产总值，为全面建设小康社会做出了重大贡献。

（二）黑河

由于气候变化、人口增多、工农业发展，加之水资源总量不足、时空分布不均的因素，黑河尾闾西、东居延海曾于 1961 年和 1992 年先后干涸，下游河道断流时间至 1999 年达 200 多天，由此衍生地下水位下降、绿洲面积减少、沙尘暴天气增加等一系列环境问题。

对于黑河流域转型发展的"阵痛"，党和国家高度重视。2000 年 8 月 21 日，黑河历史上第一次干流省（区）际调水指令发出，黑河水资源统一管理与调度拉开大幕。

实施统一调度后，进入额济纳绿洲的水量年均达到 6.27 亿 m^3，较 20 世纪 90 年代增加 2.74 亿 m^3。东居延海水域面积常年保持在 40km^2 左右，栖息鸟类恢复到 90 余种、6 万多只。不仅下游额济纳绿洲生态环境恢复明显，上游黑土滩和草地沙化治理项目区草地覆盖度也增加近 30%，中游基本形成以农田林网和防风固沙林为主体、渠路林田相配套的综合防护林体系。

20 年来，黑河调水走出了一条流域统一管理与区域管理相结合，断面总量控制与用配水管理相衔接，统一调度与协商协调相促进，集中调水与大小均水相统一，联合督查与分级负责相配套的调度新模式，形成中国西北内陆河水资源统一管理与调度的"黑河样本"。

（三）塔里木河

20 世纪 70 年代，由于塔里木河流域内实施了大规模水土开发，农业用水总量骤增，大西海子水库至台特玛湖长达 360 余公里的塔里木河下游河道断流，两岸植被大面积退化、死亡，塔里木河的终点湖台特玛湖逐渐干涸。

2000 年起，新疆先后组织了 19 次向塔里木河下游生态输水，自大西海子水库累计下泄生态水 77 亿 m^3。持续的生态输水缓解了塔里木河下游生态严重退化的被动局面，受水区地下水水位大幅抬升、地下水水质明显好转，塔里木河下游动植物物种和数量有所增加，水环境得到改善。

生态输水启动后，流域管理机构还将陆续开启塔里木河上、中游两岸的生态闸，向两岸的重点胡杨林区补水。同时，工作人员将加强河道巡查工作，禁止沿线非法取水，确保生态水量足额输送并全部用于生态。

三、水资源调度中存在的主要问题

近几十年的实践证明，水资源统一调度是实现空间均衡的重要措施，对实现水资源有效配置、改善生态环境具有举足轻重的作用。但目前的水资源调度工作面临诸多困难和挑战。

（一）制度体系还有待完善

目前，国家层面法律仅《中华人民共和国水法》《关于加快水利改革发展的决定》《关于实行最严格水资源管理制度的意见》等文件对水资源调度提出原则性的要求，通过《黄河水量调度条例》《黑河水量调度条例》等对具体河流提出个案性的规定；流域层面仅部分流域出台了水量调度条例或相关管理办法，水量调度和监管的规范化建设与实际工作需要还有很大差距。

（二）整体进度滞后

除了黄河、黑河等少数流域之外，流域水资源统一调度工作总体较为滞后。截至2019年10月底，全国已批复了41条跨省江河流域水量分配方案，绝大部分省区都启动并加快了省内跨行政区域的江河水量分配工作。但真正启动水资源统一调度的跨省江河还不足10条，部分河流还在开展水量调度方案编制工作，且尚未进入审批程序；水资源供需矛盾突出，特别是海河流域、辽河流域、部分黄河支流等严重缺水的流域，水资源供需矛盾大，现状开发利用率高，相关方利益诉求存在较大差距，甚至可能面临无水可调的局面。

（三）调度手段有限

部分河流没有具有调控能力的水库，不具备时空调配能力，无法存峰补枯，流域水资源统一配置仅能依靠被动的用水管控，主动调度的能力和手段不足，调度技术风险大，缺乏有力调度支撑，难以长期有效确保区域供水安全。

（四）水文测报能力不强

基础能力建设需进一步加强。做好水资源调度工作的关键是干支流取水口、省界断面的精细化监管，目前53条跨省江河流域省界断面监测站网新建、改建286个站点建设任务已经基本完成，但部分跨省江河重要控制断面缺少水文监测设施，对重要断面和取水口的计量监测、上传、上报等不能满足精细化监管和可查可控的要求。

（五）协调难度大

水资源统一调度主要依靠行政指令实施，但河流上已建、在建和拟建的各类水库、电站、引调水工程，分属不同地区和行业，开发目标不同，水调与电调存在矛盾，牵扯的部门多，责任不明确，协调难度很大。

（六）调度权限

水资源管理呈现"多龙管水"局面，涉水部门之间职能交叉、缺失，尚未形成规范化、法制化的水事管理和法制化协调机制，调度权限不明确，包括流域管理机构与地方水行政主管部门之间、省内各层级水行政主管部门之间以及水利、电力、航运等部门之间，存在职责不清、程序不明等问题。

（七）无序调水

部分地区开展水资源调度工作时，特别是各种引调水工程的调水和生态补水，还存在不按批复方案水量调度、无序调水、随意改变用途等不规范的乱象。

四、推进水资源统一调度

针对水资源调度管理中存在的主要问题，为适应强监管需要，亟须出台《水资源调度管理办法》，做好水资源调度管理工作的顶层设计。在总结已有水资源调度管理经验基础上，按照落实水量分配方案和水利行业强监管的要求，实行水资源统一调度和分级实施相结合，明确国务院水行政主管部门、流域管理机构和地方水行政主管部门之间的水资源调度管理权限；按照水资源调度管理的系统性要求，统筹生活、生产、生态等用水，从决策、组织实施、监测、监督、责任追究等环节明确水资源调度管理的内容和要求，推进水资源调度管理的规范化和制度化。

一要厘清调度职责，即明确水资源调度中流域管理机构、地方水行政主管部门、水利工程管理单位等各有关主体的权责，建立健全水资源调度管理机制。

二要明确调度程序，即明确跨省江河流域水资源调度的一般机制和程序，为落实水量分配方案提供支撑。

三要强化调度监管，即为加强水资源调度提供依据，包括监测、监督、通报、责任等。

四要解决水资源统一调度中面临的一些难题，如电调服从水调、水库群联合调度等。

在规范水资源调度工作的同时，也要同步加强水资源调度工作管理。

一要加快水资源调度方案编制。组织各流域管理机构对各自管辖范围内河流进行深入分析，按照确有需要、可以实施的原则，分轻重缓急提出方案编制总体进度安排，指导开展好跨省江河的水资源调度方案编制工作。

二要抓好年度水资源调度计划的执行。指导流域管理机构组织各省水行政主管部门和重大调水工程运行单位制定下达年度水资源调度计划。监督各流域管理机构、各省水行政主管部门和重大调水工程运行单位按权责组织实施好水资源调度计划。对已开展水资源调度河流的执行情况进行评估，对尚未开展年度水资源调度的河流按照轻重缓急和实施条件督促推进。

三要强化监督检查。把跨省江河主要断面下泄水量、断面流量作为监管的重点，对控制指标实现精细化管理。除月报、年报外，还将通过巡查、督查、飞检等方式，对水资源调度管理责任落实情况、目标任务落实情况、监督管理工作开展情况等开展督促检查。

五、健全水资源统一调度保障措施

为了切实推进水资源统一调度，确保水资源统一调度顺利实施，达到预期调度目标，还需要不断健全水资源统一调度保障措施。

一是建立责任体系。建立健全跨省江河流域水资源调度管理责任制，落实水资源调度主体责任和监管责任。凡是具备开展年度水资源调度条件的江河流域，都要确定各级责任人并公布责任人名单。

二是加强制度建设。建立健全水资源调度制度体系，在总结黄河、黑河等水量调度经验的基础上，推动具备条件的有关流域出台、细化水资源调度管理办法，为依规进行水资源调度管理提供制度保障；组织力量对涉及水资源调度工作的技术标准、规范、管理制度等进行深入研究，逐步建立完善水资源调度的相关制度体系，确保可操作、可落地、可执行。

三是加强组织协调。建立健全与各流域管理机构、各省级人民政府水行政主管部门、各重大调水工程管理单位等在水资源调度管理、监督检查等方面的信息通报与共享机制、联合会商机制、快速协商处置机制等。

四是严格考核问责。将跨省江河流域水资源调度管理工作纳入最严格水资源管理制度、河长制湖长制考核。对不执行水资源调度计划，不履行监督职责的，对负有责任的主管人员和其他直接责任人员，依法依纪追究责任。

五是强化技术支撑。充分发挥七委三院、调水局等部属事业单位、各大高校等的技术支撑作用。依托国家水资源信息管理系统，抓紧完善水资源调度决策信息平台；充分利用先进信息技术手段，全面提升水资源调度管理的信息化、智能化水平。

水是生命之源、生产之要、生态之基。我国正在全面推进现代化进程，对江河湖泊的利用和治理保护都提出了更高的要求。保护河湖水体，就是保护我们的生存空间和发展空间，为了实现可持续发展，必须高度重视水资源、水环境、水生态的问题，刻不容缓地推进水资源统一调度。

强手段，提效能，扎实做好人为水土流失监管

沈雪建　　刘宪春

水利部水土保持监测中心

生产建设活动地表扰动剧烈，水土流失严重，是造成人与自然不和谐的重要因素。为了调整、纠正建设活动对自然造成的伤害，我国推动开展人为水土流失监管工作，有效控制了人为水土流失。党的十八大以来，按照部党组的要求，水土保持监管工作持续加强，人为水土流失强监管的态势正在形成。但与新时代加快推进生态文明建设的要求和人民日益增长的对美好生活的需求相比，与水利工程补短板、水利行业强监管的总基调相比，人为水土流失监管仍然存在薄弱环节，需要在监管手段、监管效能以及机制体制等方面进行补强补齐。

一、我国人为水土流失强监管的态势正在形成

以生产建设项目水土保持监督管理为重点的人为水土流失监管开始于 20 世纪 80 年代，以 1988 年原国家计委、水利部联合发布的《开发建设晋陕蒙接壤地区水土保持规定》为主要标志。1991 年水保法颁布施行，标志着我国人为水土流失监管工作正式迈上法制化轨道。自水保法颁布实施以来，全国共审批了 54 万个生产建设项目的水土保持方案，通过落实方案，恢复治理 22 万 km² 人为水土流失面积。党的十八大以来，国家持续推进"放管服"改革，要求精简审批，加强事中事后监管。面对新要求，各级水行政主管部门认真履行水土保持监管职责，进一步强化了对生产建设活动造成的人为水土流失监管，在生产建设项目水土保持行政审批、监督检查、区域监管、行政执法等方面采取了一系列新举措，取得了新实效，人为水土流失强监管的态势正在形成。

（一）行政审批进一步简化，审批服务不断优化

一是精简了审批事项。水土保持方案、水土保持设施验收、生产建设项目水土保持监测资质 3 项审批事项仅保留了水土保持方案审批。二是精简了审批范围。占地不足 0.5hm² 且土石方总量不超 1000m³ 的项目不再办理水土保持方案审批手续。水利部大幅度下放了水土保持方案审批权限，仅保留国务院审批（核准、备案）、跨省（自治

区、直辖市）项目和水利项目的行政审批权。部批项目由下放前的年 300 项减少为 50 项左右。三是进一步规范了审批程序。从方案受理、技术评审、审批、信息公开等环节进一步进行了规范，限定了时间节点、公开了受理条件、明确了通过条件、落实了专家责任。四是强化了源头控制。对不符合生态保护和水土保持要求的生产建设项目，坚决不予审批。特别是在 2016 年对某些国家重点铁路和公路项目水土保持方案予以批否，引起了很大社会反响。五是推动自主验收报备。建设单位自主组织水土保持设施验收，将其验收报告、监测总结报告在网站公开，并报审批部门备案公示。由此，增加了建设单位的自主性，强化了建设单位的责任意识，减轻了建设单位负担。

（二）监督检查不断深入，人为水土流失过程控制加强

部批项目监督检查逐步实现全覆盖。黄河流域连续 9 年实现部批生产建设项目督查全覆盖，近年更是实现了现场检查全覆盖。2016 年起实现了京津冀地区在建部批项目监管全覆盖。2018 年水利部组织七大流域机构对 510 个部批在建项目进行了监督检查，对 334 个项目下达了整改意见，对 3 个项目的违法弃渣行为进行了挂牌督办。

地方监督检查力度不断加强。2018 年地方采取各种方式，对 6.97 万个生产建设项目进行了监督检查，对 2.80 万个项目下达了整改意见，有效督促建设单位水土流失防治责任的落实。2019 年 1—9 月，20 个省（自治区、直辖市）对在建的 3174 个省批项目进行了监督检查。

严格开展自验核查。2018 年水利部完成 62 个部批项目的水土保持设施验收报备，按照"双随机一公开"的方式核查发现 4 个项目自主验收不合格。截至 2019 年 9 月，省级部门共完成 663 个省批项目水土保持设施自主验收报备工作，现场核查 75 个项目，发现 5 个项目自主验收不合格。

（三）行政执法力度持续加强，严格执法的局面正在形成

2018 年地方各级水行政部门共对违法生产建设项目采取行政处理措施、实施行政处罚或行政强制，下达责停、限期补办手续、限期缴纳水土保持补偿费执法文书 13586 件，立案 1261 起。

2019 年水利部正在组织开展长江经济带水土保持专项执法行动，重点查处和曝光了一批水土保持违法行为。

（四）生产建设项目水土保持区域遥感监管全面推进

2018 年水利部组织在金沙江干流水电开发区、晋陕蒙接壤地区、北部湾经济区以及长三角核心区等生产建设项目集中区，北京等 8 个省（自治区、直辖市）全域以及

其他 23 个省份的 23 个地市开展了遥感监管试点，监管面积达 228 万 km²。2019 年由水利部水土保持监测中心牵头组成的联合体对除黑龙江、吉林、辽宁、新疆、西藏及内蒙古东四盟外的 550 万 km² 的面积进行了遥感监管。

二、人为水土流失强监管仍然存在差距和短板

经过多年努力，人为水土流失监管虽然取得了一定成效，但是与中央的要求和百姓的需求相比、与最严格的水土保持管控、看住人为水土流失的目标相比，仍然存在薄弱环节，差距明显，短板突出。

（一）人为水土流失尚未全面管住管好

尚有数量巨大的项目没管住。2018 年开展的区域遥感监管发现 50% 以上的生产建设项目没有按照要求报批水土保持方案。

已批方案项目没管好。根据调查，有 60% 以上的项目存在未验先投的问题。多数地方未能实现在建项目监管全覆盖，现场检查率达不到 10% 的要求。

区域监管未能实现全覆盖。虽然 2019 年对 550 万 km² 的面积进行了遥感监管，仍然有 400 多万 km² 的面积未能实现遥感监管。

（二）手段传统，效能不高

传统手段效率低，定量差。传统检查多通过现场查看、书面汇报、座谈等方式进行。这些方式耗时长、动用人力多，行政机构人员不够用，企业配合检查又觉得负担重。从效果来看，不能全面及时掌握项目建设状况，对于问题发现和问题认定，也不能提供定量数据支撑。

现代手段仍然需要进一步优化。目前信息化、遥感、无人机、移动端数据采集等手段虽有应用，但与精准及时发现的要求相比，仍然有较大差距。信息化方面的差距主要表现为：系统功能不完善，不稳定，历史数据未能全面入库，新生数据录入不及时，部、省、市县之间数据交换与共享仍不能完全实现。遥感监管方面的差距主要表现为：影像数据质量有待进一步提高，需要进一步统一空间分辨率、时相，内业解译以人为主的方式效率低下，质量控制难，标准化程度低。数据移动采集技术方面的差距主要表现为：采集器需要多软件、硬件集成，后续数据处理软件造价高，影响推广使用，移动数据采集与信息系统的数据交换调用传输速度慢、数据处理简单不能全面满足现场认定需要。

（三）机制体制尚未健全

目前正处于省级行政机构改革的关键时期，各地改革后水土保持管理体制各不相同。有相当部分地方水土保持审批、日常监督管理、行政执法分别由不同的部门负责。部门之间的协作配合机制尚未有效形成。问题认定标准不统一，缺失遗漏、轻重错位的情况时有发生。责任追究不到位，宽松软现象明显。执法不规范，越位不到位的现象普遍存在。部、流域机构、省、市、县各级机构的权责仍需进一步明晰。

三、强手段，提效能，抓好抓实人为水土流失监管

人为水土流失监管是水土保持强监管的重中之重。要以看住人为水土流失为目标，聚焦"发现问题、认定问题、严格追责"，从事前、事中、事后各个环节着手，优化顶层设计、持续补强手段、完善机制体制，形成系统完备、职责明确、严格高效、规范有序的监管体系。

（一）实行最严格的审批，把好准入关

水土保持方案评审中，应该从项目选址选线，土石方平衡，征占地面积，施工工艺，取、弃土（渣、料）场设置等方面，按照生产发展、生态优美、生活富裕的要求，逐项对照技术标准认真审查，杜绝不符合人与自然和谐共生和高质量发展的项目和行为。强化专家管理，进一步规范专家行为，确实落实专家责任，实行专家终身负责制。推动标准修订，按照最严格的生态保护原则，梳理现行生产建设项目水土保持技术标准，进一步量化指标、吸收新技术。创新评审方式，探索远程视频或人工智能技术在评审中的应用。

（二）抓实抓细人为水土流失遥感监管全覆盖

2020 年，将全部国土面积纳入遥感监管的范围，实现人为水土流失遥感监管全覆盖。2020 年后，加密频次，由 1 年 1 次逐渐过渡为 1 季度 1 次进行。重点区域可以根据需要，在此基础上加密频次。遥感解译以占地 $0.5hm^2$ 以上的扰动图斑为主，水利部负责制订技术路线并对重点地区进行抽查，省级机构负责辖区内的遥感解译和疑似违法违规项目清单制定、市县负责现场核实并监督执法。通过高频次全面遥感监管，确实遏制"未批先建""未批先弃""未验先投"的乱象。

（三）履职担当，切实做到在建审批项目监督检查全覆盖

在部批在建项目监管全覆盖的基础上，大力推进省、市、县审批在建项目监管全

覆盖。充分利用遥感监管成果，对比分析项目建设状态，及时精准发现问题。充分利用互联网技术，积极鼓励群众监督，多渠道、多手段提高监管效能。加强现场监督力度，确保10%的在建项目现场检查率在部、省、市、县各级全面实现，并逐步提高比率。按照"双随机一公开"原则，切实开展验收报备项目核查工作，对抽查确认为不合格的项目，严格追究相关单位和个人的责任。

（四）补强补全技术手段，确实提高监管效能

围绕遥感监管，切实抓住不同区域不同项目不同阶段的水土流失特点，因地制宜提出影像质量要求，建立基于不同影像不同时态的生产建设项目遥感解译标志库，提高解译质量；针对扰动特点，深入研究扰动图斑光谱特征、反射特征以及纹理色彩表现，改进扰动图斑自动解译技术，进一步提高解译效率。强化无人机应用，使无人机成为项目现场检查的必备设备，推进面向水土保持的数据处理软件研发，解决无人机技术应用的瓶颈。加强移动数据采集端的研发，从功能、数据采集、数据库访问调用、识别分析方面进一步加强研究，真正实现灵活便捷的现场处理。

打牢信息化基础，做好信息化支撑。统筹部水土保持信息系统、地方水行政部门水土保持信息系统，真正建立全国统一的水土保持监管平台。优化数据库结构，梳理水土保持业务全流程全环节需求，明确字段、图形、影像属性及要求，形成统一的数据表结构和元数据要求。提升优化管理系统功能。进一步增强查询、统计、浏览、展示等功能，增加数据分析挖掘能力，向智能化、智慧化方向提升系统功能，逐步开发监管预警功能。加强数据录入。按照谁生产谁录入的原则，补录完成历史数据，及时录入新生数据。建立数据质量责任制，谁录入谁负责。规范数据管理，明晰系统管理单位、维护单位、使用单位的权限，读取、改动、调用数据应该按照权限进行，确保数据安全。

（五）围绕人为水土流失强监管，健全机制体制

建立中央统筹、省负总责、市县抓落实的工作体制。水利部、流域机构和省级水行政部门负责问题发现和督促落实，市县以违法行为认定和查处为主。建立权责清单。目前水利部已经印发水土保持监督管理办法、水土保持问题分类及责任单位追究标准。各地应该在此基础上，进一步细化，确实做到规范监督规范执法。建立逐级督查制度。水利部及流域机构要对省级水行政部门监管履职情况进行督查，省级对市、市对县也要开展监管履职情况督查。建立健全水土保持诚信和信用评价制度。通过信用惩戒、约谈通报、行政处罚等手段，加强建设单位、技术服务单位及其他参建单位的监管。

四、结　　语

　　水土保持强监管是调整人的行为、纠正人的错误行为的重要抓手，当前和今后一个时期，要以看住人为水土流失为目标，建立完备高效的监管体系，从源头预防、事中事后监管、综合执法等各个环节抓紧抓实抓细，综合遥感、无人机等先进手段，精准及时发现问题纠正问题，为建设活动高质量发展、绿色发展提供支撑。

参考文献

［1］ 蒲朝勇. 认真贯彻落实新时期水利改革发展总基调总思路推动水土保持强监管补短板落地见效［J］. 中国水土保持，2019（1）：1-4.
［2］ 沈雪建，李智广，亢庆，等. 基于高分影像和云数据管理的生产建设项目水土保持监管系统设计与应用［J］. 中国水土保持科学，2017，15（5）：127-134.
［3］ 闫佳杰，史明昌，高志强. 生产建设项目水土保持监管空间信息系统［J］. 中国农业大学学报，2018，23（1）：143-151.
［4］ 姜德文. 水土保持强监管目标任务及方法探讨［J］. 中国水利，2019（1）：13-16.

新时期北方地区水资源管理形势、问题及对策

穆文彬　　李发鹏　　王建平

水利部发展研究中心

受自然地理和气候条件影响，我国北方地区水资源天然禀赋基础较为薄弱，水资源时空分布很不均匀，水旱灾害多发频发。同时，随着人口向城市不断聚集，经济社会不断发展，北方地区水灾害频发、水资源短缺、水生态损害、水环境污染等新老水问题越加凸显，华北平原、西辽河流域、石羊河等西北诸河近年来所面临的河道断流、地下水超采等一系列问题，无不昭示着强化北方地区水资源管理的重要性和紧迫性。

一、深刻认识北方地区水资源管理面临的新形势

（一）北方地区面临的新老水问题复杂交织的形势尤为严峻

相比南方地区，我国北方地区本来就囿于降水不足及近几十年连续偏枯的客观实际，水资源承载能力明显弱于南方地区，加之本地区长期依赖高耗水的传统农业耕作，而且工业发展又布局了一些钢铁、煤炭、石化等高耗水、高污染产业，造成北方地区水资源供需矛盾日益尖锐，水环境污染日趋严重，河湖生态功能下降明显。新老水问题相互交织的复杂形势，要求北方地区必须加强水资源管理，促进水资源可持续利用。

（二）新时代十六字治水思路对北方地区水资源管理提出了更高要求

习近平总书记提出的"节水优先、空间均衡、系统治理、两手发力"治水思路，为新时代水利改革发展提供了根本遵循，同时也对北方地区破解相互交织的新老水问题、强化水资源管理提出了更高要求。其中，"节水优先"，就是要从观念、意识、措施等各方面都要把节水放在优先位置；"空间均衡"，就是要坚持"以水定城、以水定地、以水定人、以水定产"的原则，量水而行、因水制宜；"系统治理"，就是要把治水与治山、治林、治田有机结合起来，协调解决水资源问题；"两手发力"，就是努力形成政府作用和市场作用的有机统一、互相补充、互相协调、互相促进的治水格局。

（三）治水矛盾的深刻变化指明了水资源管理的工作方向

新时期我国治水矛盾已转到人民群众对水资源水生态水环境的需求与水利行业监管能力不足的矛盾，这在北方地区表现得尤为突出，如经济社会用水需求与水资源水环境承载能力不平衡、水资源需求的结构性矛盾突出、生态用水保障不充分、水资源优化配置不充分等。产生这些不平衡不充分的问题，既有自然条件、资源禀赋、发展阶段制约等方面的原因，更有长期以来人们认识水平、观念偏差和行为错误等方面的原因。这就要求我们紧紧围绕人民群众对水资源的需求，进一步完善水资源监管体系和监管措施，着力解决水资源管理领域存在的不平衡、不充分问题。

（四）水利改革发展总基调进一步突出了水资源强监管的地位与作用

当前和今后一个时期水利改革发展的总基调是"水利工程补短板、水利行业强监管"。水资源管理是水利改革发展的重要组成部分，水资源强监管是水利行业强监管的重要领域。在北方地区贯彻落实水利改革发展总基调，做好新形势下的水资源管理工作，需要我们尽快转变工作方式方法，紧紧围绕北方地区水资源面临的突出问题，查找水资源监管的薄弱环节，尽快研究提出强化水资源监管的思路和对策措施，明确北方水资源强监管的路线图、时间表、任务书，不断提高监管能力和水平，通过强有力的监管，调整人的行为，纠正人的错误行为。

二、北方地区水资源管理面临的主要问题

（一）水与经济社会发展仍不相均衡

天然缺水的北方地区仍承担着重要的经济社会发展任务，绿色节水的高质量发展模式仍在确立过程中，尚未形成水与经济社会发展相均衡的格局。以河北省为例，水资源公报数据显示，2016 年河北省水资源总量 208.3 亿 m^3，人均水资源量 279.7m^3，亩均水资源量 217m^3；人均和亩均水资源量均相当于全国平均水平的 1/8，但粮食产量位居全国第七位，钢铁产量仍保持全国第一。河北省实施经济转型升级后，压减钢铁产能，有效降低了工业用水量；同时，实施地下水压采治理后，农业用水也呈现出下降态势。当前，河北省实施的绿色节水高质量发展模式仍处于确立过程中，"快还旧账，不欠新账"的任务依然艰巨，水与经济社会发展相均衡的格局尚未形成。此外，在北方其他地区，如黄河流域、西辽河流域也依然存着水与经济社会发展不相均衡的问题。

（二）水资源承载能力刚性约束相对不足

一是最严格水资源管理制度确定的用水总量控制指标略显偏松。随着高质量发展的深入推进、资源环境约束日益趋紧，近年各地用水总量基本呈现零增长态势。从近年的最严格水资源管理制度考核结果看，各地均达到了考核要求，一定程度上反映了用水总量控制指标略显偏松的情况。

二是最严格水资源管理制度的"三条红线"刚性约束不够。当前，虽然已经开展多次考核，但很少对逼近或超过控制指标的地区实施限批等措施，也未进行问责追究；水资源开发利用中仍存在"重建轻管"现象，不同程度的忽视水利工程管理维护，导致工程效益难以有效发挥；部分地区挤占生态用水、地下水严重超采，政府缺少有效的管控措施。

（三）相关政策的"量水而行"导向不明显

一是重要粮食主产区定位未充分考虑区域水资源承载能力。黄淮海地区、辽河平原区、松嫩平原区以及三江平原是我国重要的粮食生产基地。2017年国务院出台的《关于建立粮食生产功能区和重要农产品生产保护区的指导意见》（国发〔2017〕24号）从保障粮食安全的角度将上述地区划定为粮食生产功能区的重点优势区，未充分考虑各区域的水资源承载能力。以水资源严重短缺的内蒙古西辽河流域为例，赤峰和通辽两市划定了2220万亩的粮食生产功能区和重要农产品生产保护区，其中玉米生产功能区2000万亩，这可能会间接导致农业用水需求居高不下。

二是保障粮食安全的相关投入政策在一定程度上鼓励井灌发展。一些地方政府尚未深刻意识到水危机的严重性，过度强调粮食主产区的功能定位，争投资、扩项目的发展观念在一定程度上依然存在。考虑到北方地区光热土条件优良，农业耕种历史悠久，近些年水利、农业、国土、发改、财政等有关部门，长期开展农业综合开发、土地整治、节水灌溉等项目投资，在某种程度上也加快了农业规模的发展。

三是粮食补贴政策与市场需求间接导致农业用水增长。前些年，国家粮食临储价格托底、粮食补贴等普适性粮食安全保障政策，激励着农户多产粮、多获益，间接导致粮食播种面积和灌溉用水需求快速增长。以内蒙古西辽河流域为例，该区域玉米较其他粮食产品的种植收益高、风险低、变现能力强，农民打井开荒种玉米的积极性高；同时，玉米深加工产业链丰富，地方政府发展玉米产业的积极性也很高，进一步推动了灌溉面积的扩大和农业用水的增长。

（四）强有力的节水动力尚待进一步强化

一是价格激发节水内生动力的杠杆作用尚未充分发挥。对于农业水价，还没有体现水资源的稀缺程度和供水成本。目前北方地区农业水价较供水成本仍偏低，水费征收率不足；甚至一些地区虽已出台农业水价综合改革相关文件，但相关政策仍尚未真正落地，水价对农业节约用水的激励约束作用难以发挥；对于工业水价，水价也明显偏低，工业水费占企业产值的份额极低，导致通过节水降低企业成本的动力不足，企业主动节水的积极性也普遍不足。

二是奖惩机制对全社会节水的推动作用仍显不足。节水监管制度建设依然薄弱，建设项目节水设施"三同时"、耗水量大的落后工艺设施淘汰等政策措施较难落实。节水奖励激励政策也不健全，节水"正外部性"成本难以弥补。部分地区在政策性文件中提出要优先支持节水型企业，但由于缺少具体实施细则等支撑文件，此类优惠政策难以真正落实到位。

三是一些地区仍存在节水问题导向性不明确的现象。党的十八大以来各地对节水的重视程度越来越高，但有些地方的节水意识、目的仍与节水优先要求存在差距。从节水的问题导向性上来看，节水的初衷是解决当地最为突出的问题，如改善日趋恶化的生态环境、增加河道下泄流量等，但一些地方并没有将节约下来的水用于工农业再生产，与推动节水的初衷背道而驰。这在北方地区表现较为突出，如甘肃、新疆等地都存在将节约下来的水用于扩大灌溉面积、返还生态用水较少的情况。

（五）水资源监管能力相对薄弱

一是水资源配置、水量分配、总量控制、定额管理、取水许可、有偿使用等制度的完善性、权威性及其执行的严格性和规范性，与严峻的水资源形势相比仍存在较大差距。

二是水资源监控能力弱，很多工业和农业取水未进行监测计量、水功能区没有监测手段、省界断面水质监测未全覆盖，水资源配置的技术支撑能力不足。如内蒙古西辽河流域的工业生活用水基本实现了计量，但农业用水计量率仅为10%。

三是水资源管理队伍方面，存在水资源管理人员配备严重不足的问题。如内蒙古西辽河流域赤峰和通辽两市的市水利（务）局水政水资源科分别有3人，大多数旗县水资源管理人员1人，乡镇和农村基本没有管理人员。

三、对策建议

（一）牢固树立"量水而行"以水定需的水资源管理理念

新时期我国北方地区新老水越发突出紧迫，破解复杂交织的新老水问题，必须坚持以习近平新时代中国特色社会主义思想为指导，积极践行"节水优先、空间均衡、系统治理、两手发力"的治水思路，围绕"水利工程补短板、水利行业强监管"的水利改革发展总基调，加快转变治水思路，牢固树立和贯彻"量水而行"以水定需的水资源管理理念，坚持以水资源承载能力为刚性约束，以水定需、量水而行，系统治理水资源开发利用过度和水生态损害问题，以最严格水资源管理为抓手，切实管住用水，以落实责任考核未突破口，确保相关政策落实，建立北方地区"量水而行"以水定需的水资源管理长效机制。

（二）强化水资源承载能力刚性约束

（1）建立动态调整的用水控制指标体系。基于水资源过度开发的现状，制定生态水量指标和经济社会可利用水量控制指标的阶段性控制目标。结合区域降水和水资源的变化情况，按照水资源可持续利用、生态保护和修复的要求，建立动态调整的用水总量控制指标体系。

（2）完善监督管理考核体系。一是完善最严格水资源管理考核，落实方政府责任主体，建立考核问责机制。将水资源管理、农业种植结构调整、地下水超采治理等各项措施落实情况纳入考核。二是建立用水总量控制责任体系。明确各级政府、有关部门水资源管理责任。各级政府切实履行主体责任，层层抓落实的责任传导机制和工作格局。三是建立考核问题整改跟踪机制。建立健全考核问责机制，针对考核反映的问题，限期整改，逾期追责。

（3）建立完善水资源承载能力监测预警机制，就需要将水资源承载能力作为区域发展、城市建设和产业布局的重要条件，进一步严格水资源论证和取水许的"准入"制度，特别要对高耗水、高污染项目进行严格论证，对未依法开展水资源论证工作的建设项目不予批准；加强取水许可审批，对超出红线指标的地区实行区域限批，以强化水资源承载能力刚性约束。

（三）增强相关政策"量水而行"的导向性

增强相关政策"量水而行"的导向性就需要坚持节水优先，发挥水利、农业、自然资源、财政等多个部门的协同作用，形成政策合力，以强化水资源管理。例如，农业部门需结合区域水资源的承载能力，科学调整区域粮食安全生产任务指标，进一步完善粮食安全责任考核指标和评分标准，适当降低对粮食安全生产的考核要求。自然资源和农业部门研究适度调整流域基本农田和商品粮主产区的范围，进一步核定"两区"划定成果，剔除河道、滩地、水库、滞洪区范围内以及其他影响蓄滞洪安全与河湖生态健康的耕地。农业部门和财政部门需完善涉农涉粮补贴政策，建立健全农业支持保护、作物种植、特色种植、耕地轮作、粮改饲等补贴政策与节水水平、节水成效相挂钩的动态调整机制，提高农业补贴的精准性，以带动农户积极落实农业节水的相关措施。

（四）增强全社会节水的内生动力

（1）推进水权水价水资源税改革。一是大力推进农业水价综合改革，健全农业用水定额管理，建立促进农业节水的奖惩机制。二是推进水权改革。加快开展水资源使用权确权到户工作，积极推进水权交易，充分发挥市场配置水资源的作用。三是推进水资源税改革，进一步优化水资源征收政策，突出水资源税改革对水资源节约保护、地下水超采治理的促进作用。优化水资源税额标准，按不同地区、不同水源、不同行业实行差别化税额标准。

（2）落实节水措施，控制开发强度。针对北方地区水资源过度开发、河湖生态水量匮乏等实际情况，应进一步强化节水，控制用水总量，逐步降低水资源开发强度。一是大力发展农业高效节水提高灌溉用水效率，在开展水资源论证和承载能力分析的基础上，严控灌溉面积发展规模，实现节水增效双提高。二是大力推进煤电、钢铁、石油炼制等高耗水行业、现有工业园区、新建企业和园区等的节水改造。三是全面推进县域节水型社会达标建设工作，提高城市节水工作系统性，将节水落实到城镇规划、建设、管理各环节。

（五）加强水资源监管能力建设

（1）健全水资源监控体系，加强取用水监测计量。在生活、工业用水计量全覆盖的基础上，尽快实现规模以上农业灌溉计量设施全覆盖。近期不具备条件的，可考虑采用"以电折水"的间接计量方式。对农业机井建设进行统一管理，尽快实现农业灌溉取水许可全覆盖。将农业取水许可证录入取水许可台账信息系统，纳入日常监管。加强地下水动态监测，加密地下水监测站点。

（2）加强队伍建设，推动科技创新。一是加强水资源管理队伍建设。建立健全水资源管理机构，建立覆盖市、县、乡镇、村四级的水资源管理工作体系，加强基层管理人员业务培训，逐步提高水资源管理机构人员业务水平和水资源管理能力。二是推动科技创新，持续增强水利支撑保障能力。健全水利科技推广体系，加快水利科技成果转化与新技术、新材料、新设备的推广应用，加强水利重大科技专题研究。

参考文献

［1］　张建云，贺瑞敏，齐晶，等. 关于中国北方水资源问题的再认识［J］. 水科学进展，2013，24

（3）：303-310.

［2］ 陈雷．新时期治水兴水的科学指南——深入学习贯彻习近平总书记关于治水的重要论述［J］．求是，2014（15）：47-49.

［3］ 央视网学习专稿：这五年，习近平展开美丽中国新画卷［EB/OL］.（2017-08-21）［2019-09-06］. http：//xuexi. cctv. com/2017/08/21/ARTIzrnWWx8D98ewPfmrcupX170821. shtml.

［4］ 王建平，李发鹏，夏朋．两手发力——要充分发挥好市场配置资源的作用和更好发挥政府作用［J］．河北水利，2019（1）：19-23.

［5］ 魏山忠副部长在2019年水资源管理工作座谈会上的讲话［EB/OL］.（2019-03-28）［2019-09-06］. http：//szy. mwr. gov. cn/zyzt_25278/2019qgszygzzth/1/201904/t20190418_1125604. html.

［6］ 国家统计局．国家统计局关于2016年粮食产量的公告［EB/OL］.（2016-12-08）［2019-09-06］. http：//www. stats. gov. cn/tjsj/zxfb/201612/t20161208_1439012. html.

［7］ 钢铁行业报告河北篇：钢铁产量连续17年位居全国第一［EB/OL］.（2019-08-01）［2019-09-06］. http：//www. ferro-alloys. cn/News/Details/275280.

严重缺水地区节水考核现状、问题和建议

庞靖鹏　　张建功　　樊　霖

水利部发展研究中心

2014 年习总书记提出了"节水优先、空间均衡、系统治理、两手发力"新时代治水思路，突出强调了新时期加强节水工作的重要意义，并明确要求"要像节能那样把节水作为约束性指标纳入政绩考核，在严重缺水地区先试行"。2019 年《国家节水行动方案》印发实施，明确提出了"强化节水监督考核""严重缺水地区要将节水作为约束性指标纳入政绩考核"。为深入贯彻"节水优先"思路，落实中央对节水工作的有关决策部署，严重缺水地区以最严格水资源管理制度考核为主要抓手，加强节水指标考核，强化节水约束作用，节水考核工作取得积极进展，但同时也看到，各地节水考核还存在诸多问题，亟待加以完善。

一、节 水 考 核 现 状

（一）考核方式

2013 年以来，根据国家实行最严格水资源管理制度有关要求，严重缺水地区均设置了节水有关目标指标，并将其纳入了最严格水资源管理制度考核体系中，一并开展了考核。其中，北京、山西、宁夏 3 个地区在整合优化考核工作中实施了"双线"考核，即在将节水指标纳入最严格水资源管理制度考核的同时，还纳入了政府绩效或经济社会发展综合考核体系。如北京的考核方式是"纳入市政府绩效管理专项考核"，山西是"纳入政府目标责任考核"，宁夏是"纳入自治区机关和实现效能目标管理考核"。

（二）考核内容

8 个严重缺水地区均将节约用水纳入最严格水资源管理制度考核，考核基本沿用了国家实行最严格水资源管理制度考核的模式，内容和指标体系涵盖了水资源开发利用控制指标、用水效率控制指标，以及工业、农业、城镇等用水领域。各地区节水指标所占分值基本在 40% 左右，其中北京、宁夏 2 个地区所占分值在 50% 以上，见表 1。

北京、山西、宁夏3个地区还将节约用水指标纳入了政府综合考核体系，考核内容及指标多集中在用水总量、用水效率等2个关键指标上，所占分值也基本在3%左右，见表2。

表1　将节约用水纳入最严格水资源管理制度考核指标情况

地区	节水考核目标指标	占总分比重
北京	新水用量、再生水用量、园林绿地节水灌溉率、用水计量率、万元GDP用水量降幅、万元工业增加值用水量降幅、农田灌溉水有效利用系数、计划用水覆盖率、农业节水灌溉率	50%～65%
天津	万元GDP用水量、万元工业增加值用水量、节水型系列载体创建、节水器具推广、再生水回用、节水统计、计划用水考核率、农业节水灌溉工程面积率等	46.5%
河北	用水总量红线控制指标、地下水开采量红线控制指标、万元工业增加值取水量、农田灌溉水有效利用系数、重点用水监控单位严格用水情况等	40%
山西	万元GDP用水量、万元工业增加值用水量、农田灌溉水有效利用系数、万元GDP用水量降幅	40%
陕西	万元工业增加值用水量降幅，万元国内生产总值用水量降幅，农田灌溉水有效利用系数等效率指标	40%
甘肃	农业节水和高耗水行业节水、用水定额和计划用水管理、管网漏损和公共节水、水价改革和水资源费征管、非常规水源利用和节水宣传	42%
宁夏	取水总量、用黄河水总量、万元GDP用水量、万元工业增加值用水量、农田灌溉水有效利用系数、工业用水重复利用率、城市污水处理率、城镇供水管网漏损率、再生水回用率、规上节水型企业覆盖率、节水型公共机构覆盖率等指标	50%
新疆	万元工业增加值用水量降幅、农田灌溉水有效利用系数、新增高效节水灌溉面积；农业节水和高耗水行业节水、用水定额和计划用水管理、管网漏损和公共节水等	46%

表2　将节约用水纳入政府综合考核指标情况

地区	节水考核目标指标	占总分比重
北京	用水总量和万元GDP水耗下降率	3%～5%
山西	用水总量和万元GDP用水量降幅	2%
宁夏	引用黄河水总量及用水效率控制	1%

（三）考核组织

将节水纳入最严格水资源管理制度考核的地区中，甘肃由省级党委政府组织考核，其余7个地区由政府相关部门组织。北京、山西、宁夏3个将节水纳入地方政府综合考核体系的地区，考核均由省级党委政府（办公厅）组织，见表3。

表3　各地节水考核组织方式

类别	纳入最严格水资源管理制度考核的地区		纳入政府综合考核的地区	
	省级党委政府（办公厅）	政府相关部门	省级党委政府（办公厅）	政府相关部门
地区	甘肃	北京、天津、河北、山西、陕西、宁夏、新疆	北京、山西、宁夏	无

（四）考核结果应用

将节约用水纳入最严格的水资源管理制度考核，通行的做法是将考核结果经省级党委政府审定后予以通报，作为干部综合考核评价的重要依据。北京、山西、宁夏3个地区将节约用水纳入政府绩效或经济社会发展综合考核，将考核结果纳入各级党政领导班子年度绩效考核，如北京市将考核结果报市绩效办，作为市政府对区政府绩效考核评分的组成。

二、主要做法和经验

8个严重缺水地区均结合本区域实际情况，设置了节水考核目标指标，建立了强化节水管理的相关制度体系及考核办法，在节水考核工作中形成了一些好的经验和做法。

（一）纳入最严格水资源管理制度考核，健全节水目标体系

8个严重缺水地区均将节水考核指标纳入了最严格水资源管理制度考核体系，并将万元GDP用水量、万元工业增加值用水量、农田灌溉水有效利用系数等节水指标逐级进行分解，分别提出各地区节水指标2020年控制目标。与最严格水资源管理制度考核一起，每年定期对上一年度节水目标指标完成情况进行考核。2016年，按照实行水资源消耗总量和强度双控行动要求，甘肃省又将2020年万元GDP用水量较2015年降幅、万元工业增加值用水量较2015年降幅等节水目标指标分解下达到市（区）、县，基本建立了覆盖省、市、县三级的节水目标体系。

（二）明确节水目标责任，严格节水责任追究

宁夏2011年起便开始探索实行节水型社会建设考核，设置了26项节水考核指标，每年与地级市政府签订《节水型社会建设目标责任书》。2013年，按照实行最严格水资源管理制度考核要求，宁夏结合自治区实际，将节水型社会建设考核与最严格水资源管理考核合二为一，每年与地级市签订《最严格水资源管理和节水型社会建设目标责任书》，明确节水目标任务，压实节水主体责任，有力推进了节水型社会建设和最严格水资源管理制度的落实。

（三）细化实化目标指标，体现区域差异性

宁夏根据国家实行最严格水资源管理制度及其考核要求，结合自治区实际，对节水考核指标进行了进一步细化，设置了包括用水总量、万元GDP用水量、工业用水重

复利用率、城市污水集中处理率、再生水回用率、节水型企业覆盖率、节水型公共机构覆盖率等 12 项定量指标及 16 项定性指标，使节水考核指标更加具有针对性及可操作性。北京市根据各区不同功能定位和实际情况，分首都功能核心区、城市功能拓展区、城市发展区、生态涵养发展区四类分别设置了节水考核指标和权重标准。

（四）完善节水政策法规，做到有法可依

山西省于 2012 年颁布实施了《山西省节约用水条例》，对节约用水考核评价标准、用水单位节水评价和监督等内容进行了规定，为开展节水监督考核提供了法律依据。甘肃省出台了《省水利厅关于加强取水许可动态管理实施意见》《甘肃省水资源用途管制实施办法》等强化节水管理的一系列政策文件，对取水许可动态管理、水资源用途管制等方面内容进行了规范，有力推动了节水各项管理措施的落实。

（五）强化节水考核激励，激发节水内生动力

为激发节水内生动力，宁夏 2016 年出台了《宁夏节约用水奖惩暂行办法》，明确对最严格水资源管理和节水型社会建设考核获得优秀等次的地级市进行奖励，对用水总量超过分配指标的设区的市县，实行涉水项目和新增用水"双限批"。2018 年，宁夏又出台了《自治区对市县水资源税奖补办法》，规定依据最严格水资源管理制度和节水型社会建设考核结果以及节约用水情况，对自治区水资源税进行分配。经济奖补等节水考核激励措施的实施，有力驱动了宁夏各市县、各行业节约用水。此外，北京等地区也出台了节约用水有关奖励办法，强化节水考核激励。

三、存在的问题和障碍

在严重缺水地区节水考核工作取得积极进展的同时，各地区在节水考核指标设置、节水计量统计、考核结果运用等方面还存在一些问题和障碍。

（一）节水考核指标设置不完善

一是部分指标设置重点不突出、效果不实用。目前，严重缺水地区均选择了万元 GDP、万元工业增加值用水量等指标作为节水考核中的效率考核指标，而对于反映地区年度节水工作重点和实施成效的指标却鲜有设置，考虑到万元 GDP、万元工业增加值等受区域年度经济形势影响较大，当年的万元 GDP 用水量、万元工业增加值用水量不尽能反映当年的节水进展与成效。二是指标设置未充分考虑区域差异性。由于各地区总体规划、功能定位及自然禀赋不同，节水工作重点和工作难度不尽相同，如多数

严重缺水地区是因为水资源禀赋不足引起的，用水效率和效益不高也是因为多年来的用水结构不优造成的，而目前大部分地区节水考核采用统一的目标指标，未从缺水成因、用水结构、节水难度等因素制定差别化的考核指标体系。

（二）节水考核技术支撑较薄弱

一是用水计量设施严重不足，计量率低。农业用水计量难度大，8个地区灌溉用水计量率普遍较低，城镇和工业用水计量率不高，重点用水单位监控不到位，很多城市居民用水还未实现"一户一表"。二是未建立节水统计制度，缺乏统一的统计标准、实施方法，以及资料收集、汇总管理制度，统计基础薄弱。三是没有形成节水统计指标体系，大量统计数据缺失，多数节水指标数据靠估测获得，现有数据可靠性难以确定，报送的数据也很难核查清楚，给节水考核工作带来了不小困难，如陕西由于统计数据欠缺，导致节水指标未能进入省委省政府考核体系。

（三）节水考核激励机制不健全

一是节水投入不足，除宁夏外各地区节水奖补机制普遍不完善，没有享受与节能减排同等或相似的财税政策支持，对节水技术推广、非常规水源利用等项目几乎没有财政补贴，也未建立对企业节水投资的税收优惠政策，节水内生动力不足，社会资本节水投入的积极性缺乏。二是节水考核体系中，对于在建立财税和金融激励机制、节水技术和工艺推广机制、市场机制等方面工作突出的地方，8个严重缺水地区也均未设置相应的鼓励加分项。

（四）节水考核结果运用不强

目前，8个严重缺水地区节水考核指标虽已纳入最严格水资源管理制度考核，但考核结果运用刚性不足，仅说明考核结果作为地方政府绩效评价的依据，但考核结果交由政府有关部门后，具体如何运用或是否运用却不甚清晰，未对地方政绩考核形成实质性约束。此外，仅有北京、山西、宁夏等地区将部分节水指标作为地方政府绩效考核评分的组成，与环保督查考核相比，在监督作用和影响程度上都有较大差距。特别是，在当前国家大幅精减考核评比，为基层减负的背景下，宁夏、天津等地区均已暂停了最严格水资源制度考核，节水相关指标考核也相应暂停，把节水指标纳入政府绩效考核工作难度加大。

四、相关对策建议

（一）加快落实国家节水行动

强化节水监督考核是《国家节水行动方案》提出的一项重要任务，《国家节水行动方案》明确提出"严重缺水地区要将节水作为约束性指标纳入政绩考核"。深入贯彻落实《国家节水行动方案》要求，建议出台节水工作考核有关规范性文件，进一步细化实化具体实施方案，配套完善有关实施细则和制度措施，突出各级政府节水主体责任，加快推动节水监督考核任务落实见效。

（二）完善节水考核目标指标

在国家大幅精减和整合考核评比背景下，在节水考核目标指标中，建议多吸纳如县域节水型社会建设等能突出节水政策落地、措施落实和实施成效等方面的指标，使考核更注重节水整体结果，而弱化对节水过程的要求，发挥考核导向性，让地方把工作精力放到强化水资源管理工作，而非应付考核。同时，在制定考核指标时，尽量制定适合不同地区的节水考核指标，对地下水超采地区、缺水地区、沿海地区等不同考核要求，应统筹考虑缺水成因、用水结构、节水重点难点等因素，形成体现区域差异化的评价体系。

（三）健全节水考核激励机制

一是推动建立财政奖补政策。建立财政节水以奖代补专项资金，实施节水奖励，重点对在用水定额标准修订、节水型社会建设、非常规水源利用、节水技术研发、重点用水单位监控等方面工作突出的地区实施奖励，激发节水内生动力。二是在节水考核体系中设置鼓励加分项。对于在建立节水制度体系、财税和金融激励机制、工作协调机制、宣传教育和公众参与机制、节水技术和工艺推广机制、市场机制等方面工作突出并获得良好成效的地区给予加分。

（四）强化考核结果运用

积极推动严重缺水地区结合地区实际，把节水考核结果纳入地方政府绩效考核体系，对用水效率不高、考核结果较差的地区进行通报督导，强化节水责任追究，加快研究制定节约用水奖惩相关配套政策文件，建立健全用水节奖超罚机制；督促各级地方政府将节水目标任务纳入地方国民经济和社会发展规划，将节水作为规划投资重点领域，予以保障。同时，完善节水法律法规，加快出台《节约用水条例》，实现节水考核制度法定化，为把节水作为约束性指标纳入政绩考核提供有力法律依据。

参考文献

［1］　水利部水资源管理中心. 各地实行最严格水资源管理责任与考核制度情况汇编［M］. 北京：中国水利水电出版社，2010.

农业生产取用水征收水资源税现状及问题分析

周 飞 戴向前 刘 啸

水利部发展研究中心

自 2016 年 7 月河北省开展水资源税改革试点以来，我国水资源税改革试点已扩大到 10 个省（自治区、直辖市）。农业作为第一大用水户，近两年年用水量 3700 多亿立方米，占我国总用水量的 60％以上，当前农业用水还存在利用效率不高，用水浪费严重现象。随着水资源税改革试点工作的逐步推进，农业生产取用水水资源税征收问题备受关注，一方面要通过经济杠杆促进农业全面节水，另一方面要保障粮食生产，不增加农民负担，为此探讨分析农业生产取用水水资源税征收有关问题，旨在进一步促进水资源节约与合理开发利用，促进水资源可持续利用。

一、现　　状

《水资源税改革试点暂行办法》和《扩大水资源税改革试点办法》对农业生产取用水的纳税主体认定、用水限额制定、取用水量核定、优惠税额标准等方面作了具体规定。

（一）各地纳税主体认定

关于纳税人，均明确取用地表水、地下水的单位和个人，为水资源税纳税人。在试点中，河北省规定对取用地表水且灌区末级渠系有取用水管理人的，认定该管理人为纳税人；无取用水管理人的，认定灌区管理机构为纳税人。对取用地下水且装有计量设施的，以终端计量取用水户为纳税人；未安装计量设施的，以向供电公司计量缴费的单位或管理人为纳税人。四川省规定农业生产取用水水资源税的纳税人为除规定情形外直接取用地表水、地下水从事农业生产的单位和个人，其中农业灌溉取用水的纳税人包括灌区管理单位及其他单位和个人。

（二）用水限额

从制度上看，2006 年《取水许可和水资源费征收管理条例》中对农业用水限额早有规定，如第三十三条"直接从江河、湖泊或者地下取用水资源从事农业生产的，对超过省、自治区、直辖市规定的农业生产用水限额部分的水资源，由取水单位或者个人根据取水口所在地水资源费征收标准和实际取水量缴纳水资源费"。水资源改革后，2016年《关于印发水资源税改革试点暂行办法的通知》和2017年《扩大水资源税改革试点实施办法》也明确对超过规定限额的农业生产取用水从低确定税额，征收超限额农业生产用水水资源税。

从各地制定情况看，河北农业用水限额是对灌溉定额的重新综合，定义用水限额为一定区域内能够满足主要作物或者畜禽正常生产所需要的年度取用水量。限额标准主要参考河北省地方标准《用水定额》（DB13/T 1161—2016），其中种植业、林业用水考虑农业灌溉分区、水文年份、灌溉形式、农作物类型等因素综合确定；畜牧业考虑养殖产品、养殖规模等因素确定，水产养殖业主要考虑全省灌溉分区、蒸发量等因素。

北京农业用水限额为实际用水量的50％；设施农业和露地瓜菜，限额标准为每亩每年360m³；经济作物限额标准为每亩每年80m³；小麦两茬平播限额标准为每亩每年220m³；其他粮食作物（春玉米、谷子、高粱、豆类和薯类等），限额标准为每亩每年80m³。

山西目前尚未出台明确限额标准，但提出农业用水限额，主要根据一定区域内能够满足主要农作物或者畜禽正常生产所需要的年度取用水量确定。应按照灌溉分区和水源类型确定不同地区种植业、林业单位用水限额；按照行业类别和产品类型确定不同畜禽的单位用水限额；按照不同产品类型分区确定水产养殖的单位用水限额。

内蒙古农业用水限额，按种植业、畜牧业、水产养殖业、林业等分类制定。其中种植业、林业用水限额标准考虑灌溉分区、水源类型（地下水、地表水）等确定。畜牧业根据不同畜禽类型确定限额值，水产养殖规定全自治区统一限额。

陕西农业用水限额标准无明确文件，管理时直接套用《陕西省行业用水定额》。

四川农业用水限额按大于等于定额标准确定。其中农业灌溉用水限额，以市级行政区为单元，采用《四川省水资源公报》21个市（州）近5年农业灌溉用水量和灌溉面积、333个典型灌区分析、四川省地方标准《用水定额》（DB51/T 2138—2016）推算等方法，取其最大值，再用最大值与2017年省政府最严格水资源管理制度考核各市（州）的农田灌溉水有效利用系数则算为最终限额值。畜牧业、水产养殖业、林业等取用水直接以四川省《用水定额》作为限额。

宁夏尚未出台明确限额标准，目前用水限额核定没有按照定额，主要以确权水量作为限额标准，且确权水量仅定到计量单元，并未定到农户。天津、山东目前尚未出台明确限额标准。

（三）用水计量

据统计，2017 年河道外取水口门共 650188 处，其中农业取水口门 469702 处，已安装计量设施的取水口门 197932 处，计量设施安装率为 42.1%。从各省情况看（含非试点地区）仅北京、江西、湖南等 8 个省（自治区、直辖市）取水口门计量设施安装率大于 80%，其中湖北省农业计量设施安装率最高，达到 100%；陕西、福建、贵州和四川等 4 省为 50%～80%，其余省份均低于 50%，其中黑龙江最低，仅 0.75%。对于灌溉机井，有条件的地区结合农业水价综合改革项目，安装一体化智能电表，同步记录取水信息，但仍有大部分尚未安装计量设施（表 1）。

表 1　2017 年试点省份河道外取水水源工程计量设施安装情况统计

省　份	农　业	
	取水口门数/处	设施安装率/%
北京	13240	90.47
天津	10518	11.34
河北	132880	39.77
山西	8685	79.46
内蒙古	2174	38.22
山东	30078	34.81
河南	616	93.18
四川	370	61.35
陕西	15715	99.73
宁夏	152	85.53

试点地区水量核定方法。针对农业用水计量设施不完善，特别是取用地下水无法计量取水量的问题，水资源税改革试点省份创新水量核定方法，按电计量、以电折水办法进行水量核算，河北先行先试，北京、内蒙古等扩大试点省份也参照河北做法，对尚未安装水表、水表毁损或计量设施不准的按照以电折水方法核定取用水量。以河北省为例，以电折水主要是通过根据各典型机井用电量和相应取用水量关系等相关资料，按照水资源分区，形成深层水和浅层水以电折水系数测算成果。各市县结合实际，选取各区域以电折水系数，将纳税人用电量按相应系数折算为取用水量。

（四）税款征收

目前，10 个试点省份正积极探索农业生产用水水资源税征管工作，但受纳税人认定、用水限额标准制定、水量核定等条件制约，多数省份尚未开征农业水资源税。

两个典型省份，如河北省作为首个水资源税改革试点耗费大量人力、物力、财力，探索农业水资源税征管。按照《水资源税改革试点暂行办法》（财税〔2016〕55 号）、《河北省水资源税改革试点实施办法》（冀政发〔2016〕34 号）和《河北省农业用水限额及水量核定工作办法（试行）》（冀水资〔2017〕19 号）等文件要求，从 2017 年 1 月 1 日起对超限额的农业生产取水征收水资源税，按年申报缴纳。征收标准为地表水为 0.1 元/m³，地下水为 0.2 元/m³。2017 年共认定农业水资源税纳税人 56 万户，核定超限额用户 16416 户，应征超限额农业生产水资源税约 3500 万元。北京市目前正积极开展水产养殖户和畜牧养殖场农业用水税源摸底调查工作，已获取信息包括水产养殖户 2500 户、畜牧养殖场 1200 户、涉农取水许可证 5000 余套，目前仍处于调研和税源核实中。

二、存在问题与分析

（一）纳税主体

目前，农业生产取用水水资源税纳税人认定落实难，主要原因税源分散。据统计，全国共有承包农户约 2.3 亿户，承包集体耕地面积约 13.5 亿亩，基本上已经实现家庭联产承包责任制全覆盖，经营模式主要包括以家庭为单位的分散农户、家庭农场、农村集体土地股份合作制、专业合作社、农村集体经济组织等，其中通过土地流转的规模经营大户、家庭农场、村集体组织等承包的耕地面积占总面积的 1/3，约 5 亿亩。其他 10 多亿亩仍为家庭联产承包责任制下分散经营的农户经营，基数庞大。

（二）用水限额

目前，实际执行用水限额的省份较少，问题暴露尚不充分，难以分析限额标准是否合理，但可从理论与实际两方面综合分析。从理论上讲，限额本身是对某个数量范围的限定，不能超过该数额标准，如转账或支付限额、单位产品能耗限额等，均是对数额上限的规定。用水限额是对用水总量或单位面积用水量上限的规定，不能超过这一限额标准，超过规定限额应停止当前取用水行为，超过限额标准则属于违法行为，应进行行政处罚。国务院令第 460 号令中第二十七条明确规定"依法获得取水权的单位或者个人，通过调整产品和产业结构、改革工艺、节水等措施节约水资源的，在取水许可的有效期和取水限额内，经原审批机关批准，可以依法有偿转让其节约的水资源，并到原审批机关办理取水权变更手续"，超过规定取水量的按《中华人民共和国水法》第六十九条"未依照批准的取水许可规定条件取水的，限期采取补救措施，处两万元以上十万元以下的罚款；情节严重的，吊销其取水许可证"等规定实施行政处罚。

从各试点地区用水限额标准上看，用水限额大多是综合用水定额或直接按定额执行，相关概念同用水定额相似，如《河北省农业用水限额及水量核定工作办法（试行）》和《内蒙古自治区农牧业生产取用水限额标准及取用水限额标准及水量核定办法》定义用水限额为"一定区域内能够满足主要作物或者畜禽正常生产所需要的年度取用水量"；《灌溉用水定额编制导则》（GB/T 29404—2012）明确灌溉用水定额是"在规定位置和规定水文年型下核定的某种生物在一个生育期内单位面积的灌溉用水量"，为单位面积内作物生理需求水量。

从水资源税改革意义上看，对超限额农业生产用水征收水资源税，是通过合理划定农作物或畜禽养殖正常生产所需要水量标准，对超过正常需求标准的，征收水资源税，达到倒逼用水户通过调整灌溉方式、优化种植结构等节水目的。《水资源税改革试点暂行办法》和《扩大水资源税改革试点办法》中规定的农业用水限额实际指征收水资源税的界限，而不是上限。

（三）用水计量

目前，北方平原地区以可采用以电折水等当前最为适合的方法核算水量，但对于山区水源分散、取水量小的区域，许多地方无法采用此方法。10个试点省份大多数为北方地区，水资源税改革试点实施办法推开还面临21个非试点省份大部分为东南、西南等南方省份，除大中型灌区有计量设施外，其他分散的小型农田基本无计量设施。河北省"以电折水"等可行的用水计量方法能够对取用水量进行间接计量，但也需进一步探索和完善。一是以电折水方法推广，需要在农业用水井加装电表，需要大量的人力物力和政府支持，工作量大、耗时长。二是以电折水计量方式准确性受多种因素如机井情况、灌溉面积、分电比例等影响，造成核定后水量变化较大。三是农业用电量数据获取较难，电力部门农业灌溉用电电表更新也会造成原认定的纳税人信息与更新后用电户信息不匹配。

（四）税款征收

多数试点省份改革前尚未对农业用水征收水资源费，在目前脱贫攻坚和农业减负背景下，农业除烟叶税外基本已取消其他所有农业税，农业水资源税征管从纳税主体认定、限额制定到用水核量均存在较大难度，导致在实际农业水资源税征管中，主动纳税率较低，试点各省市自治区农业水资源税征收普遍反映征收难，征管成本高。

三、对　策　建　议

（一）进一步明确农业生产用水征税范围

对普通农户征收水资源税大部分省份均存在税源信息难以掌握，用水限额制定难、计量难等问题。考虑农业水资源税征管实际和国家对农业减负的总体要求，一是将农业产业化企业、专业合作社、养殖场等规模化的农业生产用水户认定为水资源税纳税人。二是出台农业纳税人认定标准和划分依据，不以个体农户作为纳税人，实现纳税人认定区域化和规模化。三是鼓励地方因地制宜，探索合理可行的纳税人认定方式，如参照河北省"水随电走、以电折水"等认定模式。

（二）修改"限额"为"定额"

考虑国家改革和地方实际，结合限额理论含义，建议将用水限额改为用水定额。一是水资源税改革向全国推行后，地方不再需要单独制定用水限额标准，可减小地方改革难度。二是国家一系列重大改革如农业水价综合改革实行农业用水定额管理且逐步实行超定额累进加价制度，将限额等于定额，有利于水资源税改革同农业水价综合改革协同推进。三是用水定额水利部已出台编制导则，易于地方落实和可操作。水利部今后要建立科学的节水标准和定额指标体系，是否超定额将为判断节水的重要标志。定额内的用水户达到节水要求，不征收水资源税。对超过定额的用水户，征收水资源税，可促进农业节水，符合水资源税改革初衷。四是将两条农业用水管理红线（限额和定额），统一为一条，有利于促进农业用水管理规范化，紧扣国家"定额管理、总量控制"的水资源管理要求。

（三）因地制宜完善计量体系

建议按照纳税人认定范围，先易后难逐步推进完善用水计量设施。优先完善以村集体经济组织、农民用水合作组织、家庭农场、农业产业化企业为用水主体的用水（或以电折水）计量设施。逐步推进分散农户集约化管理，不断完善用水计量条件，完善以电折水系数标准，鼓励地方因地制宜，探索用水量—灌溉面积曲线等其他合理可行的用水计量方式。

参考文献

［1］　戴向前，周飞，廖四辉. 扩大水资源税改革试点进展情况分析［J］. 水利发展研究，2019（3）.
［2］　陈丹，马如国. 宁夏水资源税改革试点探索与对策建议［J］. 中国水利，2019（13）.

规范政府采购执行　强化水利资金监管

沈桑阳

水利部预算执行中心政府采购处

引　言

党的十九大将"坚持新发展理念"作为新时代中国特色社会主义基本方略之一，提出"使市场在资源配置中起决定性作用，更好发挥政府作用"；同时，部署深化全面依法治国，要求建设法治政府，推进依法行政。政府采购一头连着政府、一头连着市场，是政府作为财政资金使用主体参与市场活动并发挥引导作用的重要形式和具体体现。水利部政府采购涉及资金使用点多、面广、线长，是落实鄂竟平部长关于"水利行业强监管、水利工程补短板"总体要求的重点领域之一。2013 年以来，水利政府采购资金规模始终维持在 20 亿元以上，年均增长约 35％，到 2018 年达到近 40 亿元。依法依规实施政府采购，确保财政资金使用安全高效，对于在新时代更加有力保障水利事业发展具有重要的现实意义。

需要说明的是，政府采购在中央和地方各层级实施，各级有各级的特点。考虑到中央层面政策集中性强、示范意义突出，故本文将聚焦中央单位政府采购活动，但所议问题和所提建议对地方单位也有一定借鉴和启示。

一、水利部政府采购执行总体情况

政府采购在我国起步较晚，1996 年开始在上海试点，2003 年《中华人民共和国政府采购法》（简称《政府采购法》）正式实施。需要说明的是，《政府采购法》不是程序法，政府采购也不仅是招投标，其涵盖的内容更加广泛。本文在明确政府采购相关关键概念的基础上，对水利部政府采购执行情况进行总体回顾。

（一）政府采购关键概念界定

《政府采购法》（2003 年起实施，2014 年修正）第一章第二条明确了政府采购基本概念。《中华人民共和国政府采购法实施条例》（2015 年实施）对有关概念进一步细化说明。

1. 采购主体

《政府采购法》明确政府采购主体为"各级国家机关、事业单位和团体组织"。据此，一方面国有企业的采购规模虽然很大，但并不属于政府采购主体；另一方面，政府采购与政府购买服务有所不同，前者适用范围包括事业单位和团体组织，后者仅限于行政机关。

2. 采购资金

《政府采购法》规定，使用财政性资金的采购行为纳入政府采购管理。《中华人民共和国政府采购法实施条例》第二条进行细化，明确财政性资金是指纳入预算管理的资金。以财政性资金作为还款来源的借贷资金，视同财政性资金。按照新《中华人民共和国预算法》《行政单位财务规则》（财政部令第 71 号）和《事业单位财务规则》（财政部令第 68 号）要求，明确行政单位、事业单位的各项收入和各项支出应当全部纳入单位预算，统一核算，统一管理。此外，国家机关、事业单位和团体组织的采购项目既使用财政性资金又使用非财政性资金的，使用财政性资金采购的部分，以及财政性资金与非财政性资金无法分割的，纳入政府采购管理。

3. 限额标准

限额标准包括分散采购限额标准和公开招标限额标准两类，由国务院、省（自治区、直辖市）人民政府或其授权的机构分别根据实际情况制定相应层面的具体标准。目前，中央和国家机关的分散采购和公开招标限额标准仍沿用《国务院办公厅关于印发中央预算单位 2017—2018 年政府集中采购目录及标准的通知》执行，即分散采购限额标准为单项或批量金额达到 100 万元以上的货物和服务的项目、120 万元以上的工程项目，公开招标限额标准为货物、服务 200 万元，工程按照招投标法有关规定执行。

4. 采购方式

政府采购的采购方式除常用的公开招标以外，还有邀请招标、竞争性谈判、竞争性磋商、单一来源和询价。每种方式的具体适用范围均有相关制度予以明确。

（二）水利部政府采购执行总体情况

2003 年《中华人民共和国政府采购法》颁布实施以来，水利部认真贯彻落实法律精神和政策要求，切实加强组织机构建设，建立健全采购制度，规范采购程序，拓宽采购范围规模，监督管理逐步完善，推动水利政府采购规模稳中有增、工作水平不断提升、在本领域影响力日益扩大。

2014—2018 年 5 年间，水利部政府采购规模依次达到 30.79 亿元、26.96 亿元、

32.83 亿元、40.52 亿元、38.13 亿元。本文对上述数据的具体采购方式执行金额进行了分析，结果显示：一是政府采购主要通过公开招标实施。公开招标占比为 80％～95％。公开招标的绝对主体地位，是法治政府建设深入推进，政府发挥作用促进巩固公平公正公开市场交易环境的现实体现。二是竞争性磋商实际发生金额最低。竞争性磋商是财政部于 2014 年创新推出的政府采购方式，使用范围较广、使用条件多考虑项目特点，在适用范围和操作便利性上优势比较明显。但水利部 2015 年仅有 50 余万元项目执行了竞争性磋商方式，2016 年开始有所增长，但每年占比在 0.5％左右。三是单一来源在非招标方式中实际发生金额最高。单一来源方式在五种非招标方式中，适用面最窄，但占比最大。不过，随着市场竞争日益充分，采取单一来源方式的采购规模也在下降。至 2018 年，单一来源方式资金占比较 2014 年下降了 60％。

综合上述情况发现：一是政府采购资金规模大，是财政资金使用的重要方式，加强政府采购管理应当成为加强资金监管的重要内容。二是一些创新型政策设计和采购方式存在执行不充分、不到位的现象。一些政府采购从业人员对新政策、新举措了解得不及时、不全面，对各种实施方式内涵、适用范围条件和相对优劣把握得不系统、不精准。

二、政府采购执行中存在的问题

党的十八大以来，党中央、国务院作出了一系列重大决策部署。政府和市场关系的新定位、推进依法行政的新任务、"十三五"发展的新理念和放管服改革的新举措，都对优化政府采购交易规则、加强采购活动中的权力制约、落实采购政策功能、完善政府采购监管机制提出了更高的要求。上述数据分析，结合实际工作，我们发现，当前政府采购执行存在一些问题。

（一）思想认识不够到位，轻采购重程序导向明显

政府采购自实施以来已走入第 17 个年头，采购规模逐年增长。根据财政部公开数据显示，2017 年全国政府采购规模达 32114.3 亿元，比上年同口径增加 6382.9 亿元，增长 24.8％，占全国财政支出和 GDP 的比重分别为 12.2％和 3.9％，与发达国家占GDP 比重的 15％～20％仍有较大差距。同时，近年来，政府采购多次曝出天价采购、奢侈采购等负面新闻。首要体现的就是主观认识不到位的问题，仅仅把政府采购当做花钱的手段，没有认识到政府采购是财政资金使用的重要方式，是政府形象的重要体现。一是一些采购人存在重视争取预算安排，抱着"先有米，做什么回头再说"的想法，重预算轻采购。二是在执行过程中，往往侧重程序执行，轻需求管理和履约验收

管理，认为只要按照政策规定走了程序就没问题，存在"过关心态"，对于采购货物或服务的技术指标、经济效益、与用户需求的契合程度、采购结果的效益实现情况等往往不够重视。甚至于一些项目每年都用同一个招标文本，找同一批专家，走走过场，发个结果公告，就算是"信息公开"，而忽视了根本上的项目需求设置，对结果也不进行验收，出现"天价采购"，造成财政资金浪费。三是对政府采购政策不熟悉，出现应采未采、应统未统、应公开未公开等情况。有些采购人一听政府采购，认为就是要公开招标，总想以"时间长、程序烦琐"逃避政府采购，殊不知政府采购还有其他5种非招标方式。这些认识上的偏差，反映出对于政府采购工作意义和作用的认识不充分、站位不高，影响的是对政府采购相关环节的内控把握不全面、重点不突出。

（二）内控制度不够完善，科学性和指导性有待加强

随着各项改革不断推进，政府采购政策密集发布。近年来，财政部先后印发修订《中华人民共和国政府采购法实施条例》《政府采购货物和服务招标投标管理办法》等十余项相关制度。制度的出台，进一步明确了采购人主体责任，完善了监管措施，降低了制度性交易成本。同时明确政府采购管理的重心更多向采购需求和履约验收环节延伸，实现政府采购管理没有盲区、不留死角。实际工作中，多数单位能建立基本的政府采购制度框架，但制度侧重在流程管理，与财政部政府采购管理方向有偏差。具体包括：一是制度制定理念存在偏差。比如把采购等同于招标，把基建项目等同于工程项目招投标，认为凡是使用基本建设资金采购的项目都应该执行招投标法，不应执行政府采购法，造成制度制定的不准确。二是个别单位"以文件落实文件"，简单照搬财政部相关政策说法，没有与本单位实际情况相结合，制度规定不落地。三是制度多还仅停留在搭建管理框架、理顺管理流程、明确不同部门职责等层面，更多体现的是"程序导向型"的管理理念。

（三）机制队伍不健全，政府采购效用难以发挥

2016年，财政部出台《关于加强政府采购内部控制管理的指导意见》，提出以"分事行权、分岗设权、分级授权"为主线，通过制定制度、健全机制、完善措施、规范流程等措施，逐步形成依法合规、运转高效、风险可控、问责严格的政府采购内部运转和管控制度，做到约束机制健全、权力运行规范、风险控制有力、监督问责到位，实现对政府采购活动内部权力运行的有效制约。现实中，机制队伍是制约各单位加强政府采购管理的共性短板。一是政府采购和业务工作未有机融合。内控管理游离在业务工作之外，存在"两张皮"问题，无法有效实现"分工制衡与提升效能并重"的目标。以履约验收环节为例，实践中，政府采购工作人员对业务知识和技术特点入门难、

基础弱，难以有效发挥内控作用。二是业务人员对政府采购内控政策接触少、不了解，容易陷入仅就业务内容看待政府采购内控的局限，造成项目实施与政府采购内控脱节。另外，在队伍建设上，不少单位的政府采购工作人员属兼职性质，人员不稳定，难以保障"合理设岗、强化权责对应"的目标。

三、建　议

政府采购是财政支出改革的"三驾马车"之一，是财政资金使用的重要内容，切实加强政府采购管理至关重要。

（一）加强政策学习，进一步强化主体责任意识

党中央、国务院就进一步理顺政府和市场关系、推进依法行政作出了一系列新决策新部署，推出了"放管服"改革等一系列新理念新举措，对优化政府采购交易规则、加强采购活动中的权力约束、落实政府采购政策功能、完善政府采购监管机制作出了一系列新设计新安排。采购人要加强学习，充分认识国家宏观导向和政策环境变化新趋势，积极适应政府采购管理从程序导向性向结果导向性的转变、从强调公开招标向强调竞争性的转变，加强政府采购相关政策学习，准确把握政府采购内涵，了解政府采购关键环节要求，在需求管理、落实政策、履约验收、信息公开等各个方面体现主体责任，确保政府采购活动合法合规、规范有序。

（二）完善制度建设，积极构建政府采购全流程管理体系

按照财政部《关于加强政府采购活动内部控制管理的指导意见》要求，查摆自身在制度建设上的漏洞和不足，有针对性地进行弥补和加强，将政府采购管理作为本单位内部控制管理重要组成部分，面向预算编制、需求审核、执行监管和履约验收全过程强化配套管理制度。在现有制度基础上，要尤其注重政府采购资金使用的绩效评价以及内控建设评价。2018年9月25日，《中共中央　国务院关于全面实施预算绩效管理的意见》正式公布，明确要以全面实施预算绩效管理为关键点和突破口，推动财政资金聚力增效，提高公共服务供给质量，增强政府公信力和执行力，力争用3～5年时间基本建成全方位、全过程、全覆盖的预算绩效管理体系。政府采购作为财政支出的主要方式，应当紧跟财政部安排，将政府采购绩效评价作为预算项目绩效评价的重要内容，侧重政府采购政策功能落实制定绩效目标。

（三）突出首尾环节，积极构建相互衔接的运行机制

首尾环节，即政府采购的需求制定环节和履约验收环节。落实采购部门、财务部

门、业务部门和资产管理部门等在政府采购中的具体责任，建立起分工明确、各负其责的管理体制。紧盯源头发力，认真落实加强政府采购需求管理的要求，对重点项目要注重采取采购、财务、业务部门会商研究的方式，既合力推动又分工制衡，更好保障采购需求科学、合理。聚焦终端用劲，严格对照需求清单核实履约实际，形成具体化的验收意见，并做好项目公开，接受社会监督。进一步完善政府采购运行机制，实现政府采购与预算管理、资产管理、国库支付等工作的有机融合，强化采购预算和计划的约束，规范采购执行各环节，推进政府采购业务流程标准化和规范化。适时开展政府采购内控建设评价工作，对政府采购关键环节，如组织体系建设、制度建设、基础工作水平、政策执行力度以及预算项目执行情况等为主要内容的绩效评价机制，督促各单位提高政府采购管理水平。

（四）强化日常监督，进一步提升水利资金监管水平

建立健全以单位财务部门为主，纪检监察部门、审计部门配合的政府采购监管机制。创新监督管理手段，通过对政府采购执行环节的重点检查和日常监控，完善有利于反腐倡廉建设的监管体系，全面提升监督管理水平。日常监控环节，侧重对政府采购关节环节的把控，加大对政府采购预算的审核力度，加大对政府采购计划、执行等基础数据审核，对审核中发现的疑点数据及时进行核实。对资金量较大或者向社会公众提供服务的项目，应当做好需求论证工作，应鼓励采购人员、业务人员、纪检监察、审计等多方共同参加，形成明确意见，提升水利资金监管水平。

创新审计监督　发挥强监管实效

曹西茜

水利部审计室

创新审计监督是新时期水利改革发展对水利审计提出的新要求，也是提升审计监督效能、扩大审计影响力的重要途径，对推进水利改革发展、规范单位内部管理、完善内部控制、防范风险隐患具有重要意义。水利审计监督作为新时期加强水利行业监管的重要组成部分和坚实保障，要紧紧围绕水利改革发展总基调，找准工作切入点和发力点，不断提升监督效率和质量，努力开拓创新，切实发挥强监管成效。

一、强监管对审计监督提出的新要求

2014 年 3 月，习近平总书记就保障国家水安全发表重要讲话，提出"节水优先、空间均衡、系统治理、两手发力"的治水思路，为做好水利工作提供了思想武器和根本遵循。新一届部党组积极践行十六字治水思路，围绕新时期治水主要矛盾的深刻变化，提出当前和今后一个时期水利改革发展的总基调为"水利工程补短板、水利行业强监管"。总基调对新时期的水利审计监督提出了新目标新要求，水利审计要实施更加精准有力的审计监督，确保补短板到位，强监管有力。

(一) 审计监督要以着力推进水利改革发展为目标

新时期水利改革发展迎来新契机，也面临新情况、新问题，水利审计在服务水利改革发展大局中的重要作用越发凸显，审计监督具有全面性、专业性、连续性等特点，对新时期水利改革发展的影响是全方位、全过程和全局性的。水利审计要紧紧围绕水利改革发展总基调，通过审计监督摸清真实情况、反映突出问题、揭示风险隐患，并推动及时有效解决问题。强监管下水利审计承担的监督任务更多、范围更广、层次更深、标准更高，水利审计要及时调整工作思路和工作重点，认真履职尽责，勇于开拓创新，为水利改革发展保驾护航。

(二) 审计监督要以努力实现监督全覆盖为遵循

审计监督全覆盖是党中央对改革审计管理体制的重大决策部署，是充分发挥审计监督作用的必然要求，也是适应水利改革发展的必经之路。审计监督全覆盖对监督的力度、广度和深度提出了更高的要求，水利审计要围绕重点，突出难点，既要实现监督领域的拓展，又要形成全过程监督，通过有效整合审计资源，统筹安排审计力量，努力提高工作效率，实现水利审计监督效率与质量双提升，推进水利审计监督实现高质量全覆盖，确保强监管有力。

（三）审计监督要以全面提升监督质量为核心

水利审计监督始终坚持审计质量优先，从审计项目的前期准备、现场实施、交换意见、出具报告到整改落实阶段，实现全过程审计质量控制；通过不断完善审计工作机制，拓展审计工作领域，提升审计人员能力素质，优化审计工作方式方法，全方位提升审计监督质量。水利审计监督作为强监管的重要手段，只有不断提升监督质量，才能全面履行审计监督职责，有效提升审计监督效能，充分发挥水利审计在推动部党组重大决策部署贯彻落实、维护水利资金安全、提高资金使用效益、规范权力运行、加强内部控制与推进廉政建设等方面的积极作用。

（四）审计监督要以积极运用新技术新方法为手段

审计任务与审计资源之间的矛盾普遍存在，在部分单位表现得尤为突出，这就必然要求不断提高审计监督效率，水利审计要坚持创新发展的思维方式和工作方法，一方面，通过提前做好审计工作规划，聚焦审计工作重点，有效整合审计资源，统筹安排审计力量，努力提高审计工作效率，实现"一审多果、一果多用"；另一方面，要积极推进科技强审，充分借助大数据、智能化、移动互联网和云计算等高科技信息辅助手段，以信息系统平台为载体，以大数据为依托，为审计监督工作的高质、高效、多元化、多角度提供关键技术支持，推动新时期水利审计监督的创新发展。

二、强监管下审计监督面临的挑战

水利审计监督作为内部管理规范化、风险防范常态化的一项重要制度设计，每年通过开展大量的工作，如经济责任审计、工程项目竣工决算审计、重大工程项目年度跟踪审计、预算执行审计、专项审计调查和绩效审计等，形成丰硕的审计成果。与新时代水利改革发展的新要求相比，水利审计监督依然面临新的挑战，需要在未来的工作中不断优化和完善。

（一）审计监督领域需要进一步拓展

新时期围绕水利改革发展总基调，审计监督既要全面覆盖重大事项，又要突出重点业务领域。过去，水利审计监督以部管领导干部经济责任审计、水利工程项目竣工决算审计和已完财政项目验收审计为主；现阶段，伴随治水主要矛盾的变化和治水思路的转变，面对日益突出的水资源短缺、水生态损害、水环境污染等问题，水利审计要拓展审计监督领域，围绕水资源管理、水生态保护、水利建设与运行管理、水利工程移民、重大水利工程及调水工程管理等重点领域开展专项审计调查，加大审计监督力度，摸清政策实效，防范化解风险。

（二）审计监督力度需要进一步加大

新时期围绕水利改革发展总基调，审计监督要不断加大监督力度，不断深化监督层次。过去，水利审计开展事后审计监督较多，事前及事中监督相对较少，如：开展领导干部离任经济责任审计项目多、任中经济责任审计项目少；开展工程项目竣工决算审计多，工程建设项目全过程跟踪审计少；现阶段，水利审计逐步加大事前与事中监督力度，但总体比重不高。强监管环境下更加关注水利审计风险防控作用的发挥，审计监督要进一步加大对重大工程项目跟踪审计、投资建设项目中期审计力度，推进监督关口前移，及时发现关键环节存在的突出问题，及时提出加强监管和风险防控建议，不断提升审计监督质量和层次。

（三）审计监督成果需要进一步巩固

新时期围绕水利改革发展总基调，审计监督要不断深化审计成果运用，切实发挥强监管成效。审计监督成果最直接的表现形式即针对审计发现问题认真组织整改落实，审计整改情况作为审计监督的"最后一公里"，是审计工作的重要组成部分，也是对审计监督成效的最好检验。水利审计在工作中发现，单位普遍比较关注审计查出问题的数量、严重程度及涉及违规金额的大小，对认真做好审计查出问题的整改落实，以及如何进一步深化审计整改成果的运用重视不够，缺乏对审计发现问题的深入思考，对如何利用审计成果改善内部管理中存在的问题和防范潜在的风险考虑不多。水利审计要继续扩大审计整改落实情况后续跟踪审计范围，加大审计频次，推动审计整改做细做实，进一步巩固审计监督成果。

三、强监管下创新审计监督的有力举措

新时期水利事业迎来新局面，水利审计面对履职形势的新变化，要从水利改革发展全局出发，认真履职尽责，努力开拓创新，聚焦重点领域，坚持靶向发力，全面提升审计监督质量，充分发挥审计监督强监管实效，展现新作为，实现新发展。

（一）以资金监管为靶向，精准实施强监管

近年来，水利工程项目投资规模不断攀升，截至 2018 年年底，在建水利工程投资资金规模已超过 1 万亿元，水利审计始终坚持以资金监管为核心，以资金流向为主线，重点监督水利资金使用的合规性与资金使用绩效，密切关注水利资金分配、拨付、管理、使用等各个环节，通过审计监督，防止资金闲置或浪费，督促盘活财政资金，提高财政资金绩效。水利审计通过开展水利扶贫资金专项审计，推动扶贫政策落实和扶贫资金安全、高效使用；通过开展水保建设工程奖补资金管理使用情况审计，加大对专项资金的跟踪问效，提高资金使用效益；通过开展落实中央水库移民后期扶持资金管理使用情况调研，强化对后期扶持资金审计情况的指导监督；通过开展三峡后续工作项目专项审计，分析专项资金支付滞后的主要原因，提升专项资金拨付使用效率，切实发挥水利审计监督在维护水利资金安全、提高资金使用效益方面的重要作用。

（二）以关键领域监管为重点，全面推进强监管

水利审计监督要坚持从部党组关注的重点问题出发，突出重要资金和重大项目，围绕关键业务领域，拓展监督范围，加强监督力度，全面推进强监管。围绕水利工作攻坚战，审计监督将重点开展对落实中央水库移民后期扶持资金管理使用情况审计调研，确保后期扶持政策落地落实；对地下水超采综合治理试点项目的经费使用及任务实施情况开展专项审计调查，促进加强地下水超采综合治理工作。围绕重点领域提档升级，审计监督将重点开展对重大信息化项目竣工决算审计，促进水利信息化建设提档升级；对 172 项重点水利工程开展竣工决算审计，为项目验收和竣工财务决算审批提供支撑。围绕水利发展底线任务，审计监督将重点开展对病险水库除险加固项目专项审计调查，促进各级水行政部门采取切实有效措施，高质量完成病险水库除险加固任务；对部直属重大工程建设项目进行年度跟踪审计，加强过程监督，促进提高管理水平，有效防范化解风险。

（三）以事前监管为突破，逐步深化强监管

水利审计监督要逐步推进监督关口前移，着力发挥事前预防作用，进一步强化事前与事中监管，加大对各类风险隐患的揭示力度，重点从体制机制等顶层设计方面研究解决问题和化解风险的方法。近年来，水利审计组织对部直属重大工程建设项目开展年度跟踪审计，加强过程监督，督促资金落实到位、投资控制有效、工程如期完成，促进提高管理水平，有效防范化解风险；组织对重大信息化项目开展中期审计，针对建设进度、概算执行和资金管理等关键环节，督促项目法人立行整改，查缺补漏，按

照验收要求提前做好相关工作。现阶段，水利审计将逐步实施部管领导干部任中经济责任审计，进一步强化对权力运行的制约和监督。水利审计将进一步加大对重大水利工程项目开展全过程跟踪审计，掌握水利资金拨付、管理、使用等情况，及时发现问题，有效防范风险，推动工程效益发挥。水利审计将密切关注水利改革发展的关键领域，及时发现苗头性问题，及时作出预警，及时提出强监管建议，充分发挥审计监督的事前风险防范作用。

（四）以监管成果为目标，认真落实强监管

水利审计将不断深化审计监督成果运用，以问题为导向，以整改为目标，督促审计发现问题整改落实到位，确保强监管成果发挥实效。近年来，水利审计加大对重大水利工程建设项目整改落实情况跟踪审计力度，对照审计发现问题逐项进行督导，确保审计整改落实到位不走过场，保障中央兴水惠民决策部署落到实处；组织对经济责任审计提出问题整改落实情况开展后续审计，督促被审单位建章立制，堵塞漏洞，加强内部控制，提高管理水平；组织对多家单位开展审计回访，现场座谈，查阅资料，逐项核实审计发现问题整改情况，深入了解相关内部控制建立完善情况，并对审计工作之后的新问题、新情况开展有益探讨，提出合理建议。水利审计将继续深入开展审计整改监督检查，不断加大后续审计力度，着力构建审计查出问题整改长效机制，通过对问题整改的持续追踪，促进审计监督成果落地见效。

四、强监管下创新审计监督的有效路径

新发展带来新机遇，也面临新挑战，新时代的水利审计监督要坚持以提升审计质量为目标，在审计工作机制、人才队伍建设与工作方式方法等方面不断优化完善，实现新作为、开创新局面，为水利改革发展提供有力支撑和坚实保障。

（一）优化审计监督工作体制机制

水利审计要加强顶层设计，形成完整有效的监督体系，不断完善工作机制。一方面，水利审计要组织对审计制度办法进行梳理、完善和修订，为开展审计工作、规范审计管理、防范审计风险提供指引和制度保障；另一方面，水利审计要加强与内部纪检监察、巡视巡察、组织人事等其他内部监督力量的协作，建立信息共享、结果共用、重要事项共同实施、问题整改问责共同落实等工作机制，充分发挥监督合力。

（二）强化审计监督专业队伍建设

伴随水利审计工作专业化、复杂化、精准化程度的日益提高，对审计人员专业知

识、专业能力、专业精神等要求越来越高。要锻造一支品德作风过硬、专业能力强、综合素质优的审计队伍，更好地适应水利改革发展对内部审计履职的要求。一方面，水利审计不断创新工作方式，积极探索实施交叉审计，增强实战能力，锻炼审计队伍；另一方面，水利审计着力加强业务培训与研讨交流，通过积极有效的培训模式，如审计案例模拟、实务经验分享等，不断提升审计人员的专业胜任能力和综合业务素质，全面提升审计监督效能。

（三）创新审计监督方式方法

水利审计监督需要不断调整创新审计方法和监督方式，确保审计质量、效率和效果。一方面，水利审计对涉及重点领域、重大项目、重要资金的审计，探索"飞检"审计方式，及时有效发现问题；对部直属单位的审计项目，探索交叉审计方式，逐步实现以审代训。另一方面，水利审计要充分运用信息化手段，以科技强审推动审计方式变革和审计质量提升，逐步形成以信息系统平台为载体，以大数据为依托的审计模式，通过覆盖水利各业务领域的信息互通平台和覆盖江河湖泊、水资源、水利工程、财务资金等领域的综合监管平台，使大数据能够直接服务于审计实践，切实提高水利审计监督的效率和质量。

新时期水利审计要紧紧围绕"水利工程补短板、水利行业强监管"的水利改革发展总基调，准确把握审计监督的职责定位，充分发挥审计监督在"水利行业强监管"中的重要作用，围绕中心，服务大局，聚焦重点，突出难点，开拓创新，提质增效，展现审计监督新时代新风貌，推动水利行业强监管发挥实效。

参考文献

［1］鄂竟平. 工程补短板　行业强监管　奋力开创新时代水利事业新局面——在 2019 年全国水利工作会议上的讲话［J］. 中国水利，2019，2：1-11.
［2］胡泽君. 以习近平新时代中国特色社会主义思想为指导　推动审计事业新发展——在中国审计学会第四次理事论坛上的讲话［N］. 中国审计报，2018-05-11（1）.

对河湖强监管的认识和思考

由国文　张　攀

水利部河湖保护中心

"水利工程补短板、水利行业强监管"水利改革发展总基调,根植于习近平新时代中国特色社会主义思想,源于对我国治水矛盾随社会主要矛盾变化而调整的正确判断,是党的十九大和习近平总书记"3·14"重要讲话精神的"水利化"和"具体化"。河湖监管作为水利行业强监管的重要组成部分,是水利行业强监管的突破口。河湖监管方向准不准、措施实不实、效果强不强,直接影响到水利行业强监管从整体弱到全面强的进程。深刻领会水利行业强监管的实质,加强对河湖监管全面理解,对进一步梳理河湖强监管的方法路径,落实强监管、践行总基调具有十分重要的意义。

一、对水利行业强监管的认识

回顾水利部党组确定新时期水利改革发展总基调的过程,分析总基调提出的背景,不难判断,我国社会主要矛盾的变化决定了新时期治水主要矛盾的转变,"水利行业强监管"的提出是破解新时期治水主要矛盾的必然要求。

(一)治水主要矛盾的转变是我国社会主要矛盾变化的必然

治水是国家治理和社会管理的重要组成部分,治水主要矛盾必然蕴含于社会主要矛盾之中,有着内在的、必然的联系。社会主要矛盾发生了变化,必将导致治水主要矛盾随之而变。党的十九大之前,我国社会的主要矛盾是"人民日益增长的物质文化需要同落后的社会生产之间的矛盾",这与此前治水的主要矛盾是相对应的,也就是"人民对除水害兴水利的需求"是"人民日益增长的物质文化需要"的一部分,"水利工程能力不足"也就是"落后的社会生产"在水利上的体现。由此推之,新治水主要矛盾与新时期我国社会主要矛盾是联动的、相匹配的,是由其决定的。

1. 治水主要矛盾的转变是由新时期治水新任务决定的

党的十九大提出了建设生态文明和建设美丽中国的新任务,让人民群众具有获得感。水资源作为基础性的自然资源、战略性的经济资源、生态与环境控制性要素,是建设生态文明和建设美丽中国的基础。没有水生态的健康就没有生态文明，没有水环境的美丽就没有美丽的中国。这就决定了新时期治水目标要调整为"满足人民对水资源、水生态、水环境的需求"。新目标新任务的调整导致了主要矛盾的变化。习总书记在"3·14"重要讲话中提出"要从改变自然、征服自然转向调整人的行为、纠正人的错误行为"。部党组通过全面系统深入的解读，科学判定"治水主要矛盾从人民对除水害兴水利的需求，与水利工程能力不足之间的矛盾，转化为人民对水资源、水生态、水环境的需求，与水利行业监管能力不足之间的矛盾"。这个论断对于总基调的确定具有基础性和决定性意义。

2. 治水主要矛盾的转变是由水利工作现状决定的

对于水利工作的现状，水利部党组在习总书记"3·14"重要讲话中所提出的"三大水问题"基础上，科学概括分析出，当前水利工作存在"四个不平衡"和"四个不充分"。"四个不平衡"就是"一是经济社会发展没有以水定需；二是经济社会发展没有考虑水环境水生态的承载力；三是水资源开发利用时没有统筹生态其他要素；四是经济欠发达地区水利工程能力没有适应当地经济社会发展需要"。"四个不充分"就是"第一水资源节约利用不充分；第二水资源配置不充分；第三水量调动没充分统筹考虑防汛抗旱生态环境；第四水市场发育不充分"。并且深刻指出，这些问题产生的原因主要是"人的错误行为"造成的。而人的这些错误行为，究其原因，监管不力是主要方面。

（二）水利行业强监管是破解新时代治水主要矛盾的必然要求

水利部党组确定总基调坚持以问题为导向，针对性极强，就是为解决治水主要矛盾，而量身定做的。其中，"水利工程补短板"就是要在现有的水利工程基础上补齐那些与"人民对水资源、水生态、水环境的需求"的差距。重点补齐"四大短板"，就是从工程方面补齐防洪、供水、生态修复和水利信息化方面的短板。"水利行业强监管"就是要解决"水利行业监管能力不足"的问题，突出强化"五大监管"，也就是"河湖监管、水资源监管、水利工程监管、水利工程资金和政务工作监管"。河湖监管作为五大监管之首，足见其重要性。

（三）水利行业强监管是落实五大发展理念和全面从严治党要求的具体行动

党的十九大提出"加快推进生态文明建设"和"坚定不移全面从严治党"要求，为破解新老水问题提供了思想基础和从严的政治环境，特别是新修订的《中国共产党纪律处分条例》将对贯彻"五大发展理念"不力纳入纪律处分范畴，为新使命新任务提供纪律保障，也为水利强监管提供了坚强的后盾。

"明者因时而变，知者随事而制"。党的十九大报告明确提出"坚定不移全面从严治党"和"把党的政治建设摆在首位"，目前对"人的错误行为"逐渐形成了高压严管的态势和从严的政治氛围。治水具有极强的政治性，水利部将"水利行业强监管"作为治水新思路，体现贯彻落实十九大精神的高度自觉性。此外，目前党中央正深入推进简政放权，但简政不意味不管、放权不等于放责，反而要加强对责任的监管。对治水而言，由于水资源基础性自然资源和战略性经济资源的属性，在简政放权的同时更要强化监管。

二、对河湖管理保护工作的认识

（一）以"三天""三点"思维方式认识河湖管理保护工作

1. 河湖管理保护工作的"三天"

（1）昨天。一是河湖环境和生态让步经济发展。改革开放以来，我国经济飞速增长，工业化和城市化快速发展，片面追求 GDP，牺牲河湖生态，侵占、污染、破坏河湖的现象屡见不鲜，部分河道千疮百孔，岸线侵占严重，有些地区有河皆干、有水皆污，部分河湖生态损坏已超过临界状态。二是河湖监管缺失。此前治水以兴水利除水害为目标，以建设水利工程为措施，对于河湖破坏行为的危害性认识严重不足，监管很不到位，河湖管理保护形势十分严峻。以至于，习总书记指出，河川之危、水源之危是生存环境之危、民族存续之危。

（2）今天。2016 年，以习近平总书记为核心的党中央从人与自然和谐共生、加快推进生态文明建设的高度作出了全面推行河长制的重大战略部署，这是破解我国新老水问题、保证国家水安全的重大制度创新，河湖管理保护工作自此迎来重大的历史性转折。河湖长制的制度优势初步显现，全面实现了"见河湖长"，河湖长上岗履职也"见行动"；以"清四乱"为核心集中开展了全国河湖岸线和采砂专项治理行动；逐步夯实河湖管理基础，建立"一河一档"，编制"一河一策"，河湖治理已初步"见成效"，取得了阶段性成果。

经过河湖强监管机制建设方面的调研和工作实践，河湖监管从机制、平台、技术等方面积累了一些好的经验。一是单兵作战强"点穴"监管。面临基层上报河湖问题台账、河湖监管暗访、举报受理和工作调研中发现的大量问题和目前监管工作人员有限的实际，积极调整原有的监管方式，在"四不两直"的基础上，探索提出"小快灵，稳准狠"的"点穴式"暗访工作形式，抓关键，盯重点，举一反三，以求取得"牵一发动全身"的效果。二是通过组建一名职工、一名专家、一个飞手和一辆汽车的标准化暗访工作小组，实现我中心职工"一人一组"，提升河湖监管暗访的单兵作战能力，在人员力量不足的情况下，保证能同时派出 10 个以上暗访组的规模，对于实现监管全覆盖、高频次起到关键性作用。

举报平台强社会监管。通过设立了 24 小时河湖举报电话 010－63207777，开通了"中国河湖监管"微信公众号，实现了随手拍等网络在线举报等功能，举报电话和微信公众号二维码均在水利部官方网站进行了对外公布，有效动员社会力量参与河湖监督管理，开门治水保河湖。开通不到半年时间，举报电话和微信公众号共接到近 300 个河湖监管举报事项，正式受理并转发相关省河长办调查核实 80 余项。一方面处理解决了一批多年来难以解决的河湖突出问题，取信于民，扩大了河湖管理的社会影响；另一方面为下一步水利举报平台建设积累了实践经验。同时，为保障举报工作的顺利进行，加强举报制度建设，制定河湖举报受理办法等制度，研究起草有奖举报办法和举报信息调查处理办法，进一步优化河湖举报工作流程。

科技应用强技术监管。一是"卫片＋无人机"强技术监管。利用卫星遥感图片确定暗访目标，暗访前对拟监管河湖区域进行遥感卫片比对，确定暗访对象。再通过无人机航拍实施现场暗访，将无人机作暗访组的标配。二是河湖问题舆情监测问题来源。通过网络技术手段对媒体舆情反映和曝光的涉及河湖突出问题进行适时监控，一方面防控负面舆情的影响，转被动为主动，另一方面作为河湖问题的信息源，更好地实施"点穴式"监管。

上述有益探索虽然能够解决眼前面临的突出问题，但河湖管理保护是一项复杂的系统工程，涉及上下游、左右岸、不同行政区域和行业，利益关系错综复杂，许多问题具有积累性、长期性、反复性和艰巨性，部分突出问题积弊已深、渐成顽疾，河湖管理保护还存在不少薄弱环节。主要体现在以下几方面：

一是河湖生态环境总体上尚未发生根本性改观。侵占河道、围垦湖泊、非法采砂、超标排放等违法违规现象仍然禁而未绝，形势不容乐观。

二是河湖监管意识不强、力度不够、投入不足。有些地方领会落实水利发展改革"总基调"还不到位，观念还没彻底转变，对"强监管"的必要性和紧迫性认识不到位，思想跟不上，行动更滞后。

三是河湖违法不究、执法不严的现象还较普遍存在。有些地方水行政部门因担当作为意识不强、执法力量不足、非法采砂等执法难度大等因素，造成了河道执法的宽、松、软。

四是河湖监管体系尚未健全。目前流域委层面河湖监管体系刚逐步构建，作用发挥还不明显；河湖强监管的压力传导不畅，难以有效传递到基层，形成上热下凉的现象，有些基层对强监管甚至有抵触情绪，不同向发力，推诿扯皮、搪塞应付和阻碍监管也不时发生，难以形成合力，距离构建一套完善、运转高效的河湖监管体系尚有较大差距。

五是河湖监管法律法规和制度还不健全。《河道管理条例》1988年颁布，已经远不能满足新时期河道湖泊管理保护的需要，亟须修订；河道非法采砂尚未有效遏制，但目前没有专门法律进行约束，还处在无法可依的状态，亟须切实管用的《河道采砂管理条例》出台；同时，河湖问题定性标准、河湖问题处罚办法等制度也有待尽快出台，以期有利于河湖问题处理和问责，压实河长责任。

六是河湖监管信息化技术手段不强。河湖监管信息化是提高监管成效的必由之路，没有强有力的信息化监管技术手段，仅靠人力监管难以达到强监管的目的。目前河湖监管需要地理信息、卫星遥感以及无人机航拍等技术，监管单位尚不具备相应技术能力，相应设备未配备，技术人才储备也不足。河湖监管信息化建设刚起步，全面用于实战为时尚早。

七是河湖监管基础性工作差。目前，全国河湖的基础信息和河湖问题台账尚不健全，家底不清，基础数据库也未建立；河湖划界工作未全面完成，河湖问题的边界判定无据可依；河湖长职责不清晰、不具体、未细化，难以问责等。基础性工作亟待加强。

八是河湖长制的制度优势尚未充分发挥。部分河湖长履职还不到位，河湖长责任还未能层层压实，落到实地，问责不严，河湖长制从"有名"到"有实"还需大力推进；有些地方河长办的职责不清，没有发挥统筹协调、形成合力管河治河的作用，与原来水利部门管理"换汤不换药"。

九是社会公众参与度不高。虽然设立河湖举报电话和微信公众号，但措施和制度还不健全，社会监督作用尚未充分发挥。

（3）明天。今后河湖管理保护工作的重点是强化河湖监管，全面推行河湖长制从全面建立到全面见效，全力维护河湖健康生命，满足人民对优美河湖生态环境的需要，为建设美丽中国做出贡献。

2. 河湖管理保护工作的"三点"

（1）要点。

"昨天"河湖管理保护工作要点是兴修水利工程，以满足人民对"除水害兴水利"的需要。

"今天"河湖管理保护工作要点是全面推行河湖长制，推动河湖长制从全面建立到全面见效，从"有名"到"有实"，充分发挥河湖长制的制度优势，重点做好水资源保护、水域岸线管理保护、水污染防护、水环境治理、水生态修复、执法监督六大任务。

"明天"河湖管理保护工作要点是加强河湖监管，以压实河湖长的责任为核心，以

"查事"促"察政"，加大问责力度，促进河湖长制落地生根，见实效，求长治。

（2）特点。

一是政治性。全面推行河湖长制是以习近平总书记为核心的党中央从人与自然和谐共生、加快推进生态文明建设的高度作出的重大战略部署，是习近平生态文明思想在治水领域的具体体现。为此，河湖管理保护工作具有极强的政治性，可以说做好河湖管理保护工作就是讲政治，就是践行"两个维护"，突出"四个意识"，是水利行业，更是我们中心初心使命所在。

二是为民性。河湖管理保护工作的核心目标是维护河湖的健康生命，是为了满足人民群众对干净、整洁、优美河湖生态的强烈诉求和美好期盼，给人民以获得感和幸福感。

三是直显性。河湖管理保护工作的成效和影响是直接显现的，不像其他工作具有部分隐性。此项工作若做不好，河湖乱象将直接呈现在人民群众面前，影响到水利工作的形象，甚至影响到党的执政形象。反之，若做得好，优美河湖环境呈现在人民群众面前，获得感也十分直接，能看得见、摸得着，能直接展现我们工作成绩，更能为党赢得民心。

四是引领性。当前，我国新老水问题交织，水资源短缺、水生态损害、水环境污染十分突出，水旱灾害多发频发，河湖水系是水资源的主要载体，更是新老水问题交织处和汇集点。为此，解决好河湖的问题对破解新老水问题具有引领和导向作用，加强河湖监管同样对于水利行业强监管，也具有引领和示范作用。

五是固本性。全面推进河湖长制涉及多部门，职能有所交叉，特别是与生态环保部，河湖长制"六大任务"中有四项（水污染防护、水环境治理、水生态修复、执法监督）是其主业。中央将此任务交由水利部承担，充分体现中央对水利工作者的信任。如果水利部河湖管理保护工作不力，推行河湖长制不能尽快见效，则有被其他部门取而代之的可能，此次机构改革水利部职能的调整一定程度上受到此类因素的影响。所以说，做好河湖管理保护工作直接关系到水利部职能的巩固，水利事业的发展。

以上河湖管理保护的主要特点，决定了河湖管理工作的重要性和加大河湖监管的必要性和紧迫性。

（3）亮点。

一是河湖监管。当前河湖管理保护的主要问题是由"人的错误行为"造成的，该项工作的亮点应在于纠正"人的错误行为"，即是加强河湖监管。

二是河湖生态修复。恢复和保护河湖美好生态能直接惠及民众，深受地方政府欢迎，也应是河湖管理保护追求的亮点。

综上所述，鉴于河湖监管工作的政治性、为民性、使命性，在水利"水旱灾害防御、水资源配置、水生态保障、行业监管"四大系统建设中作用，以及在水利强监管中排头兵的地位，我们必须要提高政治站位，充分认识到河湖监管工作的重要性、艰巨性、复杂性和长期性，责任重大、使命光荣。

（二）对河湖管理保护工作的几点思考

在以"三天"和"三点"的思维方式对河湖管理保护工作分析的基础上，以治水新思路为指导，以问题为导向，对河湖管理保护工作提出如下几点思考：

1. 针对河湖管理保护"六大任务"分层施策

河湖管理"六大任务"，可以聚焦为盛水的"盆"和"水"，对应水利部职能可以分出三个层次：一是"盆"；二是"水的量"；三是"水的质"。为增强河湖管理保护工作的针对性，合理配置资源和力量，提高监管效率，可针对三个层次不同特点分层施策。

一是"盆"方面要坚守底线。保护好"盆"，做好河湖岸线管理和采砂管理，是水利部本职工作，有权有责，必须全面承担起来，责无旁贷。可以说，"盆"是推进河湖长制工作的立足点，是根据地，要深植，要扎根，毫不退让，此阵地不坚守，推进河湖长制将全面溃败。沉疴用猛药，乱世用重典，没有霹雳手段难显菩萨心肠。为此河湖监管首先以清"四乱"为突破口，以最严厉的监管措施，刹住河湖管理乱象，靠清"四乱"树典立威，坚决守住河湖长制的底线。

二是"水的量"方面要提升亮点。"水的量"就是防范"水多"、防治"水少"和减少"水浑"，其中防治"水少"最为关键，关乎河湖的生态修复，也最具显性，深受人民群众和地方政府欢迎，易形成工作亮点和河湖管理成效的增长点。做好此项工作，有利于增强水利部影响力；有利于提升地方政府强化河湖管理保护的积极性；有利于提高社会力量参与度，形成河湖管理的合力。为此，应多方施策，严格河湖用水管理，实施河湖联通，科学调配水量，保证河湖生态用水，特别是在黄淮海地区充分发挥南水北调工程生态补水作用，使河湖水生态修复成为一大亮点。可以说，应把"水的量"提升到为水利事业增光添彩的高度来看待。

三是"水的质"方面要借势外延。"水的质"主要是水污染防治和水环境保护等，其职责在生态环保部。目前环保风暴威力已经显现，对于全面推进河湖长制起到很大推动作用。在学习借鉴其成功做法的同时，要充分利用其自身由中央赋予的全面推行河湖长制工作责任的主体地位，发挥全面推行河湖长制工作部际联席会议制度作用，协调督促生态环保部等部门履职尽责，加大涉及河湖水质问责力度，全力推进"水的质"提升，从而全面把控河湖长制工作，强化水利部在推进河湖长制工作中的主导地位。

2. 河湖监管要分人施策

河湖监管的核心是"调整人的行为，纠正人的错误行为"，监管实施的客体（对象）是"人"，那么把"人"及其行为分类，有针对性施策很有必要。涉及河湖监管的"人"可以大略分为三类：一是社会人（自然人和法人）；二是官员（河湖长）；三是河湖监管人员。

一是对于社会人。应由水政等执法部门依据河湖相应法律法规，加大处罚力度，做到违法必究，执法必严。

二是对于官员（河湖长）。由上级河湖监管部门提出处理意见，提请地方有关纪检和组织部门依据河湖长制职责和相应的纪律处分办法，进行问责，要做到不履职、不尽责必究，问责必严。目前还未形成完整的河湖长问责制度，应尽快研究制定。

三是对于河湖监管人员。打铁必须自身硬，面对河湖监管的艰巨任务和巨大风险，应建立内部监察机制，建立健全监管体系的内控制度，防范风险；加强作风和纪律建设，始终将纪律挺在前面，以铁的纪律建设一支准纪律部队，做到"忠诚、干净、担当"，来之能战、战之能胜。

3. 河湖监管法律法规上应有大突破

"水利行业强监管"首先要靠"法制"，要建立健全各项监管制度。从目前河湖管理法规建设和执法、问责情况来看，亟须在两个方面有突破。

一是推动涉河湖违法违规行为入刑，解决立法不严问题。鉴于目前大部分法律法规对于河湖违法违规行为仅处以罚款等行政处罚，处罚力度弱，形成不了威慑作用，导致屡禁不绝。正如鄂部长讲话中提到，对非法采砂老板处以十几万元罚款根本解决不了问题。为此，建议水利部联合有关立法部门，推动将一些问题严重、影响大的河湖违规违法行为上升到刑罚的层面，此做法（对非法采砂人员追究刑事责任）在多年前北京丰台区永定河治理盗采砂石的实践中已被证明，十分有效。

二是沟通河湖违法违规事件与责任官员（河湖长）问责的渠道，解决问责的法规依据问题，也就是纪法衔接问题。上面的建议是解决立法不严的问题，实际中河湖违法违规行为屡禁不绝的另外一个主要原因是河湖监管缺失，执法不严、违法不究，也就是地方政府和职能部门履职不到位。目前虽然建立了河湖长制，但河湖长责任追究制度尚不健全，法规还不明确，问责抓手不强。仅通过约谈、通报、媒体曝光等手段，力度远远不够，也就是制度没"长牙"。尽管水利部在《关于推动河长制从"有名"到"有实"的实施意见》中明确把全面推行河湖长制工作情况纳入最严格水资源管理制度考核，也仅能从"取水"和"纳污"两个方面给予约束，远不满足河湖全面监管的需要。由此可见，问责法规依据是制约河湖强监管的制度瓶颈，是关键所在。

三、下一步加强河湖管理保护的工作思路和建议

（一）完善河湖强监管工作机制

1. 强化河湖责任追究制度

参照中央《党政领导干部生态环境损害责任追究办法（试行）》和环保部约谈管理办法等，研究出台高层次的责任追究或考核制度办法，以树立河湖监管的权威性。

2. 完善河长制湖长制体制机制

一是进一步健全完善体制机制，将检察、公安、海事等部门纳入各级河长办成员单位，协同推进。二是河湖管理保护作为加强生态文明建设的重要内容，纳入各地经济和社会发展总体布局，统筹安排。三是强化考核，以每段河流"问题台账"销号率作为上级河长考核下级河长的主要依据，作为考核相关部门的主要依据。

3. 建立科学、客观的考核方式

要因地制宜、因河制宜、因湖制宜地细化考核指标，不断健全完善河长制湖长制考核体系，对于工作有力、发现问题且整改较多的区域予以充分考虑，避免过分看重问题整改率的情况。

4. 研究提出历史遗留问题解决措施意见

针对河湖管理范围、保护范围以内的基本农田、林业部门登记的林地、历史遗留的村屯、工厂等，要提出针对性的解决措施意见，并在有关制度规定中予以明确，进而为更好发挥河湖长制体系作用提供政策支撑。

5. 加大河湖保护宣传力度

要加强宣传引导，引导社会公众参与治理环境，及时发现和处理各类涉水问题，使公众真正成为河长制湖长制的参与者、监督者和受益者。

（二）强化河湖强监管能力建设

1. 强化河湖监管暗访调查工作

充分利用遥感卫片、无人机航拍、舆情监测等技术手段，全力做好涉河湖领导批示件和举报调查工作，进一步加大点穴式暗访工作力度，力争树立河湖暗访模范典型，并加强交流指导，发挥好河湖监管体系作用。

2. 协助做好河长制湖长制基础性研究工作

一是做好河湖水域岸线保护规划和采砂规划研究编制工作；二是做好河湖管理范

围划界调研相关工作；三是定期更新河湖统计数据，努力做到相关数据与事实相符；四是开展河长制湖长制立法调研工作，争取尽快从法律层面保障河长制湖长制纵深推进。

3. 充分利用发挥信息化管理手段

一是提高采砂管理的信息化监管能力。实现靠技术进步替代人工盯守，从而实现采砂的有序开采以满足市场需求，又能避免监管缺失。二是提高卫星遥感图片自动比对和实时监测能力，为河湖数据复核和问题查找提供支撑。

南水北调工程资金监管实践与经验借鉴

陈 蒙　　赵伟明　　宫 凡

南水北调中线干线工程建设管理局

资金监管是保障资金规范运行和安全的重要手段或措施。南水北调资金监管始终贯穿于南水北调工程建设资金的全过程，是维护南水北调工程资金运行秩序、保障资金安全和提高资金使用效率的重要措施。针对南水北调工程建设管理的实际，构建了由项目法人和移民机构内部监管、南水北调系统内部审计、国家机关审计和其他国家机关监督相结合的资金监管体系。特别是建立了有南水北调特色的系统内部审计，及时发现并揭示南水北调系统各单位或组织在资金运行过程中存在的问题，组织并督促各单位和组织及时纠正或整改不规范的资金使用和管理行为。

一、南水北调工程资金使用和管理特点及监管难点

受南水北调工程建设战线长、投资规模大、工程建管理的主体多、工程建设周期长的特点的制约，南水北调资金使用和管理必然有自身的显著特点，而这些特点给资金监管带来了难度。

（一）使用和管理资金主体多且分散

在南水北调工程资金管理方面，原国务院南水北调办主要负责筹集南水北调工程资金的资本金并投入工程建设，负责对南水北调系统各单位资金使用和管理情况实施监管等。此外，根据南水北调工程建设实行项目法人负责制和多种建设管理模式，以及南水北调征地移民管理体制，南水北调工程使用和管理的主体还包括：一是承担南水北调建设任务的项目法人，其中东线4家、中线3家；二是承担建设任务的建设管理单位，主要是河南、河北、北京、天津委托建设管理单位、经招标选择的代建单位、专业项目委托建管单位；三是承担建设任务的现场管理机构，主要是法人和建管单位下设的现场管理机构；四是承担南水北调工程征地移民任务的移民机构，包括省（直辖市）、市（区）、县（市、区）三级征地移民机构；五是承担南水北调工程征地移民任务的基层组织，包括乡、镇、行政村。据统计，南水北调东、中线全部使用和管理资金

主体近 4000 多个，且呈地域分散、层次复杂特点。加上不同单位的管理水平和人员素质参差不齐，各种不规范行为都有可能出现，给南水北调工程建设资金监管带来了很大难度。

（二）资金来源多元化

南水北调工程资金的来源渠道多，既有政府筹集资金，又有金融市场筹集资金，具体包括中央预算内资金、南水北调工程基金、国家重大水利工程建设基金、过渡性资金和银行贷款等。这些不同来源的资金在资金性质、可靠和稳定性、资金供应方式、资金成本等方面存在不同的特征和特点。鉴于不同来源的资金有不同的监管制度要求，同时不同来源的资金还需科学合理配置，这就必然增加资金监管的难度和资金管理的工作量。

（三）资金运行环节多

总的来讲，南水北调工程资金运行主要经历筹集、拨付、使用和管理等三个环节，但每个环节又有众多的具体环节，如资金筹集环节包括通过部门预算安排财政资金、从金融机构筹集过渡性资金和从银行筹集银行贷款；资金拨付环节包括将政府筹集资金和过渡性资金直接拨付给南水北调工程项目法人，银行贷款资金则需法人按程序从银行提取；资金使用和管理环节包括招投标、合同签订、价款结算与支付、财务核算、征地移民机构拨款等。而这三个环节又都需要履行相关的申请、审查、审核、审批等环节。层层资金的运行环节加大了资金监管的工作量和复杂程度。

（四）资金使用流量不均衡且规律性不强

南水北调工程采取分期分批开工建设的方式。在南水北调项目开工初期，因开工项目相对较少，资金需求量相对较少；在工程建设高峰期，在建工程多且每项工程建设强度大，资金需求量大；在工程建成通水后，仍有不少的扫尾工程建设任务，加之以前留下来的变更索赔事项协调处理困难，总体资金需求量较少，但时少时多。在十几年的工程建设过程中，资金需求或供应基本没有规律，建设最高峰期日均 3 亿元以上，最低峰则只有月均几百万元，甚至更少。资金使用流量不均衡且无规律给资金监管带来的难度是无法评估的。

二、南水北调工程资金监管体系构建的基本原则

在探索构建南水北调工程资金监管体系过程中，遵循以下基本原则：

(一) 明确资金使用和管理责任主体的原则

南水北调工程建设管理体制明确了原国务院南水北调办是南水北调主体工程建设资金的主要监督主体，项目法人和征地移民机构始终是南水北调工程资金使用和管理的责任主体，需要接受原国务院南水北调办、国家审计部门及其他国家机关的监督和检查。同时，按照权力与责任对称原则，南水北调工程项目法人和征地移民机构也是南水北调工程资金监管的责任主体。

(二) 实行全过程监管的原则

工程基本建设程序决定了工程建设资金监管涉及不同环节，哪一个环节都有可能存在不规范和违纪行为的产生，因此对南水北调工程资金的监管，必须从资金运行的全过程来进行监管，包括事前监管、事中监管、事后监管。事前监管包括建设资金的管理制度设计和资金年度预算或年度计划执行；事中监管包括开展专项审计和开展资金运行过程中潜在风险排查；事后监管主要的形式为开展系统年度内部审计，查找不规范的问题或行为，督促各单位进行整改，并对违法违纪行为和整改不力的相关责任单位和个人进行责任追究。

(三) 全面、系统和持续监管的原则

全面覆盖、系统周密、持续不断，才能确保监管工作不遗、不漏、不留死角。南水北调资金全面监管主要体现在要对工程建设资金所有涉及的领域和环节进行全面监管，做到"资金流到哪里，审计监管就到哪里"；南水北调资金系统监管主要体现在要对工程建设资金所有使用对象进行监管，包括南水北调系统内所有项目法人、委托代建建设管理单位本级及现场建设管理单位，南水北调沿线各级征地移民机构及乡镇、行政村。各项目法人还要承担对委托和代建单位以及现场管理机构的资金监督；省级征地移民机构还要承担对省以下各级征地移民机构的监管；原国务院南水北调办对系统内所有单位和组织进行监督。工程建设过程中，对于资金监管中发现的问题，实行谁使用资金，谁承担责任的原则。

(四) 内部监管与外部监管相结合原则

南水北调内部监管主要是项目法人内部监督行为和对委托建设单位实施的法人监督行为、省级征地移民机构组织对省以下各级征地移民机构实施的监督程序，以及各级征地移民机构本级内部监督行为。原国务院南水北调办实施的系统内部审计也属于内部监管的范畴。南水北调系统的外部监管主要为国家审计机关、其他国家机关如财

政部等实施的外部资金监管，各级征地移民机构还同时要接受地方审计和监察部门的监督。南水北调系统内部监管与国家机关监管是有机的整体，最终的目标都是为了保障工程建设资金的合法有效使用，内部监管配合和支持外部监管，外部监管又有效促进和强化内管监管，充分发挥各方面的资金监管作用，确保了工程建设资金使用安全和有效。

三、南水北调工程资金监管的主要手段或措施

围绕着南水北调资金监管的主要任务和目标，结合资金监管的特点和难点，南水北调工程探索出具有针对性、可行性的监管手段和措施。

（一）实行专户存储、专户管理制度

为防止利益输送和腐败行为，确保南水北调工程资金安全，原国务院南水北调办建立了南水北调工程资金"专户存储、专户管理"的制度，明确规定南水北调工程项目法人和建设管理单位只能在一家商业银行开设一个基本建设资金账户，用于建设资金的结算，不得多头开户。明确规定各级征地移民机构、承担征地移民任务的项目法人应在一家国有或国有控股商业银行开设南水北调工程征地移民资金专用账户，专门用于征地移民资金的管理；各级征地移民机构、承担征地移民任务的项目法人应确保征地移民资金专项用于南水北调工程征地移民工作，任何部门、单位和个人不得截留、挤占、挪用征地移民资金。为确保专户存储、专户管理制度的落实，除加强政策宣传教育、业务培训、强化制度执行等措施外，还从落实银行账户备案管理、实期检查纠正、强化责任追究三维一体的监管机制来确保专户储存、专户管理的效果。

（二）实施资金流向监管机制

鉴于当时国家实行适度从紧的金融政策，金融市场资金都比较紧张，参与南水北调工程建设单位同样如此。而南水北调系统仍保持充足的资金供应，工程进度款能够及时且足额到位，有的施工企业总部就从其南水北调工程现场项目部抽调资金，以缓解其总部资金紧缺问题或矛盾，从而影响现场资金的需求。为保障南水北调工程建设一线的资金需求，防止施工、监理等参与工程建设的单位抽调资金，影响工程建设进度，要求各南水北调工程项目法人和征地移民机构建立监管各参建单位资金流向的机制，并通过双方签订合同或协议的方式，约定实施与开户银行三方共同监控资金流动方向的制度，明确未签订三方资金监管协议的，南水北调项目法人不得与施工单位办理预付款和支付工程价款手续。三方监管协议中，明确监管的内容主要包括监控施工

企业现场项目部的大宗材料采购和日常开支、监管施工单位现场项目部的现金支出、控制施工企业现场项目部向其总部或公司上缴的费用。为提高监管的效率，防止监管过度影响南水北调工程建设，充分利用了现代网络技术，实行网络监管授权、日常资金监管网上审批和网上银行实时查询的监管方式。为保证资金流向监管机制有效执行，建立了激励约束机制，对于建设单位违反制度的，追究责任；对施工单位违反监管合同的，冻结账户，并按合同违约处理。对落实监管制度良好的单位和个人予以一定奖励。

（三）监控各单位账面资金，控制资金供应进度

为提高资金管理水平和资金使有效率，有效避免资金滞留、积压，在满足工程建设和征地移民工作所需资金的前提下，原国务院南水北调办要求各南水北调项目法人、建设管理机构和各级征地移民机构要着力控制账面余额，将其压缩到最低限度。每月5日前，南水北调各项目法人、省级征地移民机构应汇总上月底本项目法人及所辖建设管理机构、各级征地移民机构的银行存款账面余额，并用电传方式报原国务院南水北调办（经济与财务司）。南水北调各项目法人和省级征地移民机构每次申请拟付资金时，都要准确预测工程资金真实需求，要报送所辖项目的投资完成及预付款情况、上次申请拨付到位资金的使用和结余情况、账面资金结存情况、本次申请资金的支付范围及分项目资金需求情况。为落实账面资金监控机制，加大审核力度，凡弄虚作假的，将追究责任单位和直接责任人责任。

（四）项目法人的内部监管和征地移民资金的内部监管

在南水北调工程资金监管体系中，各项目法人和省级征地移民机构开展的内部审计是整个资金监管措施中的重要组成部分。各项目法人和省级征地移民机构开展内部监督的主要形式包括：一是各项目法人和征地移民机构，结合本单位实际情况制定了涵盖招标投标、合同管理、价款结算、账户监控、建管费预算、资产管理、会计核算、财务决算等资金运行各个环节的一系列内部规定和制度，为内部资金监管提供制度支撑。二是严格执行和落实各项制度，重点抓好招投标管理和合同执行的规定，从源头防止资金运行风险，把好工程价款结算关。三是设立专门的内部审计机构或配备专职内部审计管理人员，建立了定期组织力量对建管机构的资金使用和管理情况进行审计的机制。四是配合内部审计监督，建立多方联合防范廉政风险的机制。

（五）组织开展南水北调系统内部审计

在各项目法人和省级实施内部制衡和内部监督的基础上，为确保监管措施的深入

和深化，原国务院南水北调办每年都要依据《中华人民共和国审计法》《审计署关于内部审计工作的规定》和南水北调工程资金管理相关制度规定，组织对南水北调系统各单位开展系统内部审计，揭示并督促各单位在资金使用管理过程中存的问题，化解资金运行中潜在的风险。主要形式包括：一是开展资金使用和管理情况审计。每一年，原国务院南水北调办都要按照"资金流到哪里，审计就审到哪里"的要求，对上一年度资金使用和管理情况实施审计。主要查找并揭示各单位在内部管理制度建立与执行、招标投标管理、工程监理管理、合同管理、账户管理、支出管理、会计基础工作等方面存在的问题及风险，督促各项目法人和省级征地移民机构依据审计意见整改落实存在的问题，化解资金运行中潜在的风险。同时按照问题违规程度落实审计揭示问题责任追究制度，对整改不力的单位和个人也要进行责任追究，以达到震慑作用。二是开展专项审计和检查。围绕着南水北调中心工作，根据办领导提出的专项工作要求，原国务院南水北调办都会适时开展不同的专项审计或检查，主要查处资金运行环节中各专业领域内存在的问题和风险。三是开展专项调查。为配合办公室其他司局的专项工作，不定期还开展一些专项调查活动，调查目的主要是为解决专项任务提供决策依据。

（六）接受并配合国家机关开展的审计、稽察和监督检查

国家审计机关对南水北调工程资金的审计或审计调查是南水北调工程资金监管体系的重要组成部分，国家审计机关的监督更具独立性和权威性，监管力度更大、效果也明显。在推进南水北调工程建设、维护南水北调工程建设秩序等方面，发挥了十分重要且不可或缺的作用。截至 2018 年，南水北调工程共接受过国家审计署 2 次全面审计、3 次预算执行审计和 1 次经济责任审计；共接受财政部对南水北调系统开展的财务检查 2 次。通过配合国家机关开展审计、稽查和监督检查，提高了各单位对建设资金使用和管理的水平，另一方面也加深了各单位对南水北调开展内部审计重要性的认识。

四、南水北调工程资金监管取得的成效

南水北调系统资金监管取得的主要成效包括以下几个方面。

（一）南水北调工程资金得到有效利用

南水北调工程自 2002 年开工建设至 2014 年东、中线工程全部完工通水，各个阶段工程建设资金供应保持了良好的结存与需求结构比例，为国家财政节省了融资成本，也为项目法人节省了大量建设期贷款利息成本。同时，较好且持续地控制了各项目法人和各级征地机构的账面结存资金，减少了资金浪费，大大降低了资金被挪用的风险。

南水北调工程建设期间，资金使用单位均未出现较大的资金使用违法违纪行为，最大限度地保证资金的存储安全和使用效益。开工初期，工程建设还未全面启动，建设资金使用量不大，但征地移民资金兑付和使用占据了该阶段工程建设资金使用的较大比重。通过强制实施专户存储、加大多头开户和违规存储等不规范行为的查处力度，保证了资金拨付与实际资金需求的合理比例。工程建设进入高峰期阶段，通过调研现场真实的资金需求情况，加快对项目法人申请资金审核速度，保证资金的合理有效使用。工程建设进入尾工收口阶段，资金控制转为存量资金的消化和风险管理，及时要求省级征地移民机构将乡级以下的存量资金统一收回管理，有效化解了存量资金被挪用的风险。

（二）资金运行程序规范和运行状况可控且高效

通过南水北调工程资金监管各项措施的有效实施，南水北调系统各单位资金管理没有因为制度性缺陷而引发资金运行风险，资金运行程序规范和运行状况可控且高效。原国务院南水北调办制定的规章制度和项目法人及征地移民机构的内部管理制度，实现了无缝衔接。多年来，审计署及其他国家机关的审计，没有发现一例是因为内部制度存在缺陷性引起，且造成重大经济损失或阻碍工程建设的问题。从资金运行的规范程度来看，历次审计也未发现重大的程序违规情形；征地移民环节基本没有出现虚报冒领和群体上访的现象。

（三）违法违规的资金管理行为得到及时纠正和处理，没有引发违法违纪案件

自南水北调工程开工建设以来，系统内各项目法人、征地移民机构和建设管理单位每年都要自行进行内部审计，同时还得接受原国务院南水北调办组织的系统内部审计，除此之外，还不定期接受国家审计署、财政部等国家机关的审计。每次审计均或多或少提出了在资金运行环节中的不规范问题。针对提出的问题，各单位都切实按照相关规定进行整改。对于能纠正程序不合规的行为，及时通过纠正错误的方式来整改；对于不可通过纠正错误方式整改的，要求各单位查明原因，并要对责任单位和直接责任人进行责任追究，涉及较严重违规和违纪行为以及整改不到位的单位，则要按规定进行责任追究。从工程建设期间接受其他国家机关审计和中央巡视组专项巡视结果看，审计发现的问题都得到了及时纠正和整改，没有引发违法违纪案件的发生。

五、南水北调工程建设资金监管经验借鉴

在南水北调系统资金监管过程中积累了可借鉴的经验，主要包括以下 5 个方面。

（一）建立有效而健全的资金监管体系，是实现资金监管的前置条件或基础

构建科学的管理体系是实现管理目标的前置条件和基础，只有符合自身特点的管理体系，各种具有特色的监管措施和手段才能充分发挥其实施效果。南水北调工程资金监管能够取得卓越成效、达到预期管理目标，主要是原国务院南水北调办结合自身特点，创建了内部监管和外部监管相结合、资金使用管理审计和专项审计相结合、审计监督和纪检监督相结合的多维度监管机制，建立健全了事前、事中、事后，全面系统的资金监管机制，构建了科学化、立体化的资金监管体系。内部监管和外部监管相结合的工作机制保证了监管的立体，克服了管理主体多、难度大的问题；资金使用管理年度审计和专项审计相结合的工作机制，实现了资金监管的持续、全面，同时形成了资金监管的高压态势；审计监督和纪检监督联动工作机制，保证了资金监管的强化和深入；全面和系统的资金管理制度，真正为资金监管措施的实施提供了制度保证。

（二）确保监管手段和措施得到有效实施，才能保障监管取得实效

若光有机制上的资金监管措施和手段，但实际又没有推动和保障机制来做推手，监管措施和手段最后只能是走过场。因此，想要保障监管取得实效，充分发挥资金监管的作用，实现资金监管的最终目标，还需要有措施推动和保障机制。措施推动和保障机制包括：一是要建立严密的制度保证体系，确保资金监管措施和手段的实施有制度做基础，监管中发现的问题都有判断和整改的依据。二是要建立有效的约束机制，使得资金监管措施和手段能够真正的起到监管的实效。三是要建立高效组织机构和高素质人员的保证机制。资金监管措施和手段的有效实施，首先必须有高效率的组织机构和高素质的管理人员作保障。组织机构的完善和高素质审计管理队伍的建立为资金监管各项措施和手段的实施提供有力的保障。

（三）资金监管要有始有终，才能保障资金监管有生命力

内部资金监管的真正生命力在于纠正或整改问题，及时堵塞管理洞。审计监督不仅要及时、准确地发现或揭示问题，还要客观公正地对问题产生的原因进行分析，最主要的是要提出纠正和整改问题的措施或方法，同时要监督存在问题的纠正或整改到位的落实。持续不断地开展资金监管，每次审计、监督和检查自始至终都把彻底整改到位作为目标，避免虎头蛇尾。想要保障资金监管的生命力，一是要建立了客观定性问题的工作机制。发现的问题要顺着资金流向开展审计，把问题摸清楚，并取得真实的证据或相关资料。反映的问题要做到事实清楚、依据充分、定性准确，整改建议或措施符合法律法规、规章制度的规定，并具有可操作性。二是要建立边审边改、及时整改的审计整改机制。凡是在审计期间能够纠正或整改的问题，审计对象应依据审

的意见或建议及时进行纠正或整改，并要整改到位。三是要建立审计揭示问题整改落实复核机制。在审计揭示问题整改期限结束后，要组织对审计揭示问题整改结果进行一次全面的复核。四是要实行审计揭示问题整改责任追究制度。审计揭示问题在规定时间内未整改或未整改到位的，要追究未整改或未整改到位审计对象的责任。

（四）保持资金监管的持续实施，才能巩固资金监管的成效

"三天打鱼两天晒网"是无法保障资金监管成效的，只有持续、不间断地开展资金监管，并且做到无缝衔接，不放过任何时间发生的任何问题，才能保持资金监管的压力，监管成效就有保障。原国务院南水北调办建立的以年度资金使用管理审计为主、专项审计为补、完工财务决算审计把住最后关口的持续监管机制，有效地巩固资金监管的成效。年度资金使用管理审计的连续开展，保证了从时间上的持续和无缝连接；各项不定期专项审计的实施，从查缺补漏的角度强化了资金监管效果；最终的完工决算全面审计能够守住最后关口。

（五）增强法纪的严肃性，才能保持资金监管力度

想要保障资金监管的力度，就必须严格依据法律法规、规章制度来判别资金使用和管理行为，一旦存在以人情、关系或主观意志为标准判别资金使用或管理行为的，资金监管就不可能取得实效。原国务院南水北调办采取了一系列保障措施增强了法纪的严肃性。建立保障中介机构独立性的机制，确保了中介机构人员和系统内部管理人员在审计过程中，严格遵守廉洁纪律；通过对系统各单位培训、宣传等手段营造依法、依规办事的氛围；通过建立内部审计约束机制，要求原国务院南水北调办财务、纪检、监督等部门以身作则，遵纪守法；建立违法必究的问题责任追究机制，根据审计结果，依据相关法律法规，做出相应的处罚手段。只有这样才能增强法纪的严肃性，资金监管的权威性，资金监管就一定能取得实效。

六、结　　论

从历史上其他大型工程建设资金管理的经验来看，构建立体化与系统化的监管体系，实施全面、有效的资金内部监督与控制，是做到资金安全隐患早防范、早发现、早遏制，确保工程建设资金有效使用和安全运行的关键所在。南水北调工程在探索中构建了符合南水北调工程资金使用和管理实际，且具有显著特点的南水北调资金监管体系，尤其是系统内部审计和第三方资金监管机制，确保了资金监管的效果，监管经验是值得其他基本建设项目借鉴的。

基于水利工程项目质量安全科学监管的探讨

杨宏伟

南水北调中线干线工程建设管理局

引　言

为进一步规范水利工程项目施工质量，各水利工程参建单位必须肩负起自身的主体责任，严格贯彻与落实现场水利工程强监管要点，力图将各项技术措施与管理措施分别作用于现场施工当中，目的在于为水利施工质量提供良好保障。结合目前的管理现状来看，水利工程现场施工管理仍旧存在较多亟待解决的问题。究其原因，主要是因为水利工程承担防洪、除涝、灌溉、发电、供水等重要责任，对于水工建筑物的稳定性、承压性以及防渗性程度要求甚高。如果监管不到位，就很容易对工程建设质量造成不良影响。因此，参建主体单位必须始终秉持"质量第一"的施工理念，与时俱进、多措并举，为水利工程建设工作的顺利实施提供坚实基础。

一、水利工程项目实行质量管理与科学监管工作的必要性分析

水利工程施工现场面临的不确定因素众多，如环境因素、天气因素、施工因素等，无论哪一因素发生明显变动，均会对现场施工进度、质量等造成不利影响。如果放任不管、不加以严格管控，那么现场施工秩序势必会陷入混乱状态当中，施工质量、施工效益均无法得到有效保障。而通过实行水利施工现场质量控制工作与科学监管工作，现场施工管理人员至少可以从多个层面规范现场施工流程，并且按照国家住房和城乡建设部与水利部的相关要求，合理安排施工任务、加强对现场施工流程的掌控程度。

最重要的是，通过实行水利施工现场质量控制与科学监管工作，施工现场管理人员可以加强对各个施工环节的质量管控力度，基本上可以有效规避以往存在的施工隐患问题，如不会发生大面积渗水等质量隐患问题。并且在某些层面上可以有效体现出以提高质量可靠性与优质施工水平为主的水利施工目标，进一步为水利规划、质量监管境等工作的优化发展提供实现条件。长期以往，我国水利建设工作必会层层推进、环环紧扣，满足预期建设标准。

二、水利工程项目质量管理与现场监管现状及问题分析

水利工程属于集系统性与复杂性于一体的工程类型，现场施工涉及到的技术类型、管理内容众多，往往需要负责人员具备专业能力才能够确保现场管理效果的合理性与安全性。一般来说，水利工程现场施工涉及到的技术类型多以混凝土施工技术、围堰施工技术、土石坝施工技术等技术类型为主，涉及到的材料资源、设备资源较多，促使现场质量监管工作存在一定难度。具体如下。

（一）现场施工监管力度匮乏，质量隐患问题频发

做好工程现场施工监管工作是确保工程建成质量的主要保障。介于水利工程涉及到的施工内容众多，往往需要现场施工人员付诸足够的耐心与努力，秉持"安全施工、隐患治理"的管理理念，力图将质量隐患问题及时消除于萌芽当中。然而，结合现场实况来看，因现场施工监管力度匮乏造成的质量隐患问题，俨然成为水利工程现场施工常见的隐患问题。

举例而言，混凝土施工常会划分为多个施工区域，在实际连接施工过程中极易产生缝隙问题。如果此时现场参建人员并未采用质量达标的防渗材料或者科学、合理的技术内容，那么就很容易造成施工缝渗漏问题。而现场人员在防渗材料、技术内容的选择及编制上，缺乏监管力度，部分技术措施落实不到位。长期以往，比较容易引发主体结构渗漏、裂缝等质量通病问题。

（二）参建人员责任意识不高，科学监管效率亟待提高

对于水利工程而言，涉及到的专业知识较多。需要参建各方人员不但要掌握水力学、工程水文、水利工程测量、水工钢筋混凝土、水利水电规划、水工建筑物、水利工程施工等专业课程知识，同时要把所学知识与工程现场实际相结合，进一步夯实现场施工质量，确保工程主体安全。然而，结合实际情况来看，多数水利工程参建人员，尤其是技术人员普遍存在能力、专业素养达不到工程建设所需的现象。究其原因，部分施工单位出于施工成本以及其他原因的考虑，并未聘请专业技术人员进行合理施工，导致施工过程多会出现管理协调难度大、问题众多的现象。再加上施工队伍组织力量不足等因素的影响，会进一步加剧现场技术工作的隐患程度，不利于工程主体的建设安全。最重要的是，多数管理人员在实际管理当中，偏好于凭借自身的主观经验开展施工管理工作。并未立足于现场实际情况或者遵循技术标准，导致现场管理内容多会存在不合理问题。以水利工程边坡施工管理为例，由于管理人员的管理行为不到位，

对于边坡结构的修理工作通常比较忽略，常常会导致挖掘施工难以达到预期设计深度，后续施工易出现超挖或者欠挖问题。

三、水利工程项目质量管理与科学监管原则内容

水利工程现场质量控制与科学监管工作必须紧密结合国家住房与城乡建设部和水利部的统筹安排，认真贯彻与落实工程质量监督工作重点。与此同时，树立夯基础、补短板、强监管、优服务的施工理念，将各项质量控制措施与科学监管措施准确落实到各个施工流程当中，彻底消除以往施工隐患问题。介于水利工程施工规模较大且工程体积巨大的影响，实际施工过程必须防止主观经验过强，防止不确定因素对现场施工质量造成危害影响。

（一）安全性原则

安全问题始终是任何一项工程项目必须予以高度重视的问题。唯有贯彻与落实好安全管理内容，才能够为工程建成质量提供安全保障。对于水利施工现场而言，涉及到的施工因素较多，再加上工程建设规模庞大，各种作业相互交叉，现场存在的风险隐患问题要比一般建设工程多得多。为确保水利现场质量管理与科学监管效率有所保障，负责人员必须始终秉持安全性管理原则，始终将安全监督工作放在首要开展位置，尽可能地为现场施工安全提供保障。

（二）科学性原则

水利施工管理工作系统性与复杂性较强，且涉及到的管理内容较多。需要管理人员必须立足于施工场地条件，采取切实可行的管理措施以期加强实际管理效果。结合目前水利工程建设现状来看，我国水利工程建设的区域大部分施工场地条件较为恶劣，某些技术手段很容易受到现场条件不足的限制，而出现应用效果不佳或者技术管理效率不高的情况。针对于此，管理人员必须及时调整管理方向，根据现场实际条件，采取切实可行的技术方法优化现场施工效果。

（三）规范化原则

"规范化管理"可理解为标准化管理，针对水利工程建设亦应建立一整套适合水利工程建设管理的标准，来规范水利工程现场施工管理：一是各参建单位建管机构完善，管理构架基本形成；各级管理人员齐备，且素质水平满足正常工作需要。二是建设管理模式明确、程序清晰、制度健全。三是工程的主要设计功能全部实现。四是体制的

进一步明确。

四、水利工程项目质量管理与科学监管措施分析

（一）加快推进水利工程建设管理标准化建设，提高管理效率

按照水利部"水利工程补短板、水利行业强监管"的总基调，坚持新发展理念，弘扬新水利精神，推进水利工程建设管理标准化体系建设，一是以标准化推进规范化。加快推进水利工程"规范化、标准化、精细化、信息化"建设，编制符合工程建设现场实际的管理组织、制度、表单、流程、条件、标识、行为、要求、安全及信息等十大标准化体系。二是以流程化提高管理效率。积极借鉴物流、电力、交通等现代企业管理经验，逐步建立了各项工程管理流程，各项流程力求简洁、高效、科学、严谨，并在水利工程建设管理中应用、补充、完善，逐步形成符合新时期水利工程建设特点的流程管理体系。三是以清单化规范管理行为。组织编制了岗位责任、安全管理等清单，对工程管理行为进一步细化量化。明确日常工作行为内容和准则，包括每天、每周、每月、每季度、每年做什么，努力实现用清单管人、管事、管理工程，以提升管理能力。

（二）加强现场技术管理强度，确保现场科学监管措施得以落实

施工技术管理工作属于水利施工的重点内容，需要立足于场地实际条件以及参建人员、技术设备实际条件进行科学监管，以期能够为后续正式施工提供安全保障。针对于此，建议现场管理人员最好层层推进、环环紧扣，做好现场技术管理工作。

水利工程施工过程中，针对混凝土施工技术、围堰施工技术、土石坝施工技术等关键技术实行科学监管工作，建立健全现场技术责任制体系，以确保现场施工行为的规范性。一是深入现场了解需求。结合工程建设实际情况，深入工程现场查勘，了解项目法人和审查单位意见建议。二是组织开展培训学习。邀请权威专家结合在建工程实际讲解水利行业前沿科技、技术、知识等，并组织参加各类业务培训。同时加强交流，积极与有关单位交流经验做法，不断提高工作水平。三是通过实现逐级深化施工目标，让现场技术人员及时明确自身的岗位责任。在工程施工过程严格按照水利工程施工标准，及时处理现场施工存在的技术问题，为后续验收提供安全保障。

（三）提升现场参建人员的专业能力，规范现场施工行为

现场参建人员必须明确水利施工质量控制与技术管理的重要性，力图从多个施工

层面优化现场施工效果。对于当前现场参建人员技术能力、安全意识不足的情况，可对参建人员定期开展培训活动，通过培训掌握水利现场施工技术要点以及质量监管要点，让参建人员及时了解当前存在的不足，并加以及时规范。

同时，开展现场施工工作之前，可与其他类型项目进行合理沟通与交流，确保方案之间的协调效果。在此基础上，树立夯基础、补短板、强监管、优服务的施工理念，将各项质量控制措施与技术管理措施准确落实到各个施工流程当中，彻底消除以往施工隐患问题。

（四）建立现场质量监管体系，强化现场质量管理力度

建立现场质量监管体系，突出监管重点，有的放矢，实行自上而下制定严格的现场质量责任管理制度、质量管理办法和严厉的质量责任追究办法，以严格的标准、严格的监管、严格的处罚保障质量管理工作高效开展，其目的在于让全体参建人员明确自身的主体责任，为现场施工质量提供保障。例如对于材料设备的质量管理工作而言，可按照质量检测标准，针对混凝土原材料、中间产品等进行重点管理，按照规范规定的频次进行抽检和跟踪检测，检测合格报验后，方可用于工程，从原材料和中间产品环节，确保水利建设材料的质量安全，保证工程实体质量。对于现场施工过程控制，监管人员应该定期深入现场，开展监督管理工作。除日常检查外，建设管理单位可定期组织设计、监理、施工等单位人员，开展质量大检查，针对现场施工存在的问题，要求有关单位及时进行整改，做到随时出现、随时发现、随时研判、随时处理，对保证工程建设质量亦可起到有力的促进作用。对重要隐蔽工程和关键部位工程要严把质量验收关，必须经过四方联合验收通过后，方可进入下道工序（或单元）施工，施工过程中监理单位要实行旁站监理，监督施工单位严格按照设计和规范施工，确保工程施工质量。

（五）以信息化为手段，提升管理水平

一流的工程，必须有一流的管理手段相适应。针对水利工程信息化建设的短板，可以积极运用大数据、云技术、物联网等技术手段，把工程设备、人员、管理、信息等资源进行整合、重组和优化，以达到提高管理效率、降低管理成本、提升工程现代化管理水平。例如南水北调中线建管局开发并全线应用了工程巡查维护实时监管系统。通过该系统，各级人员可实时掌握中线工程各类设施设备的运行状态、人员在岗情况、巡查开展情况，对发现问题形成"上报—受理—处理—消缺"的完整闭环，实现了"人员、问题、过程"的全覆盖，达到"巡检有计划、过程有监督、事后有分析，处理可追踪"的数字化、透明化、精细化、智能化管理，全面提升了运维工作和问题查改

的效率和质量。

<h1 style="text-align:center">五、结　　语</h1>

　　总而言之，做好水利工程项目质量管理与科学监管工作，不仅是确保水利工程项目建设质量的基本保障，同时也是促进水利工程项目各项建设工作得以顺利开展的基本保障。针对于此，建议从事于水利工程项目现场施工的全体成员，必须立足于"安全施工、隐患治理"原则理念，坚持以问题为导向，全面落实"水利工程补短板、水利行业强监管"的总基调，突出监管重点，有的放矢，前移监管关口，加强一线管理，不断通过规范管理制度来推进水利工程建设管理向正规化、现代化发展，通过强有力措施进一步促使水利工程建设管理上水平、高档次。通过规范化管理制度和考核奖惩措施的落实，使管理达到正规化，通过不断完善软硬件管理设施，逐渐健全长效机制，巩固规范化管理成果，从多个层面实现质量监管目标，全面提高水利工程建设管理的整体水平。对于当前现场施工质量或者监管力度欠缺的问题，建议水利工程项目管理人员应立足于工程建设标准，严格贯彻与落实现场施工质量监管责任，从根本上为水利工程施工安全提供保障。

参考文献

［1］ 李英. 基于水利工程项目施工质量控制措施的探究 ［J］. 绿色环保建材，2018（3）：222 - 223.
［2］ 应丹. 基于水利工程项目质量安全科学监管的探讨 ［J］. 绿色环保建材，2018（5）：224 - 225.
［3］ 刘辅进. 水利工程建设质量与安全监督管理体系构建探讨 ［J］. 价值工程，2018，37（30）：97 - 99.
［4］ 鲁天婵. 关于推进西安市水利工程项目稽察长效机制的探讨 ［J］. 现代农业研究，2018（9）：101 - 103.
［5］ 叶利伟，何晓锋. 大型线性水利工程质量与安全监管工作模式研究——以杭州市第二水源千岛湖配水工程为例 ［J］. 中国水利，2016（6）：30 - 32.
［6］ 冯安太. 水利工程质量监督问题研究 ［J］. 陕西水利，2016（S1）：218 - 219.
［7］ 陶卫华，胡爱龙. 基于水利工程项目施工管理问题及创新对策分析 ［J］. 吉林水利，2015（1）：54 - 56.

基于信息化南水北调中线工程在水利监管的实践研究

张九丹　　邵士生　　赵金全　　王玲玲

南水北调中线干线工程建设管理局天津分局

引　　言

　　南水北调中线工程是一项国家级的重大民生工程，工程任务是向河南、河北、天津、北京 4 个省（直辖市），沿线 20 多座城市提供生活和生产用水，并兼顾沿线地区的生态环境和农业用水，供水面积约为 15.5 万 km²。中线工程全长 1432km，自 2014 年 12 月 12 日南水北调中线工程通水运行以来，工程以平稳运行四年多，圆满完成了各年的供水任务，并产生了显著的经济、社会和生态环境效益。但由于工程沿线较长，沿线工程地质特点复杂多样，并受汛期、冰期影响，保障供水的总量、水质的达标、工程的安全一直是南水北调中线工程运行期以来工作的重点与难点。

　　为更好地保障输水质量与安全，南水北调中线干线工程建设管理局（以下简称"南水北调中线建管局"）制定了《南水北调中线干线工程运行管理制度》。与此同时，南水北调中线建管局认真落实水利部党组智慧水利工作思路，积极推动云计算、物联网、大数据、人工智能等现代信息技术和其他先进科技手段与运行监管工作深度融合。深入贯彻"十六字"治水思路，按照"水利工程补短板、水利行业强监管"水利改革发展总基调，做好新形势下南水北调中线工程通水运行工作。

　　从 2016 年"智慧水利"的概念提出，水利界各方开始对智慧水利展开一系列创新性研究。吴浩云等人对太湖流域治理与管理围绕"智慧水利"展开了一系列研究，使太湖流域治理与管理水平得到了有效的提高；吴丹等人以物联网技术在"智慧水利"系统的发展进行研究，阐述智慧水利系统设计的各项内容与发展建议；周亚平等人针对灌区建设与管理的主要业务职能水资源配置与调度及水利工程运行与管理，探讨这些业务职能智慧化实现的关键技术；李召宝为提升扬州水资源公共管理和服务能力、保障水利可持续发展，开展"智慧水利"的研究，将其融入到"云上扬州"建设当中；肖尧轩等尝试设计水利财政预算执行监管系统，将其应用在水利行业预算执行的管理当中。

以上可见水利行业信息化是水利行业发展的趋势，也是流域防洪、供水和水生态的安全的保障，更是流域综合治理和管理能力的核心。对此本文也将对南水北调中线工程在信息化水利工程监管中的实践方法进行研究，对信息化补短板支撑强监管进行探索思考，以便更好地进行南水北调中线工程运行管理工作。

一、南水北调中线工程运行管理对信息化的主要需求

当前，南水北调中线工程处于运行期阶段，如何保证输水安全，保障水质达标是目前工作的主要任务，对此需梳理出运行期工程对信息化方面的主要需求，确定工作创新的方向。

（一）运行调度管理

运行调度主要工作有流量调节控制、水位控制、工程检修、充水与放空、变孔数运行及突发事件应急调度。需做好闸门系统的操作控制、水量的计量的工作、辖区水情监控的分析、调度指令的传达及反馈、各调度机构工作的监度、应急（汛期）突发事件信息的上传下达。为更好地进行运行调度工作，需将传统调度运行方式结合现代信息化，达到科学化、精细化决策调度，保证每个调水年供水总量的达标，减少或避免非确定因素对调水任务的影响。

（二）工程管理

工程管理主要是对工程日常的土建、绿化项目进行维修养护，主要包括渠道工程、箱涵工程、主要水工建筑物、建筑物附属设施、管理场区设施等。同时需做好防洪度汛、冰期工作、安全监测、工程巡查的管理工作。对此如何较快发现工程缺陷并及时预报预警，进行工程维修维护是工程管理的主要任务。为此需建立信息化工程管理系统以保障监测、巡查结果的准确性和时效性。

（三）水质管理

水质管理主要包括沿线水生态资源调查、水质保护，污染源巡查、水体巡查、水样实验检测等方面。通过建立自动监测站，污染源和水生生物图像识别的数据库，构建大数据分析模型，以确定污染源等级，采取科学应对措施，并对突发水污染事件进行快速监测及预警。进而提升水质保护的风险识别、监督管理分析及科学治理决策应急处置能力。

（四）合同资产管理

合同资产管理是对项目采购、合同执行、项目结算、投资数据统计和固定资产等的管理。需要运用信息化和智能化技术，使决策更加合理，过程更加规范，数据统计更加准确。进而提高管理水平和管理效率，使资产和资金得以保障，真正做到财务风险的规避与管控。

（五）政务管理

政务管理主要针对日常办公、人力资源、党务纪检等工作的管理。由于政务工作繁杂，体量庞大，较容易出现政务信息孤岛现象，信息数据被分割存储于不同部门，不便于互联互通，工作效率不能得到保障，如何让这些工作能够更加高效、规范、准确的进行，就需要依靠信息化、智能化来搭建平台，构件共建、共享的政务管理格局。

二、信息化南水北调中线工程支撑强监管实践成果

为深入贯彻"十六字"治水方针，按照水利工程补短板，水利行业强监管的总基调，坚持以问题为导向，结合南水北调中线工程自身的短板，针对南水北调中线工程信息化支撑强监管工作仍存在的需求及短板，建立了一系列智能化管理系统。以保证南水北调中线工程的通水工作安全、平稳运行，保障工程沿线各省市的用水需求量。下面将对几个较为重要的信息化系统的实践应用研究进行介绍。

（一）运行调度系统

南水北调中线工程调水线路长，规模大，沿线运行工况复杂，该系统使得水量调度程序化，实现了平稳输水的目标。自动化调度系统由水量调度系统、闸站监控系统、水质监测系统、安全监测系统、视频监控系统和大屏显示系统6套子系统组成。实现了自动化输水调度和各项监控功能：水量调度系统实时分析现地水情数据，自动生成闸门操作指令；闸站监控系统准确执行闸门调整指令，远程操控闸门；水质监测系统实时监测站点水质状态；安全监测系统自动上传建筑物内观监测数据，分析工程运行安全状况；视频监控系统对工程关键部位实施视频实时监视；大屏显示系统清晰显示现地视频、系统运行界面等各类影像。总调中心利用闸站监控系统实现集中远程控制闸门，可实现对沿线64座节制闸和97座分水口的流量、水位及闸门开度等进行控制。根据沿线各省市的用水需求，可实时便捷地调整闸门的开度，对渠道内的水位进行调控，对退水闸、分水口的流量进行控制。同时闸站监控系统还具有预警预报功能，可

对水位预警、流量预警、开度预警、突发事件预警及设备故障预警。同时配合闸站视频监控系统调度工作人员可以对全线的水情及辖区内重点断面的调度数据进行严密监控。该系统的运行对中线工程安全供水提供有力保障。

(二) 工程巡查系统

由于南水北调工程全线长达 1432km，近 3000 人每天需要对信息机电、安全监测、土建绿化、水质安全等近 20 个专业进行工程巡查，为了能够保证所有的巡查人员及维护队伍能够做到"人员一个不漏、问题一个不落、过程一个不少、信息一个不缺"。南水北调中线建管局围绕"数字化、透明化、精细化、智能化"组织开发了"南水北调中线干线工程巡查维护实时监管系统"，将信息化运用在大型水利工程的日常维护与管理上，真正意义上做到了水利工程"补短板、强监管"。该系统平台采用 B/S 架构集中部署、多级应用，并与 GIS 技术深度结合，可实时展示在岗员工的定位、设施设备的运行状态、巡查人员运动轨迹等。该系统同时与工作流引擎深度融合，对巡查过程中发现的每一个问题，从发现问题的定性、问题的责任人对问题的受理、维护单位对问题的处理等，均可在线进行全过程把控，并可对问题发现及整改维护情况，自动生成巡查记录、维护记录、问题缺陷统计等文档。南水北调中线建管局及各分局通过以上数据可对 45 个管理处问题查改情况，进行每月、每季度到每年度的智能化综合分析，可为后期的管理决策及考核测评提供有力支持。工程巡查系统监管框架如图 1 所示。

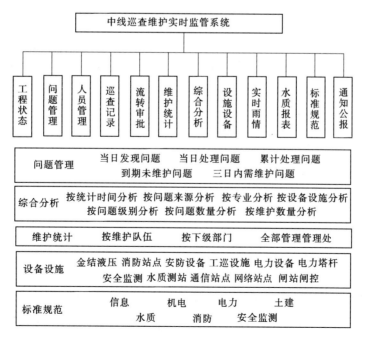

图 1　工程巡查系统监管框架

围绕"十九大"精神，我局开展了"两个所有"即"所有人查所有问题"。工程巡查系统更是为该工作的开展提供了强有力的信息化、智能化支持。工程巡查系统的建设，实现了整个南水北调中线工程"巡检有计划、过程有监督、事后有分析，处理可追踪"的透明化、扁平化、精细化和智能化管理。更强化了以"问题"为导向的水利工程监管工作的思路。问题查改审批流程如图 2 所示。

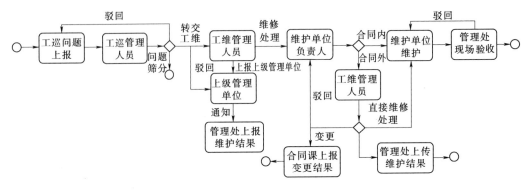

图 2 问题查改审批流程

（三）大数据平台系统

大数据平台是南水北调中线建管局开发的南水北调中线干线工程预算实时监控系统，该系统的的开发全面完善和优化了预算管理体制，将全面预算、责任控制、责任中心等的管理理念、方法和机制注入南水北调中线建管局的管理基础，全面提升了南水北调中线建管局预算执行的科学化和精细化管理水平。该系统包含预算下达、预算项目、预算采购、执行汇总、预算执行、预算考核、预算分析、项目预警、专项进度、预算进度、预算文档及预算审批 11 个模块，可直观清晰地反映出沿线各个管理机构的预算下达金额、预算包含项目、各项目预算执行情况等。并可从采购完成率、统计完成率、合同结算率等三个方面对各管理机构进行预算考核。可针对预算采购完成率、预算统计完成率、预算结算完成率进行上一年度和本年度比对。该系统还可对进度滞后、超出预算及超出变更的项目进行预警。该智能化系统的引入代替了传统的表格统计，使管理数据、管理信息更加清晰化、立体化，管理水平和效率得到全面的提升。

（四）无纸化办公系统

为实现日常办公信息化、智能化，南水北调中线建管局引入电脑 OA 办公系统配合手机移动协同，实现电脑、手机同步办公。该系统可进行公文处理、事务处理、会议通知、保存重要工作文档、查看工作任务等一系列工作，配合手机移动终端，即使身边没有电脑，只要有网络，也可使用手机实现智能化办公，方便下级管理处向上级管理部门请示及汇报工作，也使上级单位对下级单位的指示和批复意见更及时有效的传达。

　　同时，对于日常费用报销也采用了电脑终端的移动报销系统，配合手机的"有报账"App，可在网上直接填写报销单、票据可进行电子采集，增值税发票可直接扫描二维码查验真伪。职工还可及时在网上填写出差申请，出差费用随用随报。领导也可在网上直接进行审批。避免业务繁忙时来不及报账、纸质审批周期时间长等一系列问题。真正实现了无纸化、智能化的日常事务办公。

三、结论与展望

　　南水北调中线建管局多年的信息化建设，使供水保障、工程运行管理信息化的短板得到了一定的加强，并且信息化建设也有力支撑了相关业务的监督管理。当前紧紧围绕着"水利工程补短板、水利行业强监管"的水利改革发展总基调，和南水北调中线建管局"供水保障补短板、工程运行强监管"的工作总思路，持续深入开展需求分析，细致梳理了为补短板而建立的各专业的信息化管理系统：运行调度系统、工程巡查系统、大数据平台系统、无纸化办公系统。并且这四大系统在实际工作中取得了良好的应用效果，随着运行工作的深入开展，相关系统也暴露出一定的缺陷，我局也在不断完善相关系统，优化升级，使其更好地为南水北调中线运行监管工作发挥作用。

　　深化智慧南水北调中线工程的设计应用，持续谋划信息化南水北调中线工程建设，不断推进现代化、智能化的信息采集手段，深化信息技术与传统水利工作融合强度。实现运行调度、工程管理、水质保护和防洪度汛动态监管，提升运行管理水平及管理能力。未来，随着科技的不断提高与进步，还可将更多的先进理念和先进技术融入到信息化南水北调中线建设中去，可形成"安全监督＋信息化"的可持续发展科学管理模式，全面实现智慧水利，推动水利事业向前迈进。

参考文献

［1］　中华人民共和国水利部.水利部关于印发水利信息化发展"十三五"规划的通知（水规计〔2016〕205号）［A］.北京：中华人民共和国水利部，2016：1-2.
［2］　习近平.决胜全面建成小康社会，夺取新时代中国特色社会主义伟大胜利——在中国共产党第十九次全国代表大会上的报告［M］.北京：人民出版社，2017.
［3］　水利部参事咨询委员会.智慧水利现状分析及建设初步设想［J］.中国水利，2018（5）：1-4.
［4］　黎雨轩.智慧水利关键技术应用探讨［C］//（第六届）中国水利信息化技术论坛论文集.南京：河海大学，2018：7.
［5］　鄂竟平.深入贯彻落实习近平总书记治水重要论述精神，加快推动水利工程补短板、水利行业强监管［J］.时事报告（党委中心组学习），2019（2）：71-86.
［6］　鄂竟平.推动河长制从全面建立到全面见效［J］.中国水利，2018（14）：1-2.

［7］ 鄂竟平. 工程补短板 行业强监管 奋力开创新时代水利事业新局面——在 2019 年全国水利
工作会议上的讲话（摘要）［J］. 中国水利，2019（2）：1 - 11.

［8］ 吴浩云，黄志兴. 以智慧太湖支撑水利补短板强监管的思考［J］. 水利信息化，2019（2）：1 -
6，10.

［9］ 吴丹，安方辉. 基于物联网技术的智慧水利系统研究［J］. 科技创新与应用，2019（16）：
55 - 56.

［10］ 周亚平，陈金水，高军. 智慧灌区建设要素及关键技术［J］. 水利信息化，2019（2）：11 -
18，23.

［11］ 肖尧轩，甘郝新，罗媛媛，梁睿. 水利财政预算执行监管系统设计与实现［J］. 人民珠江，
2015，36（6）：138 - 141.

"补短板、强监管"优化水资源配置

郭亚楠　宋星辉　贺晓钢

南水北调中线干线工程建设管理局河北分局

一、水资源的经济属性

水是人类及一切生物赖以生存的必不可少的重要物质，是工农业生产、经济发展和环境改善不可替代的极为宝贵的自然资源。广义上的水资源是指能够直接或间接使用的各种水和水中物质，对人类活动具有使用价值和经济价值的水均可称为水资源。狭义上的水资源是指在一定经济技术条件下，人类可以直接利用的淡水。水资源不仅是自然资源，而且是对环境有相当制约能力的环境资源，它对国民经济发展、人们生活水平的提高以及人类社会可持续发展都有重要的影响。因而，水资源不仅有作为重要自然要素的自然属性，而且有着与人类社会发展相关联的经济属性。南水北调工程作为重要的跨流域调水工程，对水资源的合理配置有着显著的社会、经济以及生态意义。

（一）水资源资产产权理论

在市场经济条件下，自然资源事实上已经变成产业，有的学者称之为"零次产业"，称水资源为水资源资产，对水资源赋予了更深刻的内涵。现代资产评估实践中，把资产就划分为"固定资产、资源资产、流动资产、长期投资、无形资产及其他资产"，自然资源已不容置疑地成为重要资产。资产应是有价值的，水资源属国家所有，水资源所有者可凭借产权取得收益。因此，自然资源具备资产性质的理论可称之为"水资源资产产权理论"，水资源的价值就是水资源资产产权即"水权"的价值。这为水资源具有价值提供了理论依据。在严重缺水地区，水资源应是重要的生产要素之一。构成水资源生产要素的不仅仅是水工程的经济投入量，更包括水资源本身所具有的价值。水资源的"瓶颈"效应也主要取决于水资源本身所具有的价值。在西方经济学中，"土地"一词，不单指土地，还指附着在土地上的包括水资源等一切自然资源，马克思对此也有明确的论述："必须指出，只要水流等等有一个所有者，是土地的附属物，我们也把它作为土地来解释。"由于水资源也包括在"土地"之中，因此，水资源价格应是水资源资本化的收入，水资源价格就是水资源资金化的地租。地租表现为一种生产关系，是资源所有权在经济上实现的必然结果。可以理解为水资源价格是水资源使用者为了获得水资源使用权需要支付给水资源所有者的一定货币额，它体现了水资源所有者与使用者之间的经济关系，是水资源有偿使用的具体表现，是对水资源所有者因水资源资产付出的一种补偿，是维持水资源持续供给的最基本前提。总之，无论经济学家对水资源价值如何解释，事实上都承认水资源与土地一样是国民财富或资产。由于资源存在稀缺性，为体现所有权，必须有偿使用。所以说，水资源是国家所有的资源资产，对水资源资产的保卫和保护等劳动构成了水资源的价值，水资源本身的价值实质是水资源资产产权即"水权"的价值，"水权"的价值应该以"地租"的形式实现，它不受是否凝结着一般无差别人类劳动的限制，是所有权在经济上的具体体现。使用水资源资产，必须予以相应经济补偿。水资源价值的实现，是用经济杠杆调节水资源配置、加强水资源管理和保证水资源可持续利用的基础。因此，水资源获得资产的形式，既是历史发展的必然，也是市场经济实现自然资源资产特性的要求。水资源价值是水资源资产实现的必然产物。

（二）水资源是先导资源

水资源作为自然资源支撑着国民经济发展的先导资源。随着人口的增长和经济的发展，在一定时期内，经济社会各部门对水的需求量将会持续增加，人均水资源占有量将会不断下降，水污染又使实际可利用水量进一步减少，加之新的水源工程开发难度越来越大，因而水资源短缺的危机日益加剧。水资源已成为许多地区经济发展的瓶颈，这表明了水资源已转变为经济资源，具有资产的某些特征。水资源已成为一种经济资源，是国民经济的组成部分之一。一是水资源是国民经济可持续发展的资源之一，工业、农业的生产和城市发展一刻也离不开水，而且水是工业生产的血液，维系着工业经济效益的好坏，钢铁工业、印染工业、造纸工业更是用水大户；二是水资源本身已成为经济资源。从某种意义上讲水资源是"战略性的经济资源"，不仅可直接产生经济效益，而且直接关系着国家的经济安全。水资源关系到国计民生，只有国家能从战略和人性的角度对水资源进行有效的规划和分配，任何单位和个人都可能仅考虑某一方面的利益而不能顾全大局。水资源的特殊性决定了政府必须进行垄断以保证社会各阶层和各个方面都能用上符合标准质量的水。

（三）水资源的公共物品特性

从公共物品的定义和特性来看，水资源属于准公共物品，即具有有限的非竞争性与非排他性的物品。其最主要的特点在于"拥挤性"，这就是说，在水资源消费中，当消费者数量从零增加到某一个可能是相当大的正数时即达到了拥挤点，这时新增加的消费者的边际成本开始上升。当最后达到容量的极限值时，增加额外消费者的边际成本趋于无穷大。尤其是当政府免费提供水资源或象征性地收费，人们必然会无控制地过度消费或者说是浪费，这时政府对多供一些人消费水所花费的边际成本就会很大，自然造成拥挤性加剧。我国各级政府不断完善包括资源水价、环境水价、工程水价的水资源价格体系，提高水资源的开发利用效率，实现资源的优化配置，以促进节水和社会经济的发展。

二、落实"水利工程补短板，水利行业强监管"的充分性和必要性

（一）充分性

中国水资源总量虽然较多，但人均量并不丰富。水资源的特点是地区分布不均，水土资源组合不平衡；年内分配集中，年际变化大；河流的泥沙淤积严重。这些特点造成了中国容易发生水旱灾害，水的供需产生矛盾，这也决定了中国对水资源的开发利用、江河整治的任务十分艰巨。当前经济社会发展与水资源供给能力不平衡。水资源供需矛盾突出，生活生产生态用水需求与水资源水环境承载能力不平衡，水资源需求的结构性矛盾突出，水资源开发利用与其他生态要素不平衡，开发与保护矛盾突出。此外，水资源节约利用不充分，水资源配置不充分，水量调度不充分，水市场发育不充分等问题依然存在。目前中国特色社会主义进入新时代，水利事业发展也进入了新时代。习近平总书记深刻洞察我国国情水情，明确提出了"节水优先、空间均衡、系统治理、两手发力"的治水方针，突出强调要从改变自然、征服自然转向调整人的行为、纠正人的错误行为，这是针对我国水安全严峻形势提出的治本之策。全国水利工作会议提出我国治水的主要矛盾已经从"人民群众对除水害兴水利的需求与水利工程能力不足的矛盾"转变为"人民群众对水资源水生态水环境的需求与水利行业监管能力不足的矛盾"，并指出"前一矛盾尚未根本解决并将长期存在，而后一矛盾已上升为主要矛盾和矛盾的主要方面"。

南水北调工程是一项利国利民的世纪工程，不仅缓解了北方地区极度缺水的现状，而且还有力地保障了北京、天津这些大城市的用水问题，同时使调水沿线城市及地区的环境得到了有效改善，其重要性不言而喻。南水北调工程自 2014 年 12 月全线 1432km 通水以来，在国际上引起了极大的轰动，影响是巨大的，从政治上有力地提升了我国的国际形象，提升了我国的软实力，我们应该更加珍惜这个来之不易的成果，

维护好、运行好南水北调工程，具有重大的意义。

南水北调工程供用水管理条例明确指出南水北调工程管理单位应当建立、健全安全生产责任制，加强对南水北调工程设施的监测、检查、巡查、维修和养护，配备必要的人员和设备，定期进行应急演练，确保工程安全运行，并及时组织清理管理范围内水域、滩地的垃圾。

（二）必要性

破解我国新老水问题，必须补短板、强监管。从老问题看，我国历史上的水问题主要是降水时空分布不均带来的洪涝干旱灾害，自然地理和气候特征决定了水旱灾害将长期存在，并伴有突发性、反常性、不确定性等特点。与之相比，水利工程体系仍存在一些突出问题和薄弱环节，必须通过"水利工程补短板"，进一步提升我国水旱灾害防御能力。从新问题看，由于人们长期以来对经济规律、自然规律、生态规律认识不够，发展中没有充分考虑水资源水生态水环境承载能力，造成水资源短缺、水生态损害、水环境污染的问题不断累积、日益突出，已经成为常态问题。要解决这些问题，必须依靠"水利行业强监管"来调整人的行为、纠正人的错误行为，促进人与自然和谐发展。

南水北调中线工程 2003 年 12 月开始动工建设，2008 年 8 月向北京应急通水，2014 年 12 月全线正式通水至今已有十几个年头，必要的维护和更新是有必要的。同时鉴于该工程的重要性，我们的运行管理还刚开始，有许多难题和未涉及的领域有待我们去探索，去实践，所以当前我们十分有必要运用强有力的措施去补足短板，加强监管，从而保证工程运行的安全，保证南水北调的各项功能的实现。

思路决定出路，方向决定成败。随着社会主要矛盾、治水主要矛盾、水利改革发展形势和任务的变化，治水思路必须随之加以调整和转变。全国水利系统干部职工特别是领导干部要深入领会习近平总书记"3·14"重要讲话的核心要义和关键要求，深刻认识加快转变治水思路的必要性和紧迫性，也就是部党组为什么要求将工作重心转到水利工程补短板、水利行业强监管上来。

南水北调工程管理范围外部环境复杂，边界附近管理难度大，养护战线长。沿河群众防洪意识淡薄，乱建、乱采、乱植，现象突出，环境保护意识淡薄，增加了日常养护成本，加大了工程管理难度。绿化工程管理专业人员较少，力量不足；部分土建维护单位兼有绿化维护任务，维护专业程度有待提高，维护效率低，成本高。工程维修养护机制存在设计上的缺陷，亟待规范化、标准化。日常维护单位力量薄弱，管理人员少，管理经验和能力不足，养护机械十分缺乏，养护人员素质不高，服务意识较差，人员待遇与社会经济发展水平不相适应，不能形成良好的养护文化和养护习惯。

三、水利工程补短板，水利行业强监管的探索实践

针对目前南水北调工程日常维修养护状况，可以考虑设置长期维修养护站：每20km建设养护站点一处，集中管理，配置相应的管理维护设施，如房屋、仓库、机械设备维修场地、水电设施配备等提供给维护单位进行有偿使用，降低工程维护成本；同时采取培训措施，强化养护队伍素质，加强养护人员岗位培训，提高业务素质，营造工程维修养护文化氛围。此外，南水北调工程水质保护工作一刻不得放松。最直观体现此项工作成果的就是水质监测数据，为了保证监测数据能够及时、准确、可靠、全面地反映监测点水质现状及其变化发展趋势，为环境管理提供真实、准确、有效的依据，不断强化措施，加强质量控制与保证是必须的。对试剂配制、现场巡检、故障排除、质量控制等方面要进行严密的控制和监督，每月进行一次标准溶液核查、一次标准物质核查、每季度一次第三方比对测试，负责监测数据质量保证和质量控制工作，确保水质监测站监测数据的完整性和准确性。同时根据水质保护需要，工程沿线绿植可选择针叶类树木，常绿不落叶；内坡植被修剪建议控制在10cm，既能达到护坡不裸露的目标，又能保证植被整体美观。这样做后期养护的外水浇灌量将会减少很多。

南水北调中线干线工程，是国家南水北调工程的重要组成部分，输水干线全长1432.493km，特点是规模大、渠线长、建筑物样式多，交叉建筑物多。南水北调中线自2014年12月12日正式通水以来，持续向北方供水。科学技术日新月异，无人机作为新一代科技工具，具有响应速度快、精细度高、使用成本低、操作培训简便的技术特点，在多云多雾、影像获取困难、人力难以到达的地区应用，具有明显的可操作性优势，可以补运行安全监管的短板。无人机有很多的优点，其中就包括实时性、成本低、响应快、灵活度高等特点。和普通的航空遥感与卫星遥感相比，无人机更是有很多的优势，它可以在低空取得光学图像、地址地形图像、线路图像，在这一点上无人机有着其他测绘和监测方式不能取代的作用。不仅如此，无人机的应用在水利应急、预警、抢修处理等方面也起着很重要的作用，对灾难的预警可以起到意想不到的作用。无人机在南水北调运行管理中可以应用到很多领域。电力巡检：装配有高清数码摄像机和照相机以及GPS定位系统的无人机，可沿35kV进行定位自主巡航，实时传送拍摄影像，监控人员可在电脑上同步收看与操控。推荐理由：采用传统的人工电力巡线方式，条件艰苦，效率低下。无人机实现了电子化、信息化、智能化巡检，提高了电力线路巡检的工作效率、应急抢险水平和供电可靠率。而在山洪暴发、地震灾害等紧急情况下，无人机可对线路的潜在危险，诸如塔基陷落等问题进行勘测与紧急排查，丝毫不受路面状况影响，既免去攀爬杆塔之苦，又能勘测到人眼的视觉死角，对于迅

速恢复供电很有帮助。水质保护：无人机可以快捷有效地观测空气、土壤、植被和水质状况，也可以实时快速跟踪和监测突发环境污染事件的发展；可以利用搭载了采集与分析设备的无人机在特定区域巡航，监测渠道沿线企业工厂的废气与废水排放，寻找污染源；利用携带了污染处理设备的柔翼无人机在空中进行喷撒，与无人机播撒农药的工作原理一样，在渠道一定区域内消除水质污染。推荐理由：无人机开展航拍，持久性强，还可采用远焦红外线夜拍等模式，实现全天候航监测，不受空间与地形限制。时效性强，机动性好，一定程度上保护水质安全。水质采样快递：无人机可实现鞋盒包装以下大小货物的配送，只需将收件人的 GPS 地址录入系统，设计航线，无人机即可起飞前往。推荐理由：渠道沿线已设置了水质自动监测站，对沿线水质进行采样监测，但也会有其他情况需要将采样送达水质中心进行分析监测，无人机完全可以依渠道方向设定航线飞行运送样品。应急抢险：利用搭载了高清拍摄装置的无人机对边坡塌陷地区进行航拍，提供一手的最新影像。推荐理由：无人机动作迅速，起飞至降落，仅需 7 分钟，就已完成了 1 万 km² 的航拍，意义非凡。此外，无人机保障了救援工作的安全，通过航拍的形式，避免了那些可能存在塌方的危险地带，将为合理分配救援力量、确定救灾重点区域、选择安全救援路线以及灾后重建选址等提供很有价值的参考。此外，无人机可实时全方位地实时监测边坡地区的情况，以防引发次生灾害。工程及安全巡查：利用搭载了高清拍摄装置的无人机对渠道沿线进行定时或非定时巡航，后台系统对画面中的隔离网栏、人员、机械进行分析，查看隔离网栏是否损坏、人员是否为外来人员、机械是否为报备设备等。综上所述，在渠道沿线闸站楼房顶部布置无人机机库，布置自动充电桩（或者利用渠道无线网络进行充电），无人机后台处理系统安置在调度中控室，实现无人机多方面的应用，提高工作效率，更加快捷有效地完成管理工作。

随着时代的发展，科技的进步，南水北调工程沿线增加的民生工程较多，从而导致穿跨越南水北调总干渠工程增加。这就体现了强监管的重要性。在具体执行过程中加强审查穿跨越工程，在实施工程建设初期，严格审查工程实施的必要性与穿跨越位置，严禁在重要节点工程新增穿跨越工程。特别是易对南水北调水质存在风险的工程更应严格审查。加强现场施工质量控制与培训在施工过程中，增加第三方监测单位，对施工过程中实施跟踪监督管理。穿跨越工程形式多样化，有可能是电力，也有可能是管道。这就要求穿跨越管理人员综合素质很高，所以说应增加对穿跨越工程管理人员多方面的知识与技能培训，和一定的穿跨越工程检测设备。

坚持少而精的思路，遵循简单易懂、管事好用的标准化管理原则，基本建立标准化的工程运行管理体系、防洪度汛安全管理体系、工程安防管理体系、应急管理体系和责任监督检查体系，以此推进标准化管理工作。从而实现工程设施稳定安全运行，机电金结设备稳定安全运行，输水调度稳定安全运行。

四、结　语

"节水优先、空间均衡、系统治理、两手发力"十六字治水方针，字字千钧，每一句话都有丰富内涵和明确要求，贯穿其中的一条主线就是要调整人的行为、纠正人的错误行为，具体到治水工作中，就是要"水利工程补短板、水利行业强监管"。这是作为南水北调工程运行管理者自始至终都需要坚持的准则。我们以此强化运行管理和安全生产措施，确保工程平稳运行和供水安全，超额完成年度水量调度计划。从而实现南水北调工程运行平稳向好。

参考文献

［1］ 钱正英，张光斗. 中国可持续发展水资源战略专题报告集［R］. 北京：中国水利水电出版社，2001：1-10

［2］ 鄂竟平. 工程补短板　行业强监管　奋力开创新时代水利事业新局面——在 2019 年全国水利工作会议上的讲话（摘要）［J］. 中国水利，2019（2）：1-11.

［3］ 中国水利杂志编辑部. 2019 全国水利工作会议审定通过新时代水利精神表述语发布 忠诚、干净、担当，科学、求实、创新［J］. 中国水利，2019（4）.

［4］ 中国工程院. 中国可持续发展水资源战略研究综合报告［J］. 中国水利，2000（8）：5-17.

［5］ 中共中央马克思恩格斯列宁斯大林著作编译局. 马克思恩格斯全集［M］. 北京：人民出版社，2008.

［6］ 姜文来，唐曲，雷波. 水资源管理导论［M］. 北京：化学工业出版社，2005.

［7］ 陈家琦，王浩，杨小柳. 水资源学［M］. 北京：科学出版社，2002.

［8］ Harris. A Survey of Sustainable Development［M］. Washington，D. C：Island Press，2001.

关于南水北调工程管理强监管的思考

潘圣卿　　王晓光

南水北调中线干线建设管理局石家庄管理处

一、现　　状

南水北调工程是为了缓解我国北方地区严重缺水的局面，采用人工和天然河渠相结合的方案，并通过东线、中线和西线三条线路从长江流域调集水资源的一项规模宏大、影响深远的战略性基础设施。工程设计将三条调水线路与长江、黄河、淮河和海河四大江河的相连，从而构成以"四横三纵"为主体的总体布局，最终实现我国水资源南北调配、东西互济的合理配置格局。

经过 20 世纪 50 年代以来的勘测、规划和研究，在分析比较 50 多种规划方案的基础上，分别在长江下游、中游、上游规划了三个调水区，形成了南水北调工程东线、中线、西线三条调水线路。多年的建设和运行管理工作，已经积累了丰富的经验，在历年的防汛抗旱减灾、水资源开发利用、生态环境保护、水利工程建设和运行管理等经济社会中发挥了不可替代的作用。但是我们要清醒地认识到，几年的建设和运行管理使我们的部分运行管理工作目前还停留较低的层次，跟水利行业改革发展的要求还有一定的差距。

二、目前存在的主要问题

根据鄂竟平部长提出的当前和今后一个时期水利改革发展的总基调以及南水北调自身发展的短板问题，目前主要存在如下问题：

一是信息化、现代化和"智慧"南水北调工程的短板，我们需要加强南水北调运行管理基础工作，让现代科技成为工程安全运行的重要支撑和保障。目前南水北调中线工程已经实现"远程监控、少人值守"的目标，但受到设备和现地环境的制约，仍有监控的死角存在。我们应该因地制宜，加快科技研发的步伐，提升管理方式以及技术水平。加快"智慧"南水北调平台建设，完善工程监控与视频监视系统，具备信息监测感知、业务数据挖掘、管理应用服务、工程自动控制等全产业链服务能力。

二是应急管理机制建设有待完善，调水安全运行监管需要加强。强化工程优化调度和安全运行，加强应急能力建设，完善应急预案体系，努力构建指挥统一、反应灵敏、协调有序、运转高效的应急管理机制，不断提高应急管理能力和管理水平。加强对现场各个服务单位的考核和监督，定期开展安全生产专项检查、汛前汛后专项检查、运行检查及年度考核，及时发现问题，督促整改问题，消除安全隐患，保证工程设施设备完好。

三是工程先进实用水利技术攻关需要加大，科技创新型项目需要大力推进。我们应立足南水北调工程，主动对接工程管理、调度运行等，围绕前沿、尖端发展方向，开展智能化、标准化等一系列前瞻性的科技攻关工作。对照南水北调后续工程建设，有计划、有侧重地开展后续工程重大技术专题储备，进一步提升南水北调后续工程技术含量。加强与高校、科研院所、企业的合作，通过科技创新、联合研究攻关等方式，共同实施重大课题研究和重点项目建设，推动产学研用合作，尽快将关键技术转化为生产力，提升综合发展实力，真正发挥好科技对南水北调发展的支撑作用。

四是人才队伍素质素质问题。我们的队伍在思想意识上还大量存在"庸懒散拖慢"现象，纪律规矩意识、大局意识不强；年龄结构断档严重，我们在人才的引进上应当按需求逐年从高校中选拔优秀的人才，建立完善的人才培养机制，逐步建立层次分明的优秀员工队伍。此外，队伍的知识结构、专业素养、梯队建设等等方面还存在诸多问题。

三、几点思考

在新形势下，南水北调工程该如何为服务水利行业强监管提供支撑，是当前我们亟待解决的问题。下面结合工作实际，谈几点思考。

（一）完善配套工程，补齐设施短板

首先，将河北雄安新区供水工程、廊坊北三县供水工程、受水区城市供水管网改造和黑龙港苦咸水、高氟水地区城乡供水一体化工程，纳入国家加大基础设施领域补短板投资盘子，加快完善现代供水网络。

其次，加快调蓄水库论证工作，在沿线谋划新扩建河北娄里、八里庙、青山、瀑河等一批在线调蓄水库，提高应急供水保障能力。

再次，将干线上游岗南、黄壁庄等6座大型水库纳入中线应急调度体系，利用江水置换6库下游用水，为中线总干渠储备应急调度水源。

最后，完善总干渠防洪工程，整体提高防洪减灾能力。

（二）优化调整水价，减轻受水区经济负担

依据《政府制定价格成本监审办法》，对水价重新进行核定测算。一是据实调整水价成本，按照成本监审办法，政府补助资金（包括中央预算内、南水北调基金、重大水利建设基金、地方财政资金）不应计提折旧，不应计入水价成本，约可降低 0.18 元/m^3；二是降低工程维修费取费比率，由规范的上限 1.5% 调至下限 1.0%，约可降低 0.09 元/m^3；三是降低还本付息强度，将工程贷款还贷期限由 15 年延长至 30 年，约可降低 0.13 元/m^3；四是在中线工程未达效运行前暂免征收水资源税（地方税），可降低成本 0.4 元/m^3。通过上述措施，有效降低引江水水价 0.8 元/m^3。

（三）优化水资源配置，推进生态补水常态化

把多调水作为中线工程管理的首要目标，针对华北地区缺水量和丹江口库区可供水量的实际情况，出台生态补水优惠政策和实施方案，加大对华北地下水超采区的补水力度，通过优化调度，充分利用中线总干渠输水能力，尽可能多地实施生态补水，促进华北漏斗区水生态修复，逐步改善沿线区域生态环境。建议将滹沱河、滏阳河全域纳入生态补水范围，并在生态补水试点工作结束以后转为常态化补水。

（四）明确职能职责，理顺体制机制

南水北调工程管理系统正值改革期间，一方面要明确南水北调工程服务水利行业监管中政府需要我们干哪些事，承担什么具体任务，我们才能够有的放矢。依据职能职责搞好我们的各级部门建设及内设机构调整，跟服务监管做到有序无缝对接。另一方面要理顺投入机制，保障正常履职所需的必要经费。

（五）加强宣传引导，提高思想认识

面对新形势新任务，我们要对广大南水北调干部职工加强监管服务转型升级的必要性、重要性、紧迫感的宣传教育引导，凝聚共识、形成合力，共同推进南水北调工程服务水利行业监管工作的开展。

（六）夯实技术基础，重点是做好站网规划和现代化建设

我们要根据服务水利监管需要建设一批专用站建设，补齐短板。下大力气研究先进技术手段和仪器设备应用，大力提升水利工程服务现代化水平。要打破长期以来形成的固有思想观念和思维模式，重新审视现有水利基础设施建设思路和运行方式，坚决摒弃过时的技术手段和落后的生产模式，树立技术先进的理念，大胆推广应用先进

技术手段。深入开展调研论证。要采取"请进来，走出去"等方式，广泛了解现代科技发展状况，充分吸纳相关行业和社会企事业单位好的经验成果，结合南水北调跨流域工作实际，研究论证现代化发展模式和先进技术适用性。抓紧制定服务水利行业监管开展的监测新项目、新方法的标准规范，使监测有章可循。

（七）加强人才队伍建设

要大力加强我们队伍思想认识教育，使广大南水北调工程系统干部职工树立纪律规矩意识，大局意识。要从参与社会治理的角度出发，适应发展需求。大力开展专业技能培训，根据发展需求开展专项技能培训，提高专业素养。

四、综　合　建　议

（一）遵照制度，开拓思维

思维意识的落后是最大的落后，加强南水北调工程监管首先要强化制度思维和监管意识，牢记"制度无授权不可为，制度定职责必须为"，做到有制度必依、执行制度必严。对于南水北调各级部门的职能职责，既不能缺位越位，更不能失职失责，要把已有的制度执行好，把工程运行管理好、监督好，敢于动真碰硬，敢于从严监管。推进南水北调工程工作向制度化、规范化发展；深入宣传南水北调工程保护条例，加强总干渠一级、二级水质保护范围管理，设立保护标识和界址标识。

（二）抓实各分局、现地管理处管理

围绕打造"保水质、保安全"目标，坚持以各分局（公司）、现地管理处属地管理，全面完成南水北调年度重点任务，健全各级机构相关制度工作再上新台阶。建立分级管理保护工作格局，形成供水工作合力；进一步明确年度工作目标及长期供水目标，倒逼各级管理机构履职尽责。进一步加大问题排查力度，严格按时间节点完成问题集中整治；建立分级管理的供水监管体系，常态化开展暗访监管，以问责推动分级制工作落到实处。

（三）防灾害，抓应急

践行习近平总书记"两个坚持、三个转变"的防灾减灾救灾理念，在已有防汛应急机构及预案的基础上，突出南水北调工程的运行和调度管理，确保战胜可能发生的灾害，全力确保总干渠安全。科学编制洪水防治规划和防护标准、重要工程部位的防

御洪水抗御调度以及应急水量调度方案；做好水情预警以及暴雨洪水期间总干渠调度工作；组织工程技术骨干积极参与防汛现场处置，为防汛科学决策提供技术指导和支持。

（四）科学调度，拒绝违法行为

联合地方政府及水利部门，巩固推进查处南水北调保护区域内违法、违建行为，牢牢守住水生态和水安全底线。坚决制止侵占、破坏南水北调保水源护区水体的违法行为；强化日常监督巡查，严厉打击水源保护区内非法行为，深入开展安全生产隐患大排查，针对隐患排查发现的问题，严格督促整改到位，推进质量体系建设，推进安全生产黑名单制度，全面落实南水北调工程建设质量终身制，进一步提升对受水区受众服务能力。

（五）提高现地管理处管理水平

现地管理处是南水北调工程管理的基本构成，其管理水平的好坏直接影响到整个南水北调工程调度运行管理的水平，如何为提高现地管理处管理水平是整体工作中的重中之重，有必要从人员、培训、基础设施、现场形象、运行管理等各方面采取统一标准化提高，并鼓励管理处开拓思维搞创新，在上级部门适当放权的情况下，切实提高管理水平，在所有现地管理处中遴选各方面表现优秀的处作为"样板"，其现场管理运行经验可推广至整个南水北调系统，以带动整体运行管理水平的提高，起到模板效应。

（六）完善现有信息平台，及时创新补充

目前，南水北调巡查系统、办公系统、财务报销系统、天气信息系统等均已运行一段时间，但在运行过程中存在部分不足，或加重了各级部门日常工作量等问题，同时运行管理工作中合同结算未纳入网络办公系统，为加强南水北调工程信息采集、传输、处理、分析、应用，整合应用系统数据资源，实现互联互通，应继续推动信息技术平台的完善及补充，并根据工作融合发展及全面提升调度运行监管现代化、数字化、信息化水平，应及时补充相关网络平台。

五、结　语

（一）我们要深刻认识南水北调工程强监管的新形势

自总干渠正式通水以来，受水区域及供水量逐渐扩大，已经从供水初期受水市场

开拓转变为供水服务与受水客户需求升级之间的矛盾。只有坚持问题导向，强化行业监管，敢于动真碰硬，真找准问题，真抓住问题，真解决问题，不断改善供水资源、供水生态、供水环境、供水水质的管理，才能满足受水区人民不断提升的用水需求，才能解决南水北调供水发展的主要矛盾。因此，强化南水北调运行监督，是发展的必然选择、内在要求和必由之路，新形势新任务赋予南水北调工作的历史使命。各级部门对此要有深刻的理解和认识，切实把强监管工作渗透结合到各项具体业务工作去，为南水北调工程发展的顺利推进提供监督保障。

（二）准确把握南水北调工程监督检查工作的新内涵

水利部出台的《水利资金监督检查办法（试行）》《水利工程运行管理监督检查办法（试行）》《小型水库安全运行监督检查办法（试行）》《水利工程建设质量与安全生产监督检查办法（试行）》《水利工程合同监督检查办法（试行）》《水利部特定飞检工作规定（试行）》等六个监督检查有关制度，是各级水行政主管部门开展水利资金、水利工程运行管理、小型水库安全运行、水利工程建设质量与安全生产、水利工程合同等监督检查和特定飞检工作的主要依据，提出实行问题清单管理的新要求，以实现发现问题、认定问题、整改督办、责任追究的有效衔接和闭环运行，释放出严监管、严问责的强烈信号。我们南水北调系统，尤其是司职监督工作的职能内设机构，一定要学深学透、深刻领会，准确把握、对标履责，时刻保持清醒头脑，增强发现问题、整改问题、举一反三和问责警示四个方面的能力，树牢"四个意识"、做到"两个维护"，观大势、谋大局，敢担当、会做事，有效防控风险确保安全。

（三）压紧压实南水北调工程监督检查工作的新责任

强监管要求我们坚持以问题为导向，以整改为目标，以问责为抓手，从法制、体制、机制入手，建立一整套务实高效管用的监管体系，压紧压实监督检查工作责任。各部门、分局要以水利行业监督检查有关制度出台为契机，通过加大问责警示力度，增加行为违规成本，督促项目监理、施工等各参建单位对照其中的内容和标准，开展工程资金、工程运行管理、工程建设质量与安全生产、工程合同等自查工作，发现问题，及时整改，及早防范各类风险，确保水利工程及其资金安全，进一步提升南水北调工程运行监管水平。

南水北调调度运行管理中理论创新与实践做法浅谈

李宏硕　　代程程　　赵永朋

南水北调中线干线工程建设管理局石家庄管理处

南水北调工程是实现我国水资源合理配置，解决北方水资源严重短缺问题的一项战略性基础设施工程。南水北调中线工程是缓解京、津、冀、豫等北部地区水资源短缺紧张状况，支撑该地区国民经济与社会可持续发展的一项跨流域、长距离的特大型、综合性调水工程，担负着北京、天津、石家庄、郑州等数十座城市供水的重大任务，是 21 世纪京、津、华北地区国民经济可持续发展的重要保障，对生态与环境改善，具有十分重要的意义。

为加强水利行业创新体制机制，可以从以下四方面入手：一是提升管理人员整体素质；二是管理上加强运行维护单位监管；三是标准化规范化建设为创新保驾护航；四是新技术应用。

一、提升管理人员整体素质

提升管理人员整体素质是管理创新的基础，只有所有人都熟悉所有专业，激发集体的力量，群策群力，才能源源不断有更新的思路应用到运行管理实践当中并创造效益。根据"水利工程补短板、水利行业强监管"工作总思路，深入贯彻开展"两个所有"即"所有人查所有问题"活动，着力提升员工综合素质。

管理处编写的《设备设施操作说明及现场工作检查内容汇编》汇总了管理处辖区各个闸站、各种设备的操作说明，组织全体人员通过会议室集中学习、现场演示、实际操作等方式进行学习。通过学习和大家现场共同研讨，使大家具备了"两个所有"的专业技能。

根据 2015 年以来上级各部门检查出的所有问题台账，整编完成了适合管理处使用的《设备设施常见问题清单》，及时整合"举一反三"设备设施问题清单，作为管理处、运行维护单位查改问题的主要依据，减少了同类问题的频发，提升了设备设施健康水平；结合设备实际情况，编制并实施《巡视检查内容清单》，及时发现影响设备设施正常运行的问题和故障，并实施《问题故障处置单》，明确了设备存在的故障点，方便问题快速处置。

合理进行人员工作责任分工，设置段域负责人、区域负责人、各专业负责人，管理辖区 27 座闸站、28 座强排泵站、24 座变电站的信息机电设备及其他运维单位作业，问题处置落实到人，责任到人。实施管理补位 AB 岗，有效落实补位期间的管理责任延续。实施管理人员辖区设备周巡检带班责任制，按照既定的周巡检计划，填写《设备巡检工作日志》，作为巡检管理工作的主要依据，做到了运行管理工作有据可查、循序渐进，保证了设备运行状态良好。

随着现阶段"两个所有"的深入开展，管理处员工在发现问题和处置问题的能力都得到了大幅提高，管理处组织员工定期开展针对共性、多发性问题和影响工程安全的典型问题进行归类，总结经验，从技术和管理两方面有针对性地制定整改措施，确保从根本上整改问题，防止问题查而不绝、反复发生。

为进一步贯彻落实"两个所有"工作精神，切实摆脱"问题会随着时间主动出现，出现后我们再解决""非专业人员查不了专业问题""存在问题不好，不愿意暴露问题"三个误区，全面强化"所有人员查所有问题"的意识，提升管理处所有员工发现问题、处置问题的专业水平，增强实际问题排查的针对性、可操作性，扭转查改工作被动态势，确保问题能够及时被发现、整改，利用自有专业人员的互学互助培训，切实提高所有员工问题查改率。"两个所有"的进行，极大地推动了员工查漏补缺补短板，促进员工向"多专业、全方面"的"多面手"转型。管理处员工将继续努力，深化"两个所有"，为工程的安全平稳运行打下坚实基础，给运行管理水平再上新台阶提供保障。

二、管理上加强运行维护单位监管

关于水利行业强监管，重点是要搞清楚"监管什么"，解决好"如何监管"的问题。

水利行业强监管，要坚持以问题为导向，以整改为目标，以问责为抓手，从法制、体制、机制入手，建立一整套务实高效管用的监管体系，从根本上改变水利行业不敢管、不会管、管不了管不好的被动局面。从法制入手，就是要建立完善水利监管的法律法规、部门规章、标准规范、实施办法等制度体系，明确监管内容、监管人员、监管方式、监管责任、处置措施等，使水利监管工作有法可依、有章可循。从体制入手，就是要明确水利监管的职责机构和人员编制，建立统一领导、全面覆盖、分级负责、协调联动的监管队伍。从机制入手，就是要建立内部运行的规章制度，确保监管队伍能够认真履职尽责，顺利开展工作。各地也要针对治水主要矛盾变化和工作中遇到的突出问题，因地制宜建立相应的法制、体制、机制，加强上下联动、信息共享和资源整合，形成水利行业齐心协力、同频共振的监管格局。

管理处是输水调度运行管理基层单位，任何监管都会在管理处层面进行实际操作，因此管理处的监管是整个监管体系中最重要的一环。

依据各专业工作标准以及合同要求，合理整合运维单位月巡检维护计划，利用中控室视频监控系统及运维单位上传到站维护人员"全家福"照片、闸站巡检维护签到表等管理方式，有效管控了运维工作计划进展及维护人员到站情况。建立并实施管理处与运维单位问题处置联动机制，每月定期组织管理人员、相关运维单位人员共同对辖区的节制闸、控制闸、退水闸、分水口等重点闸站开展静态、动态设备联合巡检，避免了问题处置过程中推诿、责任划分不清、拖延等现象，极大地提高了设备巡检质量和问题消缺率。定期开展运维单位管理处辖区驻点检查（主要检查备品备件管理、运维过程资料、安全用电等内容）；结合各设备管理负责人提供的运维单位日常管理的维护过程和维护效果、中线巡查维护实施监管系统问题整改率等相关运维工作考评资料开展各运维单位月考核管理工作；每月组织召开运维单位月例会，总结当月运维工作，及时纠偏，提高了工作效率，布署下月工作重点，解决、协调运维工作中的难点，运维单位工作状况得以管控，促进了运维管理工作的有序开展。

设备设施运行维护按专业分为供配电、金结、液压、通信、闸控、网络、消防、安防共8家维护单位，维护单位专业多、分工细，因此对管理处如何管理好维护单位提出了更高的要求。管理处通过对现场运维工作的监督管理过程中发现运维单位各自维护管辖范围的设备，存在部分问题定义不清相互推脱现象，严重影响了问题消缺速度。为了解决此问题，切实做到以问题为导向，管理处制定并完善了"静态联合巡检"和"动态联合巡检"制度，以便更快地发现和整改问题。

管理处组织辖区各家维护单位对设备进行了联合巡视大检查，给各运维单位提供一个共同发现问题及协调解决问题的平台。联合巡检主要涉及液压、闸控、自动化及金结等专业，并严格保证中线建管局要求的巡视频次。在联合巡检过程中，首先做到术业有专攻，各家单位仔细检查各自设备的工作状态；同时，各专业之间更是有交叉有配合，为了更加彻底地发现问题，各运维单位之间还要互查。发现问题第一时间明确责任单位，具备条件的即时整改，需进一步处理的当场明确整改时限，解决了责任划分不清等问题，提高了工作效率。

各专业设备形成一个有机整体以作为长距离调水工程运行管理的重要保障。石家庄管理处也致力于形成一个对各设备专业运维单位的联合管理机制，以更加高效全面地保证辖区内工程的平稳运行，同时进一步提高了自身的业务水平和管理水平。

三、标准化规范化建设为创新保驾护航

运行调度以管理处中控室为管理中心，管理调度闸站，集中执行落实上级调度部门指令的运行调度管理方式，调度指令执行及时准确，通水运行安全正常，分水口的供水质量、方量均满足客户需求，并能根据需求适时调整流量，与客户需求量实现联动对接。

全力促进规范化"抓规范、上水平、保运行"输水调度安全生产主题活动，重点围绕安全生产，深入排查整治调度岗位安全责任意识不强和不规范工作行为，强化风险辨识和动态管控，组织开展应急演练，定期落实调度业务考核等主要内容开展活动，注重活动过程管理，狠抓工作细节，通过开展活动强化了运行调度人员的应急反应能力，提升了调度运行管理水平。

输水调度规范化管理及金结机电岗位规范化建设等相关工作。管理处中控室严格实行"五班两倒"人员固定，执行换班审批制度、中控室出入管理制度。现地闸站实行"无人值班，少人值守"的模式，值班（守）人员均能坚守岗位、尽职尽责，未发生违反工作纪律的现象。通过此次规范化建设，提高了管理人员业务水平和综合素质，保障了机电设备、工程设施运行平稳，水体水质未见异常。

为贯彻落实中线建管局《中控室生产环境布置技术标准（试行）》文件精神，统一中控室生产环境布置，完善中控室功能分区，进一步提升中控室标准化水平。标准化建设以各中控室现状为基础，以提升中控室标准化水平为目标，以"精简实用"为原则，主要从建筑设施、标识系统、日常环境三方面进行标准化建设。实现"三统一、一简化"：统一设备设施，统一屏幕显示，统一值班工位，简化室内外标识和上墙制度，合理利用现有设备设施，实现中控室功能分区整齐划一、标识标牌简洁明了、值班工位配置合理，努力构建标准统一、整洁美观的现代化调度管理场所，提高办公效率。

四、新技术应用

（一）泵站数据远程监控系统，有效地运用物联网技术，实现偏僻位置无法通过光缆传输的泵站数据的实时监控

根据南水北调中线一期工程总干渠设计，其底板和边坡均为C20混凝土衬砌。总干渠衬砌设计厚度难以满足地下水位高于设计水位的渠段，使混凝土衬砌发生顶托破

坏；在总干渠检修的工况下，由于总干渠内无水，地下水位过高时亦发生混凝土衬砌顶托破坏，危及渠道安全。为保证渠道衬砌稳定，根据各渠段地质、水文资料，渠道设计断面统筹考虑，在地下水位高于设计水位的渠段除采取自排措施之外，同时采取强排泵站，抽取地下水至总干渠内。

总干渠高地下水（或承压水）砂卵石强透水渠段，在渠道两侧布设集水井抽排（即抽排井），降低渠外水位至渠内水位以下，保证总干渠完建期、运行期、检修期渠道衬砌等结构不发生顶托破坏，该集水井即为总干渠渠道降压井（即抽排井）。其主要作用是，在监测到总干渠渠外地下水位达到或接近渠内水位时，根据渠段启动水位或原则、停泵水位或原则及时降低渠外水位，保证渠段总干渠运行安全。

之前采取人工方式进行观测，每半个月进行一次观测，无法实现实时监控泵站运行，无法第一时间发现异常情况，及时作出反应，很难形成系统观测成果表，分析地下水位变化与渠道水位变化关系。通过对现地 28 个强排泵站 PLC 控制柜进行更换或编程、改造；将采集到的强排泵站和抽排井的相关信息通过无线传输模式，上传至终端系统平台，实现对强排泵站运行工况的远程监测。

监测数据直接上传至中线建管局现有设备上后，利用现有设备和网络安全设备搭建系统平台，完成"南水北调中线干线工程强排泵站运行工况监测系统软件"和"强排泵站信息采集管理 APP 系统软件"部署工作。

通过泵站运行工况监测系统，可以实现泵站水位、配电、状态等数据实时上传，可以查看历史趋势图等功能，有效解决了人工观测各个缺点。

（二）视频智能分析系统在各应用场景中的测试

根据工程运维要求，南水北调中线各建筑物已配备了视频监控装置，实现了对闸站、渠道、园区等关键部位的实时监视，来满足南水北调中线干线对生产和安防等业务的需求。通过视频监控系统，工作人员可以实时了解设备的运行状态、各建筑物及周边的情况。

但是现有的视频监控系统缺乏视频智能分析功能，需要人工进行逐一查看，由于监测点位较多且各类型点位的监测要求差异化较大，导致工作人员工作任务繁重、负担较大。同时由于监测点位分散，工作人员无法及时发现所关注的事件，导致事件的响应时间变长。比如管理处视频监控系统前端摄像机共计 139 个，每个摄像机进行视频巡视检查需要 30 秒时间，全部人工巡查完成至少需要 69.5 分钟，并且无法保证全部检查到位。为了改变这种局面，中线建管局根据视频智能分析技术的成熟情况决定实施南水北调中线干线工程视频智能分析系统项目，准备引入新技术、新方法，结合现有的视频监控系统，通过对中线干线的视频图像进行智能分析处理，帮助工作人员及时获取所关注的事件，从而减轻工作人员的负担，提高工作效率，提升事件的响应能力。

视频智能分析系统通过对视频图像进行智能分析处理，来获取视频画面中关注的各类事件，并上传至系统平台提醒工作人员及时进行查看和处理。本工程实施后，将充分发挥现有视频监控系统的作用，能有效减轻工作人员的工作负担，提高工作效率，同时能够缩短事件的响应时间，提升中线的运维管理能力。通过选取部分闸站视频监控系统中的255路视频图像作为先期试点进行部署，试点完成后不断优化系统再推广到全线，涉及闸门刻度尺、水尺、人员、火情、控闸指示灯、控制柜故障灯共6个重要的视频场景，通过对视频图像进行分析处理，来获取视频画面中关注的各类事件，并根据业务需要对工作人员进行告警提示。

视频分析模型构建，系统需要根据不同的事件场景建立对应的视频分析模型，实现视频画面中所关注事件的智能分析功能。

（1）闸门刻度尺读数读取。通过构建闸门刻度尺检测模型，来获取闸门刻度尺的读数信息，从而获取闸门的开度信息。

（2）水尺读数读取。通过构建水尺检测模型，来获取水尺的读数信息，从而获取当前的水位信息。

（3）人员入侵检测。通过构建人员检测模型，分析视频画面中是否有人员入侵情况发生。

（4）火情检测。通过构建火情检测模型，分析视频画面中是否有火情发生。

（5）控闸指示灯状态检测。通过构建控闸指示灯检测模型分析控闸指示灯的工作状态，从而判断闸门的运行状态。

（6）控制柜故障灯状态检测。通过构建控制柜故障灯检测模型分析故障灯的状态，从而判断相关设备的工作状态。

通过视频智能分析系统进行实时监控并将产生的各场景报警情况在中控室进行声音及投屏提示。可以充分发挥现有视频监控系统的作用，能有效减轻工作人员的工作负担，提高工作效率，同时能够缩短事件的响应时间，提升中线的运维管理能力。

切实提高对加强水利监管工作重要性和紧迫性的认识，建立健全水利监管工作机制，把监管工作摆在突出的位置，抓好工作部署，落实工作责任，加强水利监管统筹协调、整体推进、督促落实，才能完成水利工程补短板、水利行业强监管的总方针。

浅谈南水北调中线工程线型管理创新

——划分责任段建立问题查改长效机制

赵鑫海

南水北调中线干线工程建设管理局河南分局

鄂竟平部长在 2019 年全国水利工作会上指出，新时代治水的主要矛盾已经由人民对除水害兴水利的需求与水利工程能力不足之间的矛盾，转化到人民对资源水生态水环境的需求与水利行业监管能力不足的矛盾，水利改革和发展的新思路将从改造自然、征服自然转向调整人的行为、纠正人的不当和错误行为，当前及今后一段时期内，水利行业改革发展的总基调则为"水利工程补短板、水利行业强监管"。

1 月 15—16 日全国水利工作会议在北京召开，鄂竟平部长对南水北调提出五点要求，强调要在建设运行上提档升级。根据中线工程面临主要矛盾的转变，"供水保障补短板，工程运行强监管"，在我们弄懂弄通为何要补短板、强监管的基础之上，掌握供水能力补短板，工程运行强监管的基本操作，确保工程运行安全，效益发挥最大化。

这是中线全年的主要工作思路。进一步深入贯彻党的十九大精神和习近平总书记"3·14"重要讲话精神，全面落实"水利工程补短板、水利行业强监管"的总基调，坚持以问题为导向，以整改为目标，以问责为抓手，以规范化和信息化为手段，补短板、强监管、谋发展，确保年度输水任务圆满完成，实现运行管理提档升级，奋力谱写中线事业发展新篇章。

工程平稳运行、水质稳定达标，是不可动摇的军令，欲达目标，其必不可少的一环就是问题查改效果的提升。目前，面临的运行维护管理模式的转变，以及要求自有人员技术技能、钻研管理、发现、判断、处理问题的能力仍有待持续提高。不由得让我们思考：怎么发挥自有人员主观能动性，建立问题查改长效机制，需要我们进一步探究和创新。

中线工程虽为全立交、全封闭线性布置，但沿线和城镇村庄多有交叉，与当地经济生活息息相关、不可分割，社会影响巨大，地方人文环境复杂，而且可以借鉴的国内外大型调水工程运行管理模式少之又少。运行管理工作如何起步？如何定位？需要我们坚持摸着石头过河，大胆探索，遵循政企分开、责权明晰的原则，本着建立现代化企业的管理机制和理念，内部管理机制建立企业化的运行管理机构，实现小管理、大养护的基本格局。

三级运行管理单位，代表上级履行现场管理工作，负责南水北调中线干线责任段工程的运行管理、工程维修维护、保障安全运行和按计划向地方配套工程供水等主要工作，办公地点就设在工程一线。结合工程特点，建立运行管理问题查改长效机制，提高问题查改效率，明确责任，按照"自有人员全员参与"的要求，一线工程推行问题查改责任段管理，才能取到更好的效果。

肩负历史重任，自当砥砺前行。三级运行管理单位结合辖区工程特点和现有人员实际情况，构建以"责任段查找问题—业务科整改问题—责任段督促整改"的全流程闭合的"查、改、认"的监督管理体系，逐步形成一套制度完备、措施有力的运行管理问题查改长效机制。

工程经过近5年的运行，我想论述一下问题查改长效机制需要完善和提高的几个方面，具体如下。

一、强化人员岗位责任，提高管理工作效能

岗位责任制是指根据企业各个工作岗位的工作性质和业务特点，明确规定其职责、权限，并按照规定的工作标准进行考核及奖惩而建立起来的制度。

实现岗位责任制，有助于企业各项工作的科学化，制度化。建立和健全岗位责任制，必须明确任务和人员编制，然后才有才能以任务定岗位，以岗位定人员，责任落实到人，而非职务，各尽其职，达到事事有人负责的目标，改变以往有人没事干，有事又没人干的局面，避免苦乐不均现象的发生。

一是才能与岗位相统一的原则。即是根据企业人员的不同才能及特长，分配与相适应的岗位。企业由若干人员和不同岗位组成，每个成员的个体素质条件差异有时很大，这就要求充分考虑各种因素，在实际工作需要中，调整人员，量才授职，扬长避短，才能人尽其才，也使每个岗位上的工作卓有成效。

二是职责与权利统一的原则。职、责、权、利四项是每个工作岗位不可或缺的因素，责任到人，就必须权利到人，并使之与实际利益密切联系，体现分配原则。有责任无权利，难以取得工作成效；有权利无责任，将导致滥用权力。因此，建立岗位责任制，必须使企业中的每一成员都有明确的职务、权利和相适应的利益享受。

三是考核与奖惩相一致的原则。岗位责任制的建立，提供了企业员工考核的基本依据，而考核必须作为奖惩的基本依据，这样才能使两者相一致，论功行赏，依过处罚，岗位责任制就能起到鼓励先进，激励后进，提高工作效率的作用。这样的岗位责任制才能真正发挥作用。

进一步强化岗位责任，细化岗位工作职责，规定每天具体做什么工作，怎么做，什么时间内完成，做到什么效果。每周对各项工作进行2～3次的检查验收，做到有计划有检查。通过采取这些措施，建立有效的奖励机制，实现多干多得，少干少得，不干不得，大大提高每位员工的工作积极性，提高管理工作效能。

二、科学划分责任段，业务骨干牵头任段长

按照管养分离的调水工程运行管理思路，关键岗位工作由自有人员承担，维修养护以及安全保卫等辅助岗位工作推行社会化。在维修养护方面，常态维护招标人员和零星快速处理人员，他们需要由现场管理人员来管理和下发维护养护的任务。

根据管辖渠段的地域特点和运行人员的人数配置，将渠段科学划分为若干责任段，积极探索运行管理目标从集体落实向精细量化转变，任务责任到人，考核责任到人，并定期对各责任段目标任务的执行情况检查和考核，将工作业绩与评先树优挂钩，力求起到督促与鼓励的作用。

详细地说，结合辖区段工程特点，将工程划分为若干责任段（含渠段内的所有建筑物和设施设备），每段由若干小组成员组成，小组成员分别由不同的科室组织，例如工程科、调度科和综合科/合同财务科组成，分属不同的科室和专业特长，这样方便责任段问题处理，由不同专业和岗位人员，来一同兼顾处理，不用再来回反馈，可以在现场直接把问题和维护任务推到责任人面前，例如：合同管理人员，也要赶赴一线，了解现场更能方便快捷地处理变更和合同结算问题，再从成员里任命一名业务骨干牵头，对责任段内的工程设施设备的状态和现场人员的工作行为进行排查和监督，并查找问题和缺陷，由业务科室根据职能负责问题整改，责任组负责跟踪督促整改情况。

三、建立问题"查、改、认"全流程闭合的长效管理机制

长效管理机制是一种新的管理机制，理解长效机制，要从长效、机制两个关键词来诠释。机制是使制度能够正常运行并发挥预期功能的配套制度。它的两个基本条件：一是要比较规范稳定、配套的制度体系；二是要有推动制度正常运行的动力源，即要有出于自身利益而积极推动和监督制度运行的组织和个体。机制与制度之间有联系，也有区别，机制不等同于制度，制度只是机制的外在表现。

建立长效管理机制，提高现场管理水平。一是要建立管理组织框架。在问题整改的过程中，从工程管理一线，工程科、调度科、合同财务科、安全科、综合科形成了完整的闭环，一起协同管理，以协同管理的组织框架来进行管理。比如，责任段现场

发现的问题，现场经过科室研判，直接进入改的程序。二是遵照问题管理规定，整改标准，全过程管理。日常问题查改，日常养护，制度执行情况，落实力度如何？要将制度与惩罚并举，只要肯下大工夫，一定能得到控制。三是要加上相应的培训与宣教。在多部门、全方位的协作中，要开展知识竞赛、视频教学分享等活动，营造全体上下一致的合理闭合氛围。

　　现场案例。一是查问题：由责任段段长，分别牵头带队，对责任渠段内进行运行管理问题排查。根据管理规范及规章制度，对运行管理违规行为、工程巡查失职行为、工程设施设备养护缺陷、安全风险、上级检查问题的落实整改情况等进行详细排查并登记在案。二是整改问题：责任段小组将排查问题备案并将问题台账提交业务科室，提出整改要求和时限，由业务科室根据各自职能负责并按实施时间进行整改。三是整改认定：责任组负责跟踪督促整改情况，并将整改到位的问题予以验收认定并销号。对问题整改不及时或不到位的，报管理处负责人。

四、通过机制能够实践的效果

　　实现了渠段划分责任段、三级运行的职能处室及专业负责人相互监督一体化。建立运行管理问题查改长效机制，依托责任段，充分运用专项排查、日常检查、重点摸排等措施，责任段成员发现的问题第一时间在现场整改解决，其他问题职能处室负责牵头，专业负责人具体落实，责任段跟踪督促整改，形成相互监督、相互制约的一体化监督体系。

　　促进了监督检查整改的精准化。一是通过问题台账做到整改精准化。专人定期对各段报送的整改问题情况更新统计，并根据统计结果，有针对性地进行监督整改。二是通过监督检查，避免问题重复上报，提升巡查效能。辖区段通过上级抽检，结合责任段定期日常检查，针对发现的问题登记台账跟踪整改，避免重复发现同一问题，同一问题再重复上报，规范化了监督整改程序，大大提升了整改效率。

　　提升了管理队伍专业化水平。通过实行责任段管理，突出了责任段段长业务管理模范带头作用。同时提倡大家参加各类履职资格考核，促进了人员专业化。提升了运行人员队伍的管理素养和履职能力，激发了工作热情，有效提升了队伍的整体凝聚力和战斗力，科室之间，人员之间，相互配合，协同作战，一支业务精通、作风优良的运行管理队伍正在逐步形成。

　　长效管理机制需要多科室的共同努力，以问题为导向，以整改为目标，要管理源头，明确责任、监控环节、强调终末管理、做到奖惩分明。

如何加强对南水北调运行期问题检查的监管

王国平

南水北调中线建管局河南分局郏县管理处

引　　言

水利工程是关乎民生的重要基础工程。为保障水安全，转变治水思路，国家提出了"节水优先、空间均衡、系统治理、两手发力"的十六字治水思路。水利部党组认真落实党中央、国务院新时期治水方针，确立了"水利工程补短板、水利行业强监管"的治水总基调。运用到南水北调工程，查找出运行期工程实体及运行管理存在的问题，统计总结分析问题本质，找出和消除短板是贯彻落实治水总基调的重要一环。作为南水北调某一管理段，如何在运行期间建立问题发现体系，如何加强对问题发现体系的监管，是本文讨论的主题。

一、建立问题发现体系

问题发现体系能否发挥最大效益，在于能不能全面、彻底发现实体和管理的问题。全面发现问题涉及人员配备和时间利用，彻底发现问题涉及人员业务能力。

（一）发挥人员配置最大化效益

南水北调中线工程，是从长江最大支流汉江中上游的丹江口水库调水，在丹江口水库东岸河南省淅川县九重镇境内的工程渠首开挖干渠，经长江流域与淮河流域的分水岭方城垭口，沿华北平原中西部边缘开挖渠道，在荥阳通过隧道穿过黄河，沿京广铁路西侧北上，自流到北京市颐和园团城湖的输水工程。

输水干渠地跨河南、河北、北京、天津 4 个省（直辖市）。受水区域为沿线的南阳、平顶山、许昌、郑州、焦作、新乡、鹤壁、安阳、邯郸、邢台、石家庄、保定、北京、天津等 14 座大、中型城市。重点解决河南、河北、北京、天津 4 个省（直辖市）的水资源短缺问题，为沿线十几座大中城市提供生产生活和工农业用水。供水范围总面积 15.5 万 km²，输水干渠总长 1277km，天津输水支线长 155km。丹江口大坝加高后，丹江口水库正常蓄水位达到 170m，在此条件下可保证规划调水量。考虑 2020年发展水平在汉江中下游适当做些补偿工程，调水到北方地区的同时，保证调出区的工农业发展、航运及环境用水。

南水北调中线工程的特性是线性工程，渠段分布长，闸站多零散，沿线村庄多，人流量大，每一处工程设施的每个环节将影响全局，每个环节产生的问题将牵一发而动全身。因此无论是从运行管理，还是问题排查都难度大，为了更好解决这一问题，将南水北调管理段辖区的内管理人员、运行维护人员、安保保卫人员、工程巡查人员、警务巡逻人员、视频监控人员、卫生保洁人员、闸站值守人员纳入内检体系，分组配备联网报话机，建立信息上报平台，日常开展对工程辖区内违规行为、工程实体的检查。利用工程管理范围内的所有参与人员，将问题检查的人员配置扩展到最大化。将问题检查深入到所有参与人员意识之中，形成随时查、随手报的全员意识，发挥参与人员的最大化效益。

（二）采用提高效率的多种检查形式

采取多形式检查，形成随时查、随地查的检查意识；充分利用现场检查时间，提高问题排查工作效率，是问题检查体系工作效率的保障。

1. "两个所有"检查

"两个所有"是南水北调管理单位针对运行期问题检查推出的一种创新工作方法。"两个所有"即管理处所有管理人员会查辖区内所有类型的问题。将南水北调管理段辖区根据渠段长度、设备设施、风险项目和建筑数量划分为若干个责任区，每个责任区至少安排两个以上的管理处管理人员同时检查。检查频次根据工作安排，一周开展多次，达到将各自责任区的问题全部发现。每个责任区在规定频次内需将责任区全部巡查到位。

责任区划分责任明确，界面清晰，是运行管理单位人员开展问题检查的重要方式。南水北调运行管理单位对管理人员问题检查提出了更高要求，即所有管理人员会查所有问题，这就要求管理人员业务知识范围更广，参与问题检查程度更高。各责任区检查内容主要为问题检查手册中项目和临时制订的检查计划中项目。检查计划项目为临时增加同期下发的各类检查报告中需举一反三的排查项目、同阶段重点工作需要注意事项等。责任区人员现场巡查发现问题应即时录入工程巡查维护管理系统。

2. 日常巡视检查

日常巡视检查是指按照上级文件要求和法律法规开展的各专业巡视检查。日常检查一般由运行维护队伍和专业人员开展，是按照专业来分别开展，巡查频次和内容应按照相关文件要求。日常巡视涉及运维辖区内的各个专业，是参与人员最广、最全面的一项检查手段。

问题检查结果通过手机终端的巡查系统 App 上传，上传须写明检查问题的相关信息，包括发现问题位置、问题专业分类、发现时间、问题等级。问题上传后，由制定管理人员按流程流转至各运行维护单位，运行维护单位接到问题信息后，组织人员整改，整改完成验收后上传相关整改资料，闭合销号。巡查系统还设置了统计分析功能，即将各时间段内的发现问题数量、整改过程情况、整改率、到期超期维护情况数据自动统计，也可查询到问题所属的专业、等级，所在闸站，所在设备等信息。

3. 专项检查

专项检查是指南水北调管理段的管理人员不定期开展的对某一事项进行的全面、系统检查。如违规行为、维护缺陷、合同执行情况、内业资料、档案管理、物资管理等，每季度开展一次，内容及组织科室根据工作需要制定。专项检查是针对当期发现的典型违规行为和实体维护问题的系统检查，是发现问题的一项重要手段。

专项检查目标性强，重点突出，对于某个专项展开的检查工作彻底，达到的效果好。对工程中发现问题较多的典型部位开展的专项检查，往往可以更加系统全面地排查出相关问题，一次性解决掉。

4. 安全生产大检查及党员责任区检查

安全生产大检查是运行管理单位组织自由人员和安全保卫人员、相关运维单位人员开展的对辖区内运行管理行为和实体安全隐患的检查。每月开展一次，检查内容为日常安全事项和同期需要检查的重点事项，检查前制订检查计划。

党员责任区检查是运行管理单位在渠段内的重要部位设立责任区，由单位的党员开展监督检查，是党建和业务相融合的一项重要工作。责任区党员组织指导责任区内的安全生产，督促问题整改，做好责任区范围内相关人员的思想政治工作。每月对党员工作开展评议。

5. 上级检查时同步自查

上级检查时同步自查是提高检查效率，充分利用时间的一种体现。即在上级单位检查时，人员做好陪同检查的同时，同步在现场开展问题自查，并做好检查问题信息录入。

6. 开展其他业务时同步检查

所有人员开展问题整改、跟踪检查、专项项目实施等一切现场活动时，应同步开展问题自查，并做好信息录入。同步检查培养了运行人员问题检查意识，提高了问题检查效率。

(三) 不断提升参与者的业务能力

1. 加强日常培训和实操演练

日常业务培训一方面是利用集中课件教学的方式，讲理论、讲案例，让大家学习到各专业的理论知识。另一方面是到工程现场开展实操练习和应急演练。

日常业务培训是将各专业的理论知识、巡查重点、典型问题制作成教学课件，然后通过集中教学的方式给大家讲解培训。理论知识是问题检查必不可缺的"装备"，巡查重点是问题检查的"武器"，典型问题是经验总结是警示。培训一是要全面，二是要重点突出，三是建立长期培训计划。通过系统全面的培训，让参与人员达到一岗多能，百通千晓的检查能手。

实操练习是针对某一设备如何使用开展的现场实际操作培训。实操是检查设备问题的一个重要方式，有些问题不操作设备是发现不了的，如电动葫芦的限位装置、闸门抓取情况、轨道运行情况等。而且设备能不能正常运行也是运行维护的一项重要指标，所以实操练习对发现问题和保障设备正常运行都是重要的一项培训。

应急演练针对某一专业易发生的突发状况，编制处置方案，开展演练。演练时全员观摩，观摩过程中由专员全程讲解和即时问答，重点讲解突发状况发生的原因，如何由于某一个或多个环节产生疏漏导致突发状况，日常检查过程当中应注意哪些状况，应检查哪些部位来避免状况发生。发生后如何在第一时间发现问题，看到哪些现象，看到哪些信息说明发生了此突发状况。以及发现问题后如何上报，开展维护，开展维护过程当中应注意哪些不规范行为，这些不规范行为又会引发哪些安全事故或者设备故障的发生，这些都是在问题检查过程当中要注意的问题，是要检查的内容。

2. 开展标准化规范化建设

南水北调建设管理单位为了运行管理规范化、运行维护标准化，确保安全运行，制定了南水北调中线局企业标准。根据运行管理的岗位分类制定了各岗位的工作标准，包括岗位职责与权限、岗位任职资格、工作内容与要求、检查与考核、报告记录等要求。根据设备分类制定了各种设备维护的技术标准，包括设备的运行标准、巡视标准、维护检修标准、常见故障及处理方法。根据运行维护专业分类制定了各专业运行与维护的管理标准，包括各级运行维护管理单位的工作内容、各单位的核心业务及工作规范。

在硬件方面，南水北调建设管理单位又提出了渠道、闸站、中控室的标准化建设。针对渠道长、闸站多、管理复杂的特性，将渠道、闸站、值班区域设备设施的标识，渠道维护土建绿化维护形象，人员形象面貌提出了统一要求。不仅提高了工程形象，使人员设施的管理规范化，也为各种标准的制定提供了基础。

标准化规范化建设可以让各级人员系统性、规范性地掌握各种标准要求，是开展各项运行维护工作的本，是检查发现各种问题的源，为建立问题检查体系提供了依据。

3. 提升专业岗位业务能力

为更深层次地发现问题，提升发现深层次问题的能力，将管理人员全员轮岗参与某一项专业工作，经过兼岗长期工作的形式使得所有人员更深层次地了解此岗位的职责，掌握精通此岗位的专业知识，积累本岗位的工作经验，以便能游刃有余地发现某个专业的问题，分析问题本质和解决问题。

为了提升专业岗位业务能力，南水北调运行管理单位制订了专门的方案和计划，最终达到一专多能、一人多岗的目标。对于一些重要的、涉及专业较为广泛的工作岗位，已经开始推行全员参与轮岗工作，例如输水调度运行值班和应急防汛值班工作。还有一些专业性较强的工作，正在逐步从部门内部到全员参与过渡。

二、对问题发现体系监管

（一）通过考核机制监管

对参与南水北调运行维护的单位，根据工作内容和不同要求分别制定了详细的考核标准。涉及人员配置、维护效果、当期责任追究情况等多个方面。通过对人员配置的考核，约束运维单位从人员数量和业务能力上来满足问题发现要求。通过维护效果相关指标评价运行维护单位当期巡视检查和设备故障处理情况。根据考核结果对运维单位当月运行维护情况打分，得分情况与运维单位报酬挂钩。

日常考核是运行维护单位管理的一项重要手段，考核的标准都是以及时发现问题和处理为目的，通过考核能客观反映出当月问题检查和整改的效果，是对问题发现体系中运维环节监管的重要措施。

（二）通过互相监督制监管

责任区人员对本区范围内的设备设施问题进行检查，另一层面责任区内各种设备设施又由各自运行维护单位、专员来巡视检查，每月对各自检查问题汇总分类后，可以互相验证各方在本月内是否发现此类问题，未发现问题的原因，达到互相监管的效果。

责任区人员当期发现问题情况与运行维护单位对比后，又可以作为评价运行维护单位维护效果的一个指标，起到对运维单位的监管效果。

（三）通过奖惩机制监管

对运行管理单位的人员建立问题检查的奖罚机制，将问题检查和整改情况列入奖罚细则。对每月问题检查数量超额完成任务且每季度排名前列的人员给予表彰，未完成任务季度考核时予以扣分。将上级检查发现而自查未发现的问题数量、自主发现问题率作为责任区段日常考核指标。考核结果随季度考核进行通报。考核情况和年终奖挂钩。

对反复出现运行管理违规行为的责任区，根据实际情况和严重程度，对相关责任渠段和责任人实施责任追究。并与年终评先、评优、个人绩效考核挂钩。

对负责业务范围问题整改数量每季度排名前列（且整改率大于95%）的人员给予表彰。

（四）通过检查效果监管

依托上级部门的检查结果，将当期上级检查发现而管理段未发现的问题汇总，查明未发现原因，分解到各责任区，对各责任区当期检查结果开展评价，实施监管。上级部门成立了飞行检查的专职队伍，各部门也定期组织人员对管理段辖区开展专项检查。检查队伍根据下发的相关责任追究办法实施检查，检查问题对照办法条款逐一判定问题性质和填写判定理由，每期发文通报。

责任区内上级检查发现问题本区人员是否发现，对当期责任区发现问题工作开展是否扎实是一个检验，也对业务能力、技术水平是一个评判，对检查效果起到了良好的作用。

三、结　语

南水北调工作运行至今，问题检查越来越细致，对问题检查的监管越来越严格，发现问题的及时性也越来越高。相信随着问题发现体系的不断完善，监管方式有效性不断增强，运行管理工作中的短板将越来越少，监管力度将越来越强。

参考文献

［1］ 魏炜.水利工程的现代化管理体系探析［J］.水能经济，2017（9）：291.

争创水利工程管理建设新思路

姬 钊

南水北调中线陶岔管理处

在人们的日常生活中，已经离不开水利工程行业建设、管理所带来的好处，它作为一项基础性工作，在国民经济建设的各阶段都发挥着重要的作用，水利工程行业与国家经济建设、人们日常生活紧密相连。因此，在针对新时期水利工程建设管理的问题时，要对管理中的职责进行了解、分配，不断优化水利工程建设管理的质量，维护国家和人民的生命财产安全。在新时期，水利工程建设的管理方式要不断探索创新发展思路，通过解决水利工程建设过程中的新问题来提升水利工程的建设水平。

一、水利工程建设在新时期管理水平的实施方案

水利工程是国家建设中的基本工程，与人们的日常往来密不可分，因而，为了能够充分促进水利工程建设事业管理的创新性发展，就要在其建设管理中发挥出水利工程本身的价值。新时期水利工程建设管理的内容主要可以体现在管理措施和管理责任两个方面。

1. 提高水利技术的掌握，紧抓管理责任

城市的迅速发展，使工业经济也迎来了破竹之势，人们对工业的发展也越加关注，与此同时，也使很多人忽略了工业给城市和农村带来的环境污染问题。这种污染具有多面性、范围广、污染源复杂的特点。如何防范控制这种污染成了一个问题，之后经研究发现，水利科技创新可以有效改善农村环境问题，然而对城镇而言，快速发展的城市化势必会带来一些污染。一些企业和群众环保意识淡薄，没有对水资源进行较好保护。另外，由于城镇污水网不完善，生态环境监管的力度不够，导致大量工业废水超标和生活污染直排现象的出现，对部分江河水库水域进行污染。因此，务必让各级政府和部门单位落实其保护水资源的具体责任，明确细化，各司其职。加大对水利管理的资金投入，通过工程管理、技术管理以及信息管理来保证工程安全。坚持依法管理，做到有法必依、执法必严、违法必究，保证各项管理工作有序开展，充分利用水利工程和水土资源及其他优势，下大力气开展多种经营，努力提高经济效益。

2. 做好每个阶段的质量监督工作

为确保工程质量，建设单位根据工程特点，组织协调参建各方建立较为完备的质量保证体系和较为系统的质量控制体系。工程开工前，建设单位即向政府质量监督机构提交质量监督申请书，并派人员积极参与和配合项目站的质监活动和组织工作。建设单位对监理单位的质量检查签证、对主要施工环节或过程进行必要的参与和监督检查，主动召集各单位对工程关键性技术进行研究和对质量缺陷进行调查处理，以行使建设单位应尽的质量管理职能。建设单位要经常检查监督施工单位的专职质检机构、工地实验室和班组、工种队、专职质检员的三检制等质量保证体系和质量控制措施，经常检查监督监理单位的专业工程师配备、跟班旁站、履行质量控制、检验、签证和评定等工作质量，促进对工程质量的有效控制。由质监中心站联合组成的工程质监项目站，对工程质量进行定期或不定期的阶段质量监督，委派质量检测站对工程质量进行抽查复核，并对施工、监理单位的质检数据进行综合分析，直至对单位工程、分部工程客观公正地提出评价意见。

3. 处理好参建各方的相互关系

在工程建设过程中，建设单位要及时处理好参建各方的相互关系，这是工程建设有序进行的保证。建设单位在招标选择监理单位和施工单位的过程中，应在合理投标价的范围内，要特别注重投标单位的信誉、业绩、技术水平、企业实力及施工经验，力求选择比较好的监理单位和施工单位。这是关系到工程建设好坏及顺利与否的关键。在选定这些单位后，建设单位要注意运用合同来规范各方的责权利，用"查、促、帮"等方法来加强对这些单位的监督控制。所谓"查"，即建设单位对参建单位的工作定期不定期地进行抽查或复查。

4. 在运行管理方面所要做的日常管理与维护

（1）加强工程运行管理，确保工程运行安全。发挥工程综合效益，同时加责任机制，明确每一座水闸、每一段堤防、每一个险工隐患的责任人，做到责任主体落实；建立一套完善的运行管理技术规程标准。比如：工程管理标准、工程维修养护技术标准、工程检查与观测细则、工程运行操作规程等，做到工程巡查、工程运行、工程维修养护台账资料齐全，险点隐患检查及时，除险加固措施扎实，工程观测按时，资料整编、分析规范；通过定期组织业务培训、不断引进专业人才等手段，全面提高队伍综合素质，为全面提高工程管理水平打下了基础。强化制度的贯彻落实，将纸上的文字严格贯彻执行到具体工作中，加强检查考核，实行目标管理责任制，使日常工作规范有序运行，工程技术管理水平不断提高。

（2）顺应时代需求，切实提高工程管理技术先进性。切实起到新时代办公的自动化、信息化和无纸化。在各主要防洪闸口建立了视频监视和自动控制系统，在主要工程堤段、险工隐患处设立视频监视点，在此基础上连点成网，利用中国电信"全球眼"系统实现网络视频监控，管理者可通过网络或监控中心掌握沿线水闸、堤防实时水位、工程实时运行状况，并与市防汛决策系统相连，实现信息共享，为防洪抗灾调度、决策提供支撑；对沿线堤防布设了离线式巡更系统，该系统要求堤防管理巡查人员按要求、时间至巡更点采集信息，形成巡更报告，确保了堤防巡查的监督质量。

（3）加强水工建筑物和机电设备养护。

二、水利工程在水利建设管理中的应用与意义

从古至今，水利工程建设一般都是依河而建，因而，我国水利工程的发展与当地河流是密不可分的关系。从过去工程管理人员的经验中我们得知，水利工程建设的使用管理所依从的河流是按照一定的规律进行发展变化的，水利工程的使用管理人员要探索河流变化的基本规律并做出总结，对河流中出现的突发事故制订适当的解决方案。和其他工程项目相比，水利工程生态建设是一种烦琐、复杂的工程项目，生态水利工程不但要考虑到生态系统的可持续发展，还要使其符合河流综合治理的要求，实现航运、供水、防洪防涝等。水利工程的生态设计是生态建设和环境管理领域的一个全新概念，进行生态设计要求对水利工程中的每一个环节都进行研究，了解由此可能带来的环境影响和生态破坏，并通过设计相关措施和改变工程方案，将水利工程建设对环境的影响和生态破坏的程度降到最低。

（一）生态水利工程的应用

通过建设生态水利工程，可以很好地把河道、水流、提防和岸边的动植物进行整体连接，在进行设计时，依据现有大自然的地貌和地形进行合理科学的配置与改进，从而建立一个互惠共存的生态系统。生态水利工程将河流中的河畔植物植被、河道、堤防、水流等结合成一个整体。因为水资源中的河堤所处的位置在护底，所以其具备较高的孔隙率和多流速的变化带，为鱼类提供繁衍的空间。水体中的有机污染物受到氧化影响，从而变成无机物的过程被称为水资源水体自净能力。并且河堤中的土壤具有比较多的孔隙率，是因为河堤中的水资源含有较多的土壤动物和微生物，同时自然生态河堤的植被在水利建设中，具备储存水分的作用。在水资源匮乏阶段，河堤的孔隙将储存的水渗透到河道内，使其避免出现干旱的现象。在水资源充足的阶段，河堤中的水出现渗透的情况，从而河堤的孔隙开始蓄水，实现防止洪灾发生的情况出现。

（二）生态水利设计要结合环境工程设计

水利工程中的作用水量应该考虑季节变化产生的影响，与此同时还要设计枯水季节和雨水季节不同方案的措施。设计人员在进行生态水利工程设计过程中，应该结合环境科学技术理论知识，使水量和水质达到一致，并结合实际的水环境污染情况，设计对应的保护措施。生态水利应该建立在生态环境和水利建设基础上，并结合水质优化和水量高效利用。现阶段我国水利工程建设和其他国家相比还处于初级阶段，水利工程建设虽然具备抗洪抗涝等防止自然灾害的功能，但破坏了我国的生态环境，水利工程设计人员应深入对水利工程设计进行研究，将保护生态环境结合到水利工程建设中去，实现我国生态环境和水利工程的可持续发展。

（三）在水利工程建设中的防护措施

在新时期，水利工程项目在建成之后的正常运营过程中，因为周围环境的影响难免会出现这样或那样的问题。比如，在水利工程项目建设的过程中，该工程的设计、施工以及管理等环节出现问题，都会给水利工程项目的正常运转带来不利影响，尤其是到了水利工程后期的使用阶段，该影响的作用更加深远。因此，在水利工程建设的过程中要对其进行监测管理、养护管理，根据检测到的水利工程数据进行全面的分析，在面对建设中的突发事件时，要制订合理的应急方案，解决工程项目中的突发问题。

在水利工程建设的过程中，其重要的价值作用就是防汛抢险。在面对我国水利工程中大部分的病险工程，工程管理人员要做好水利工程项目日常项目的正常维护工作，防止水利工程险情的发生。同时，在进行工会防汛抢险的过程中，从预防大洪水的角度出发，提前制定好防护政策，要为水利工程的稳定性、安全幸福提供保障，工作人员不能存在任何的侥幸心理。

（四）水利建设中生态水利工程的意义

我国传统的水利工程在建设过程中会改变建设区域原有的生态环境和地理环境，然而这样做会导致建设区域的自然规律遭到破坏，同时将河道改成一个沟渠，就会造成自然河流出现非连续性的情况发生。而传统的水利工程建设会造成我国生态环境出现不可逆的现象发生，如将自然河流改造成人工河流会抑制水流的作用。另外，大部分堤坝是按照河流的水流向进行建设，如果随意对其进行更改就会造成河流出现不连续的情况发生，甚至有些区域还会出现缺水或者无水的情况发生，这样就导致我国生态环境受到极大的破坏，所以我国逐渐将堤坝进行取缔。我国传统的水利工程建设会造成动物、植物的生存环境遭受改变，这样建设的水利工程严重违背了生态环境中的食物链和物种多样性的原则。

三、水利工程建设管理中存在的不足与改进措施

（一）水利建设管理工程中的不足之处

（1）水利工程管理的资金无法完全保障。在新时期，水利工程建设管理中存在的问题之一就是资金的安全供应问题，出现这种问题的原因就是水利工程建设单位在进行项目预算环节时，由于工作人员自身施工经验的缺乏、施工设计以及施工各部门之间的沟通存在问题而引起水利工程建设预算资金的偏差。这些问题的出现使得水利工程在施工过程中因为施工原材料、工艺等基本材料的变更而使得工程管理出现资金漏洞问题，同时还会阻碍河流上下游附近企业的正常经营与发展，很容易使公司出现财务资金问题，这些问题使水利工程的施工存在巨大的资金风险。

（2）水利工程建设的施工安全无法完全保障。我国水利工程在建设的过程中难免会出现这样或者那样的问题，工人的施工安全不能完全得到保障，也是我国施工建设中经常遇见的问题。如果该问题不能及时解决，会使得该因素成为影响水利工程正常施工的重大因素，影响工程人员的生命安全。产生施工安全问题的主要因素是工作人员自身操作流程的不规范以及工程安全教育的不足。

（3）水利工程建设的施工质量无法完全保障。新时期，我国水利工程建设的施工是属于技术含量很高的工作。因而，在水利工程建设施工的过程中很容易受到技术水平、技术经验等方面的影响，会使得水利工程建设在施工材料、设计、配型、工艺等方面在建设中都会产生一定的问题，这些问题大大降低了水利工程的施工质量。

（二）在水利工程建设管理中的改进措施

（1）提升水利工程建设管理中的人员素质。水利工程企业要通过新技术手段对管理人员进行知识与技能的培训，提升水利工程的建设、管理水平。在这过程中，水利工程企业可以通过聘请高素质的专业型人员进行管理工作的培训工作，同时定期对水利工作人员进行考察，不断提升水利工程建设管理中工作人员的工作素养。

（2）不断健全水利工程建设管理制度，促进水利工程实施。在新时期，水利工程建设管理施工制度的健全是水利工程发展过程中不可缺少的一部分。以水利工程建设的材料管理为例，水利单位要提前对材料的供应商进行实地考察，观察该企业是否出现过材料质量问题。因而，水利工程建设企业要安排质检人员，对施工材料的进出账采取台账制度，确保水利施工过程中的需求。

（3）不断提升水利工程建设管理的效率，提升工程质量。水利工程建设单位与其监理企业要进行互相沟通，根据企业的施工计划中的某一阶段进行施工质量的评价、验收，发现水利施工过程中的质量问题，提升水利工程的建设质量，延长水利工程的使用寿命。

四、结　语

水利工程建设管理的创新性发展是新时期发展的重要方向，它直接影响着水利工程的施工进度与施工质量。因而，水利工程企业要不断地利用创新技术进行探索，对工程进行全方位的监督，提升水利工程的建设质量。

参考文献

［1］ 李明. 基于新时期水利工程建设管理创新思路探究［J］. 科学技术创新，2018（3）：126-127.
［2］ 贾国刚. 试论新时期水利工程建设管理创新思路［J］. 中国高新区，2017（19）：133，135.
［3］ 付杨. 新时期农村水利工程建设管理存在的问题及对策［J］. 现代农业科技，2015（9）：201，204.
［4］ 杨丽荣. 生态水利工程设计在水利建设中的运用［J］. 黑龙江水利科技，2012（11）：198-199.
［5］ 迟长海. 发展生态水利工程设计在水利建设中的作用［J］. 农业与技术，2014（1）：51.
［6］ 郭梦法. 浅谈河流生态与水利工程设计［J］. 广西水利水电，2011（2）：42-43.

新时代强化流域省际边界水事矛盾纠纷预防与调处管理的对策措施

王亚杰[1,2]　　张瑞美[1,2]

1 中国水利经济研究会　2 水利部发展研究中心

在防洪、除涝、灌溉、排水、供水、水运、水能利用、水环境保护等多项涉水事务中，流域涉及各省边界地区从不同的需求出发，往往存在相互关联的利害关系，这些关系错综复杂，一旦处理不当，就会引起水事矛盾。随着新时代社会主要矛盾的转化，新的水事矛盾可能会呈现出不同的发展态势，亟须预判新时代流域省际边界矛盾变化的趋势，提出应对策略，将流域边界水事矛盾化解在萌芽状态，不断提升水事矛盾预防和调处的制度化、规范化水平。

一、新时代强化流域水事矛盾纠纷管理面临的新要求

（一）人民在涉水方面对美好生活的向往提出了新要求

进入新时代，我国社会主要矛盾已经转化为人民日益增长的美好生活需要和不平衡不充分的发展之间的矛盾。当前我国治水的主要矛盾也已发生深刻变化，从改变自然、征服自然为主转向调整人的行为、纠正人的错误行为为主。在治水主要矛盾转化的背景下，人民群众对美好生活的向往在涉水方面主要表现为对河湖水清、河畅、岸绿等水生态环境改善，以及水资源合理开发利用等方面的要求，主要包括以下几个方面：

一是对河湖水生态环境改善的要求不断提高。随着流域人口增长、经济发展，生产生活对水资源的污染及对水资源质量的冲击仍不断加剧，部分河湖水资源短缺、水生态损害、水环境污染、水土资源开发利用过度，乱占乱建、乱围乱堵、乱采乱挖、乱倒乱排现象仍有发生。进入新时代，在物质生活不断丰富的同时，流域人民对优质生态产品和优美生态环境的需求不断提高，水的问题不仅是防汛抗旱保安全，更重要的是保护水资源、防治水污染、治理水环境、修复水生态，人们更加向往水清、岸绿、河畅、景美的美好水生态环境。

二是对解决水资源供需矛盾的需求更加迫切。当前正处于城镇化、工业化、农业现代化加快发展阶段，人口仍呈增长趋势，部分流域工程性、资源性、水质性缺水长期并存，加之受全球气候变化影响，水资源问题更加突出。进入新时代，为加快推进城镇化、工业化、农业现代化发展，对解决水资源供需矛盾的需求、加快建立水资源刚性约束更加迫切。

三是对提升防灾减灾能力的要求不断提高。一方面，受自然因素影响，部分地区降水集中且多暴雨，水流不畅，易造成洪涝灾害。除自然原因外，人为地违背自然规律开发利用活动也是一个不可忽视的因素；另一方面，人与水争地，围湖造田，减少了蓄滞洪区，缩小了储水和过水水面，抬高了河床的水位，增加了洪泛的概率。新时期，人民群众对政府相关部门防灾减灾能力的要求不断提高，期盼生命、财产安全得到有效保障，免受洪涝灾害威胁。

四是对涉水矛盾得到妥善化解、涉水利益得到有效保障的要求不断提高。进入新时代，人们越来越向往生活在一个法制健全、秩序良好的社会环境中，对民主、法制、公平、正义、安全、环境等方面的安全需求日益增长。在水利方面，人民群众的法律维权意识不断提升，迫切希望涉水法律法规不断完善，各项涉水利益诉求都能得到充分关注、及时回应，涉水纠纷得到妥善化解，切身利益得到有效保护。

（二）水利发展中的不平衡、不充分问题提出的新要求

多年来，流域管理机构在预防和调处省际边界地区水事矛盾、开展平安边界创建活动等方面开展了大量工作，取得了显著成效。同时，水利发展中也还存在着不平衡、不充分的方面，主要表现在：一是经济社会发展与水环境、水生态承载力不平衡。在城镇化、工业化进程中，没有完全落实"以水定产、以水定城"，没有建立水资源刚性约束，水污染形势依然严峻，水资源开发利用与水环境、水生态承载力不相匹配。二是河道上下游、左右岸缺少协调管理。省际边界河道跨两个或多个行政区域，一项水事活动涉及两个或多个管理部门，边界河道缺乏上下游、左右岸的协调统一管理，省际间交流沟通少。三是防洪减灾能力与经济社会的快速发展不匹配。部分流域、地区河流拦蓄能力不足，防洪标准较低，加之行洪不畅，防汛压力大，防洪减灾能力亟待提高。四是水资源配置不充分。随着经济社会的快速发展、城镇化水平及人民生活水平的提高，水资源供需矛盾仍非常突出，水资源配置不尽合理。五是水量分配不充分。一些省际河流水量分配方案缺乏，导致了河流上下游、左右岸各利益主体争水矛盾的发生。流域水资源规划中提出的水资源配置方案偏于宏观，为预防水事矛盾带来一定的困难。六是河湖长制平台作用发挥不充分。流域与地方、地方部门之间协调联动工作机制还不健全，特别是推行河湖长制背景下，流域与地方协调联动、齐抓共管的工

作格局未完全形成。

二、新时代流域省际边界水事矛盾纠纷新特征与发展趋势

（一）新特征

历史上，流域省际边界传统的水事矛盾多表现为争湖田、争湖产、争边界和防洪排涝纠纷等，新时代社会主要矛盾转化背景下，水事矛盾产生的原因或将逐渐转变为区域间水资源配置不均衡、水资源调度管控不合理、水生态环境恶化等，省际边界水事矛盾呈现出一些新的特征，主要表现为水事矛盾隐患及敏感区域、矛盾纠纷涉及利益主体、调处手段等方面的变化。一是多数矛盾涉及的利益主体由个体之间逐渐转变为政府部门之间。流域省际边界地区历史上的水事矛盾主要为民间水事矛盾，多表现为个体群众间争湖田、湖产等引发的局部水事矛盾。随着流域经济社会快速发展，个体间的民间水事矛盾将逐步淡化，城镇化、工业化不断推进，城镇生活供水和工业生产用水增加，地方政府部门间出于地方经济发展与水资源配置需求的考虑，在水量分配与调度、水生态环境改善等涉水利益方面，可能引发水事矛盾的概率逐渐增加。二是矛盾调处手段从单一行政协调向多元化矛盾化解机制转变。解决省际水事矛盾纠纷的传统措施是行政协调，往往是一事一协调，处理问题效率较低，后遗症较多，难以彻底解决问题。新时代，省际水事矛盾发生后，群众的诉求渠道将逐渐增多，可以通过信访、仲裁、诉讼、行政协调等多种渠道表达利益诉求，功能互补、程序衔接的矛盾纠纷多元化解体系将逐步完善。三是矛盾处理从事后调处为主向事前预防为主转变。省际边界地区水事矛盾出现后，传统的做法更多的是进行事后调处，对水事矛盾的预防、预判意识较弱。新时代，水事矛盾纠纷预防的主观意识不断增强，水事矛盾调处工作重心将从事后调处转移到事前预防上，通过加强巡查排查、信息共享等，不断完善矛盾预防与调处机制，致力于将矛盾纠纷消灭于萌芽状态的理念不断强化。

（二）发展趋势

新时代，水事矛盾纠纷呈现出新老矛盾交织并存、复杂多变、发生频次降低、尖锐程度趋缓的总体趋势。一是新老矛盾交织并存。进入新时代，随着省际边界水资源配置不断优化，水量调度方案逐步落实，涉水利益关注的焦点问题也在动态变化中，预计未来一段时期因水环境、水生态问题引发的水事矛盾纠纷会与传统的水资源开发利用、涉水工程建设、水量调度、河道衍生资源利用、河道采砂和边界河流上超量引水等引发的不同类型矛盾相互交织并存。水事矛盾会呈现出涉及面更广、类型更多样、

调处难度更大、影响更深的特点。二是水事矛盾复杂多变。随着经济社会发展和人民对涉水方面的需求不断提高，水事矛盾可能呈现出新的形式与特点，较以往的水事矛盾纠纷产生的原因、涉及的利益更为复杂，并且矛盾纠纷会呈不断发展变化的态势。三是水事矛盾纠纷发生频次逐渐降低。通过各方努力，省际边界地区和谐共处的局面逐渐形成，经济社会能够维持长期稳定，因此矛盾发生的频次将会越来越低。四是水事矛盾尖锐程度逐渐缓和。随着流域管理机构与省际边界地区地方各级水行政部门及相关部门对水事矛盾预防与调处工作的重视程度不断加强和预防与调处手段的不断强化，流域省际边界地区水事矛盾总体发展趋势趋于缓和。过去局部矛盾激化而发生的群众械斗、人员死伤现象几乎不复存在，矛盾发展态势逐渐缓和。

三、强化流域省际边界水事矛盾纠纷预防与调处管理的措施

（一）把握矛盾变化，明确预防与调处基本原则

一是预防为主，多元化解，将水事矛盾纠纷化解消灭于萌芽状态。注重从源头上减少矛盾，要着力完善制度、健全机制、搭建平台、强化保障，推动各种矛盾化解方式的衔接配合，建立健全有机衔接、协调联动、高效便捷的矛盾多元化解机制。采用编制规划、制定预案、沟通协商、排查跟踪、信息共享等手段减少水事矛盾发生的可能性，建立起统筹各方、相互协调的用水秩序，从源头上消除引发矛盾的因素。对已经发生的水事矛盾，综合运用行政、工程、法制、经济等多样化手段调处水事矛盾，避免水事矛盾升级。对个别久议不决的矛盾纠纷隐患，按照法定权限和程序裁决，限期解决问题，防止矛盾积累、聚合、激化。二是以人为本，依法治理，从被动维稳向主动创稳转变。要不断提高社会治理法治化水平，强化法律在维护群众权益、化解边界水事矛盾中的权威地位。必须坚持依法治理，依法行政，严格规范公正文明执法，解决好群众最关心最直接最现实的利益问题，从以前的被动维稳向主动创稳转变，提高人民群众的安全感和满意度，维护流域经济社会和谐稳定。三是统筹兼顾，协调联动，充分发挥流域机构职能作用。在调处水事纠纷工作中，要始终贯彻"强监管"的工作思路，充分发挥流域机构指导、协调作用，要统筹好上下游、左右岸等利益主体之间的关系，加强流域机构与各级水行政主管部门和相关部门之间的沟通协调，完善省际边界水事矛盾预防和调处工作机制。

（二）多措并举，加强省际边界水事矛盾纠纷预防

一是运用法制手段。完善相关配套制度体系建设，建立省际水事矛盾分析研判制

度、完善信息共享与通报制度；严厉查处边界水事违法行为。加大违法责任追究，强化水行政处罚决定的执行力度，针对重大水事违法案件进行挂牌督办和通报，形成一定的威慑力。二是运用行政手段。加强边界水事矛盾纠纷排查，建立畅通有序的诉求表达、矛盾调处、权益保障机制，依法疏导化解矛盾，使群众问题能反映、矛盾能化解、权益有保障。加强联合巡查工作力度，建立边界地区联合巡查机制，通过协调沟通共同维护边界河流的水事秩序。三是强化技术措施。完善流域规划体系建设，加强省际河流水利综合或专项规划，从边界地区经济社会发展的现实需要出发，从当地已有的水利基础出发，妥善考虑水资源优化配置和防洪、排涝、水环境治理、水生态保护等各方面的保障措施；加快水利信息化建设，充分运用信息监测与发布平台等信息化技术手段，实现信息共享等，提高对流域省际边界水事矛盾的迅速反应能力，提高决策处置效率。四是采取工程措施。补齐补强省际边界地区水利工程短板，加强对边界地区河道堤防工程和水库的除险加固。着力实施跨界河流综合治理工程，按照"一个流域一盘棋，实施一个规划一套政策"的思路，打破条条、块块分割的管理治理模式，走"人水和谐"的流域综合治理道路。

（三）多方借力，强化省际边界水事矛盾纠纷调处

一是构建流域省际边界水事矛盾纠纷多元化解格局。在流域省际边界水事矛盾预防和调处中，应加强运用各方合力，拓宽水事矛盾纠纷化解途径。积极构建"流域机构组织协调、地方责任落实、社会协同、群众参与、法治保障"的多方位、多层次、多渠道、多元化解水事矛盾的格局。进一步完善联席会议、信息沟通机制，充分借助人民调解、行政调解、司法调解的力量，行业性、专业性调解组织之间，非诉讼渠道之间，实现综合有机衔接，真正形成工作合力。同时鼓励公检法司、监察委员会、法制、信访部门积极为省际边界地区水事矛盾化解工作提供强有力的法制制度保障，切实保障水事矛盾的化解在法治轨道内进行。二是充分利用河湖长制平台提高水事矛盾纠纷调处效率。新时代背景下，要充分利用推进河湖长制工作契机和发挥河湖长制工作平台作用，推进"齐抓共管"的工作格局。利用河湖长制组织协调体制机制，构建流域与区域之间、河长与河长之间、河长与部门之间、部门与部门之间的水事矛盾协调机制，完善水事矛盾纠纷调处组织体系；加强部门联动，推动建立河长制办公室成员单位之间、流域与区域之间涉水事务综合管理的联合执行机制，形成工作合力；利用河长制监督考核体系，省际边界水事矛盾调处中，必须强化监督、考核，做好河流断面、入河排污口监测，尤其是省际边界监测，开展河湖问题排查，坚持问题导向，配合地方开展"清河行动"，清理、整顿乱占乱建、乱围乱堵、乱采乱挖、乱倒乱排等违法行为。三是完善流域与区域联防联动联治机制。各级水政监察队伍要顺应新常态，

准确把握中央深化行政执法体制改革战略部署，推进联合执法不断深入；准确把握中央规范行政执法新要求，不断规范水行政执法工作；准确把握"放管服"改革对水行政执法新要求，转变执法方式，加强事中事后监管，在省际边界水事矛盾纠纷调处中，建立相应的执法联动机制。针对省际边界地区水污染问题，应加快建立完善流域环境污染联合防治协调机制，加强区域合作，完善辖区间信息共享，达成共治共赢的目标。

（四）夯实基础，提升省际边界水事矛盾纠纷应急处置水平

一是建立应急管理长效机制。完善应急制度体系，以流域现有相关管理规范为依托，进一步规范突发性边界水事矛盾的应急处置工作，逐步建立健全突发性边界水事矛盾报告办法、应急响应与处置规定、重大突发性边界水事矛盾应急调查处理规定等应急制度体系。完善流域管理机构与地方政府有关部门组成的两套应急管理工作机制，建立流域、区域的应急分级响应机制，进一步完善重大突发性边界水事矛盾的快速反应机制，形成突发性边界水事矛盾应急响应协作机制和信息通报的长效机制，不断提高新时代流域省际边界水事矛盾应急处置能力。二是强化应急能力建设。加大信息资源共享和整合力度依托现有信息系统，运用计算机技术、网络技术和通信技术实现水事纠纷应急信息资源整合、传输与共享，为水事纠纷应急指挥决策提供信息支撑。进一步改善和提升应急装备水平，为应急处置队伍配备水事纠纷调查和处置所需的取证、交通、通信等设备。加强应急队伍培训，依托现有资源，按照分级培训的原则，整合系统资源，形成覆盖流域的水事纠纷应急培训体系。进一步建立与媒体的联系机制，在有关媒体栏目、节目中刊播水事纠纷应急知识和水法律法规，加大普及和宣传教育力度，提高公众安全意识和应对水事纠纷突发事件的能力。

参考文献

［1］　水利部政策法规司.加强河湖执法监管　为全面推行河长制提供有力法治保障［J］.中国水利，2018（12）.

［2］　汤显强，赵伟华，唐文坚，等.流域管理与河长制协同推进模式研究［J］.中国水利，2018（10）.

［3］　肖幼.全面落实河长制　促进淮河流域绿色发展［J］.治淮，2017（3）：4－5.

［4］　刘鸿志，刘贤春，周仕凭，等.关于深化河长制制度的思考［J］.环境保护，2016，44（24）：43－46.

［5］　宋昌.依靠河长制破解水行政执法难题［N］.中国水利报，2017－07－11（3）.

［6］　王少君，靳利翠，雷修明.流域管理机构在落实河长制中的作用研究——以海河流域漳河上游管理局为例［J］.海河水利，2018（2）.

［7］　刘小勇.全面推行河长制的基本构架与关键问题分析［J］.水利发展研究，2017，17（11）：25－27.

河湖长制背景下加强流域水政执法监管的思考与建议

郭利君[1,2]　　张瑞美[1,2]　　尤庆国[1,2]

1 中国水利经济研究会　2 水利部发展研究中心

以河长制湖长制为抓手，强化河湖监管，是水利行业强监管的突破口，也是解决河湖突出问题、打好河湖管理攻坚战的根本措施。贯彻落实全面推行河长制湖长制关于加强执法监管的部署，有效实施河湖管理法律法规，要求流域管理机构找准河湖长制背景下水政执法监管的定位，明确推行河湖长制过程中流域水政监管面临的机遇和存在的薄弱环节，进一步健全流域水政执法监管机制，完善河湖执法监管体系，强化河湖监管，切实维护河湖管理秩序，加快推动河湖长制从"有名"到"有实"。

一、河湖长制背景下流域水政执法监管面临的机遇

（一）有利于拓宽流域水政执法监管的平台

推行河湖长制，由地方党政主要领导对河湖管理保护负责，可以突破现有的法律制度的局限，结合国情与河情，通过党内文件和国家立法相衔接，让水法律法规规定的职责和要求运转起来；可以突破现有的水政监管体制的局限，以问题为导向，由河湖长统筹领导，协调相关部门，有效整合涉河湖执法力量，开展执法监管工作，提高河湖执法效能，解决执法难等突出问题。

（二）有利于完善流域与区域联合执法机制

推行河湖长制，为流域管理机制改革提供了新动力。通过完善区域与流域的联席会议、信息互通共享等工作机制，加强区域与流域水政执法监管工作的联系，提高地方政府对流域管理机构水政执法监管职责等方面的认识，推动流域管理与区域管理相结合的执法监管体制机制逐步健全，实现流域与区域联合执法的优势互补，执法资源的整合与共享。例如，黄河水利委员会已建立《黄河流域（片）省级河长制办公室联席会议制度》，还积极推动建立以地方政府为主导、涉河职能部门共同参与的黄河河道

联合执法制度；太湖流域建立首个跨省湖长协商协作机制等。通过完善协商协助机制，加强地区间、河湖长间的协调联动，开展联合执法，统筹推进流域间的管理、保护，协调解决跨区域、跨部门的重大问题。

（三）有利于提升流域管理机构水政执法监管能力

推行河湖长制，促使流域管理机构积极履行职责，不断强化流域水政执法监管能力。流域管理机构可以积极借助河湖长制平台作用，将督查作为推动河湖执法工作的重要抓手，开展流域各地河湖执法督查工作，全面准确掌握河湖执法工作真实情况，总结经验不足，发现解决问题等。通过开展流域河湖执法督查，可以压实各级河湖长的河湖执法监管责任，推进各部门齐抓共管；可以保障流域各级水行政主管部门全面履行河湖执法法定职责，确保履职尽责到位；可以强化攻坚克难，推进重大水事违法案件查处；可以促进挂牌督办制度和长效机制的建立健全，推动河湖执法规范化、制度化。

（四）有利于改善流域直管河湖的执法监管条件

推行河湖长制，提高了地方党政主要领导河湖治理保护的责任意识和开发利用河湖的法律意识，可以规范地方政府开发利用河湖特别是流域直管河湖的行为，避免地方政府因追求经济发展而产生河湖水事违法行为，进而有效控制河湖水事违法违章行为的增加。推行河湖长制，可以加强流域与区域协作配合，开展直管河湖联合执法行动，推动流域管理机构和地方河湖长积极履行河湖管理职责。通过组织开展水政专项执法活动，可以协助解决一些长期以来直管河湖管理与保护中存在的侵占河道、围垦湖泊、违章建设、非法采砂、超标排污等重点难点问题，有效减少直管河湖违法违章行为，推动直管河湖违法违章行为实现"控增量、减存量、降总量"。

（五）有利于形成社会共治共享的法治氛围

借助河湖长制宣传平台，可以推动河湖管理保护法律法规普法宣传，形成社会共治共享的良好河湖法治环境。流域管理机构可以通过新闻媒体、网络新媒体等多种途径，广泛宣传河湖管理保护和水政执法法律法规，不断加强对社会公众的宣传引导，增强社会公众河湖保护意识和参与意识。同时，可以通过加大对河湖违法违规行为曝光力度，发挥舆论监督作用，积极拓宽河湖违法行为举报渠道，鼓励社会公众参与河湖保护与监督执法工作，营造社会共同关注、支持和参与河湖执法监管的良好法治环境。

二、河湖长制背景下流域水政执法监管存在的薄弱环节

(一) 水政执法监管协调联动机制有待进一步健全

由于流域水政联合执法牵头组织工作还没有形成一种有效的制度和机制，联合执法行动无法真正集中力量，形成统一领导。此外，联合执法会牵涉到环保、航运、电力、农业、水产养殖等其他相关部门，也会涉及到跨地区和河段上下游、左右岸之间的各方利益，在缺乏统一规划和有效的制度依据情况下，各部门往往优先考虑自身利益，给水政执法协调联动工作带来了较大的难度。

(二) 水政执法监管时效性有待进一步加强

随着河湖长制工作的不断深入推进，对流域水政执法监管提出了更多的工作任务和更高的工作要求，特别是对处理水事违章违法行为的时限和效率提出了更高的要求。但是，目前全国还未制定与河湖长制相关的流域性法规，水政工作也缺乏流域性的法规，现有法律法规难以完全满足落实河湖长制各项任务的需要，执法依据不足，执法程序烦琐，容易造成执法人员难以准确快速处理违章违法行为；在落实河湖长制的各项任务时，还存在部分河湖巡查不全面、发现问题不及时和制度执行效果不够等管理欠规范的问题，影响了河湖长制落实，增加了流域水政执法工作人员被问责追责的风险。同时，推行河湖长制，推动了流域有关地方河湖长及其他相关部门对流域管理机构水政执法工作的监督，随着新行政诉讼法的执行，流域管理机构面临的公益诉讼风险也进一步加大。

(三) 水政执法监管能力与执法监管任务要求还不匹配

部分流域管理机构的水政执法监管能力还难以完全适应推行河湖长制带来的越来越繁重的水政执法监管任务，具体表现为：部分流域管理机构还没有组建专职的水政监察队伍，水政监察队伍与水政部门多是"一套人马，两块牌子"，既要承担水政监察职能，又要承担水政部门的法制建设和法制宣传等其他的职能，现有人员编制远不能满足流域河湖管理和水政执法需要；水政执法信息化建设难以满足推行河湖长制的需要。当前，违法行为实施迅速，并且集中在水政监察人员执法巡查间歇或是夜间实施违法行为，常规的执法巡查、执法检查等手段难以及时发现、及时处理，导致违法后果严重、执法效率低下。此外，水政监察队伍的执法装备标准有待进一步提升。

（四）水政执法监管保障能力有待进一步提高

流域水政执法监管保障能力还较薄弱，难以适应落实河湖长制对水政监管工作的要求。执法经费仍不足。推行河湖长制，开展河湖问题排查、编制综合整治方案和河道岸线利用规划等河湖长制基础工作，以及落实河湖长制工作任务等，都需要大量的水政工作经费。但是，目前流域管理机构在落实河湖长制的经费还不足，对相应的水政工作经费支持力度也很有限，制约了河湖长制工作任务的落实。监督检查和考核问责机制还不完善。河湖长制长效机制的形成需要建立健全水政工作监督检查和考核问责机制。当前，流域管理机构督查地方河湖长及有关部门履行职责还缺乏刚性手段，考核和问责的操作规范还不够科学，考核机制设计与标准的操作性有待细化和增强。

三、进一步加强流域水政执法监管的对策建议

（一）健全流域与区域联席联防联动机制

一是建立健全流域与区域联席会议制度，及时协调解决涉河涉湖事项管理问题。流域层面，建立由流域管理机构牵头，流域各级管理单位和流域相关省份河长制办公室参加的联席会议制度，及时沟通协调省际河湖管理与保护相关工作。联席会议采取定期召开和不定期召开相结合的方式，不定期会议根据工作需要随时召开。联席会议制度的主要内容包括进行案件通报、开展经常性的工作经验交流和进行个案协调和沟通等。会议要形成会议纪要，经审定后印发。会议研究决定事项要作为流域管理机构推行河湖长制工作重点督办事项，由流域管理机构组织协调督导，有关各省份的河湖长制办公室组织落实。

二是建立健全流域与区域联合巡查报告制度，推进水政执法从被动处置向主动防治转变，降低执法监管成本、提高执法监管效率。联合巡查包括集中联合巡查和日常巡查。集中联合巡查由地方政府河长制办公室负责组织成员单位定期开展，对管理范围进行联合巡查，及时发现各类水事违法违规行为和安全隐患。日常巡查由地方政府河长制办公室成员单位按照职权清单，依法进行巡查。流域管理机构和地方水行政主管部门可根据工作需要，报请各省相应的河长制办公室组织开展联合巡查。联合巡查实行报告制度，对巡查中发现的重大违法违规行为要第一时间向相关地方的河长制办公室报告，由河长制办公室备案或挂牌督办，及时组织相关单位或部门进行处理。在联合巡查中成员单位未及时发现职权范围内水事违法违规问题，或发现问题后不及时制止和报告，造成不良后果的；经相关地方的河长制办公室通报督办或上级部门督办

仍无实质性进展的单位和个人依法依规追究责任。

三是建立健全流域与区域联合执法制度，形成执法合力，有效查处各类违法行为。联合执法活动由地方相应的河长制办公室统一组织地方相关单位或部门，以及流域管理机构各级管理单位开展，由河长制办公室确定牵头单位和参与单位。河长制办公室成员单位根据工作需要，可报经河湖长同意，由相应的河长制办公室组织相关部门开展联合执法。联合执法要形成常态化，要成为治理和保护河湖的重要手段，各成员单位在参与联合执法时要端正态度、尽职尽责、密切配合，集中有效力量打击各类涉河湖水事违法行为。对于经水利部授权管理的省界河段，流域管理机构应加强与地方河长制办公室沟通，邀请地方河长制办公室中的水行政主管部门等相关单位或部门参与联合执法，共同打击流域省界河段水事违法行为。

（二）进一步加强水政工作法制化建设

一是完善规章制度体系。开展水政执法，落实河湖长制的各项任务，要建立健全流域管理相关规章制度，为依法开展水政执法监管工作提供依据。积极推动流域制定河湖长制相关规章，或将河湖长制纳入地方性法规或规章，明确地方政府在直管河湖推行河长制过程中的领导、组织、实施、考核等主体责任，同时界定流域管理机构和地方河长制办公室及其组成单位成员的任务分工。不断完善水政规章体系建设，构建以规章、规范性文件为支撑的层次分明、专业结构配套的水政规章体系，明确流域管理与区域管理相结合的水政执法体制，执法权限，明确联合执法机制、执法程序、监督保障等，提高执法依据的可操作性，并加大水政处罚标准、增加行政强制措施与行政强制执行等有力手段。

二是进一步创新普法方式方法，加大河湖管理法律法规普法宣传力度。流域管理机构要借助河湖长制平台，通过现场会、案例教学、示范试点等多种方式宣传推行河湖长制和开展水政执法的重要意义、成功经验、典型案例，发挥示范带动作用。同时，综合利用微信公众号、客户端等新媒体，宣传各地河湖水政执法专项行动和取得的实效，增强水法制宣传的传播力和影响力。通过河湖长制信息发布平台等方式加大对河湖违法违规行为曝光力度，发挥社会公众对水政工作的舆论监督作用，并拓宽河湖违法违章行为举报渠道，鼓励广大群众参与河湖执法工作，营造社会共同关注、支持和参与河湖执法监管的良好氛围。

（三）进一步强化水政执法监管能力

一是组建专职水政监察队伍。流域管理机构要积极推动组建专职水政监察队伍，集中行使水行政执法权，提高执法效能，以满足推行河湖长制对水政执法工作的要求。

要将水政监察队伍从目前的水政工作机构中分离出来，成为专职水政监察队伍，依法履行规定的职权，并承担相应的法律责任。要进一步优化职责，水政工作机构保留政策法规方面的管理职能，将原有的水政执法及监督管理、河道采砂监督管理执法等职能调整至专职水政监察队伍并予以加强。同时，按照专业、高效、下移的原则，推进执法力量下沉，优先选择基层组建专职化水政监察队伍。

二是加强水政执法信息化建设。充分发挥流域管理机构的监督、监测作用，强化水政执法保障能力。全面推动水政巡查 App，及时上传巡查轨迹和报告水事活动现场实况，为横到边、纵到底的执法巡查提供保障。加强遥感遥测监控工程的建设，积极运用卫星遥感、无人机、视频监控等技术，对重点河湖进行动态监测，为及时发现违法案件、提升执法活动的快速反应能力、依法查处水事违法行为提供技术支撑。加强河湖在线监测监控能力建设，在省界重要监测点建设自动监测站，及时掌握河湖水质、水生态变化情况，对水质超标断面实现自动预警预报。充分利用全国河湖长制管理信息系统，与流域各省做好系统对接，完善分析评估体系，实现数据信息互联共享，强化流域与区域、区域与区域间的信息共享。

三是加强水政执法队伍规范化建设。建立健全水政执法人员录用制度，提高水政执法队伍特别是基层水政执法队伍中的专业水政执法人员比例，优化水政执法队伍机构。制定水政执法人员持证上岗制度、上岗考核制度和轮训制度等，通过岗前培训、岗位定期业务培训、执法经验交流等方式，提高水政监察队伍查处水事违法案件、准确使用法律法规和应用先进执法设备的能力，全面提高水政执法队伍的执法水平。加强水政执法装备现代化建设，全面落实投影仪、扫描仪及声像等信息处理设备在执法过程中的运用，提高水政执法的科技含量和快速反应能力，并按要求将采集的信息全部如实录入执法信息系统，从源头上保证执法信息数据的全面性、准确性、规范性和公正性，为应对当事人申请听证、复议和检察机关的公益诉讼等提供水政执法依据。

（四）进一步完善水政执法监管保障措施

一是持续加强组织领导。流域管理机构开展水政工作会直接影响流域河湖长制任务的落实，对推动流域河湖长制从"有名"到"有实"具有重要的作用。因此，流域管理机构要高度重视，深刻认识在推行河湖长制中的职责定位和落实河湖长制对流域水政工作提出的新要求，进一步完善流域水政工作的具体实施方案，确定目标任务，做好流域水政工作的组织实施工作。

二是逐步加大经费投入。持续加大政府财政经费对流域水政监察队伍与装备的支持力度，确保水政监察队伍的日常办公经费和执法业务经费。各级水政监察队伍特别是直管河湖水政监察队伍执法经费应全部纳入政府财政预算，并予以全额保障。完善执法办案外勤津补贴等政策，建立健全水政执法激励机制，落实好人身伤害保险等政策，特别是落实好基层执法经费保障，对长期驻现场的执法人员给予执法津补贴和加班费、夜班费。对执法装备不足、执法任务繁重、执法工作成效显著的单位应当给予适当倾斜，充分发挥其示范和引导作用，带动其他基层水政监察队伍重视和加强水政执法工作。

三是不断强化督查考核。强化水政执法监管的督查考核，充分发挥流域管理机构的监督作用。加强对流域直管河湖执法工作开展情况，以及流域重点河流湖库的执法工作开展情况进行督查。重点督查与落实河湖长制相关的非法侵占河湖、非法采砂、非法取水、违法涉河建设、违法倾倒堆放废弃物、人为造成水土流失和破坏水利工程等违法行为的执法监管和查处情况。对执法监管履职不力、发现违法行为或者接到举报查处不及时、不依法实施行政处罚、对涉嫌犯罪案件不移送、推诿执法等执法监管不作为行为，以及执法监管中的违法违纪行为，要依法依纪追究有关单位和人员的责任。要建立目标明确、指标合理、考核到位、结果和过程相结合的目标考核责任制，严格落实执法责任制和过错责任追究制。

四是加快夯实工作基础。充分发挥流域管理机构协调、指导、监测作用，加快夯实水政执法监管工作基础。完善河湖取排水口、水域岸线、水资源等动态信息，完善"一河（湖）一档"和"一河（湖）一策"工作，并完善水政执法巡查台账；依法划定河湖管理范围，以满足推行河长制工作需要。抓紧开展河湖管理范围划定工作，全力推进河湖划界工作顺利实施；做好相关规划编制，强化规划约束。流域各地要根据流域综合规划、流域防洪规划及水资源保护规划等规划，结合本地实际，科学编制相关规划，强化规划约束，让规划管控要求成为河湖管理保护的"红绿灯""高压线"。

参考文献

［1］　王冠军，刘小勇. 推进河湖强监管的认识与思考［J］. 中国水利，2019（10）：5-10.
［2］　魏山忠. 准确定位，主动作为，加快推进长江流域片全面推行河长制［J］. 水利发展研究，2017（5）：5-8.
［3］　水利部政策法规司. 加强河湖执法监管，为全面推行河长制提供有力法治保障［J］. 中国水利，2018（12）：1-2.
［4］　水利部黄河水利委员会. 加强河湖执法监管，为全面推行河长制提供有力法治保障［J］. 中国水利，2019（11）：7-8.
［5］　阚善光，杜红志. 大力整治河湖违章全面落实河长制［J］. 治淮，2018（3）：5-6.

企业强监管视角下的中央水利企业绩效评价工作探讨

尤庆国　　王亚杰

中国水利经济研究会

一、绩 效 评 价 工 作 现 状

（一）基本情况

开展绩效评价工作，是事业单位开展经营性国有资产管理、加强投资企业监督管理的重要抓手。2013 年，水利部印发《关于加强事业单位投资企业监督管理的意见》，明确要求建立完善企业绩效评价和企业负责人经营业绩考核制度。2015 年水利部印发《水利部办公厅关于进一步加强事业单位对所投资企业监督管理的通知》，再次强调部直属各级事业单位要做好企业经营业绩评价工作。同年，水利部印发《规范水利部事业单位所属企业负责人经营业绩考核指导意见》及《水利部事业单位所属企业负责人经营业绩考核指标及计分暂行办法》，将中央水利企业综合绩效评价工作与企业负责人经营业绩考核工作统筹安排。

按照水利部《关于开展 2015 年度事业单位投资企业绩效评价考核和布置 2016—2018 年考核期绩效评价考核工作的通知》的统一部署，资产总额 1 亿元以上的企业均由部统一组织开展绩效评价工作，共 57 户企业纳入 2016—2018 年绩效评价考核期，占中央水利企业总户数（2017 年度企业财务会计决算数据）的 8.8%。近 5 年来，参加部统一组织绩效评价的企业基本保持稳定，实际开展绩效评价的企业数量不断增加（图 1）。此外，资产总额 1 亿元以下企业的绩效评价工作由各单位自行组织开展。

部属事业单位均成立了由领导或分管领导为组长，财务、人事、劳资、资产、审计、纪检等部门负责人参加的企业绩效评价领导小组或工作组，组织协调绩效评价工作。按照选聘程序，从中介机构库中自主选用中介机构，签订业务委托协议，由选定的中介机构对评价企业相关情况进行基础资料搜集整理，开展财务定量评价工作；从企业绩效评价专家库或单位相关部门中选聘财务、人事等方面的专家，组成专家组，开展管理定性评价工作。在此基础上形成企业绩效评价结果，而且部分单位已经建立

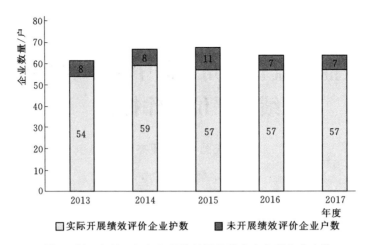

图 1　近 5 年统一组织开展绩效评价的中央水利企业户数

了企业经营业绩与企业负责人薪酬挂钩的激励约束机制。

从 2013—2017 年度企业绩效评价结果来看，评价结果为优的企业户数逐年增加；评价结果为良的企业户数有所增加，而评价结果为中的企业户数逐年下降，减少到总数的 1/4 左右，这表明近年来中央水利企业经营状况持续向好（图 2）。

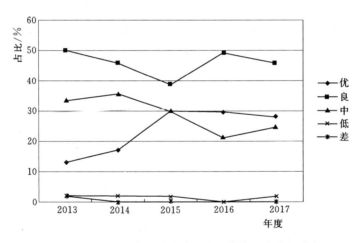

图 2　2013—2017 年度中央水利企业绩效评价结果对比

（二）成效与不足

近年来，按照加强企业国有资产监管、促进国有资产保值增值的要求，部属事业单位及所属企业持续开展绩效评价工作，不仅为出资人提供了有关监管信息，还能够了解掌握企业管理中存在的不足，在推进企业规范化管理、促进企业提质增效、防范经营风险等方面取得了显著成效。

同时，绩效评价工作也还存在一些不足，主要体现在四个方面：一是部分单位工作责任落实不到位、对绩效评价工作重视程度不够，甚至部分单位还出现绩效评价工作流于形式等现象；二是目前没有统一的基础数据调整标准，在一定程度上影响了绩效评价结果的客观公正，也造成企业之间的绩效评价结果可比性较差；三是绩效评价修正指标设置不利于体现水利行业内部分企业公益性强的特点，而且部分单位在修正指标运用时不够规范，有的仅选取了部分修正指标；四是绩效评价指标体系尚不完善，一方面没有针对企业特性、规模及发展阶段建立分类指标体系，另一方面定量评价指标无法充分体现水利企业公益性特点，仅选取两项管理定性指标也不够全面。

二、绩效评价工作中的关键问题及其对策

（一）评价基础数据的调整

企业绩效评价建立在企业财务会计信息资料和其他相关资料基础之上，基础数据资料的完整性与真实性直接影响企业绩效评价工作质量。为确保评价基础数据的真实、完整、合理，在实施评价前应当对评价期间的基础数据进行核实，按照重要性、可比性以及合理性等原则进行适当调整，以提高绩效评价的客观性、公正性。

基础数据的具体调整情形包括：一是企业绩效评价期间会计政策与会计估计可能发生重大变更的；二是企业绩效评价期间发生资产无偿划入划出的；三是企业财务决算会审中或审计报告中要求纠正、整改的；四是企业在绩效评价期间损益中消化处理以前年度或上一任期资产损失的；五是承担国家某项特殊任务或落实国家专项政策对财务状况和经营成果产生重大影响的；六是交易性金融资产和可供出售金融资产等市价价值变动较大的；七是与企业实际经营情况明显不符的。具体调整程序应当分为审核基础数据、沟通讨论调整方案、确认调整事项等三个阶段。

（二）绩效评价标准值的选取

在企业财务绩效定量评价标准值的选定中，应当认真分析判断评价对象所属的行业和规模，区分不同类型企业，科学选用绩效评价标准值。一方面，区分不同业务结构的企业，针对单一业务、多业务和特殊类型企业，科学选择绩效评价标准值；另一方面，区分大、中、小不同经营规模企业，选取分别适用的标准值。以上两个区分维度可以同时选择。

水利企业绩效评价中现行采用的标准值为国务院国资委财务监督与考核评价局根据《中央企业综合绩效评价管理暂行办法》等文件规定，以国务院国资委、财政部、国家统计局对全国国有企业的相关统计资料和月报数据为依据，在客观分析和判断上年度国有经济各行业运行状况的基础上，运用数理统计方法测算制定的标准值。近年

来，由于国务院国资委绩效评价标准出台较晚，部分企业选择采用上年度绩效评价标准值开展绩效评价，这在一定程度上影响了绩效评价的科学性，也不利于企业间绩效评价结果的横向比较分析。部属事业单位应进一步提高绩效评价标准值选取的时效性，严格按照相关规定选取年度标准值。

（三）绩效评价指标体系的完善

结合绩效评价工作实际需要和部直属事业单位对评价指标运用的意见建议，按照当前开展中央企业分类考核等有关要求，完善现行适用的绩效评价指标体系。

一方面，科学选用定量评价修正指标。针对现行国务院国资委《中央企业综合绩效评价实施细则》规定中的绩效评价指标体系，增加体现水利行业特点和水利企业公益性的相应指标作为定量评价修正指标，针对水利企业不同类型设置相应的修正指标。一是增加企业防汛、供水、灌溉等经济社会效益指标，重点运用供水保障率、灌溉效益等量化指标进行评价，部直属事业单位应根据企业具体类型、情况，设置差别化的细化指标，并综合确定指标权重；二是增加公益性任务完成情况指标，重点评价国家安全保障率、重大专项任务完成率等。指标权重由部直属事业单位根据企业承担的保障防洪安全或公益性任务资本占用情况和经营性质综合确定。

另一方面，完善定性评价指标体系。在《中央企业综合绩效评价实施细则》以及《水利部事业单位所属企业负责人经营业绩考核指标及计分暂行办法》定性评价指标的基础上，进一步完善企业管理定性评价指标体系，初步研究设置战略管理、制度建设及执行、经营决策、财务管理、人力资源、风险控制、精神文明与党建7个一级指标，并研究细化设置23个二级指标（表1）。评价过程中，如果某项指标未达到相应目标要求，则扣减相应分数直至扣完为止，从而凸显问题导向，督促企业发现问题并整改。

表1 中央水利企业管理定性评价指标及权重

序号	一级指标	二级指标	分值	判 断 依 据
1	战略管理（18分）	战略规划制定的科学性	6	战略规划是否符合国家方针政策和企业实际
		战略规划的执行	6	战略规划执行是否有效执行及是否具有强有力的保障措施
		战略规划的实施效果	6	战略规划指引下企业是否实现良性发展
2	制度建设及执行（15分）	企业内部管控制度建设	5	企业内部监督管理和风险控制制度是否建立完善
		"三重一大"事项相关制度建设	6	企业重大事项的民主决策和报告制度是否建立完善
		相关政策制度贯彻执行	4	国家、水利部及所属事业单位等相关政策制度是否贯彻落实

续表

序号	一级指标	二级指标	分值	判 断 依 据
3	经营决策（14分）	决策依据	3	决策依据是否科学、充分
		决策程序	6	决策程序是否合法、合规
		决策执行	5	决策是否严格监督执行及建立相应责任追究机制
4	财务管理（14分）	财务管理规范性	6	企业内部财务管理是否规范
		财务管理体系	4	企业财务管理体系是否完善
		收益分配与处置	4	企业利润分配机制是否建立完善
5	风险控制（15分）	财务风险防控	3	企业的财务风险是否得到了有效防范和控制
		技术风险防控	3	企业的技术风险是否得到了有效防范和控制
		管理风险防控	3	企业的管理风险是否得到了有效防范和控制
		党风廉政风险防控	3	企业的党风廉政风险是否得到了有效防范和控制
		安全生产风险防控	3	企业的安全生产风险是否得到了有效防范和控制
6	人力资源（14分）	人员招聘与选拔	6	人员招聘与干部选拔是否公开公正合法合规
		薪酬与绩效管理	4	是否建立完善薪酬分配体系与考核激励机制
		职业培训与人才储备	4	人才培养与人才储备机制是否完善
7	精神文明与党建（10分）	精神文明建设	3	精神文明建设工作责任制是否落实
		企业文化建设	3	是否培育良好的企业价值观、企业精神、企业经营理念和企业职工思想道德风貌
		党建工作	4	企业党组织是否建立并发挥出应有的领导核心和政治核心作用

　　需要说明的是，如发生重大国有资产损失、重大安全生产事故、重大违规违纪或财务管理极为混乱等事项，则绩效评价结果实行"一票否决制"，通过充分发挥绩效评价在监督检查和责任追究方面的作用，不断督促事业单位和被评价企业强化监管、落实责任。由于一票否决对绩效评价结果造成较大影响，因此应谨慎运用。

　　此外，还可以通过设置加分项，视具体情况在绩效评价总分基础上予以加分奖励。即在目前奖励分数的基础上，增加奖励分数权重，加分幅度为1～10分。具体奖励分数由履行出资人职责的部属单位根据被评价企业实际情况综合确定。一方面，可针对公益性职能发挥进行加分，应在《水利部事业单位所属企业经营业绩考核指标及计分暂行办法》加分规定的基础上进一步明确，对于承担国家结构性调整、防洪抗旱等重大任务，或在水利改革发展中，为维护稳定、改善生态环境、扶贫等方面做出重大突出贡献的水利企业，进行加分。另一方面，如果企业与事业单位职能定位契合，事企关系清晰，且在吸纳事业单位富余人员的就业，为事业单位提供资金、后勤服务，解决历史遗留问题等方面做出突出贡献，可进行奖励加分。加分幅度由部属单位根据结合企业对事业单位的支撑效果、贡献程度等实际情况综合确定。

（四）绩效评价结果的运用

一方面，完善绩效评价结果与负责人薪酬挂钩机制。推进建立与企业经济效益和劳动生产率挂钩的工资决定和正常增长机制，将绩效评价结果运用于企业负责人经营业绩考核中，对企业负责人实行与选任方式相匹配、与企业功能性质相适应、与经营业绩相挂钩的差异化薪酬分配办法，发挥企业经营绩效对企业负责人经营管理的激励约束作用。在此过程中，部属事业单位和被评价企业的财务部门与人事部门间应加强沟通协调。

另一方面，强化绩效评价反馈问题的整改落实。中介机构应将绩效评价中发现的企业战略规划、经营管理、风险防控、制度建设等方面存在的不足及时反馈给事业单位或被评价企业，可以采用召开评审会反馈专家咨询意见形式，或由中介机构出具单独的管理建议书，提供进一步完善企业内部控制、改进会计工作、提高经营管理水平等方面的参考意见。而且，为加强整改力度，可以采用将相关建议落实与问题整改情况与企业负责人业绩考核相挂钩的形式，加大督办与责任追究力度。

三、相 关 建 议

（一）绩效评价工作开展方面

1. 完善绩效评价制度体系建设，强化制度保障

部属事业单位应充分认识开展企业绩效评价工作对加强企业国有资产监管、推进企业规范化管理的重要性，不断完善单位内部企业绩效评价制度体系建设。按照水利部绩效评价相关政策制度的相关要求，研究制定本单位开展绩效评价的具体实施细则、办法，明确各部门职责分工，评价范围、评价方法与程序，研究细化评价指标体系，明确评价结果运用形式，建立相应的责任追究机制。通过不断强化制度保障，促进绩效评价实实在在发挥作用，避免出现绩效评价工作开展流于形式等现象。

按照《绩效评价通知》要求，有关事业单位要进一步增强企业监管的责任感，加大企业绩效评价工作力度，特别是重视资产总额 1 亿元以下的企业，参照部里的办法自行部署、实施绩效评价并制定专门的制度办法，规范开展绩效评价，同时对于资产

规模较大的二级及以下企业，应当由其上级企业进行绩效评价，从而实现企业绩效评价范围的全覆盖。

2. 严格制度落实，增强绩效评价工作的规范性

为保证绩效评价结果的客观公正，增强企业之间绩效评价结果的可比性，各单位应严格按部里的统一规范及单位自行制定的制度规范开展绩效评价。同时，为确保绩效评价基础数据的连续性、真实性、完整性、合理性，绩效评价中宜采用经过审计的企业年度财务报告数据，尽量保持与此前年度一致的口径。按照重要性和可比性原则，对有关财务数据进行调整。

3. 充分运用绩效评价结果，强化问题整改落实

建议部属单位进一步完善企业绩效评价结果运用机制，针对绩效评价中反馈的问题与建议，及时制定整改措施并严格落实，加强督办力度，将绩效评价工作中提出的管理建议落实情况与出资人和企业负责人考核相挂钩，充分发挥绩效评价的作用。同时，进一步加强绩效评价结果在经营业绩考核中的应用，使负责人薪酬更好地与企业绩效挂钩，并在计算负责人基本年薪时充分考虑地区因素和企业自身情况，充分调动企业负责人的积极性，更好地体现经营业绩考核对企业负责人的激励约束作用。

（二）绩效评价工作管理方面

1. 完善绩效评价工作顶层设计

一是不断完善企业绩效评价制度体系。如推动部层面尽快研究出台企业绩效评价工作专门性的指导意见，进一步强化企业绩效评价组织管理体系、工作机制、评价方法、指标体系及结果运用等方面的制度设计，为部属事业单位组织开展企业绩效评价提供制度依据和操作指南。

二是探索水利企业分类标准，为企业分类评价奠定基础。根据《关于深化国有企业改革的指导意见》和国务院国资委、财政部《关于完善中央企业功能分类考核的实施方案》，中央企业分为商业类和公益类。但是中央水利企业类型多样、情况复杂，短时期内明确分类较为困难，实施分类评价条件还不成熟。企业分类评价指标体系的制定前期工作量很大，需要开展广泛、深入调研，摸清水利企业及发展现状，针对每一项指标进行精准、全面分析与测算，还应开展试评价等工作，短时期内研究提出完善的指标体系具有一定难度。建议结合中央企业分类的思路与原则，探索水利企业分类标准，或者在深化国有企业改革改制的过程中，进一步突出企业的主业，将企业的非主业功能予以剥离或进行重组，使企业能聚焦主业、提高效率，为推进水利企业分类评价奠定基础。

2. 探索制定水利行业评价标准值

目前，企业绩效评价中运用的评价标准值是国务院国资委、财政部、国家统计局以全国国有企业的相关统计资料和月报数据为依据测算制定的，主要适用于充分竞争行业的商业类企业。建议探索水利行业企业绩效评价标准值，结合水利企业财务决算统计资料和月报数据，研究制定体现水利企业特点，特别是水利发电类企业具有公益性特点的标准值，不断提高评价的科学性。同时，针对水利企业不同类型，研究探索制定相应的系数。评价中要尽量采用当年的相关统计数据为依据制定本年度的评价标准值，不断提高标准值应用的时效性。

3. 探索差异化指标体系构建

为促进绩效评价结果的公正性，建议按照国务院国资委、财政部《关于完善中央企业功能分类考核的实施方案》，并以《中央企业综合绩效评价管理暂行办法》和《中央企业综合绩效评价实施细则》有关规定为基础，进一步完善绩效评价指标体系，结合被评价企业规模、类型及其所处行业特征，探索以非营利为目的的企业和以营利为目的的企业、大中型企业和小型企业、发展初期和发展中期的不同类型企业绩效评价差异化评价指标设置及权重，提高绩效评价的科学化水平。

4. 适度增加部属事业单位自由裁量权

部属事业单位所属企业涉及多个国民经济行业，在规模、所处发展阶段、业务板块等方面具有各自特点，即使是同一家单位的所属企业间往往存在较大差异。科学、客观开展企业绩效评价，必须紧密结合企业发展定位、类型、特点，特别在指标选取、设置及指标赋分权重等方面，应充分结合企业类型、规模和发展阶段等进行评价，赋予部属事业单位在企业绩效评价中一定的自由裁量权，不断提高评价的针对性。

以水而定，量水而行
抓紧落实水资源最大刚性约束

杨谦[1]　　戴昌军[2]　　周彦辰[3]

1 长江水利委员会　　2 长江水利委员会水资源局　　3 长江水利委员会长江科学院

党的十八大以来，党中央着眼于生态文明建设全局，明确了"节水优先、空间均衡、系统治理、两手发力"的治水思路，对于保障国家水安全、推进生态文明建设具有重大的现实意义和深远的历史意义。习近平总书记高度重视大江大河流域保护和治理的系统性、整体性、协同性，先后对长江和黄河进行考察并发表重要讲话，提出要坚持生态优先、绿色发展，以水而定、量水而行，把水资源作为最大的刚性约束。为深入贯彻习近平重要讲话精神，积极践行水利改革发展总基调和最严格水资源管理制度，围绕"合理分水，管住用水"两大工作目标，结合流域水资源管理现状及面临的形势，坚持问题导向，积极深入推进长江流域最严格水资源管理改革创新工作。

一、长江流域水资源管理现状

（一）流域水资源管理基本情况

长江是中国第一大河，干流全长 6300 余公里，流域总面积达 180 万 km²，涉及 19 个省（自治区、直辖市）。长江流域水资源较丰富，多年平均水资源总量约 9958 亿 m³，是国家水资源配置的战略水源地、水电开发的主要基地、连接东中西部的"黄金水道"和重要经济鱼类资源、珍稀水生生物的天然宝库。

最严格水资源管理制度实施以来，流域用水总量得到有效控制、水资源调配水平明显提升、用水效率稳步提升、用水结构渐趋合理、水生态环境明显改善、水资源管理制度体系基本建立、取水许可管理工作逐渐规范、水资源监控能力得到加强。2018 年，长江流域（不含太湖）用水总量 1729 亿 m³，万元国内生产总值用水量下降至 64m³，万元工业增加值用水量下降至 62.3m³，农田灌溉亩均用水量 418m³，重要水功能区水质全指标评价个数达标率 79.9%、双指标评价个数达标率 92.9%，有效支撑和保障了流域经济社会的高质量发展。

（二）流域水资源管理特点

长江流域水资源开发利用总体格局呈现上游蓄水、中游江湖关系调整、下游引水、上中下游调水的特点。

上游地区，近年来干支流水库群逐步建成投产，总调节库容已经达到 800 亿 m³ 以上，在充分发挥水资源综合利用效益的同时，梯级水库群蓄泄矛盾日益尖锐，梯级电站建设运行对中下游水文情势的影响日益显现。

中游地区，两湖水文情势产生了较大变化，江湖关系发生调整，用水需求不断增加，工程性缺水或水质性缺水时有发生。

下游地区，大通以下长江干流河段的各类引调水工程设计最大引江流量达 25000m³/s 以上，枯水期供水安全与生态环境安全不容忽视。

长江流域规划和建设了一系列水资源配置工程，南水北调东中线一期工程、云南省牛栏江—滇池补水工程、贵州省黔中水利枢纽工程等已建成通水，云南省滇中引水工程、陕西省引汉济渭工程、安徽省引江济淮工程等已经开工建设，规划水平年跨流域调水总规模约 500 亿 m³，跨流域调水与流域内用水、流域与区域用水矛盾日益尖锐。

二、长江流域水资源管理形势

（一）流域水资源管理面临的突出问题

随着经济社会快速发展，长江流域水资源管理仍存在一些困难和问题。局部区域水资源开发利用存在超量用水、无序用水等现象；区域用水总量指标与流域水资源管理控制指标、流域水量分配方案亟须有效衔接；农业灌溉用水方式仍较为粗放，各行业用水定额相较国内和世界先进水平尚有一定差距，水资源利用效率仍有提升空间；局部城市江段及部分支流水域仍受到不同程度的污染，部分区域河湖生态流量（水量）保障不足，水生态保护修复刻不容缓；取水许可管理不规范的问题仍然存在，超计划超许可取水情况时有发生；面向流域水资源管理的监测能力不足，取水户的取用水计量监测体系有待完善；特别是新时期下，治水主要矛盾已发生变化，工作着力点聚焦在调整人的行为、纠正人的错误，水资源监管能力及水平总体不高，水资源管理短板仍然十分突出。

（二）流域水资源管理面临的新形势新要求

党的十八大以来，党中央高度重视国家水安全，并对推进生态文明建设作出了具体部署。习近平总书记"3·14"讲话明确提出了十六字治水思路，2016 年 1 月和 2018 年 4 月两次视察长江并主持召开座谈会发表重要讲话指出，推动长江经济带发展必须从中华民族长远利益考虑，走生态优先、绿色发展之路，要把修复长江生态环境摆在压倒性位置，共抓大保护，不搞大开发，在坚持生态环境保护的前提下，推动长江经济带科学、有序、高质量发展。

2019 年 9 月 18 日，习近平总书记在黄河流域生态保护和高质量发展座谈会发表重要讲话指出，要坚持绿水青山就是金山银山的理念，坚持生态优先、绿色发展，以水而定、量水而行，因地制宜、分类施策，共同抓好大保护，协同推进大治理；要把水资源作为最大的刚性约束，合理规划人口、城市和产业发展，坚决抑制不合理用水需求。

习近平总书记关于治水工作的系列讲话，蕴含了对治水规律的深刻揭示与科学把握，具有很强的政治性、理论性和指导性，为做好新时代治水管水工作提供了根本遵循和行动指南。

三、长江流域水资源管理思考

（一）管理思路

根据长江流域水资源管理面临的新形势、新要求，结合当前水资源管理现状及存在的不足，流域水资源管理工作要以习近平新时代中国特色社会主义思想为指导，全面贯彻生态文明建设和长江大保护绿色发展理念，积极践行十六字治水思路，坚持以水定需，量水而行，把水资源作为最大的刚性约束，以"合理分水，管住用水"为主要目标，以事前事中事后全过程监管为着力点，以"实时监测、滚动预警、联合响应、适时管控、综合评估"为抓手，全力实施水资源总量和强度双控行动，科学谋划河流水量分配与调度，推进河湖生态治理修复，控制流域水资源开发利用强度，提升流域用水效率效益，强化江河流域取水监管，全面提升长江流域水资源管理能力和水平，推动长江流域经济社会高质量发展。

（二）基本原则

（1）节水优先，优化配置。充分考虑全面建设节水型社会的要求，加强用水定额评估和监督，推动落实规划和建设项目节水评价，强化水资源的高效节约利用，科学配置和调度水资源，推动用水方式由粗放向节约集约转变。

（2）空间均衡，量水而行。以水资源承载能力为刚性约束，坚持以水定城、以水定地、以水定人、以水定产，推进规划水资源论证工作，合理规划人口、城市和产业发展，坚决抑制不合理用水需求，遏制水资源过度开发利用。

（3）重在保护，严守红线。把修复长江生态环境摆在压倒性位置，按照"重在保护"的要求，抓紧制定重要河湖控制断面生态流量指标和保障方案，推进流域重要饮用水水源地分级分类管理和达标评估，全面加强流域水资源保护与水生态修复体系建设与项目实施，正确处理好生态环境保护与高质量发展之间的关系。

（4）统筹兼顾，系统治理。协调流域各方要求，上下游、干支流、左右岸统筹谋划，按照"要在治理"的要求，针对局部区域水资源过度开发、生态流量保障不足、地下水超采等突出问题，坚持综合治理、系统治理、源头治理，因地制宜、突出重点、分类施策。

（5）协同推进，强化监管。深化流域与区域管理相结合体制，保障各项工作的流程通畅和信息共享，协同推进长江保护与治理工作；落实江河流域水资源管理主体责任，严格取水口监督和江河取水管理，逐步建设和完善重要河流水资源监测体系，推进流域水资源管理信息化建设，加强流域水资源监督与执法。

（三）近期目标

到 2020 年，长江流域（不含太湖）用水总量控制在 1921 亿 m^3 以内，万元工业增加值用水量降低到 50 m^3，农田灌溉水有效利用系数提高到 0.53，重要饮用水水源地全年水质合格率达 95％以上；推进跨省江河水量分配方案、生态流量保障方案编制与组织实施；有效提升长江干支流河段水资源监控能力，开展汉江流域水资源监测体系建设试点；重要断面生态流量日均满足程度达到 90％以上，最小下泄流量日均满足程度达到 85％以上。

四、长江流域水资源管理重点举措

（一）持续推进江河水量分配，强化水资源统一调度

为促进水资源在流域内的合理分配与使用，将水资源开发利用控制在水资源承载能力范围内，在已经开展的汉江、嘉陵江等流域水量分配工作基础上，按照水量分配全覆盖要求，长江委正在抓紧开展湘江、赣江等新一批 14 条跨省江河流域水量分配工作，合理分配流域内各省区用水量份额，科学确定流域重要断面生态流量和最小下泄流量指标。

在水量分配基础上，要进一步强化水资源的统一调度。抓紧制订并印发汉江、嘉

陵江、乌江、牛栏江等流域水量调度方案，明确水量调度管理工作要求；根据年度预测来水量、水库蓄水量，充分考虑重要断面下泄流量指标，制订下达汉江、嘉陵江、乌江、牛栏江、大渡河、金沙江中游河段等重点河流年度水量调度计划，推进和完善流域水量调度协商工作机制，落实水量调度责任主体，强化区域用水总量和断面下泄流量控制；统筹水源区用水需求和受水区供水要求，组织开展南水北调中线工程水量调度管理工作，根据水源区条件和受水区需求，相机实施华北地区生态补水工作。

（二）推进河湖生态治理修复，坚守生态保护红线

近年来，长江治理与保护受到越来越多的关注。长江委将抓紧确定生态流量监管的重要河湖及其控制断面名录，核定长江流域皇庄、高场、李家湾、武隆、北碚、大通等主要控制断面生态基流及敏感生态需水目标；推进汉江、嘉陵江、岷江、沱江等重要河湖生态流量保障方案编制工作，实现流域河湖生态流量的科学、有效监管。

推进流域重要饮用水水源地分级分类管理和达标评估，明确饮用水水源地名录准入与退出核准机制；推动南水北调中线工程水源地、三峡水库等重点区域生态隔离带建设研究，形成供水安全、防护有效、管理规范的饮用水水源地保护和管理体系；开展岷江、沱江河湖健康评估试点工作，指导地方水资源保护与水生态治理修复项目实施，实现水资源利用、保护和水生态系统的良性循环。

严格控制流域内小水电、引水式水电开发，加强小水电项目监管。组织开展长江经济带小水电清理整顿工作，依法退出涉及自然保护区核心区或缓冲区、严重破坏生态环境的违法违规小水电项目；科学核定小水电生态流量，安装流量泄放设施和监控设备；推动小水电生态机组改造和生态电价等政策，鼓励引导工程运行管理单位做好生态流量保障工作。

（三）坚持以水定需，控制流域水资源开发利用强度

把水资源作为最大的刚性约束，要求根据流域可用水量，坚持以水定需控制流域水资源开发利用强度。

首先是确定流域可用水量。健全省、市、县三级用水总量控制指标体系，将已有的用水总量指标成果进一步分解落实到各类水源；结合第三次水资源调查评价，复核重要河流地表水资源量和地表水资源可利用量，将其作为流域水资源开发利用上限。综合考虑已分解完成的流域用水总量控制指标、已确定的水资源可利用量以及跨流域调水工程实施和规划情况，提出重要河流分水源可用水量。

其次是合理配置水资源。根据流域经济社会发展和水利工程布局现状及发展，适时开展流域水资源综合规划修编，完善流域水资源配置方案；积极推进重要城市总体

规划、工业园区规划、重大产业布局规划水资源论证工作，引导区域经济社会发展和产业布局；建立流域水资源承载能力监测预警机制，对水资源超载区实行有针对性的管控措施；以用水总量指标为刚性约束，建立流域区域用水台账，对达到或超过取用水总量管控指标的流域区域，实施取水许可禁限批。

（四）坚持节水优先，提升流域用水效率

围绕落实《国家节水行动方案》，聚焦打好"节约用水攻坚战"，抓基础、快突破，指导流域内相关省（自治区、直辖市）开展省级"十四五"节约用水规划编制，积极争取长江流域节约用水规划立项；加强相关省（自治区、直辖市）用水定额监督管理，滚动评估用水定额；全面推进流域规划和建设项目节水评价工作，从严叫停节水评价不通过的规划和建设项目；开展县域节水型社会达标建设监督检查，及时发现问题，提出整改措施，督促问题整改；推进重点监控用水户监督管理，督促其完善用水计量设施和建立用水统计管理制度，谋划和推动重点用水户监控信息化建设；引导协调推动水利行业节水机关建设工作；加强节约用水宣传教育，提高节水意识。

（五）强化江河取水管理，完善水资源监测体系

为摸清长江流域取用水工程（设施）现状，规范和加强长江流域取用水管理，2019年2月以来，长江委先行组织开展了长江流域取水工程（设施）核查登记工作，摸清了28.35万个取水工程（设施）基本情况，对流域19省（自治区、直辖市）4159个取水工程（设施）开展现场抽查检查工作；全面完成核查登记任务，以及长江流域取水工程（设施）基础信息的建库立档和"水利一张图"取水工程（设施）专题制作。下一步，要加强对问题整改情况的跟踪指导，规范水资源开发利用行为。

聚焦取水许可、延续取水审批和取水许可证核发三个重点事项，试点推行取水许可审批"告知承诺"制度，逐步实现延续取水跑零次审批，探索开展取水设施自验收；积极促进审批服务体制创新与"互联网＋"深度融合，引领指导流域取水许可审批"放管服"改革向纵深推进，全面推行长江流域取水许可证电子证照管理工作；结合相关法律法规和政策性文件规定和《长江经济带发展负面清单指南（试行）》，积极推动出台长江流域取水许可禁限批的指导意见，提出落实取水禁止批复的事项、限制批复时限及限制条件。

按照"要在监测体系上实现快突破"的工作思路，以提升河流控制断面、重点取水口、重要饮用水水源地和水生态监测能力为重点，逐步建设和完善长江流域重要河流水资源监测体系；抓紧推进成立长江流域水生态监测中心，完善长江流域水生态监测站网体系，开展重点区域的水生态监测；以"水利一张图"为基础平台，建立长江

流域水资源管理一张图，实现流域水资源管理对象、管理指标、管理行为的汇集、分析、展现，为水资源综合管理提供信息与决策支撑。

五、结　语

把水资源作为最大的刚性约束是对水资源管理提出的一项综合性要求，涉及水资源管理的各个方面，事关流域的水安全保障。流域管理机构需要协同相关行业主管部门、相关省市、重要水利工程运行管理单位、重要取用水户，形成合力，扎实推进水资源管理工作，强化监督检查和执法力度，为长江流域生态保护和高质量发展提供水资源支撑。

参考文献

［1］ 杨谦，许继军.控源头　强监管　努力开创长江流域水资源管理新局面［J］.中国水利，2019（17）：33-34.
［2］ 许秀贞，李斐，刘扬扬.长江流域水资源利用现状及保护措施探讨［J］.人民长江，2013，44（10）：101-104.
［3］ 吴桂炀，陈杰，陈启会，等.金沙江流域近50年气象水文干旱时空变化特征［J］.人民长江，2019，50（11）：84-90.
［4］ 钮新强.洞庭湖综合治理方案探讨［J］.水力发电学报，2016，35（1）：1-7.
［5］ 邢子强，黄火键，袁勇，等.湖泊分类体系及综合分区研究与展望［J］.人民长江，2019，50（9）：13-19.
［6］ 梁书民，Richard Greene，朱立志，等.全球大型跨流域调水工程及水资源农业开发潜力［J］.水资源与水工程学报，2019，30（5）：236-246.
［7］ 纪平.让每条河流都成为造福人民的幸福河［J］.中国水利，2019（20）：1.
［8］ 张建云.流域生态修复实践与认识［J］.中国水利，2019（22）：11-13.
［9］ 回建.实施流域一体化综合治理　带动区域化协同发展［J］.中国水利，2019（22）：6-7.
［10］ 戴昌军.汉江流域实行最严格水资源管理制度探索与实践［J］.人民长江，2018，49（18）：10-14.
［11］ 张金华，曾凡林，舒凯，等.汉江梯级水库调度系统改造设计及应用［J］.人民长江，2019，50（10）：229-234.
［12］ 涂敏，易燃.长江流域生态流量管理实践及建议［J］.中国水利，2019（17）：64-66，61.

浅谈水利企业创新体制机制建设　强化水利行业监管

——以汉江集团为例

吴　娟

汉江水利水电（集团）有限责任公司

2017 年 10 月 18 日，习近平总书记在党的十九大报告中首次提出"三大攻坚战"的新表述，指出：要坚决打好防范化解重大风险、精准脱贫、污染防治的攻坚战，使全面建成小康社会得到人民认可、经得起历史检验。

2018 年国务院政府工作报告要求："抓好决胜全面建成小康社会三大攻坚战。要分别提出工作思路和具体举措，排出时间表、路线图、优先序，确保风险隐患得到有效控制，确保脱贫攻坚任务全面完成，确保生态环境质量总体改善。"中国面临三大攻坚战中，风险防控是第一位的，金融风险防控是重中之重，其中企业债务风险防控又是金融风险防控攻坚战的重要环节。因此，加强国有企业资产负债约束是打好防范化解重大风险攻坚战的重要举措。

去杠杆、降负债是加强国有企业资产负债约束的形象说法。去杠杆主要是指去"财务杠杆"，"财务杠杆"是指企业在制定资本结构决策时对债务筹资的利用，在筹资中适当举债，调整资本结构给企业带来额外收益。因而财务杠杆又可称为融资杠杆、资本杠杆或者负债经营。当企业负债经营时，用较小的权益资产支持起了比较大的经营规模，由此产生"杠杆效应"这一比喻。

去杠杆、降负债就是要进一步的加大清理不良资产，严控两金，严控高风险的业务，严控债务投资，努力止血。同时还要通过资本市场，扩大股权融资，引入各类资本，开展混合制改革、股权多元化改革等市场化方式来补血。此外，推进瘦身健体提质增效，提升管理水平和资金使用效率，提高价值创造能力，不断增加经营积累，提升造血机能才能保证企业实现良性循环。本文以汉江集团公司为例，总结本企业在补短板、强监管中加强资产负债约束工作方面所做的实际工作及有益的探索。

一、汉江集团公司基本情况

汉江集团公司（水利部丹江口水利枢纽管理局）是丹江口水利枢纽的建设运行管

理单位,始建于 1958 年,1973 年全部建成,1978 年设立丹江口水利枢纽管理局,1996 年改制为汉江水利水电(集团)有限责任公司,1999 年中央党政机关与直属企业脱钩时,考虑到丹江口水利枢纽承担的防洪、水资源调配等重要公益性职能,经国务院领导同意,中央企业脱钩工作小组批复,水利部将汉江集团公司交由长江水利委员会管理。

汉江集团公司管理的丹江口水利枢纽是治理开发汉江的关键性工程,也是南水北调中线水源工程。枢纽建成以来发挥了巨大的社会效益和经济效益,累计拦蓄入库洪峰流量大于 1 万 m^3/s 以上的洪水 92 次,避免了 12 次下游民垸分洪和 34 次杜家台滞洪区分洪,减免损失达 620 亿元;累计向湖北、河南两省灌区供水 360 亿 m^3,累计灌溉面积 4160 多万亩;累计发电量达 1711 亿 kW·h,为鄂豫两省的工业、农业及经济社会发展提供了有力支撑。南水北调中线通水以来累计向北方供水超 234 亿 m^3,各项水质指标稳定达标,惠及京、津、冀、豫 4 省(直辖市)19 座大中城市和 5300 多万北方居民。近年来多次实施汉江中下游生态应急调度,有效消除汉江水华现象,改善鱼类繁殖条件;多次向中线工程受水区实施生态补水和华北地下水超采试点河段补水共计超过 20 亿 m^3,大幅改善沿线河湖、湿地以及白洋淀水生态环境,向华北地区进行生态补水已成为南水北调中线工程的一项重要任务。

汉江集团产业由水电产业、工业产业和服务产业三大板块构成,主要分布于湖北、河南、陕西、山西、山东、江苏、广西等地。水电产业以汉江流域水电开发为主,在汉江流域开发丹江口、王甫洲、潘口、孤山等 8 座水电站,在广西珠江流域参股开发大藤峡水利枢纽,集团已建、在建水电站总装机容量 372.9 万 kW,权益装机容量 165.14 万 kW;供水业务主要包括南水北调中线供水和襄阳引丹灌区供水。工业产业包括铝业和电化业务,铝业有电解铝及深加工,已基本形成完整产业链,年产碳素 20 万吨、电解铝 5 万吨、铝箔坯料 5 万吨、双零铝箔 3.5 万吨;电化产品年产电石 25 万吨、碳化硅产品 1.8 万吨,多种工业产品销往一带一路国家。服务产业主要涉及房地产开发与经营、水利水电工程建设与管理、招标代理、工程监理、水利旅游、服务餐饮等领域,年开发房地产 10 万 km^3。

汉江集团公司并表范围内有 30 家全资及控股企业,其中水力发电企业 7 家、工业企业 7 家、服务类企业 16 家。

二、汉江集团公司加强国有企业资产负债约束工作的主要措施

汉江集团公司按照国企改革"完善治理、强化激励、突出主业、提高效率"十六字方针和水利部强化企业监管要求,围绕水利部、长江委关于加强事业单位投资企业

监督管理的总体部署，强化监督，防范风险，通过调整投资层级、整合重组、产权转让或解散等方式清理低效资产、精简管理层级、剥离社会职能等，不断健全国有资产管理体制和市场化经营机制，强化高质量发展，持续提升资产盈利能力、抗风险能力和综合竞争力，确保国有资产实现保值增值。

（一）完善监管体制

汉江集团公司建立了董事会、监事会、党委、经理层相互监督和制约的法人治理结构，各司其职、运作规范。董事会在企业发展战略和中长期规划、重大组织结构调整和人事问题、经济改革和政策、重大投融资活动和建设项目等方面行使决策权；监事会履行对董事会、经理层的监督职责；经理层全面贯彻落实董事会决议，负责企业的生产经营管理活动。公司党委在重大决策中充分发挥把方向、管大局、保落实的领导核心和政治核心作用，支持董事会、监事会、经理层依法行使职权；充分发挥职代会作用，促进科学民主决策，维护职工权益。

在对各子公司的管理上，注重规范母子公司管理体制，加强内控管理。通过委派董事、监事、财务总监等方式，参与子公司管理监督，行使出资人的重大决策、投资收益等权利。

（二）健全监管机制

集团公司建立完善了"三重一大"决策制度，作为出资人对各子公司上报应由股东决策事项进行决策，对各子公司报告的重要事项进行审核监督；通过建立产权代表报告制度，确定相关企业的产权代表报告人和报告事项，对全资、控股和参股子公司实施监督管理；通过年度绩效考核和领导班子考核加强对各子公司绩效管理和评价。

（三）加强制度建设

从战略、财务、市场、运营、法律等方面建立健全各项制度，制定并印发了《汉江集团公司贯彻落实"三重一大"决策制度实施办法（试行）》《关于加强"三重一大"决策制度建设的通知》《董事会议事规则》《监事会议事规则》《总经理办公会议事规则》《党委常委会议事规则》《机关工作规则》《全面风险管理办法》《招标投标管理办法》《投资管理办法》《综合计划管理办法（暂行）》《大额资金支付管理办法》《贷款业务管理办法》《职工违纪违规行为处分规定（试行）》等各项制度和办法，为各项工作提供了规范指引。

（四）落实监管措施

高度重视并全面加强风险管理。建立了全面风险防控体系，设立了董事会审计与风险管理委员会，并明确了专责风险管理部门，每年提交集团公司风险评价报告、对专项工作开展风险评价、对项目开展后评价，持续提升风险防范能力和管理水平，确保集团安全稳健运行。

严格执行重大事项报告制度。严格遵守水利部、长江委加强事业单位投资企业监督管理有关规定，对各子公司上报事项科学决策，对需报长江委审批、水利部审核备案的事项按程序及时上报。2015—2019 年 7 月期间，共计上报长江委各类事项59 项。

三、汉江集团公司加强国有企业资产负债约束工作的具体工作

（一）加强红线控制及日常监管

汉江集团公司高度重视国家及水利部、长江委关于资产负债约束工作的各项要求，针对下属各家企业的行业情况、经营状况、发展水平、发展阶段、高负债率成因及资产负债约束考核目标、考核时间节点要求，通过有效盘活存量资产、增强内源性资本积累能力、实施内部资源整合、增加资本积累、引入战略投资者、债转股、产权转让等多方式研究优化企业负债结构，认真制定"一企一策"措施，按照向长江委报送了相关文件。

为严格防控集团整体风险、降低资产负债率，汉江集团公司董事会 2015 年 1 月即确定了把控"三条红线"原则。在工作中严格落实"三条红线"把控原则，开展并落实了以下工作举措：

一是加强日常经营管理，严格落实"三重一大"决策要求，严格落实水利部、长江委事业单位投资企业监管要求，对于发生子企业合并分立、产权转让、上市发债、再投资新办企业、其他重大投资、大额担保、申请破产等重大事项，均在履行内部决策程序后按要求上报。

二是围绕集团发展战略，每五年编制发展规划并动态调整；科学合理制订集团及各单位年度生产经营目标，通过月度、季度运营分析、半年度预算调整、年度绩效考核等形式，全面把握预算执行情况，加强预算全程管控，及时采取措施提质增效。

三是通过资金结算中心进行资金集中管控，通过编制年度、半年度、5 年滚动资金计划，系统掌握集团资金状况，量入为出，统筹谋划全局工作；通过编制月度资金计划并考核通报，加强全集团资金过程控制。

四是对工业企业每季度进行营运资金动态核定与通报，对子公司核定资产负债率、应收账款回收率、偿还借款等指标，纳入年度绩效考核体系进行考核，促进各单位建

立营运资金齐抓共管长效机制，加强债权债务清理，加速资金回笼，促进资金良性循环，改善资产负债结构，降低资产负债率。

（二）积极开展内部资源整合

深入开展集团内部资源整合，实行专业化规模化运营，发挥协同效应，提升经营效益。近几年重组原物业公司、原物贸公司，成立地产公司进行房地产开发；重组原铁合金公司、原电石厂、金家湾电石项目，成立电化公司，统一电石产品生产经营；实施小水电公司与丹江电厂检修业务整合、地产公司和博远置业公司加油站整合、集团公司旅游业务整合，结合"三供一业"工作部署，整合了集团各单位在丹物业资产，建立集团租赁性资产交易管理平台。这些重组整合工作优化了资产配置，强化了经营协同，提高专业化经营管理水平和市场竞争力，取得了良好的经济效益。

（三）认真推进分离企业办社会职能工作

按照国家关于分离企业办社会职能要求，集团公司 2009 年与长江工程职业技术学院达成合并办学协议，将丹江口职工大学并入长江工程职业技术学院。同年实施汉江集团中心幼儿园改制，改制后的中心幼儿园成为独立经营、自负盈亏，参与市场竞争的非企业法人实体。2011 年，集团公司与丹江口市政府就汉江中学移交地方政府管理达成协议，人员和资产等整体划转地方政府，纳入地方教育管理体系。2018 年，根据中央关于国有企业办医疗机构深化改革的要求，与国药医疗公司签订合作意向书，经财政部批复，汉江医院整体无偿划转至国药东风医疗健康产业有限公司，目前划转交割工作全部完成。

四、汉江集团公司在资产负债约束工作中存在的困难和问题

（一）制约集团高质量发展的矛盾比较突出

供水持续增长造成发电收益逐年减少。丹江口水库水资源配置战略地位显著提升，南调水超越原有规划功能定位，从北方补充水源变为主要水源，通水 4 年供水需求即达到设计规模，但发电损失没有补偿渠道。2014—2018 年丹江电厂年均发电量 30.03 亿 kW·h，较年设计发电量 38.3 亿 kW·h 年均减少 8.27 亿 kW·h，王甫洲电厂年均减少发电量 1.43 亿 kW·h，发电收入年均分别减少 1.74 亿元和 0.59 亿元。

企业公益性与经营性的矛盾进一步突显，集团作为水库管理单位以防洪、供水为主的公益属性，每年承担公益性支出 6000 多万元。公益性支出没有补偿机制保证。

（二）面临较大的资产负债率考核工作压力

2020 年是水利部考核资产负债约束工作目标的时间节点，时间紧、任务重。现阶段确保母公司及集团资金安全是集团资金工作的重点，汉江集团公司将密切关注国际国内金融形势及货币政策，做好短期及中长期资金滚动分析和预测，储备好各种融资工具，确保集团整体资金链安全。

五、对进一步加强资产负债约束工作的相关建议

不同行业负债的组成和形成的原因各不相同，建议结合行业实际分类开展企业资产负债约束工作，例如房地产企业和水电企业。

因房地产行业实施预售制的特点，房屋竣工交付前产生的预售房款在财务上形成无息负债（即预收账款），这笔预收款项会随着项目竣工交付转化为营业收入。因此考虑房地产行业特点，建议以剔除预收账款后的资产负债率作为考核指标。

水电企业具有投资大，回收期长的特点。新建的水力发电项目存在生产经营初期财务费用负担较重，折旧费用较高，发电收入远不能弥补成本费用等特点，导致资产负债率偏高。建议结合水电企业实际对其资产负债约束制定长期目标。

关于黄河企业补短板、强监管的思考

马广岳　孙　炜

山东黄河河务局经济发展管理局

三十余年来，伴随着国家水利体制改革，山东黄河河务局逐步发展起了几十家企业，这些企业为改善职工生活条件，弥补经费缺口，保持职工队伍稳定以及解决职工子女就业做出了重大贡献。但是，近年来，由于企业管理不规范，再加上企业监管不到位，导致一些企业经营不善，违规违纪案件时有发生，给国家带来较大经济损失，应引起高度重视。

2018 年，水利部提出"水利工程补短板、水利行业强监管"的工作总基调，为今后我国水利改革与发展指明了方向，也为新时期加强山东黄河国有企业监管开拓了新思路。下一步，应认真贯彻落实党的十九大和全国经济工作会议精神以及黄委规范管理、加快发展总体要求，结合实际，综合运用各项监管措施和手段，加快补短板尤其是补齐监管不力的短板，从严强监管，积极探索山东黄河国有企业监管的有效途径，形成有效的监督和处理机制，有效防止国有资本流失，确保国有资本保值和增值。

一、加强企业领导人政治理论和业务知识学习，深化反腐倡廉教育

经常性地对企业领导干部进行以坚定理想信念和遵纪守法为主要内容的反腐倡廉教育，借助现代传媒技术以及羁押场所，利用反面案例及现身说法进行警示教育，使企业领导干部树立正确的世界观、人生观和价值观；制订集体和自学相结合的学习计划，不断完善教育机制，促进企业领导人养成勤奋好学的良好习惯，培养高尚的生活情趣；经常性地开展职业道德教育，增强企业领导人员廉洁从业意识；积极准备，认真筹划，提高民主生活会质量，充分发挥干部群众监督作用，避免走形式、走过场，不断夯实企业领导人廉洁从业的思想道德基础，筑牢拒腐防变的思想道德防线。

二、规范管理，防控风险

目前，企业内部制度还不完善，管理不规范、存在这样和那样的疏漏，有效预防

腐败的措施和办法还不完备，执行上还不够得力。要坚持问题导向，加强企业依法依规管理，把补短板和补漏洞作为着眼点和着力点，通过体制创新与机制创新，建立健全科学完备的内控制度体系和内部监管体系，用完善的制度管权管事管人，并强化制度的执行和落实，提高企业防范和化解风险能力。实行重大事项上报制度、三重一大制度；实行公开办事制度，扩大权力运作的透明度。凡是可以公开的事务，特别是和职工切身利益密切相关的事务，都要公开，以接受群众的监督，让权力在阳光下运行；加强企业审计、财务、人员的业务知识的学习和职业道德建设，提高从业人员法律意识；法人治理结构是现代公司制度的核心。对于公司制企业，要认真学习贯彻《国务院办公厅关于进一步完善国有企业法人治理结构的指导意见》，按照建立现代企业制度和完善公司治理结构的要求，健全股东会、董事会、监事会，形成决策权、执行权、监督权相互制衡的机制。重视股东会的建设，落实股东会对企业拥有最终控制权，以维护国家权益；发挥董事会对公司的发展目标和重大经营活动做出决策，聘任经营者，并对经营者的业绩进行考核和评价的作用，建立集体决策及可追溯个人责任的董事会议事制度。发挥监事会对企业财务和董事、经营者行为的监督作用。在建立现代企业制度和完善公司治理结构的进程中，要注意坚持党管干部原则与董事会依法选择经营管理者相结合，注意借鉴国内外在完善监督机制方面的有益做法和经验，从企业的实际出发，加强调研，创新有效监督管理企业领导人的模式和方法，增强监督实效。总之，通过建立完善的公司法人治理结构，加强对领导人员用权行为的合理制衡与有效约束，促进企业由事实上的"一把手"体制向规范的公司治理结构的转变，使决策更加民主和科学，减少决策失误和违法行为的发生，促进企业稳步健康发展。

三、加强企业监管

监管是经管部门的应有之义。只有强监管，才能及时发现企业存在各种问题和潜在风险，保障企业持续健康发展。各级经管部门是国有资本的出资代表人，行使国有经营性资产监管职能。通过选人的制度化和科学化，加强对企业干部选拔任用全过程的监督，真正把政治思想好，业务能力强，综合素质高的干部提拔到企业领导岗位上来。经管部门要对所属企业上报的重大经济事项进行严格审查，针对所属企业股东会、董事会、监事会以及国有股东代表、董事、监事人员履行职责情况制定专门的考核办法，保证上述机构和人员忠实履行职责；尽快实施会计委派制度，充分发挥审计监督作用，有效杜绝企业经营者腐败、浪费等违法违规行为的发生。随着企业改革力度的加大，企业规模不断扩大，作业区域不断拓宽，母（总）公司对子（分）公司或下属企业管控难度在加大。要强化施工企业资质、项目管理，对重大建设项目进行经常性的巡查督导，创新思维，积极探索运用包括现代信息技术手段在内的施工企业项目部监管方式和方法，以降低监管成本，增强监管实效。要加强对企业重组、改制、破产和国有资本运营各个环节的监督和管理，确保每个环节依法运作，规范透明；要增强制度的执行力，发现企业领导人苗头性问题要及时处理，防微杜渐，以充分发挥制度规范权力运行的作用。

四、合理定位并有效发挥经管局行业监管职能

虽然2002年山东河务局成立了经济发展管理局，并明确其国有资本出资人代表的职责，但其职能并没有真正落实到位，国有资本的收益权、处置权、企业负责人任免权、重大投资决策权仍被各级部门分割，直接影响经管局监管职能的有效发挥。需进一步明确经管局的职能，使其享有资产收益、重大决策和选择管理者的权利，有效行使国有经营性资产监管职能。

五、构 造 多 元 投 资 主 体

山东黄河企业股权结构比较单一，国有股一股独大，公司法人治理结构尚不完善，大多形同虚设，内部人控制严重，未能形成有效的法人治理结构，企业领导人员权力缺乏制约，影响到决策的科学化和民主化。积极探索构造企业多元投资主体的有效途径，如鼓励管理层和职工持股。引导企业间相互参股、相互持股或交换持股，吸引社会资本以及各种所有制的资本参与企业重组和改制，进行股份多元的股份制改革、改造，降低经营风险，提高企业抗风险能力，通过产权的多元化，推进公司法人治理的规范运行。通过由管理层和职工持股，经营管理层持相对较大股份的方式推进企业改制。经营管理层持大股，增强其责任心及其责任感。职工持股，职工既是劳动者又是所有者，职工对企业的关心度提高，调动了职工的积极性。同时，内部职工持股，其利益与企业紧密联系起来，自然形成了职工对经营者的有效监督，约束了经营者的某些行为，这样有利于公司法人治理结构的完善。

六、加大考核力度，严肃考核纪律

结合所属企业实际情况，通过开展广泛的调查研究，建立企业经营业绩考核体系，依据建立的一整套业绩考核办法，对企业制定经营目标完成情况进行全方位的考核，

及时公布考核结果，及时兑现奖惩。完善绩效考核，奖考核结果与收入、干部选用挂钩。对企业绩效考核应采取年度考核与任期考核相结合的原则，年度经营业绩考核和企业负责人利益切实挂钩，能有效地调动经营者的积极性；任期考核与企业负责人利益挂钩，有助于避免经营过程中的短期行为，能促进企业的可持续发展。严格财务纪律，坚决杜绝假账行为，一经发现要严肃处理，以确保考核的严肃性，这也是考核能否起到其应有作用的关键。被考核人员范围要涉及所有领导层以及财务负责人，对于连续两年考核结果不佳的法定代表人，如没有其他特殊的原因，应予以撤换，决不可姑息迁就。对于企业发生经营损失的责任人，经过查证核实和责任认定后，除依据有关规定移送司法机关处理外，要严格按照《国务院办公厅关于建立国有企业违规经营投资责任追究制度的意见》严肃处理。

七、建立有效的企业领导人正向激励机制

目前，各单位普遍存在着企业管理事业化，收入分配制度改革相对落后滞后，激励和约束机制不健全等问题。要加大收入分配制度改革力度，建立企业领导人激励保障机制，实行以岗定薪、岗变薪变，条件成熟的可实行年薪制，企业领导人尤其是高层管理人员激励收益应与设置业绩的指标增长挂钩，同时要着重把握好企业领导人员收入与一般职工收入的差距，避免收入差距过度拉大。高度重视企业领导干部的培养、交流、选拔和任用，对那些在企业作出突出成绩贡献的优秀企业干部，该表彰表彰，该重用的重用，使他们感到在企业工作有奔头，激发他们干事创业的热情，并发挥良好的导向作用。

八、加大企业监督检查力度

不定期下派检查组和巡视组，加强对企业及所属二、三级企业的监督检查。通过单独谈话，检查规章制度，查看运行程序，翻阅会议记录，列席决策会议，座谈听取反映，查阅来信来访，认真分析总结，促进企业领导人员依法守规，按照程序科学决策。加强对重点企业、重点项目的检查，对群众反映强烈的要有针对性地重点查处，中纪委"七不准"要成为考核企业领导干部的重要依据。企业纪检监察机构要积极配合检查组、巡视组及企业监事会，形成合力。注意借鉴国内外在完善监督机制方面的有益做法和经验，从企业的实际出发，加强调研，创新有效监督管理企业领导人的模式和方法，增强监督实效。

九、加强国有经营性资产的信息化管理

加强资产管理信息系统的研究与开发，实现国资监管信息化，在清产核资、资产评估的基础上，以财务和产权监测为核心，完成统一的国资监督管理系统，建设能适时查看的企业资产统计、财务信息查询等子系统，实现省局经管局与山东黄河工程集团公司及其权属企业的资产信息联网，及时反映国有资本经营过程、结果及经营效率等财务信息，强化国有资本营运的过程监控，及时发现和解决问题，提高资本的安全营运和使用效率。

十、加强企业人力资源管理

企业发展的生命力在于创新，创新的核心是人才。目前，人力资本发展已经成为经济社会发展战略的重要组成部分。对企业来说，没有一批具有创新意识和具有较高创新能力的职工队伍，就不可能成为一流的企业。要不拘一格，大胆面向社会广纳贤才。除少数应由出资人管理和应由法定程序产生或更换的企业领导人员外，其余人员应实行公开竞争，择优录取。对高级经营管理人员，要大胆起用能人。要在企业内部发现人才并加强培训，注重培训效果和质量，开阔视野，提高认知水平，为创新奠定知识结构基础。平时要注意系统外人才信息的收集，积极探索建立组织配置与市场化配置相结合的人才选用新机制，逐步实现市场化的选人用人机制，把真正的创新人才吸引到我们的企业中去，为做大做强山东黄河企业提供强有力的人才和智力支持。

十一、加强纪检监察审计队伍建设

当前，黄河各级纪检、监察、审计等机构的监督机制和能力还不能完全适应新时期企业反腐败斗争的需要。各级纪检监察审计人员必须加强自身建设。要认真学习理论、政策和业务知识，切实提高政治素质、业务能力和工作水平。要增强学习的主动性和自觉性，要把学习纪检监察业务与学习经济、法律、科技、文化、哲学、历史等方面知识以及运用网络等信息化技能结合起来，通过不断学习新理论新知识，更新知识结构，拓宽知识领域，丰富知识储备，增强创新能力，提高解决工作中实际问题的能力。要优化知识结构，加强对国有资产监督管理，特别是现代企业制度和企业经营管理、资本运营等知识的学习，积极探索新时期企业纪检监察工作的新途径、新方法。要加强对纪检监察审计人员的教育培训、管理监督和考核激励，培养精通纪检监察业

务和熟悉企业管理的复合型人才。各级党委要高度重视纪检审计队伍建设，加强对纪检监察审计干部的培养、交流、选拔、任用，加强纪检监察审计干部在多种岗位的使用和锻炼。

十二、加强经营管理知识的学习

公司股东代表、董事、监事以及经管部门所有工作人员要潜心学习新知识、新理论，重点学习经济、法律知识以及当前国家、省市有关经济大政方针和政策，学习最新的财务、金融及企业购并、资产重组、资本运作等相关业务知识，以拓宽视野，并将学到的知识运用到国有资本运营管理工作实践，为推进山东黄河经济高质量发展再做新贡献。

参考文献

［1］　陈清泰. 法人治理结构是公司制的核心［J］. 当代经济，2000（11）：6 - 8.

［2］　王杨群. 关于水利部综合事业局经济发展模式的思考［J］. 水利经济，2007，254（1）：69 -70.

浅谈水利行业监管体制机制创新

赵一琦　　时国军

山东黄河河务局菏泽黄河河务局

创新是一个国家兴旺发达的不竭动力。随着水利行业改革的不断深入，现有水利体制和机制已不能完全适应新形势下水利事业发展和水利行业监管的要求。

现行水利体制主要是以行政管理为主，分级、分部门的管理体制，造成"多龙管水"，行政干预多，水资源管理体制不理顺，影响了水资源的合理配置和综合效益的发挥；水权和水资源有偿使用制度不完善，水价形成机制不健全，水价过低，造成水资源大量浪费，供水单位亏损，难以为继；缺乏创新的体制和机制，致使水利管理队伍不稳定，水利科研工作滞后。为此，创新水利体制机制已成为当务之急，当前，应从以下几个方面开展工作。

一、规范行政职能，提高水利监管水平

随着我国水利行业不断发展和水资源费改税工作的不断深化，对政府转变职能、坚持依法行政提出了更高、更迫切的要求。水行政主管部门担负着管理水事的职能，必须适应形势发展的要求，尽快调整工作思路，提高依法行政的能力和水平，实现行政决策和水事管理的法制化。关于水利行业强监管，重点是要搞清楚"监管什么"，解决好"如何监管"的问题。

一是牢固树立水利行业监管理念。"水利行业强监管"作为总基调中的主基调，今后一个时期的水利工作，要以强化行业监督和管理为首要任务，根据节水优先、以水定需原则，在生态方面提出可量化、可操作的指标和清单，建立一套完善的标准规范和制度体系。针对河湖管理中的突出问题，聚焦管好"盛水的盆"和"盆里的水"。以全面推行河长制为抓手，实现河库面貌根本改善。要建立分级监管体系，运用现代化监管手段，通过强有力的监管发现问题，通过严格的问责推动调整人的行为，纠正人的错误行为。

二是增强法制观念，建立完善水利监管的制度体系。按照法律规定的原则和程序决策事情，扩大民主，集中民智，明确监管内容、监管人员、监管方式、监管责任、

处置措施等，使水利监管工作有法可依、有章可循。要更多地将决策上升到法律高度，把水利规划等通过立法的形式确定下来。在建立完善各项法律制度的基础上，狠抓落实，依法行政，依法管理。依法规范社会水事秩序和行政行为。尤其是对现行的水资源费、河道工程维护费、河道采砂费的征收制度以及河道建设项目审批等法律制度，要下大力气狠抓落实。水利行业强监管，要坚持以问题为导向，以整改为目标，以问责为抓手，从法制入手，建立一整套务实高效管用的监管体系，从根本上改变水利行业不敢管不会管、管不了管不好的被动局面。抓好对水利工作全链条的监管，抓好对涉水涉河涉湖行为全方位的监管，抓好对关键环节、重点领域的监管。加快谋划完善一批强监管体制机制，加快推进水利信息化，充分挖掘水利数据，全面提升水利行业管理能力。

三是加强水利工程质量监督的自身建设，完善质量管理体系，按照水利工程质量监督的程序和内容，切实做好水利工程质量监督工作。加强水利部总站的宏观管理，流域机构分站的流域管理，相互协作，做好流域水利工程质量监督工作，推动质量管理水平的整体提升。加强质量监督机构自身建设，建立一个明确的、结构完善的系统性的管理体系，即质量体系。形成较有效的、一体化的技术和管理程序，并以高效、快捷、科学的方式指导监督站内部的各项工作，逐步提高水利工程质量监督管理水平，切实提升水利行业监管能力。把加强监管摆在更加突出的位置，持续发力重点领域监管，提高水利管理效率和效益。

四是切实加强重点领域、重点项目、关键环节监管。发挥"监督一盘棋"优势，以水资源管理、水生态保护、水域岸线管理、水环境治理、水生态修复、水行政执法监管等为重点，强化工程建设、水利资金监管。强化河长制督导，积极推动河长制从"有名"到"有实"、从全面建立到全面见效；强化水资源监管，坚守水资源开发利用控制，用水效率控制和水功能区限制纳污"三条红线"，严格"三条红线"控制指标监管；强化质量与安全监管，严格落实水利工程建设责任主体项目负责人质量终身制，加强对水利工程建设领域违法违规行为的监管。以水库、堤防、饮水安全工程等水利工程为重点，建立完善水利工程运行管理体制机制。

二、创新管理机制，实现水资源可持续利用

随着经济社会的快速发展，水资源供需矛盾越来越突出，要实现水资源的可持续利用、保障经济社会的可持续发展，必须对水资源的开发、利用、保护、管理、节约和污染防治工作等实行统一管理，建立统一、高效、有序的水资源管理体系和水污染防治体系。

习近平总书记"十六字"治水思路中,"节水优先"是排在第一位的,充分说明节约用水将会成为今后一段时期水利行业最重要的工作。节水优先,绝不是简单地减少用水量,而是使节水真正成为水资源开发利用、配置调度的前提,推动用水方式由粗放向节约集约转变。要转变观念,深刻认识到抓节水就等同于建工程,坚持节水优先、以水定需,全面提高用水效率;进一步强化水资源消耗总量控制,推进取水许可清理规范,开展无证取水和取水许可审批不规范等问题集中整治;进一步强化水资源用水效率控制,开展水利行业节水机关、企业、社区、学校创建,推进节水工作取得实效;进一步强化最严格水资源管理考核,强化考核结果运用,抓好问题整改落实,使"坚持节水优先,强化水资源管理"成为社会共识。

水资源管理体制改革,应围绕实现水资源优化配置和可持续利用这两个根本目标,把重点放在配套管理机制的建设上。要逐步建立完善管理机制,真正体现"体制"的优势。一要依照水法建立健全各项相关制度,保障水资源统一管理;二要建立健全相关机制,支撑水资源统一管理;三要调整职能,明确水资源统一管理的职责。

三、健全融资机制,保障资金来源稳定

筹集水利建设资金的关键是要建立起适应形势发展的政府引导与市场调节相结合的水利投融资机制和水价形成机制。政府投入要高中求增,依法收费要强中求足,群众投入要变中求稳,市场融资要活中求多。

一是加大公共财政投入。水利的公益性、社会性决定了它在很大程度上需要依靠公共财政支持。要采取切实的应对措施,保证上级安排的重点水利工程项目配套资金的及时足额到位。要通过制定贴息政策,鼓励个体和集体大胆使用银行贷款搞水利。

二是政策的支持。认真研究新形势下如何实现依法收费足额到位的问题。立足区域实际,找准突破口,争取政府支持,配套完善相关地规,加大征收力度。

三是建立起合理的水价形成机制。要以单个核定供水价格为切入点,加紧推行两部制水价、阶梯式水价和超定额用水累进加价办法,探索实行季节浮动水价。在积极推行新水新价的同时,结合农业供水管理体制改革,加快农业水价改革步伐。

四、创新管理模式,增强水利行业经济支撑

水利经营管理工作是水利工作的重要组成部分。水利经营管理工作贯穿于水资源开发、利用、治理和配置、节约、保护的全过程。改革开放以来,水利经营管理工作取得了明显成效,为社会提供大量产品和服务,为国家创造了大量的税收,提高了职

工收入水平，稳定了职工队伍，壮大了水利行业的经济实力，有力地促进水利工程的良性运行和水管单位的可持续发展，对水利事业的发展起到了极大的保障和推动作用，有效地保证了经济社会的可持续发展。

一是调整供水结构，发展供水产业。城乡供水是水利行业的主导产业，也是水利行业最重要的优势产业。各级水行政主管部门应积极引导水管单位根据市场需求，调整供水结构，开辟城镇供水市场，增大城市工业和生活供水的比例，提高供水效益。要进一步推进供水管理体制改革，为水管单位和供水企业发展创造条件。水管单位和供水企业要切实加强管理，转换经营机制，积极开拓市场。

二是深化体制改革，大力发展农村水电。农村水电是农业、农村现代化的重要条件，是江河治理的重要内容，是加快农村经济发展、增加农民收入、增加财政收入、改善生态环境和实现经济社会可持续发展的重要手段，是各级政府的重要职责。发展农村水电，服务于经济和社会，是水利工作的重要内容，也是立足水利自身优势，开展水利经营的主要领域。应大力发展农村水电及其配套电网，加强水能资源的统一管理，加快水能资源的流域、梯级、滚动、综合开发，提高水资源的综合利用效率。农村水电应适应国家电力工业体制改革要求，不断深化产权制度改革，推进现代企业制度建设，通过股权多元化来获得水利的发展空间。水利产业有稳定的投资回报，应争取在资本市场上融资，扩大经营规模，增强市场竞争能力。

三是开发水利风景资源，发展水利旅游业。随着经济发展和社会进步，人民生活水平的不断提高，旅游将成为今后相当长一个时期内的消费热点。《中华人民共和国国民经济和社会发展第十个五年计划纲要》指出"加大旅游市场促销和新产品开发力度，加强旅游基础设施和配套设施建设，改善服务质量，促进旅游业成为新的经济增长点"。因此，旅游业将在我国国民经济发展中占有重要地位。依托水利行业拥有的大量水利工程所形成的风景资源优势，大力发展水利旅游业，为城乡居民提供丰富的旅游资源和产品，是实现党中央、国务院战略决策的措施之一。各级水行政主管部门应积极引导水管单位，抓住机遇，加快国家级和省级水利风景区的建设，为水利旅游业的快速发展创造基本条件。

四是努力开拓市场，壮大水利施工业。水利建筑施工业是市场关联度很强的行业。应抓住当前国家加大对水利投入的大好机遇，加快壮大水利建筑施工业。各级水行政主管部门要转变观念，加强管理，推动水利建筑施工企业，转换经营机制，增强市场竞争力。应积极引导水利建筑施工企业进行资产重组和股份制改造，组建一批规模大、资质高、信誉好的水利建筑施工集团，逐步实行投资主体多元化和公司制运作，提高市场占有率。

五是依托优势，发展水利渔业和种植业。水利工程具有丰富的水面水域和土地资源，发展水利渔业和种植业具有天然的优势。各级水行政主管部门应为水管单位发展水利渔业和种植业创造良好的外部环境，应积极协调国土资源、林业、水产、科技等部门和当地政府，做好水面水域和土地资源的确权划界与规范管理。应大力推进技术进步，提高水利渔业和种植业的科技含量。

五、紧抓预防监督，加快水土流失治理步伐

中华人民共和国成立以来，水土保持工作的开展经历了"认识—实践—再认识—再实践"的过程，进入 20 世纪 90 年代以后，水土保持工作出现了一个崭新的、具有时代特点的治理阶段。随着农村经济体制改革的深化，水土保持工作也在改革中发展，把小流域既当成治理水土流失的基本单元，又当成合理开发利用自然资源的经济单元，从理论和实践上把治理与开发融为一体，把治理水土流失与治穷致富融为一体，把防治并重的方针转为预防为主，这是水土保持工作在观念上和基本思想上的大转变，也是水土保持工作改革上的重要成果。为了加快水土流失治理步伐，《中华人民共和国水土保持法》颁布实施后，国务院相继发布了《关于加强水土保持工作》的通知和《中华人民共和国水土保持法实施条例》，将水土保持工作作为必须长期坚持的一项基本国策，实行地方人民政府的防治目标责任制，这充分说明在深化改革开放的新形势下，在大力发展社会主义市场经济中水土保持工作的重要性和紧迫性，也充分体现了党和国家对水土保持工作的高度重视。随着水土保持法规的不断完善和全民水保意识的提高，必须更进一步地抓好预防监督工作，使预防为主的方针得到切实的贯彻落实，真正起到保护治理成果和防止人为水土流失的作用。

预防监督是搞好水土保持工作的前提，要搞好水土保持工作，首先要切实贯彻落实预防为主的方针，宁可少投入治理也要加强预防监督工作，变被动治理为主动预防；反之，待形成水土保持后再被动治理，必然阻碍当地经济的发展，危及人类的生存。水土保持包括预防和治理两大部分，两者缺一不可，只重视其中一方面，就不是完整的水土保持。国家以几十年来的水土保持工作经验和教训，总结并颁布了《中华人民共和国水土保持法》，与国务院 1982 年颁布的《中华人民共和国水土保持工作条例》相比，最大的不同就是在于水土保持工作方针由"防治并重"转变为"预防产主"。这是历史性的根本转变，这就充分体现了预防监督在水土保持工作中所处的地位和作用。因此，在水土保持工作中必须加大法制宣传和法治建设力度，紧紧围绕"防"字做文章，把全面贯彻实施水土保持法摆在首位，积极开展预防监督工作，坚持"三个面向"和"四个结合"，抓好"三权"，依法保护水土资源。

预防监督是提高全民水土保持意识和法律意识的一个重要手段。随着《中华人民

共和国水土保持法》的出台，标志着我国水土保持事业开始走上了法治化的轨道，国家将水土保持工作实行预防为主的方针用法律的形式固定下来，从中可以看出《中华人民共和国水土保持法》有一个明显区别于其他法律的特征，即其重点不在于资源的开发和利用，而在于资源的保护，并针对生产和建设活动中可能产生破坏水土资源的行为作出了要求生产建设者必须采取水土保持措施的规范性规定，这也决定了水土保持工作的重点是预防监督执法。《中华人民共和国水土保持法》颁布以来，各级都把宣传贯彻水土保持法作为监督执法的工作重点，利用不同形式、通过各种渠道开展了多层次、全方位的宣传活动，使全社会的水土保持意识有了很大提高，只要我们坚持不懈地做好深入细致的宣传工作，进一步加强和完善监督执法体系建设，并积极开展好监督执法工作，以预防为主的水土保持方针一定能在全面得到贯彻落实。

预防监督是综合防治措施的一个重要组成部分。目前，黄河上中游水土流失严重的局面还没有根本改变，水土流失地区的生态环境仍很脆弱，人民生活贫困。大量泥沙随洪水排入黄河，不仅使中上游的肥沃土壤不断流失，而且加重了下游河道的淤积。因此，水土保持工作仍是一项长期而艰巨的任务，当前存在的主要问题有：一是投入严重不足，治理度慢。粗泥沙来源区土壤侵蚀极其严重，生态环境恶劣，人民生活条件很差，从治黄需要及当地群众脱贫致富的迫切要求考虑，均应重点加强治理。这些地区近期将大规模开发建设能源重化工基地，防治任务更为紧迫。对于治沟骨干工程，国家需加大投资力度，才能在较短时间内取得明显的效果。二是治理程度比较低，标准不高，管护薄弱黄河流域水土流失区治理程度只有 1/3 左右，严重流失区的治理程度只有 20% 左右。而且相当一部分治理措施的标准不高，质量差，措施不配套。已完成的各项治理措施，管理养护工作跟不上，政策也不配套。随着人口增长和建设用地增多，防治水土流失的任务仍然十分艰巨。三是边治理、边破坏的问题还没有解决。由于大面积毁林开荒和在开发建设中不注意水土保持，黄河流域又新增了一些水土流失面积。虽然这几年来在预防监督方面做了大量工作，取得了一定成绩，但党政军没有从根本上解决边治理、边破坏问题，这是今后的一项艰巨任务。

预防监督是巩固和搞好水土保持工作的唯一途径。水土流失防治过程中不抓好预防监督工作，水土流失将治不胜治，只有真正把水土保持工作纳入依法保护和依法治理的轨道，加强宣传教育，提高全社会的水保意识，以预防监督促进和巩固水土保持治理成果，才能从根本上扭转破坏大于治理的恶性局面。

六、结　　语

当务之急，要建立好水利监管体制和机制的创新：一是创新体制建设，为保证持续创新和高效创新提供组织保障。这种体制，要有利于综合各方面信息，有利于集中各方面的智慧，有利于推进决策的化和民主化。二是创新机制建设，营造人人想创新、议创新、搞创新的大好局面。在工作中，应把鼓励创新、引导创新与改革和完善用人制度和分配制度、考核评比制度结合起来。建立激励机制，对于在政策、战略研究、体制机制和科研技术前沿领域勇于创新并做出突出贡献的单位和个人，给予重奖，大力宣传，形成全员搞创新的新局面。

新时代补齐基层治黄队伍建设短板的思考

——以聊城黄河河务局为例

刁丽丽

山东黄河河务局聊城黄河河务局

中国特色社会主义进入新时代,水利事业发展也进入了新时代,水利部准确把握当前水利改革发展所处的历史方位,清醒认识治水主要矛盾的深刻变化,加快转变治水思路和方式,"水利工程补短板、水利行业强监管"成为当前和今后一个时期水利改革发展的总基调。

面对新的历史方位、新的治水矛盾和新的治水思路,破解我国新老水问题,适应治水主要矛盾变化必须依靠"水利行业强监管"来调整人的行为、纠正人的错误行为,促进人与自然和谐发展;而作为行业发展的基石的水利人才队伍"不够用、不适用、不被用"也已成为明显短板。所以补齐水利行业自身发展的人才短板,主动适应强监管的新形势都应该紧紧围绕"人"这一核心要素,也给黄河基层单位人才队伍建设提出了新的挑战。

一、黄河基层单位人才队伍建设存在的问题

黄河基层单位是黄河治理开发的最前沿,担负着防汛抢险、工程建设与管理、水行政执法等治理开发任务,职工队伍素质直接关系到方针政策落实和治黄事业的发展。近年来,聊城河务局通过公务员招考、事业单位招聘和211高校人才引进等方式引进人才以及开展继续教育、岗位培训、技能比武竞赛等措施,人才队伍建设取得了一定的成绩,基本能够适应治黄工作的需要。但面临新的治黄形势和新时期治水工作总基调,一些突出问题也亟待解决。

(一)人才综合素质偏低,高层次人才不足

1. 学历层次整体偏低

聊城河务局现有在职职工590人,其中具有全日制本科学历的130人,占22.03%,且大都为近几年新招录人员;985、211等重点高校毕业生21人,仅占

3.56%；研究生以上学历 24 人，仅占 4.07%，人才学历层次整体偏低，高层次优秀人才尤为缺乏。

2. 专业技术人员专业结构不合理

现有专业技术职称人员 383 人，其中正高级 7 人，占专业技术人员总数的 1.83%；副高级 96 人，中级 131 人，初级及以下 149 人。其中水利、经济等专业技术人员占全部专业技术人员总数的 78.59%，财务以及其他工程类专业技术人员远远不能满足需要。

3. 技能型人员不足

现有技能型人才 287 人，其中：高级技师 10 人，占 3.48%；技师 64 人，占 22.30%；高级工 117 人，占 40.77%；中级工 67 人，占 23.34%；初级工及以下 29 人，占 10.11%。人员总量不足，高技能人才缺乏，而且现有技能人才多是退役军人安置，补充渠道比较单一。随着国家退役军人安置政策的调整，技能人才补充渠道越来越狭窄，尤其是河道修防工、闸门运行工等水利特有工种难以得到有效补充。近几年由于黄河没有面临大水考验，年轻的技术工人缺少实战经验，人才的断层影响了"黄河埽工"等防汛抢险技术的传承。

（二）人才队伍比例失衡，结构性矛盾突出

1. 人才队伍老化，年龄结构失衡

聊城河务局现有干部职工平均年龄为 39.74 岁，而且呈上升趋势；从年龄段上看，35 岁以下的共 251 人，占 42.54%；36～40 岁的共 67 人，占 11.36%；41～49 岁的共 120 人，占 20.34%；50～55 岁的共 98 人，占 16.61%；56 岁以上的共 54 人，占 9.15%。50 岁以上人数接近三成，人员总体老化较为严重。

2. 干部梯次结构失衡，后备干部断档

全局现有干部 330 人，平均年龄 38.55 岁，其中正处级干部 2 人，平均年龄 47 岁；副处级干部 12 人，平均年龄 50.92 岁；正科级干部 81 人，平均年龄 50.57 岁；副科级干部 61 人，平均年龄 45.05 岁；科员及以下干部 174 人，平均年龄 30.30 岁。尚没有形成梯次配备，这种年龄结构无法实现干部正常交替，事业后继乏人。且 50 岁以上干部较为集中，按照现行政策 10 年后将出现的"集中退休期"将是不得不面临的问题。年轻干部偏少也表现得尤为突出，35～45 岁的干部出现"青黄不接"的断层现象。

（三）内部人才培养和使用活力不够

1. 编制及岗位设置僵化

我局现有参照公务员法管理人员编制 116 人，事业人员编制 484 人，企业定员 169

人。由于受机构配置、人员定编定岗等方面的限制没有及时根据治黄形势的变化而调整，原有的编制及岗位设置已不能适应新的形势，难以做到人岗相适、岗责相适，也一定程度上影响了治黄事业的发展。

2. 综合性人才培养力度不足

由于治黄事业涉及防汛抗旱、水政执法、工程施工、防洪工程运行管理、水资源调度及供水生产、财务及经济管理、水利信息化等多个方面，需要运用经济、法律、管理以及技术等手段系统综合治理。因此不仅需要具备水利工程专业的教育背景或者相应的专业技术能力，还需要掌握一定的管理学、经济学、信息技术等方面的知识，这种综合性专业技术人才寥寥无几。

3. 干劲不足，思想不够解放

部分职工对新时代水利改革发展所处的历史方位、主要矛盾深刻变化和治水思路和方式认识不足，意识仍旧停留在传统水利上，思想不够解放。这导致难以把握时代发展需要，缺乏前瞻性与创造性，从而对自身要求不高，工作难以积极主动，工作方法也会过于保守，驻足在过去的发展路径上。

4. 人才流动不畅，流失严重

黄河基层单位情况较为复杂，单位性质涉及事业和企业，人员更是分为参公管理人员、事业人员、企业人员。由于体制障碍，市局与县局、县局与管理段上下级之间，各种身份岗位之间流动不畅，致使难以才尽其用。由于近几年被招录的大学生大都到基层的县局和管理段，流动不畅导致其上升空间有限也导致了部分招录人员流失，2010—2017年间共招录公务员41人，事业单位公开招聘毕业生76人、重点高校现场招聘3人、所属企业招聘大学毕业生13人，共计133人。其中已流失22人，流失率达17%。

二、存在问题原因分析

（一）政策法规原因

黄河基层单位参照《中华人民共和国公务员法》管理以后，受《中华人民共和国公务员法》等法律法规的刚性约束，其管理更加严格。公务员、事业、企业等不同身份人员的管理制度都不尽相同，加之基层单位处于层次末端，一些政策红利难以享受，使其受诸如编制、身份等因素的限制，不同单位之间、不同岗位之间交流比较困难，不利于人才的培养使用。人才的流动不畅也使部分岗位空缺而无法及时得到补充，影响干部的成长，不利于人才队伍的梯级培养。同时，职工队伍出口不畅，黄河基层单位保障机制与社会保障机制还没完全对接，给自谋职业增加了难度，而且受"铁饭碗"思想影响，黄河基层人员一入黄河就不敢出；领导干部退出方式单一，上升交流渠道少，往往占用编制和岗位直至退休，无法补充新人，长此以往导致人才队伍的老化和结构性失衡。

（二）选人用人机制尚不完善

黄河基层单位属于行政事业单位，人员招考都由上级人事部门的批准和组织实施，基本上没有决定权，难以通过统一招考招聘到急缺人才。在机关事业单位"论资排辈、平衡照顾"的做法仍不同程度的存在，年轻干部由于受到资历、辈分的限制，往往置于晋升的后续梯队。"隐形台阶"的出现导致一些能力突出但资历尚浅的年轻干部难以脱颖而出，一定程度上制约了优秀年轻干部成长前进的步伐，长此以往加剧了人才队伍的老化和结构性失衡。

（三）缺乏有效的激励机制

由于机关事业单位管理体制的原因，目前依然存在平均主义，个人收入与实际工作能力和工作付出之间的关系不大，使得干部职工缺乏学习和工作的激情。选拔、任用、考核干部缺乏科学的定性指标，对不同岗位、不同职务的干部没有科学的衡量尺度，或者建立的考核机制没有严格执行，约束性不强，造成"干多干少一个样"等问题的存在，势必挫伤干部职工干事创业的积极性。

（四）城市对乡村的虹吸作用

黄河基层单位多是沿河、沿堤而建，地理位置较为偏僻，经济发展水平不高。受经济、交通等客观条件的影响，工作条件相对较差，即使近年来实施了基层饮水工程、危房改建工程、星级段所建设等使条件大为改善，但由于城乡差距较大仍有不少人员选择离职去城市发展。

三、对　策　与　建　议

（一）构建优秀干部脱颖而出机制

1. 公开选拔和竞争上岗

怎样才能被界定为优秀，应完善选拔机制，若不公平公开，会让人产生"暗箱操作"的联想，难以获得群众认可；但若完全让群众自由参与，实行民主推荐，可能会让善于搞感情投资，长袖善舞的人钻空子，而一门心思干事创业的"老实人"却很难脱颖而出。如果真正想把优秀干部选出来，就要提供公开、公平、公正的平台——公开选拔和竞争上岗。所谓公平公正，重点是要创新考试的内容和方法，科学设置考试内容，可结合岗位实际，紧贴行业特点，"干什么考什么"，让干得好的考得好，考出干部的实际能力水平。为拦住"高分低能"者，必须运用岗位经验，加上分析和解决问题的能力才能取得好成绩，这样可以有效解决公选考试中存在的理论知识与实际能力脱节问题，真正做到人岗相适，人尽其才。

2. 利用搭建的平台发现和储备优秀年轻干部

近年来黄委相继举办了水政、财务、人劳、办公室、纪检等业务知识竞赛，这也是探索建立人才选拔培养新机制，发现和选拔优秀人才的一种途径。借助这些平台选拔出来的干部更令人信服，可以制定激励机制：对成绩优异者，在干部选拔任用时，同等条件下优先任用并作为任职的重要参考。既有助于青年职工的学习业务，营造浓厚学习氛围，又有利于探索人才选拔培养新机制，优化优秀人才成长路径。

（二）加快技能人才队伍建设步伐

1. 广泛开展"师带徒"活动，发挥好高技能人才的引领作用和"传帮带"作用

根据治黄事业发展目标，以提升职业能力为核心，努力培养造就一支结构合理、技能精湛、职业素质优良的技能人才队伍，为事业发展提供有力的技能人才支撑。要重视载体建设，积极申请建立山东省技师工作站、山东省劳模（高技能人才）创新工作室，为高技能人才培养搭建平台。

2. 建议通过适当扩大技能人才的补充渠道

目前，山东探索从优秀工人中考录基层公务员，允许高级技工学校（技师学院）高级班毕业生报考乡镇公务员。可以参照其试点经验，通过加大招聘专科院校和职业技术院校学生等途径补充一线技能人才队伍，优化技能人才队伍结构。有针对性地制定培养目标和措施，积极为他们参加培训、竞赛和参与技术革新等创造条件，给予鼓励和支持。

（三）政策的红利激发基层活力

1. 落实工资福利政策，真正实现待遇留人

"工资和福利待遇低"是基层人才流失的重要因素，基层条件艰苦，工作和生活品质自然不如城市，想要留住人才就要提高基层的待遇水平，以补偿艰苦环境造成的损失。所以工资待遇要有鲜明的基层导向，即将实行的公务员职务与职级并行，一个重

要意义就是解决基层机关领导岗位不足、留不住人才的问题，这对基层的河务部门有着重要的意义。还要积极争取乡镇工作人员补贴等地方政策，保持黄河基层单位待遇在与当地同类人员的基本平衡。

2. 让基层工作经历成"硬杠杠"

近年来，国家有计划地组织中央机关公开遴选和公开选调公务员工作，注重基层经历是公开遴选的一个鲜明导向。要把黄河的事情办好，就要俯下身子，扎根基层，深入一线去了解黄河、探索黄河，基层是一个培养和锻炼人的平台。要有计划地组织机关单位没有基层工作经历的青年干部去基层交流，拓宽干部交流渠道，丰富基层工作经历，加快年轻干部培养步伐，全面提升干部队伍的综合素质和领导能力。对已经有基层工作经历的年轻干部，把握好干部提拔的"黄金时期"，可大胆放到关键岗位任职。将基层工作经历作为干部选拔的必要条件，让干部职工乐意去基层，主动服务基层，通过在一线的交流锻炼，深入了解基层现状，丰富基层工作经验，在实践中提高应对和解决负责问题的能力。

（四）建立和工资待遇相挂钩的激励机制

机关事业单位中，"大锅饭"现象仍不同程度地存在，在很大程度上打击干部职工干事创业的激情和积极性。要想从根本上扭转这一局面，解决的根本途径还是建立和工资待遇相挂钩的激励机制。由于人员的管理体制有所不同，应该根据实际情况分类施策。

1. 职级并行打破参公人员晋升天花板

参公人员提高工资福利待遇的途径主要是职务的晋升，然而毕竟"僧多粥少"，能晋升职务的毕竟是少数。2019年新修订实施的《中华人民共和国公务员法》施行职级并行政策，打破目前的职务决定待遇局面，为公务员开辟了一条上升渠道。目前参公非领导职务人员职级转套入轨工作已经完成，下一步将对符合职级晋升条件的参公人员开展首次晋升工作，按目前的政策看职级职数一般按照各机关分别核定，不同的职级职数都有比例限制，因此并不是所有符合晋升职级条件的人员都能得到晋升，怎样晋升，设置什么条件，怎样起到激励作用，恐怕是组织部门亟待解决的问题。但在这过程中坚持"注重实绩，兼顾资历"，根据工作需要、德才表现、职责轻重、工作实绩和资历等因素综合考虑，注重优先晋升敢于担当作为，敢于攻坚克难，成绩突出的干部；注重优先晋升长期立足本职，安心工作，默默奉献，"老黄牛"式的干部；注重优先晋升在援藏、援疆、援青以及脱贫攻坚等基层实践锻炼中表现优秀、业绩显著的干部则是必须要鲜明彰显的用人导向。

2. 对事业单位绩效工资改革激发活力

目前，黄河基层单位已经进行了岗位设置管理和工资绩效改革，各岗位层级岗位数也有比例限制，因此也并非每个取得专业技术资格人员都能聘任，怎样聘任，合同到期后如何进行岗位调整，都可以设置激励机制。绩效工资制度改革，就是为了有效地净化和规范事业单位收入分配秩序，将职工的收入与其岗位职责、工作业绩和实际贡献相联系，充分发挥绩效工资分配的激励作用，有效解决干多干少、干好干坏一个样的问题。但因为绩效工资政策落地时间较短以及新老政策的衔接问题，当前仅仅为入轨阶段，考核考评体系建设仍然滞后，没有制定科学的绩效考核指标和考核标准，指标体系区分度不高，大多为共性的标准，考核与岗位职责脱节，可操作性不强，激励作用还并未完全显现。充分发挥绩效工资的激励作用，将职工的工作业绩、实际贡献量化出来还将是未来一段时间需要考虑和解决的问题。但其核心就是本着因人而异、量体裁衣的原则对绩效考核办法进一步进行完善，对单位主要负责人、中层、一般人员要有不同的考量标准，岗位类型决定工作难易程度，工作量大小，具体的工作效率要求和质量标准，根据标准兑现的工资，都要量化，真正落实到每一步。同时结合工作作风，思想道德和廉洁自律等进行全方位的考核。

（五）营造"解放思想，干事创业，担当作为"的浓厚氛围

黄河基层单位大多交通不便、信息闭塞，思想不解放已经严重制约着治黄事业的发展。社会主义已经进入新时代，水利事业发展改革已经进入新时代，治黄事业已经进入新时代，如果我们还停留在"身体进入新时代，思想还停在过去时"，不仅难以适应新时代的发展要求，也与"水利工程补短板、水利行业强监管"的新时期治水总基调和"维护黄河健康生命，促进流域人水和谐"的治河思路大相径庭，更会坐失发展良机。要进一步增强工作的主动性和创造力，敏锐地发现和捕捉机遇，务实地抢抓和用好机遇，通过向上下游、左右岸兄弟单位学习找差距，对标当地发展找差距，观摩学习拓思路，深化规范管理，推进加快发展，提升行业工作水平，在有效转化机遇中把我们聊城黄河的优势和潜力最大限度发挥出来，奋力推动聊城黄河发展迈上新台阶。

思路决定出路，方向决定成败。随着治水主要矛盾、水利改革发展形势和任务的变化，人才队伍建设思路必须随之加以调整和转变，以补齐制约自身发展的人才队伍短板，主动适应"水利工程补短板、水利行业强监管"，引导广大黄河基层干部职工想担当、敢担当、会担当，服务于破解水利难题，维护黄河健康生命，促进流域人水和谐。

参考文献

［1］　黄少臻.谈水利人才队伍现状及建设途径［J］.发展研究，2012（7）：126-128.
［2］　郑树芳.对加强水利人才工作的几点认识［J］.河北水利，2007（1）：41.
［3］　王逸珠.把握大局　全面加强水利人才队伍建设［J］.江苏水利，2007（9）：7-11.

规范财务管理　强化资金监管

——淄博黄河河务局规范财务管理经验与做法

武模革　　高香红

山东黄河河务局淄博黄河河务局

近年来，淄博黄河河务局积极践行"节水优先、空间均衡、系统治理、两手发力"的治水思路，深入贯彻落实"水利工程补短板、水利行业强监管"治水总基调，按照"规范管理、加快发展"总要求，坚持依法依规管理、科学管理、民主管理，通过规范管理规避风险和漏洞，促进管理制度和机制创新。2018 年，按照山东黄河河务局党组的统一安排部署，组织开展了规范财务管理、促进单位发展试点工作。通过问题排查、健全制度、监督检查、整改落实和日常管理等措施手段，构建并实施了财务管理"三项工作机制"，规范了财务管理，强化了资金监管，取得了可推广、可借鉴的经验。2019 年该做法在山东黄河河务局推广。

一、工　作　概　况

（一）基本情况

淄博黄河河务局是水利部黄河水利委员会在淄博市的派出机构，负责黄河淄博段的治理开发与管理工作。该局成立于 1990 年，截至 2019 年 6 月底，实有职工 368 人，其中在职职工 181 人，离退休人员 187 人，下辖市局本级、高青黄河河务局、防汛物资储备中心 3 个预算单位，经济局、供水局、服务中心、信息中心 4 个事业单位，有淄博市黄河工程局、淄博瑞诚养护公司 2 个企业单位，机关设办公室、防汛办公室、工务科、财务科等 9 个职能部门。财务管理采取集中与分散相结合的管理模式，市局本级、防汛储备中心、淄博瑞诚养护公司账务由市局财务部门集中核算，高青黄河河务局、淄博市黄河工程局账务由本单位核算。

（二）试点工作概况

2018 年 1 月中旬，按照规范财务管理、促进单位发展（以下简称"规范财务管理"）试点工作安排，及早动手编制规范财务管理试点工作方案，几易其稿，于 3 月 30 日编制完成了规范财务管理试点工作方案。

按照试点工作方案，本着"机关先行、逐步推进"的原则，着手对财务管理中存在的问题进行梳理，坚持以问题为导向，通过"废改立行"的方式建立和完善内控制度。6 月 15 日前，《淄博黄河河务局机关财务管理办法》《淄博黄河河务局机关大额资金管理规定》《淄博黄河河务局机关经济合同管理办法》修订完成并印发实施；6 月 20 日，印发了《关于贯彻落实财务管理"三项工作机制"的实施意见》。局属单位的财务管理内控制度于 8 月上旬全部修订完成。

6 月下旬至 7 月上旬，组织有关人员对局属单位进行了规范财务管理专项检查，对检查中发现的问题录入监督检查工作台账，并向相关单位下发了监督检查意见，督促各单位按要求整改，截至 7 月 20 日，局属单位完成整改落实，并上报了问题整改报告。7 月下旬，山东黄河河务局委托山东和信会计师事务所济南分所对市局本级、防汛物资储备中心、淄博市黄河工程局、淄博瑞诚养护公司进行了规范财务管理专项检查，并下发了检查意见。

9 月，制定了《淄博黄河河务局部门预算前置控制管理规程》《淄博黄河河务局项目预算评审实施细则》和《关于规范企业财务管理促进健康发展的意见》，并对试点工作进行了总结评估，撰写了自评报告，截至 2018 年 9 月底规范财务管理试点工作基本完成。

二、主　要　做　法

（一）全面梳理排查，建立问题整改台账

按照试点工作方案，针对财务管理中存在的问题，市局机关及局属单位进行了拉网式梳理，梳理出来的问题主要有：一是财务管理内控制度体系不够健全，个别制度办法已不适应新时代发展要求；二是大额资金管理、重大经济事项支出有关规定执行不够严密；三是资金资产和政府采购管理不够规范；四是监督检查和问题整改责任不够明确等，共计查出 4 个方面 33 条问题，对梳理出来的问题，建立了问题整改台账。

（二）以问题为导向，建立健全内控制度

坚持以问题和效果导向相统一，从源头入手，分类施策，突出制度的针对性、指导性和实用性，在'精'和'实'上下工夫，建立和完善财务管理内控制度 16 项，其中：新建制度 11 项，修订完善 5 项。新建的制度主要有：一是制定了合同管理办法，

弥补了各单位合同管理方面的空白；二是制定了《淄博黄河河务局部门预算前置控制管理规程》，建立了部门预算前置控制规则，规范了部门预算前置控制流程；三是制定了《淄博黄河河务局项目预算评审实施细则》，建立了部门预算专家审核机制；四是制定了《淄博黄河河务局关于贯彻落实财务管理"三项工作机制"的实施意见》，着力构建并实施财务报销结算审签制、监督检查负责制和问题整改责任制"三项工作机制"。

（三）按照差别化的原则，开展财务管理检查

加强对市局本级和集中核算单位日常报销凭证的审核，重点审查日常报销是否依法依规、是否有年度预算、是否符合单位内控制度等。对高青黄河河务局利用水利财务信息系统强化日常监督检查，加强动态监控，对监控发现的疑点进行沟通协调，将问题消灭在萌芽状态。2018年1—7月实施监控2次，发现疑点问题4条，均进行了解释说明、提供相关资料。对淄博市黄河工程局实行季度检查制度，3月下旬，对2017年10月至2018年3月有关财务资料进行了定期检查。6月下旬至7月上旬，对局属单位进行了规范财务管理专项检查。7月下旬，山东黄河河务局委托第三方机构对市局本级、防汛储备中心、淄博市黄河工程局、淄博瑞诚养护公司进行了规范财务管理专项检查。

（四）举一反三，追根溯源，狠抓问题整改落实

针对检查中发现的问题，录入监督检查工作台账，将有关问题和建议及时反馈给被检查单位，并下发了《淄博黄河河务局财务监督检查意见》（01-03号），督促其整改落实。局属各单位对检查发现的问题高度重视，立行立改，举一反三，追根溯源，按整改意见按时完成整改，上报了整改落实报告，被查出的问题得到全面整改落实。

（五）增强规范意识，规范并加强日常管理

在做好问题梳理、建章立制、监督检查、整改落实等试点工作的同时，结合单位实际，规范并加强了部门预算、会计核算、财务报销、政府采购等日常管理工作。一是增强预算意识，加强了部门预算管理。规范预算编制，强化预算执行，月、季等关键时间节点均达到国库支付序时进度要求。二是加强了收支管理。强化收入管理，取得的收入纳入财务部门统一核算；强化支出管理，实行重大资金支出金额和经济事项双控制，做到事前、事中与事后控制相结合；严控"三公经费"、会议费、培训费等支出，严格控制审批程序，对不符合规定、会计要件不全的，一律不予报销。三是规范财务报销流程，对经济事项报销结算严格把关。严格执行《淄博黄河河务局机关财务管理办法》，认真落实财务报销审签制，不同经济事项、不同金额报销环节均按审签人

的审批权限、顺序签字报销；会计受理原始凭证后，严格按照要求审核发票真伪、事项的合规性及金额是否正确，对违法违规事项，会计人员拒绝办理；原始凭证或核算资料不齐全，审签手续不完备的，要经经办人补充完善相关资料后再予办理。四是加强了往来账款清理。各单位对往来账款按账龄、形成原因等逐项进行分析研判，提出阶段清理目标，明确清理措施，落实责任人，往来账款清理工作取得明显成效。五是规范了公务卡使用管理。按照《山东黄河河务局关于进一步推广使用公务卡结算的通知》要求，全面推行公务卡结算。六是强化了资产管理。严格资产配置标准，禁止超标准配置资产，组织开展了资产清查，加强了资产动态管理。七是加强了企业财务监管。规范企业"三重一大"事项决策程序，定期监控企业财务指标，对经营活动定期分析，认真履行监管责任。

三、经 验 与 体 会

（一）广大职工规范财务管理的意识得到增强

规范财务管理试点工作以来，通过会议、宣贯班、网络媒体等多种形式的宣传引导，不管是财务管理人员还是其他工作人员规范管理的意识得到明显增强。如：经办业务随身携带公务卡、开票信息卡成为广大职工的习惯，报销结算自觉按规程制单、按审签人的权限、顺序签字，遇到疑问随时与财务人员沟通，严格按制度办事。有的同志表示："规范管理就要规规矩矩地办事。"从2018年以来各类财务检查情况可以看出，原始凭证、核算资料等规范化程度较往年明显提高。

（二）规范财务管理的制度笼子扎得更紧更牢

制度不在于多，而在于精，在于务实管用。通过梳理排查，建章立制，市局机关及局属单位健全了覆盖财务管理、大额资金使用管理、经济合同管理等全方位的内控制度，规范财务管理的制度"笼子"扎得更紧、扎得更牢，制度的指导性、约束性更强。修订前，市局机关和局属单位通用一个《淄博黄河河务局财务管理办法》，修订后，各单位结合实际，有针对性地建立健全了本单位财务管理制度体系，制度的针对性、适用性和可操作性明显增强。

（三）构建并实施了财务管理"三项工作机制"

为了让制度成为刚性的约束和财务管理的行为规范，制定了《关于贯彻落实财务管理"三项工作机制"的实施意见》，按照"谁签字、谁负责，谁检查、谁负责，谁整改、谁负责"的原则，构建并实施了财务报销结算审签制、监督检查负责制和问题整改责任制"三项工作机制"。财务报销审签制，明确了报销各环节审签责任；监督检查负责制，明确检查组组长为检查工作第一责任人，实行组长负责制，对检查质量负责；问题整改责任制，明确财务、巡察等发现问题的整改责任人，并对整改质量负责。"三项工作机制"的实施，规范了报销程序的审签权限、流程，夯实了监督检查责任和问题整改责任，避免了监督检查走过场、问题整改不到位，解决了屡查屡犯、整改不彻底的问题。

(四) 财务监督检查与问题整改责任得到落实

按照"谁签字、谁负责，谁检查、谁负责，谁整改、谁负责"的原则，构建并实施了财务管理"三项工作机制"，建立了财务监督检查工作台账，实行销号管理，整改落实一项销号一项，形成了检查、整改、销号循环闭合机制。实行监督检查和问题整改责任追究制度，明确了监督检查单位、被监督检查单位及相关人员处理措施，制定了监督检查意见书、问题整改报告书模板，规范了文本格式。

(五) 会计基础工作与内业资料管理得到规范

在规范财务管理试点过程中，把资产管理、国库集中支付、项目预算管理、项目资金管理、政府采购等会计基础工作作为重点规范的对象，进一步夯实了会计基础性工作。如：通过规范管理解决了大额资金管理、重大经济事项支出有关规定执行不够严密；资金资产和政府采购管理不够规范的问题；公务活动刷卡支出除附发票外还要有购物小票或税单；实物出入库要有使用人或保管人签字，达到了账实相符；对国有资产进行了全面清查，更新了国有资产管理台账。

黄河下游防洪工程水土保持生态效应
数据监测与研究

马　强[1]　　高亚军[2]　　徐洪增[1]

1 山东黄河河务局工程建设中心　　2 黄河水文水资源科学研究院

黄河下游防洪工程建设项目水土流失主要表现为几个特点：形式复杂多样，存在变异性；大量的挖填土石方、弃土弃渣导致水土流失强度大，时空分布不均；工程建设战线长，扰动位置相对分散，水土流失区域不完整；水土流失危害大，具有突发性和潜在性。在工程建设过程中开展有针对性的水土保持监测和水土保持生态效应分析，对今后评价同类生产建设项目水土流失防治工作能起到重要借鉴意义。

一、项　目　概　况

黄河下游防洪工程位于黄河下游河段，涉及山东、河南两省，其中涉及山东省9个市22个县（区）。工程以建设黄河下游标准化堤防和开展游荡性河段河道整治为重点，通过对未达到设计标准的堤防、险工进行改建和加固，完善河道整治等工程措施，提高黄河下游防洪能力。项目区地貌为黄河冲积平原地貌，数据山东省级水土流失重点预防保护区和重点治理区。

二、监　测　工　作

（一）监测方案

1. 监测目标

通过对黄河下游防洪工程区域水土流失因子、状况、危害，以及水土保持措施实施效果监测，及时掌握研究区水土流失的时空分布特征。

2. 监测布局

水土流失防治体系是一个综合防治体系，体现"以预防为主，保护优先，防治结合"

的原则。工程水土流失防治体系由以下两个子体系构成：预防措施体系和治理措施体系。

3. 监测方法

水土流失因子监测方法主要包括资料收集分析法、调查法和现场测验分析法等三种方法。根据每个监测指标的特点和监测的要求，在监测的方法上又有所区别。

(1) 植被因子的监测。①林地郁闭度的监测。林地郁闭度的监测采用树冠投影法。在典型地块内选定 20m×20m 的标准地，实测立木投影面积与林地面积之比。②草地盖度的监测。草地盖度的监测采用针刺法。选取 2m×2m 的小样方，测定草（包括灌木）的茎（枝）叶所覆盖的土地面积。③灌木盖度监测。灌木盖度监测采用线段法。选取 5m×5m 的标准用地，计算灌木总投影长度与测绳总长度之比。

(2) 地形地貌因子的监测。地形主要是监测点所在的小地形的坡面特征，主要包括坡度、坡长、坡向，坡形等；地貌类型主要包括地理位置、地貌形态类型与分区、海拔与相对高差。地形地貌因子通过实地勘测、线路调查、地形测量等方法获取。

(3) 土地利用因子的监测。土地利用现状采取实地调绘的方法进行调查。

(二) 监测结果

1. 主要防治措施实施监测过程

对项目区主要水土保持防治措施执行情况实行全过程监测，包括各项水土保持防治措施实施的进度、数量、规模及其分布状况，并对工程的维修、加固和养护提出建议。监测的内容主要包括弃渣场平整随季度变化过程、土料场削坡随季度变化过程、弃渣场边坡植草随季度变化过程、累积临时袋装土拦挡逐季度变化过程和累积临时排水沟逐季度变化过程等，如图1～图5所示。

2. 监测结果

按照水利部批复的《黄河下游防洪工程水土保持方案报告书》和《水土保持设计》

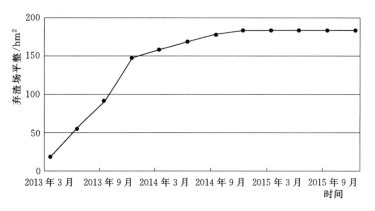

图1　弃渣场平整随季度变化过程

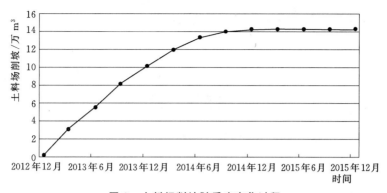

图 2　土料场削坡随季度变化过程

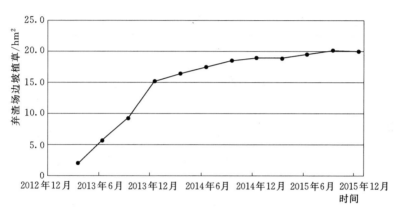

图 3　弃渣场边坡植草随季度变化过程

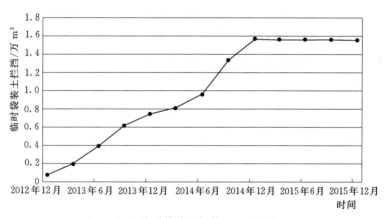

图 4　累积临时袋装土拦挡逐季度变化过程

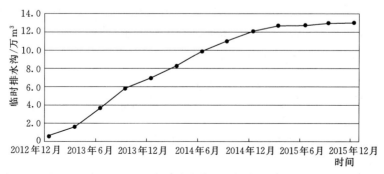

图 5　累积临时排水沟逐季度变化过程

中要求的各项水土保持防治措施，在工程建设过程中，按照"三同时"进行水土保持措施的实施，工程施工期、试运行期的水土流失得到有效控制，水土保持实施效果达到了《方案》中设计的各项指标要求。水土流失治理效果比较见表1。

表 1 水土流失治理效果比较 %

项 目	目标值	达到值	达标情况
扰动土地整治率	＞95	99.46	达标
水土流失总治理度	＞95	99.44	达标
土壤流失控制比	＞1.0	1.05	达标
拦渣率	＞95	96.60	达标
林草植被恢复率	＞96	98.01	达标
林草覆盖率	＞26	26.63	达标

三、水土保持生态效应分析

根据黄河下游防洪工程水土保持监测结果，开展了生态效应分析研究。在选择大量指标的前提下，建立了相应的指标体系并确定了指标权重，经过数据标准化计算，最终得出施工前期及试运行期水土保持生态效应评价值。

（一）指标体系

将生产建设项目水土保持生态效应评价分为三级指标层次，最高层为水土保持生态效益目标层；第二层包括调水效益、保土效益和植被恢复三个评价指标因子准则层；最底层指标为硬化地面控制率、土壤侵蚀模数、扰动土地整治、水土流失总治理度、土壤流失控制比、土石方利用率、拦渣率、林草覆盖率，以及植被恢复系数等多个评价因子指标层。

（二）指标权重确定

基于层次分析法计算得黄河下游防洪工程建设水土保持生态效应评价指标权重。

1. 构造成对比较矩阵

本研究采用德尔菲法，通过专家对评价指标分别打分，确定各指标因子的相对重要性，专家组对指标的选定及指标权重值进行多轮意见咨询，按照重要性标度，两两比较得出判断矩阵。判断矩阵见表2～表5。

表 2 B-A 判断矩阵（T1）

综合指数（A）	调水因子（B1）	保土因子（B2）	植被恢复因子（B3）
调水因子（B1）	1	1/3	1/5
保土因子（B2）	3	1	1/3
植被恢复因子（B3）	5	3	1

表 3 C‑B1 判断矩阵（T2）

调水因子（B1）	硬化地面控制率（C1）	水土流失总治理度（C2）
硬化地面控制率（C1）	1	1/3
水土流失总治理度（C2）	3	1

表 4 C‑B2 判断矩阵（T3）

保土因子（B2）	土壤侵蚀模数（C3）	扰动土地整治率（C4）	土壤流失控制比（C5）	拦渣率（C6）	土石方利用率（C7）
土壤侵蚀模数（C3）	1	3	2	4	5
扰动土地整治率（C4）	1/3	1	1/3	1/3	1
土壤流失控制比（C5）	1/2	3	1	2	3
拦渣率（C6）	1/4	3	1/2	1	1
土石方利用率（C7）	1/5	1	1/3	1	1

表 5 C‑B3 判断矩阵（T4）

植被恢复因子（B3）	林草植被恢复率（C8）	林草覆盖率（C9）
林草植被恢复率（C8）	1	4
林草覆盖率（C9）	1/4	1

2. 层次单排序并检验一致性

单层次权重值见表 6 和表 7。判断矩阵的一致性检验结果见表 8。

表 6 B 层 权 重

综合指数（A）	权重（W1）
调水因子（B1）	0.1062
保土因子（B2）	0.2605
植被恢复因子（B3）	0.6333

表 7 C 层 权 重

准则层（B）	指标层（C）	权重（W1）
调水因子（B1）	硬化地面控制率（C1）	0.7500
	水土流失总治理度（C2）	0.2500
保土因子（B2）	土壤侵蚀模数（C3）	0.425
	扰动土地整治率（C4）	0.0896
	土壤流失控制比（C5）	0.2489
	拦渣率（C6）	0.1426
	土石方利用率（C7）	0.0939
植被恢复因子（B3）	林草植被恢复率（C8）	0.8000
	林草覆盖率（C9）	0.2000

表8　一致性检验结果

判断矩阵	λ_{max}	CI	RI	CR	备　注
$T1$	3.0387	0.0194	0.58	0.0372	
$T2$	2	0			$CI=0$ 时，矩阵完全一致
$T3$	5.1941	0.0485	1.12	0.0433	
$T4$	2	0			$CI=0$ 时，矩阵完全一致

如表8所列，$T2$ 和 $T4$ 判断矩阵完全一致；$T1$ 和 $T3$ 判断矩阵的 CR 值均小于 0.1，具有较好一致性。因此，基于层次分析法得到的黄河下游防洪工程建设水土保持生态效应评价指标的权重基本合理可信。

3. 层次总排序并检验一致性

基于层次分析法计算得黄河下游防洪工程建设水土保持生态效应评价指标权重，见表9。

表9　层次分析法确定的指标权重

评价指标（C）	权重（Wa）	评价指标（C）	权重（Wa）
硬化地面控制率（$C1$）	0.080	拦渣率（$C6$）	0.037
水土流失总治理度（$C2$）	0.027	土石方利用率（$C7$）	0.024
土壤侵蚀模数（$C3$）	0.111	林草植被恢复率（$C8$）	0.507
扰动土地整治率（$C4$）	0.023	林草覆盖率（$C9$）	0.127
土壤流失控制比（$C5$）	0.065		

注　一致性检验：$CR<0.1$。

（三）数据标准化

所选指标量纲不尽相同，在计算指标综合指数和评价分析前，需对各评价指标值进行无量纲化的处理，研究指标标准化方式为建立模糊数学隶属度函数，分析指标性质后，利用升半梯和降半梯两种函数（王晓慧，1998）进行计算：

1. 升半梯形函数

$$A(x)=\begin{cases} 0 & ,0\leq x\leq a_1 \\ \dfrac{x-a_1}{a_2-a_1} & ,a_1<x<a_2 \\ 1 & ,x\geq a_2 \end{cases}$$

2. 降半梯形函数

$$A(x)=\begin{cases} 1 & ,0\leq x\leq a_1 \\ \dfrac{a_2-x}{a_2-a_1} & ,a_1<x<a_2 \\ 0 & ,x\geq a_2 \end{cases}$$

式中：x 为指标的实际值；a_1、a_2 为指标的基准值及理想值，可依据评价标准（即基准值和理想标准值）确定。

经审核大量调查资料，参考《开发建设项目水土流失防治标准》《水土保持综合治理验收规范》，并多次咨询专家，确定指标的标准值见表 10。

表 10　效益评价指标标准值

评价指标（C）	基准值	理想值	施工前期实际值	试运行期实际值	运行期实际值
硬化地面控制率（$C1$）	0.3	0.25	0	0.03	0.03
水土流失总治理度（$C2$）	0.95	1	0	0.99	0.99
土壤侵蚀模数（$C3$）	300	250	212.5	190.1	180.0
扰动土地整治率（$C4$）	0.95	1	0	0.99	0.99
土壤流失控制比（$C5$）	1	$+\infty$	0	1.05	1.21
拦渣率（$C6$）	0.95	1	0	0.97	0.99
土石方利用率（$C7$）	0.8	1	0	0.66	0.66
林草植被恢复率（$C8$）	0.96	1	0	0.98	0.99
林草覆盖率（$C9$）	0.26	0.6	0.45	0.27	0.46

第一个和第三个指标为降半梯形标准化类型，其余指标均为升半梯形标准化类型。标准化后，施工前期和试运行期指标标准值见表 11。

表 11　指标标准化结果

指标	硬化地面控制率（$C1$）	水土流失总治理度（$C2$）	土壤侵蚀模数（$C3$）	扰动土地整治率（$C4$）	土壤流失控制比（$C5$）	拦渣率（$C6$）	土石方利用率（$C7$）	林草植被恢复率（$C8$）	林草覆盖率（$C9$）
施工前期	0	0	1	0	0	0	0	0	0.559
试运行期	1	0.888	1	0.892	1	0.320	0	0.503	0.019
运行期	1	0.888	1	0.892	1	0.800	0	0.750	0.588

（四）水土保持生态效应分析

利用线性加权求和法，分别求得黄河下游防洪工程建设施工前期和试运行期的调水、保土、植被恢复效应值，并最终得出施工前期及试运行期水土保持生态效应评价值，见表 12。

表 12　效应评价值

时期	调水效益（$B1$）	保土效益（$B2$）	植被恢复效益（$B3$）	生态效应
施工前期	0	0.425	0.071	0.156
试运行期	0.972	0.799	0.257	0.474
运行期	0.972	0.868	0.455	0.617

四、结　　论

黄河下游防洪工程建设整体生态效应值表现为"运行期＞试运行期＞施工前期"，生态效应值分别为 0.617、0.474 和 0.156；其中保土效益和植被恢复效益均表现为"运行期＞试运行期＞施工前期"，调水效益表现为"运行期＝试运行期＞施工前期"。从分析的结果也进一步证实了工程弃渣场和土料场是水土流失发生的重点治理部位之一，工程在施工过程中对防治责任范围内采取了一系列的水土保持工程措施、植物措施和临时防护措施，水土流失区进行了系统全面的综合治理，工程施工期结束后水土流失得到较大程度上的改善，生态环境得到了进一步的加强，分析得出的水土保持生态效应值计算结果与实际监测的水土流失总治理度、拦渣率、林草植被恢复率、林草覆盖率达标情况相一致。

参考文献

［1］　水利部，中国科学院，中国工程院. 中国水土流失防治与生态安全（开发建设活动卷）［M］. 北京：科学出版社，2010.
［2］　姜德文. 开发建设项目水土保持损益分析研究［M］. 北京：中国水利水电出版社，2008.
［3］　焦居仁. 红坳渣土受纳场特别重大滑坡事故给人们的警示［J］. 中国水土保持，2017（2）：1-3.
［4］　赵永军. 开发建设项目水土保持方案编制技术［M］. 北京：中国大地出版社，2007.

浅谈会计集中核算精细化管理

王 璐

山东黄河河务局山东黄河职工培训中心

一、会计集中核算制度的内涵和意义

（一）会计集中核算制度的内涵

会计集中核算制度是指通过成立会计核算机构，在核算单位资金所有权、使用权和财务自主权不变的前提下，取消核算单位会计和出纳，各核算单位只设报账员，通过会计委派，对各核算单位集中办理会计核算业务，融会计核算、监督、管理、服务于一体的会计核算形式。

（二）会计集中核算制度的意义

会计集中核算将核算单位账务集中核算，有利于规范会计行为，保证了会计核算数据准确性，核算方法的规范性和核算程序的合理性，实行会计集中核算，使政府采购实现了采购权、物品使用权、资金拨付权三权分离，将经济事项由事后监督变成事前、事中监督，保障了水利资金使用安全，有效预防腐败的发生。

自山东局 2011 年成立会计核算中心以来，从省局本级、供水局、服务中心、经济局纳入集中核算范围，到 2018 年新增加培训中心、监理公司两家单位，现已形成 6 家单位会计集中核算，5 家事业单位，1 家企业单位，核算单位不设会计和出纳，只设置报账员即财务联系人，精简了核算单位会计人员，所有纳入集中核算范围的单位账户均已全部开通网银，资金支付效率明显提高，逐步解决核算中心与各核算单位磨合适应之间出现的问题，集中核算模式日益成熟，集中核算模式越来越呈现精细化管理。

二、会计集中核算精细化管理的重要性

（一）改进会计核算管理模式，提高服务管理效率

会计集中核算精细化管理是一套全面系统的管理方法，贯穿会计核算流程的每一

个环节，具有细致全面的约束力和控制力，能够有效改善核算单位会计资料管理不细致问题，比如报销金额确定，会计资料中出现多个金额，若一个工程款需要几次支付，最终支付时需要相关人员一致确认金额后才能支付，进而影响支付效率，痕迹化管理注明金额便对改进会计核算管理模式、提高管理效率具有重要意义。有利于规范会计核算工作，提高会计信息的质量。

（二）推动核算单位内部控制制度的完善

会计集中核算模式下，纳入会计集中核算范围的单位，账务处理之前会计资料要经过核算机构审批，而审批依据则是核算单位的内部控制制度，会计集中核算精细化管理必然促进核算单位完善内部控制制度，可以有效改善有些核算单位内控制度不健全，缺乏款项支出的制度文件的局面，从而加强对核算单位的资金监管，有利于加强会计监督，预防单位财务收支中可能发生的违规行为。

三、会计集中核算精细化管理的措施

（一）实行痕迹化管理，夯实会计基础工作

在规范管理，加快发展的新形势下，财务会计基础工作更加规范，将原来的口头说明事项书面化和痕迹化管理，即各核算单位推广实行的费用审签单和核算中心会计人员编制的经济事项审核单。

1. 推广使用费用审签单

费用审签单是指核算单位根据原始发票等会计资料编制，费用审签单列明经济事项、资金来源、报销金额，经核算单位负责人、财务联系人、经办人等人员审核签字之后交由核算中心会计人员报销的资料。

2. 推广使用经济事项审核单

经济事项审核单是指核算中心会计人员根据核算单位报账员提供的费用审签单事项，进行审核后编制，并经过财务主管审核签章，出纳办理网银签章，会计复核网银签章的一种审核单。

这种痕迹化管理模式，有助于明确核算中心和核算单位各个部门、人员的责任，经济事项、资金来源、报销金额记录清晰，会计基础工作更加清晰明了、规范，出纳人员就可以根据审签单或者审核单中的金额，结合发票中的金额、账号等信息办理网银，提高支付效率。

（二）多聚并措，提高水利资金使用效率

1. 加强业务学习，提升业务能力

随着今年实行新事业单位会计制度，预算资金实行预算会计和财务会计两套账务处理，更需要核算机构财务人员加强新的业务学习，学习财务制度新变化，以适应新形势新发展需要；核算单位相关人员也应学习相关财务制度，报账需要的制度手续等业务知识，以便财务工作顺利开展。

2. 优化报销流程，提高资金支付效率和服务水平

在符合会计人员内部互相牵制的原则下，权利的集中和适当下放，将财务主管复核网银的权利下放至各会计人员，这样核算中心每个会计人员负责复核其核算单位的网银信息，可以缩短会计资料传递时间，提高资金支付效率，进而提高服务水平。

（三）加强监管，完善核算单位内部控制制度

1. 协助核算单位完善单位内控制度

会计法律、单位内部财务制度文件标准是会计报销的依据，严格按照内控制度规定进行核算，保障资金安全使用，针对有些单位内控制度的不健全，各核算单位制度分散，为了便于集中核算单位各相关人员学习政策，合理使用各项水利资金，编制了《山东黄河河务局会计集中核算财务内控制度汇编》，收录了目前在用的财务管理方面的规章制度，将核算依据，核算程序公开，严格按照文件制度进行会计核算报销。

2. 提高财务核算透明度

在会计集中核算形式下，核算单位的每项支出均通过核算中心审核支付，能及时发现问题并予以纠正，促进单位财务活动金额的准确、票据合规、手续齐全、合理有效。一项会计业务处理，至少要经过单位的经办人、财务联系人、部门负责人和单位负责人、会计核算中心的会计初审、财务主管复审、出纳办理网银和会计复审网银等几个环节，整个业务处理过程又是在"一站式办公，柜台式作业"的运作方式下进行。知情范围的扩大，运作过程的公开，变"暗箱操作"为"阳光作业"，从运作机制上就形成了对舞弊行为的有效遏制，使财务核算透明、阳光，预防腐败现象的发生。

（四）建立预算执行信息定期反馈机制

1. 加强核算机构和核算中心业务沟通

财务工作不仅仅是会计核算，还有资产，政府采购，预算等内容，核算中心会计人员负责核算单位财务日常报销，即会计核算，核算单位的资产管理，预算管理等事

项由原单位管理，比如资产管理，财政部资产管理系统和水利信息财务系统中的资产系统需要一致，这两个系统分别由核算单位财务人员和核算中心会计人员管理，对一些具体数据，需要两部门人员经常进行数据资料的沟通配合。

2. 促进核算机构从核算型向管理型转化

核算机构不仅是只有记账核算职能，促进核算中心从核算型向管理型转化，更应该具备预算执行信息反馈和控制职能，核算中心会计人员定期向核算单位提供月报表、季度报表等相关数据分析；通过核算各预算指标，可以严格控制核算单位用款进度，加强对预算指标即是控制，杜绝无预算、超预算用款，加强预算资金支付的事前控制，核算机构收到需报销的事项，先确定是否可以支付，是否符合有关政策规定，如何支付，用什么预算指标，在什么科目列支，才可以支付款项。

（五）建立重大业务事项报告制度

财务重大业务事项是指可能或者已经造成本单位财务状况发生重大变化，对本单位财务工作造成一定影响的事项，比如核算单位应该及时清理的往来账款，单位现金流量不足等内容，核算机构应及时与核算单位沟通，便于核算单位及时了解和掌握单位资金情况。

四、结　　语

随着国家财税体制改革不断深化，会计集中核算是继预算管理体制改革、收支两条线改革等后一重大管理体制改革，在加强资金管理、规范会计行为、整合人力资源、提高资金使用效益、预防腐败等方面发挥积极作用。随着时代进步和经济发展，持续推进廉政建设，在规范管理、加快发展的形势下，会计集中核算模式在治黄事业管理中的地位和作用越来越重要，因此，要在实践中加强会计集中核算模式精细化管理，夯实会计基础工作，理顺会计集中核算机制体系，使会计集中核算向着更加科学、合理、高效的方向发展。

关于水利事业单位内部控制制度的思考

王　璐[1]　刘　燕[2]

1 山东黄河河务局山东黄河职工培训中心　2 山东黄河河务局会计核算中心

一、内部控制制度的内涵和意义

（一）内涵

内部控制，是指事业单位为实现控制目标，通过制定制度、实施措施和执行程序，对经济活动的风险进行防范和管控。事业单位各种管理制度是内控制度的具体表现，比如具体工作中运用的差旅费管理办法、会议费管理办法，明确规定了经济活动事项的执行标准，事业单位可以通过完善各项管理制度达到内部控制目的。

（二）意义

内控制度可以规范单位管理，促进各项工作的顺利开展，加快单位发展的步伐，是保障事业单位健康发展的方法和机制，是事业单位持续稳定发展的基础。

建立健全的内控制度可以保护国有资产安全、完整，通过内部控制制度规范经济活动，建立全面科学的管理制度可以使单位活动公正、高效，使事业单位内部监督有章可循，真正发挥其监督职能，有利于水利资金安全，规避财务风险，预防腐败现象发生。

二、事业单位内部控制方面存在的问题

随着党的十八大以来，党风廉政建设不断持续推进，反腐倡廉不断深入人心，事业单位普遍逐步建立单位内部控制管理制度，但是有些事业单位还存在一些问题。

（一）内部控制意识不足

目前，有些事业单位没有意识到内部控制的重要性，片面地以为内部控制对事业单位的发展起不到实质性的作用。对内控制度概念模糊，使得内控制度形同虚设，由

于内部控制意识不足，导致事业单位的内部管理存在许多漏洞，缺乏合理的业务管理流程，增加单位经济活动风险，不利于事业单位健康发展，比如具体工作当中，将已经订立的内控制度编制印发，但遇到问题强调灵活性，使内控制度流于形式，失去了应有的刚性约束力，导致内控制度表面存在，实际执行效果不佳。因此，有些事业单位的内部控制管理机制无法正常发挥其监督和管理作用。

（二）内部控制管理机制不完善

1. 缺少内部管理制度

有些事业单位在单位经济活动中缺少应有的规章制度，导致在处理实际工作中具体事项时，无法按照相应的规章制度执行。部分事业单位的会计核算水平较低，无法预知单位存在的财务风险，核算工作存在随意性，更没有实施监督和审计。

2. 有管理制度但不全面

有的事业单位建立了内部控制体制，但是缺少科学性、规范性、系统性以及全面性，致使内部控制原有作用难以发挥。此外，目前部分事业单位缺乏完善的绩效考评制度，责任追求落不到实处，致使出现问题的时候互相推诿找不到主要负责人。

（三）部分内部控制工作人员素质偏低

首先，事业单位内部控制人员的素质高低直接影响着事业单位的发展。部分事业单位的会计工作人员素质较低，对于财务风险的辨别和判断能力不足，需要执行一些制度的时候经常出现错误，导致财务工作效率和质量。其次，有的事业单位岗位设置不合理，工作人员职责不明确，经常出现一人兼职多项职务的现象。

（四）缺乏有效的内部监督机制

内部监督和外部监督是内部控制制度中重要的组成部分，关系到内控制度是否实现的重要手段，有些事业单位内部没有明确的内部审计部门和纪检监察部门，或者有纪检部门和审计部门但流于形式，机构不健全，内部监督没有发挥监督作用，监督主要靠外部监督。

三、新形势下事业单位内部控制管理方法

事业单位内部控制是一个覆盖单位内部全面的管理系统，主要包括单位层面的控制，如组织机构设置、关键岗位人员设置，以降低风险点；业务层面的控制，主要是经济方面的控制，如预算、财务收支、资产、政府采购、工程项目、合同等方面；单

位层面的监督控制，如内部监督和外部监督，审计和纪检监察方面的监督。

（一）提高单位全体人员的内部控制意识

首先，提高事业单位全体人员的内部控制意识是充分发挥内部控制制度功能的重要措施。单位应该把国家颁布的相关法律法规落到实处，增强意识，夯实基础，强化责任。单位负责人应该担负起财务工作的重要责任，确保内部控制制度健全、有效。

其次，强化单位全体人员的内部控制意识，让其明白内部控制意识在单位发展中所发挥的重要作用。单位主要负责人需要在内部控制体制中做好领导，其他各级部门做好配合，定期组织财务预算和内部控制制度会议，保证其具备基本的内部控制知识，并树立较高的内部控制意识，才能真正促进事业单位发展。

（二）建立健全的内部机构和岗位设置机制

事业单位在进行内部控制管理的时候，应该根据单位的实际情况，构建与之相适应的完善的内部控制管理制度，才能取得有效的内部控制效果。明确各个部门的职责和权限，建立不相容岗位分离制度，把财务管理、会计核算、经营权利分开进行，把执行、监督岗位分开，并且制定有效的考核制度。

（三）建立健全的内部经济业务控制机制

事业单位设置内控管理制度，要明确单位的经济业务活动流程，明确各个业务环节和相应风险点，在关键岗位和风险点建立全面的控制制度，在不同的岗位设置工作流程，使全员各司其职，明确其工作风险点。

事业单位在财务业务报销时，不同经济事项设置不同的报销手续，一般情况下，需要经办人、领导等人员签字，确保单位资金使用的真实性，比如报销差旅费时，建立内部审批制度，根据差旅费管理办法中的乘坐飞机审批表，出差审批表等各项审批制度使经济活动规范化管理，进行有效控制，财务核算时严格控制预算和实际开支存在的差异，制定完整的风险管理体制，严格编制预算、预算审批、预算执行，把预算管理目标落到实处。

事业单位决定经济活动重大事项时，建立三重一大制度，重大事项决策、重要干部任免、重要项目安排、大额资金的使用，必须经集体讨论做出决定，集体讨论可以形成会议纪要，防范单位经济财务风险。

事业单位对外签订经济合同时，可邀请法律专家对合同事项进行审核，防止事业单位国有资产流失，提高水利资金使用效益。在财务会计基础工作方面，可根据经济活动事项，建立会议费、财务管理办法等规章制度实现内部控制，还可以使用先进的计算机信息技术来开展内部控制管理，比如水利动态监控系统，可以在线监控事业单位的资金支付使用情况是否合规，进而促进事业单位管理规范化、现代化和信息化。

（四）建立健全事业单位监督机制

构建完善的监督和审查制度，把监督和审查贯穿到权利实施的环节当中，才能防止出现一些徇私舞弊的现象，促进事业单位经济效益和质量快速提高。事业单位可通过单位财务部门、审计部门和纪检监察部门发挥监督作用，必要时可以聘请第三方介入进行审计监督，财务部门可以通过建立联审互查机制，建立不同事业单位财务账务检查监督机制、审计部门通过经济事项开展专项审计发现单位内控制度存在的问题，进而可以监督督促事业单位管理制度的完善，纪检监察部门可以通过经济监察领导干部的经济事项发现并督促事业单位管理制度完善。

（五）加强学习，提高全员素质

事业单位全体人员都应注重业务学习，不断更新、补充业务知识和提高专业技能水平，在具体的工作中掌握运用内控制度，提高职业素养和判断力，对不合规的事项有权拒绝执行，才能使内控制度落到实处，才能保证事业单位持续稳定健康发展。

四、结　语

有效的内部控制管理制度是事业单位实现科学管理，稳定发展的重要前提。新时期，事业单位应该不断改革，树立先进的内部控制管理观念；提高单位全体人员的内部控制意识；构建完善的内部控制管理体系，采取各种行之有效的管理措施，与时俱进，才能跟上社会发展的步伐，为事业单位高效发展奠定坚实的基础。

完善河南黄河法治体系 营造人水和谐新局面

——对河南黄河地方性立法保护若干问题的探讨

张 宁 钱定坤

黄河水利委员会河南黄河河务局

党的十八大以来，河南黄河河务局积极践行习近平总书记"节水优先、空间均衡、系统治理、两手发力"十六字治水思路和"水利工程补短板、水利行业强监管"的水利改革发展总基调要求，强力推进开门治河、依法管河进程，以地方性立法为突破口，以制度创新为保障，以法规宣传为手段，立足河南黄河实际，进一步精准补短板，精细强监管，完善河南黄河法治体系，营造人水和谐新局面。

一、河南黄河流域管理地方性立法的缘由

（一）国内外流域管理立法的发展

流域管理是以河流流域为单位的一种管理模式，立法以及据此建立的各项制度是实施流域管理的重要保障，实行流域管理是许多国家经过长期的摸索最终采取的方式。国外在流域管理体制及立法方面的研究已十分深入全面，美国、英国、日本等发达国家的流域管理立法和体制很具有代表性。如美国，1933 年国会通过"田纳西流域管理局法"，成立了田纳西河流域管理局。第二次世界大战后，印度、墨西哥、巴西等国家纷纷效仿建立类似的流域机构；英国，1930 年根据土地排水法成立了流域委员会，通过建立水务局实行的综合性流域管理模式成为世界上最成功的模式之一，相继在德国、荷兰等欧洲国家推广实行；日本，根据 1964 年《河川法》成立了河川审议会及都道府县河川审议会。纵观世界，不仅各个国家之间流域管理体制不尽相同，甚至一个国家不同流域的管理模式也存在很大差异，但通过客观的研究分析不难看出各国政府对作为水系而独立存在的流域基本规律都有着共同的认识，并依据地方实际情况，尽可能实行统一规划、统筹兼顾的管理模式。

中华人民共和国成立以来，我国已经初步形成了以宪法为龙头、以《中华人民共和国水法》等水法规为统领的流域管理法律体系。由于我国地区间发展不平衡，国家

法律法规的规定普遍较为原则，具有先天灵活性和针对性等优势的地方立法在我国法律体系中发挥着不可替代的作用。在地方层面，以省或自治区为单位，出台落实国家法律法规的实施细则、办法以及各流域管理的地方性法规，使流域管理的操作性更强。如云南省针对其境内的众多湖泊、河流，形成了"一湖一法""一河一法"的立法模式，湖南省也对境内主要的河流从流域管理的角度也进行了立法。但总体而言，目前我国关于流域地方性立法方面还处于起步阶段，相关法律体系仍不健全，总体管理效果偏弱，执法不到位，法律宣传不全面等问题普遍存在。

（二）我国现行法律存在构成性缺陷

目前，我国关于流域地方性管理的相关原则、法律制度、运行机制等并没有一个全面、系统的法律体系，有关流域管理的相关原则也只能散见于一些涉水法律法规中。这些单一性立法会导致区域分段立法与整个流域保护的不协调，上位法的普遍适用性无法满足地方管理所需要的灵活性和针对性，主要表现在：流域管理中针对地方性的立法存在一些立法空白；法律体系衔接不顺畅，甚至有些法律法规出现冲突；管理体制不健全，管理权责不明晰等等。随着河南省粮食生产核心区、中原经济区、郑州航空港经济综合实验区三大国家战略的推进以及沿黄地区经济社会的快速发展，河南黄河的上述问题也逐渐暴露出来，人与自然的矛盾凸显，因此，要解决河南黄河的各种问题，必须加强法治建设，健全黄河流域管理机制，在立法方面规范河南黄河流域管理。

（三）河南黄河特殊河情及其存在的突出问题，迫切需要通过制定专门法律予以解决

河南黄河滩区总面积为2714km，耕地面积300余万亩，滩内1312个自然村庄，居住人口约128万人。河南黄河河道大部分被划定为基本农田、湿地保护区、饮用水源地保护区等。基本农田在200万亩左右，与黄河河道重合度约70%。2个国家级湿地自然保护区、3个省级湿地自然保护区，郑州黄河鲤国家级种质资源保护区，沁河济源山区河段涉及太行山猕猴国家级自然保护区，12处省辖市饮用水源保护区，各类保护区与黄河河道重合度90%左右。黄河河道已不再是一条纯粹的行洪通道，承载着多元化的社会功能，对保障河南省经济社会生态可持续发展和满足人民群众生产生活需要起着不可替代的重要作用。随着经济社会的快速发展和改革的不断深入，治黄工作面临着新的矛盾和问题，可以说是新老水问题并存、开发保护矛盾交织，尤其是在水资源管理、防汛管理、河道管理等方面，任务越来越重，协调、监管的难度也越来越大。

1. 河南黄河防洪形势严峻，下游洪水泥沙威胁依然存在

黄河下游河道"二级悬河"态势严峻，中常洪水也极易引发横河、斜河，严重危及大堤安全。随着流域经济社会的发展，涉河经济开发建设和生产活动日渐增多，违规开发利用建设侵占河道问题日益突出，严重威胁着防洪安全、供水安全、生态安全。黄河安危事关我国国民经济和社会发展的大局，洪水决溢不但对经济社会的发展造成极大破坏，打乱我国国民经济和社会发展的整体部署，而且水退沙存、河渠淤塞、良田沙化，形成跨流域的水、沙灾害，对生态环境造成长期的难以恢复的不良影响。

2. 水资源供需矛盾日趋尖锐，供需严重失衡

黄河属于资源性缺水河流，流域人均水资源占有量 $473m^3$，仅为全国平均水平的 23%，近 10 年来，河南省黄河干流年均取水已达 32.7 亿 m^3，已经接近国务院分配我省黄河干流取水指标 35.67 亿 m^3。尤其是随着小浪底北岸、小浪底南岸、赵口引黄灌区二期、西霞院水利枢纽输水及灌区工程的上马，国家分配河南省的黄河干流指标已"分干吃净"，而沿黄地区经济社会发展对黄河水资源刚性需求旺盛，供需矛盾越发凸显。河南华北平原已经形成温县—孟州—武陟、安阳—鹤壁—濮阳地下水漏斗区，面积已达 $300km^2$。

3. 水污染形势不容乐观，环境保护面临巨大压力

近年来，随着黄河流域社会经济的快速发展，流域废污水排放量急剧增加，加之天然来水量偏少，黄河流域水质污染日益加重。虽然目前黄河水质整体恶化的趋势得到了初步遏制，但年排污总量依然居高不下，黄河以占全国 2% 的水资源，承纳了全国约 6% 的废污水和 7% 的 COD 排放量，超出黄河自身承载能力。根据《河南省 2017 年水资源公报》。在河南省黄河流域监测的 1281km 河长中，水质为 V 类以下的河长 404km，占本流域评价总河长的 32%。金堤河、浍改河、新浍河的水质常年为 V 类，水质状况不容乐观。鉴于黄河水资源利用、水环境保护、湿地管理保护、防洪工程管理、滩区管理等涉及多个部门，统分结合、整体联动的工作机制尚未建立，生态环境保护制度还不完善，生态补偿机制尚未建立，难以有效适应黄河流域治理的要求。

4. 黄河河道管理和水资源保护问题突出，流域管理体制和综合管理能力亟待加强

近年来随着沿黄地区对河道资源的需求不断加大，黄河河道管理和保护面临严峻挑战，涉河经济开发项目违规建设、非法采砂、向河道内倾倒各类垃圾等水事违法活动时有发生，严重扰乱了正常的河道管理秩序，直接威胁黄河水资源安全、工程安全和防洪安全。滩区作为下游河道滞洪沉沙的场所，经济发展受到严重制约，已成为豫、鲁两省的贫困带，滩区经济发展与防洪保安全、水生态保护矛盾突出。《中华人民共和国水法》建立了水资源流域统一管理与行政区域管理相结合的管理体制，但流域管理

与区域管理相结合的综合管理体制和相应的运行机制尚未真正建立。流域执法能力、监督能力以及对社会的涉水事务管理和公共服务能力等流域综合管理能力还不能满足新时期水利改革发展形势的需要。

二、河南黄河河务局近几年针对保护黄河生态环境、推进河道整治开展的相关法治建设工作及主要成绩效果

针对如此特殊、复杂的现状和问题，河南黄河河务局按照上级的工作部署和实际工作需要，认真学习领会党中央国务院、省委省政府关于生态文明建设和生态环境保护有关精神，切实提高对生态文明建设和生态环境保护重要性、紧迫性的认识，推进完善河南黄河立法工作，不断强化黄河河道管理和水行政执法，加大沿黄普法宣传力度。

（一）推进立法进程，努力建成具有河南黄河特色的法律法规和规章制度体系

为适应经济社会发展，应对新形势下出现的新问题，弥补上位法缺乏针对性、及时性的特点，河南黄河河务局积极沟通省人大制定了《河南黄河防汛条例》《河南省黄河工程管理条例》和《河南省黄河河道管理办法》等一系列地方性法规章，省政府印发了《关于进一步加强黄河河道内开发建设管理工作的通知》《关于严禁向黄河河道倾倒建筑垃圾的通知》等文件，为河南黄河的治理开发和保护工作提供了法律依据，为依法治河提供了更切合实际、更具操作性的重要依据，"两条例一办法"等法规文件的出台强化了河南黄河立法体系，努力构建完善的河南黄河法规制度体系，对于促进黄河长治久安和确保沿黄经济社会健康发展具有重要的意义。

（二）运用河长制平台，协同检察机关强力推动"携手清四乱　保护母亲河"活动

"携手清四乱、保护母亲河"专项行动，是由最高人民检察院和水利部共同领导、河南省检察院和黄河水利委员会共同倡议发起的，旨在依法集中整治黄河流域乱占、乱采、乱堆、乱建等突出问题。河南黄河河务局在"河长制"工作平台下，主动沟通河南省高检，督导市、县河务局全面开展"清四乱"专项行动，协同河南省河长办向检察机关报送了共三批 262 项黄河干支流突出"四乱"问题线索。同时，会同省河长办、省检察院组成联合检查组，强化督导检查，确保黄河河道"清四乱"专项行动有效推进。

（三）强化外联内合，着力构建河长制框架下黄河河道管理联防联控机制

黄河河道承担的社会化功能日益凸显，亟须多个部门合力共管。河南黄河河务局积极开展河长制框架下的河南黄河河道管理联防联控机制建设，研究提出了《河长制框架下黄河河道管理联防联控机制建设意见及实施方案》，积极协调、督导沿黄（沁）河涉及采砂管理的 22 个县（市、区）政府出台了采砂管理联防联控机制文件。在此基础上，将该机制推向河道管理全方位工作，目前基本形成了郑州市惠济区的指挥部模式、焦作市武陟县的综合执法大队模式和开封市祥符区县乡两级综合执法责任机构模式这三种模式，并初步构建了单位内部有关部门联动、密切配合的河道管理和水行政执法"大水政"格局及河南黄河以"96322"为统一呼号的"接警点"建设任务和接案立案系统。

（四）强化普法宣传，法治宣传教育工作成效斐然

普法是"旗帜"，有力地引领和助推了各项法治工作的开展。河南黄河河务局狠抓"创建普法三大系列品牌、打造沿黄法治文化阵地带"工作，打造河南黄河普法品牌。共创建法治文化示范基地 13 处（另有普法展览室 4 处），创建普法长廊系列集聚群 49 处，创作法治文化艺术作品 56 部，具有黄河特色的沿黄法治文化阵地带初具规模。积极开展宪法"四个一"活动，组织参加全省"宪法知识百题竞赛"活动，荣获优秀组织奖；全力做好首届"宪法宣传周"宣传活动，集中宣传活动被大河网全程直播。深度推进公益法治宣传教育，"红马甲""小红帽""河小青"等志愿者积极参加法治宣传。一系列普法创新形式深受沿黄干群的好评和点赞，扩大了法治宣传教育的感召力与影响力，增强了沿黄群众知法守法意识，营造了河南黄河浓厚的法治氛围，打牢了地方性立法工作的社会基础，促进沿黄人水和谐发展。

功不唐捐，玉汝于成。河南黄河河务局对强化黄河河道管理，保护黄河生态环境、推进河道整治开展的相关法治建设工作取得了丰厚的成效。一是河南黄河河务局积极配合政府各部门连续 3 年参加"绿盾"专项整治行动，连续 5 年开展严厉打击非法采砂专项整治行动，全面完成中央环保督察暨"回头看"整改各项任务，与河南省检察院、省河长办携手开展"清四乱"保护母亲河专项活动，构建"河长制"框架下黄河河道管理联防联控机制；二是普法宣传取得优异成绩，荣获"六五"普法"全国法治宣传教育先进单位"称号，"七五"普法中期已被推荐为全国先进单位；三是全局依法行政水平不断提升，连续两年蝉联河南省依法行政工作先进单位等荣誉称号。

三、河南黄河地方性立法研究工作的思考

（一）修改完善现有水资源法律法规，加快地方性流域性法律体系落地生根

由于一些较早出台的水利法律法规中的个别条文规定已不适应现行发展趋势，导致水资源流域管理法律法规之间相互冲突。因此，通过对水法律法规中不符合流域管理的内容进行修改完善，消除它们之间的冲突和矛盾，并逐步完善出台针对性强的专门性流域法规，形成一个从中央层面到流域层面的完整的水资源法律法规体系。另外，大部分上位法的制定，基本上是立足于全国河湖管理和水利行业的普遍性而制定的，对黄河特殊性和复杂性的规定、要求针对性和操作性缺乏应有的强度和力度，因此加快制定黄河流域地方性专项法律迫在眉睫。

（二）地方性立法应注意与国家水利"四法一条例"的衔接

国家水利"四法一条例"即《中华人民共和国水法》《中华人民共和国水污染防治法》《中华人民共和国水土保持法》《中华人民共和国防洪法》《中华人民共和国河道管理条例》。地方性流域立法中应将上位法不明确的地方加以明确并落到实处。如《中华人民共和国河道管理条例》第二十一条规定："在河道管理范围内，水域和土地的利用应当符合江河行洪、输水和航运的要求；滩地的利用，应当由河道主管机关会同土地管理等有关部门制定规划，报县级以上地方人民政府批准后实施。"目前，绝大部分县区没有政府批准的滩地利用规划。又如《中华人民共和国水法》《中华人民共和国防洪法》都规定了禁止在河道内种植阻碍行洪的林木及高秆作物。对于什么是高秆作物和片林，一直没有定量的标准，造成业务部门执行以及检察机关责任追究中的困惑。

（三）深度推进《河南省黄河河道管理条例》立法调研工作

着力将现有的《河南省黄河河道管理办法》升格为《河南省黄河河道管理条例》，并在条例中设立生态保护独立章节或条款，着重增加环保方面的立法内容，使河南黄河河道管理从地方性政府规章上升至法规层面，对黄河生态保护进行立法，形成3个条例为核心的地方性法规体系，加强对河南黄河流域生态环境的监督和管理。

（四）理顺黄河生态环境保护的管理机制和保护机制，解决"多龙治水"难题

河南黄河河道管理涉及发展改革、公安、自然资源、生态环境、住房和城乡建设、

交通（海事）、水利、农业农村、林业（湿地）、卫生健康、黄河河务等部门，河道内管理机构众多，涉河多种利益交织、法律关系复杂，权利多元冲突，缺乏法律协调和平衡的机制。传统的流域治理的体制机制无法适应河南黄河生态建设与保护的需求，如何理顺涉河部门之间关系是立法工作需要考虑的问题。

第一，河南黄河是一个整体性极强、关联性很高的区域，各个要素之间联系密切，上下游之间、左右岸之间相互制约，影响显著。因此河南黄河河道管理立法必须从整体考虑，要建立跨行业的规划统筹管理、会审制度，同时扩展立法领域，调整涉河相关部门的管理法规。

第二，理顺系统中的各种关系，必须明确地方各级党委和政府是生态保护的责任主体。要从过去的分散立法转变到综合立法，从过去的强调部门分工转变到明确所有涉河部门的权责实现部门协同协作，吸纳习近平总书记在长江经济带发展座谈会上提出的"共抓大保护，不搞大开发"的指导思想，通过立法重新界定利益边界，调节各管理部门、行政区域、利益主体之间的矛盾，建立"整合式执法"的管理体制，实现多元主体权利（力）互动，创新流域管理机构的职权配置，实现生态保护行政目标统一。

这些特殊性、复杂性及其造成的突出问题，都需要有针对性地建立特殊的法律制度来解决河南黄河的特殊矛盾与问题，依法规范河道治理开发活动，依法调整和规范黄河治理开发保护与管理中各方面的关系，促进河南黄河水资源可持续利用，改善流域生态环境，维持黄河健康生命，保障流域及沿黄地区经济社会的可持续发展。

参考文献

［1］ 俞树毅. 国外流域管理法律制度对我国的启示［J］. 南京大学法律评论，2010：321－334.
［2］ 肖斌. 国外流域管理机构与法规评述［J］. 西北林学院学报，2000（3）.
［3］ 谈国良，万军. 美国田纳西河的流域管理［J］. 中国水利，2002（10）.
［4］ 万劲波，周艳芳. 中日水资源管理的法律比较研究［J］. 长江流域资源与环境，2001（1）.
［5］ 熊永兰，张志强. 国际典型流域管理规划的新特点和启示［J］. 生态经济，2014（2）：47－48.
［6］ 徐军. 我国流域管理立法现状及反思［J］. 河海大学学报（哲学社会科学版），2004（12）：20－22.
［7］ 张菊梅. 中国江河流域管理体制的改革模式及其比较［J］. 重庆大学学报（社会科学版），2014（1）：19－20.
［8］ 袁明松. 论新《水法》流域管理体制的缺陷及完善［J］. 广西政法管理干部学院学报，2004（1）：95.
［9］ 吴宇. 流域管理呼唤更加多元的利益诉求——长江流域管理机构性质和地位的比较分析［J］. 环境保护，2008（19）：51－54.

强化审计监督　健全监管机制
为治黄事业新发展保驾护航

程万利

黄河水利委员会审计局

近年来，在黄河水利委员会（以下简称"黄委"）党组的正确领导下，黄委各级审计部门坚持"围绕中心、服务大局""全面审计、突出重点"的方针，创新内部审计体制机制，认真履行审计监督职能，科学谋划、统筹力量、精心组织，充分发挥审计"免疫系统"功能，在水利行业强监管方面成效显著，为促进治黄事业规范管理、加快发展发挥了积极作用。

一、统筹规划，创新完善现有内部审计体制

（一）审计发展理念不断与时俱进

党中央、国务院高度重视审计工作，党中央作出了完善审计制度、保障依法独立行使审计监督权的决策部署，国务院下发了《关于加强审计工作的意见》，中共中央办公厅、国务院下发《关于完善审计制度若干重大问题的框架意见》及相关配套文件，这些都为审计事业发展指明了方向，提供了强有力的制度保障。黄委党组高度重视审计工作，委领导多次听取审计工作专题汇报，并对黄委内部审计工作提出具体要求：要切实发挥审计在治黄事业发展中的重要作用，坚持做到干部离任必审、任期届满必审、重大项目必审、预算执行必审、重点企业必审、重大经济活动必审；大力推进巡回审计，全面开展基层单位"审计体检"；对监管缺失的部分机关部门代管单位开展专项审计，彻底消除预算单位"审计盲区"；广大审计人员必须着力培养和提升观察力、判断力、分析力、解疑力，全力打造政治强、纪律严、作风优、业务精的审计队伍。按照上述要求，黄委各级审计部门坚持服务与监督并重，寓监督于服务之中，有效发挥了审计在规范管理、加快发展中的基础性、前瞻性作用。

（二）审计全覆盖工作卓有成效

自 2016 年实行审计全覆盖以来，黄委审计局紧紧围绕委党组中心工作，加强全河

审计工作统筹，优化配置审计资源，发挥审计监督合力，以经济责任审计、预算执行审计、巡回审计、跟踪审计和基本建设审计等审计类型为切入点，以 3 年为周期，实现了对所有单位、重点项目、重要资金的审计监督全覆盖，做到了应审尽审、凡审必严、严肃问责，全面完成了第一轮（2016—2018 年）审计全覆盖工作，新一轮（2019—2021 年）审计全覆盖正在扎实推进。

1. 强化经济责任审计，保障权利合规运行

经济责任审计是落实全面从严治党的重要抓手，是关爱领导干部的重要防线。按照"应审尽审"原则，统筹开展领导干部任中经济责任审计和离任经济责任审计工作。审计过程中，各级审计机构以落实廉洁从政、中央"八项规定"精神和消除"四风"情况作为重要内容，注重提高针对性、强化责任追究、维护经济运行安全、关注任期遗留债务问题，切实强化了对领导干部行使权力的制约和监督，并不断规范和创新，做到了财务检查的"雷达器"、风险防范的"指南针"、发现问题细节的"显微镜"。

2. 持续推进巡回审计，加强基层单位审计监督

2016 年黄委党组创新性的提出对所有基层单位开展巡回审计，2018 年进一步提出对二级单位所办企业进行巡回审计。审计局认真贯彻落实党组指示，立即行动，采取上下联合、审帮结合等具体措施，着力搭建黄委、省局、市局三级审计部门成果和信息共享平台，截至 2018 年年底，黄委所有水管单位审计工作已完成，委属二级单位所办企业全覆盖已实现，对直属单位本级进行了全面审计。审计过程中，重点关注了基层单位有无重大财务风险，有无重大违规事项；对基层单位贯彻执行中央八项规定精神、"三公经费"、会议费、培训费、差旅费等进行了重点审计；对企业的资源配置、经济效益、内控制度、法人结构、产权关系等进行了重点审查。通过巡回审计，有效促进了基层单位规范管理，发挥了巡回审计向基层传导压力、传播法规、传授方法的积极作用。

3. 加大跟踪审计力度，促进重点建设项目顺利实施

各级审计部门以"工程安全、资金安全、干部安全、生产安全"为重点，通过加大跟踪审计力度，加强了对重点建设项目、治黄重点资金的审计监督。围绕建设管理各个重点环节，发现和揭示工程建设管理中的突出问题，保障建设资金合理、合法使用，促进相关单位提高项目建设管理水平。

4. 切实服务大局，确保委党组决策部署落到实处

黄委审计部门有效发挥审计揭示风险和预防作用，对维修养护经费、涉河项目等开展专项审计调查，发现了一些苗头性、倾向性和普遍性问题，并从审计专业视角提出意见建议，委领导对专项审计报告予以高度评价，部分审计成果入选全河优秀调研

报告。

据统计，2016 年至 2020 年上半年，黄委各级审计部门完成各类审计项目 1934 个，审计总金额 1179 亿元，提出审计意见建议 4367 条。通过开展审计全覆盖，健全了监管体制，有效服务于治黄改革发展：一是利剑高悬，震慑常在。对基层水管单位及二级单位直属企业三年一轮的巡回审计的重要举措，实现了审计监督的制度化、常态化，达到了违规必查的震慑效果。二是查早查小，抓常抓长。积极构建"查早查小"审计模式，变"查问题"为"查风险"，早发现、早提醒、早整改、早落实，及时把苗头性、倾向性问题遏制在萌芽状态，有效减少了违规违纪问题，防范重大问题、重大损失及系统性风险发生。三是做细做实，防范风险。根据基层单位不同情况，以预算收支为切入点，深入基层单位发展的各个层面，查风险、堵漏洞、找短板、谋良策，帮助被审单位改革完善了各项制度、体制、机制，促进了被审单位增强法纪意识、规矩意识。从小处着眼，不放过任何一个风险，不留下任何一个隐患。四是传导压力、传授方法。在审计中帮助基层分析情况、理清头绪、把干什么、怎么干的问题搞清楚，推动指示要求变为实际行动，把压力转变为具体思路。通过一招一式的教，一事一议的带，引导基层说实话、谋实事、出实招、求实效，把压力转变为务实举措，提高基层单位预算执行和财务管理水平，助力基层单位规范管理，加快发展。

（三）审计制度化规范化水平不断提高

黄委在审计业务上推行精细化管理，建立健全审计质量管控机制，先后制定印发《黄委内部审计工作规定》《黄委领导干部经济责任审计办法》《黄委基本建设跟踪审计办法》《黄委关于进一步加强审计整改工作的意见》等多项制度，并对现行 40 余件规章制度进行全面梳理，整理现行有效制度，完善黄委内审制度体系。全面加强业务流程管理，防范和化解审计风险，推动内部审计不断向科学化、制度化、规范化迈进。采取灵活多样的方式做好审前调查，制定出的审计实施方案更有针对性；合理进行资源配置，对审计重点环节和重点问题进行重点查证；对审计发现的重要问题认真研究和分析把关，确保审计质量；在查出问题的同时，提出切实有效的审计建议，促使被审单位提升管理水平。对审计发现的倾向性和重大违纪违法问题线索等，以审计要情形式呈送黄委主要领导。委领导作出批示，提出要求，审计部门跟踪督促相关部门持续整改，确保落实到位。

（四）审计队伍自身建设不断加强

经过多年努力，黄委内部审计机构设置逐步完善。2019 年年底，黄委各级单位共有审计机构 39 个，审计人员 128 人，其中专职 108 人。审计人员的知识和年龄结构都有所改善，全河审计人员中级及以上职称占比90%；本科及以上学历人员占比90%，40岁以下的审计人员也大幅度增加。委审计局注重加强全河审计行业管理，每年年初印发审计工作指导意见，明确年度审计工作总体思路和工作要点；在全河范围内实行了审计工作年度计划、重要审计事项、重大审计信息报告制度；坚持不懈抓好队伍培训，每年通过集中培训、以审代培等形式培训内部审计人员，近3年共培训200余人次；组织开展优秀审计项目评审，充分发挥优秀审计项目的示范作用，积极推动内部审计理论研讨和经验交流，使审计理论研究与业务工作同发展、共促进。

二、增强认识，积极拓展审计工作新思路

（一）党中央将审计监督作用提升到前所未有的高度

党的十九大作出了改革审计管理体制的决策部署。党的十九届三中全会决定组建中央审计委员会，作为党中央决策议事协调机构，并明确提出审计是党和国家监督体系的重要组成部分。2018年5月23日，习近平作为中央审计委员会主任，在第一次会议上，深刻阐述了审计工作的一系列根本性、方向性、全局性问题，指明了新时代审计事业的前进方向，为审计工作提供了根本遵循。习近平总书记强调，要落实党中央对审计工作的部署要求，加强全国审计工作统筹，优化审计资源配置，做到应审尽审、凡审必严、严肃问责，努力构建集中统一、全面覆盖、权威高效的审计监督体系，更好发挥审计在党和国家监督体系中的重要作用。习近平总书记指出，要深化审计制度改革，解放思想、与时俱进，创新审计理念，及时揭示和反映经济社会各领域的新情况、新问题、新趋势。审计机关要在创新审计理念、组织方式、管理制度上下更大工夫，推动中国特色社会主义审计制度不断发展完善，使坚持党中央对审计工作的集中统一领导细化、实化、制度化。

（二）国务院、审计署关于审计职能的新定位，为审计工作赋予了新使命新任务

国务院《关于加强审计工作的意见》明确了新时期审计工作的新定位，赋予审计机关维护秩序、推动改革、推进法治、促进廉政、强化问责、保障发展等重要职责和任务。要求审计工作不仅要揭露重大违纪违法、重大损失浪费、重大风险隐患、重大履职尽责不到位等问题，还要促进深化改革、推进法治、提高绩效；不仅要摸清情况、揭示风险、反映问题，还要分析原因、提出建议、推动整改。这些新使命新任务，使审计工作的定位更高、领域更宽、职责更重、要求更严。新颁布的《审计署关于内部

审计工作的规定》也对内部审计工作提出一系列更详细、更明确的要求。胡泽君审计长在全国内部审计座谈会上也明确指出，各级审计机关、内审机构要站在党和国家事业全局的高度，充分认识加强内部审计工作的重要性，发挥党和国家赋予的监督职责，推动内部审计工作在新时代有新发展。中共中央办公厅、国务院办公厅近日印发的《党政主要领导干部和国有企事业单位主要领导人员经济责任审计规定》，聚焦领导干部经济责任，强化对权力运行的制约和监督，贯彻"三个区分开来"要求，对于加强领导干部管理监督，促进领导干部履职尽责、担当作为，确保党中央令行禁止具有重要意义。

（三）水利改革发展总基调对加强资金监管提出更高要求

2019 年全国水利工作会议明确提出，当前我国治水的主要矛盾已经发生深刻变化：从人民群众对除水害兴水利的需求与水利工程能力不足的矛盾，转变为人民群众对水资源水生态水环境的需求与水利行业监管能力不足的矛盾。其中，前一矛盾尚未根本解决并将长期存在，而后一矛盾已上升为主要矛盾和矛盾的主要方面。下一步水利工作的重心将转到"水利工程补短板、水利行业强监管"上来，这是当前和今后一个时期水利改革发展的总基调。

鄂竟平部长在讲话中强调，"水利行业强监管"将坚持以问题为导向，以整改为目标，以问责为抓手，从法制、体制、机制入手，建立一整套务实高效管用的监管体系，从根本上让水利行业监管"强起来"，形成水利行业齐心协力、同频共振的监管格局。作为"强监管"六个重点方面之一的水利资金监管，要以资金流向为主线，实行对水利资金分配、拨付、使用的全过程监管。要加大监督检查力度，跟踪掌握水利建设资金拨付、使用等情况。通过监管，督促各相关单位完善内控制度，确保各项支出有制度、有标准、有程序。通过监管及时发现并查处问题，严厉打击截留、挤占、挪用水利资金等行为，确保资金得到安全高效利用。对于我委审计部门来讲，加强审计力度，充分发挥监督职责，是落实对水利资金"强监管"的必要手段和有力措施之一。

（四）"规范管理、加快发展"对审计工作提出更高要求

2017 年，黄委党组针对治黄事业发展的新形势，提出了"规范管理，加快发展"总体要求：要在规范行为中激发活力，理顺人、财、物管理关系；要从"争、挣、帮"三个方面狠下工夫加快经济发展步伐。两年来，全河上下积极践行这一总体要求，明确目标，砥砺奋进，黄委自身管理更加规范，发展更有质量，各项治黄工作取得了显著成效。

面对当前审计工作新的形势，我委各级审计人员深深感到新时代审计工作的责任

更加重大、使命更加光荣、任务更加艰巨，将以更加坚定的信心和决心谋求新时代审计工作新作为。

按照以上要求，经委领导批准，审计局及时召开全河审计工作会，明确当前和今后一个时期我委审计工作的总体思路：以习近平新时代中国特色社会主义思想为指导，全面贯彻党的十九大精神，紧紧围绕"水利工程补短板、水利行业强监管"水利改革发展总基调和委党组"规范管理、加快发展"的总体要求，按照"统一领导，分级负责"的原则，整合全河审计资源，统筹年度审计项目，加强审计队伍建设，实行资源优化，上下联动，信息共享，结果共用，构建统一高效的全河审计格局；坚持"围绕中心、服务大局"，加强对公共资金、国有资产、国有资源和领导干部履行经济责任情况监督，稳步提升审计质量，狠抓审计发现问题整改落实，运用2~3年的时间，实现新一轮审计全覆盖，为加快发展出谋划策，为规范管理保驾护航。

三、持续发力，切实发挥审计监督作用

中央改革审计管理体制，组建中央审计委员会，是加强党对审计工作领导的重大举措。"水利工程补短板、水利行业强监管"水利改革发展总基调对加强资金监管提出了更高要求。为贯彻落实总书记关于新时代对审计工作的部署要求，强化委党组对审计工作的领导，黄委党组研究决定成立了审计工作领导小组，委党组书记、主任岳中明任组长。面对新形势和新变化，各级审计部门和广大审计人员将在黄委党组的领导下，统一思想，再接再厉，积极发扬吃苦耐劳的优良传统，强化创新发展、强化制度建设、强化结果运用，努力发挥更大作用。

（一）提高政治站位，进一步强化审计责任担当

全河各级审计部门肩负着党和国家监督体系审计监督职责的神圣使命，将进一步强化理论武装，坚持不懈地用习近平新时代中国特色社会主义思想武装头脑，进一步把新思想转化为指引新时代审计工作的强劲动力，用新思想引领新发展、用新方略指引新实践、用新使命激发新责任。坚持把"两学一做"学习教育常态化制度化推向深入，认真开展"不忘初心、牢记使命"主题教育，让审计干部始终不忘共产党人的初心和牢记审计职责的使命，树牢"四个意识"、坚定"四个自信"，坚决做到"两个维护"。

（二）坚持围绕中心服务大局，持续开展审计全覆盖

在全河范围内推进的内部审计全覆盖，达到了预期目标，基本消除审计盲区，领

导干部经济责任审计、预算执行审计、基层单位巡回审计、委属企业巡回审计定期轮审的制度已基本确立。但审计全覆盖是一项长期的任务，各级审计部门将继续坚持"围绕中心、服务大局，统筹安排、突出重点"的工作方针和"分工协作、合力推进，依法审计、注重实效"的基本原则，严格执行《黄委关于推进内部审计全覆盖的实施意见》相关要求，更加深入推进我委新一轮内部审计全覆盖工作。进一步加强对党组重大决策部署落实情况的审计监督，实现各项政策从产生到落地的周期全覆盖；加强对权力运行监督制约的审计监督，实现领导干部经济责任审计的全覆盖；加强对基层单位审计"体检"，实现对基层水管单位审计的全覆盖；加强对重点建设项目的跟踪审计，实现对关键环节重要节点审计的全覆盖；加强对企业经营管理情况的审计监督，实现对委属企业审计的全覆盖。将每 3 年作为一个审计周期，在审计周期内覆盖所有单位、重点项目、重要资金。

（三）立足提升审计监督层次和水平，积极推进审计方式方法创新

在全河各级审计部门和广大审计人员中树立创新意识，按照改革发展要求在资源优化、程序简化、方案细化等方面积极推进审计创新。一是创新审计理论。加强审计理论研究，增强理论研究针对性、实用性和前瞻性。加强对审计实践的理论总结和提炼，把行之有效的做法上升为理论或制度规范，为审计实践提供指引。二是创新审计方式方法。探索实践交叉审计、联合审计等审计组织模式，发挥审计监督的整体性和宏观性作用，改变"熟面孔"审计"老单位"的原有现象。三是充分发挥计算机技术在提高审计工作时效性、针对性、准确性方面不可替代的作用。2019 年各级审计部门已取得水利财务信息系统使用权限，通过利用水利财务管理信息系统，探索开展在线联网审计，实现了网上筛查与现场抽查的有机结合，信息化技术与审计项目的有效融合。四是推进审计报告创新。适应内部审计特点，综合利用灵活多样的报告形式。既提交传统审计报告，也通过"审计要情"形式报告，还采用"问题清单"形式下发。

（四）狠抓整改与质量提升，强化审计成果运用，保障审计工作实效

按照《黄委关于进一步加强审计整改工作的意见》，提升审计意见和建议的质量，注重审计意见整改的可操作性，更好发挥"治已病，防未病"的作用，继续坚持问题导向，高质量推进审计整改工作，针对典型性、倾向性和普遍性的问题，推动管理体制机制完善。强化时间要求，建立整改台账，实行动态管理。加强跟踪检查，对整改情况实行"回头看"，曝光拒不整改、整改不力或屡审屡犯的单位，对落实审计整改不力的单位和个人，进行责任追究，提高审计整改实效。

坚持"审计质量是审计工作生命线"的理念，构建审计质量评价体系，量化审计

项目成效，细化质量要求，规范工作行为；完善审计复核审理制度，防范审计风险；建立审计后评估制度，为提高审计项目的决策和管理水平提出建议；加强审计信息化建设，加快传统手工审计向计算机审计转型。以流程控制为关键、审计信息化为手段、制度建设为保障、审理复核为重点，多举措力促审计质量全面提升。

治黄事业任重而道远，审计工作光荣而艰巨。各级审计部门和广大审计人员将积极适应新常态，主动践行新理念，勇于创新，锐意进取，扎实工作，始终保持审计工作活力，着力提高审计工作效率，不断挖掘审计管理潜力，全面提升依法审计能力，推动我委审计工作在新的起点不断开创新局面，为治黄事业健康稳定发展做出新的更大贡献！

中央水利建设移民资金使用管理探讨

赵如琼

河南黄河河务局财务处

一、研究背景及意义

党的十八大以来，在习近平总书记"节水优先、空间均衡、系统治理、两手发力"的治水思路指导下，国家对水利基本建设投资持续加大，水利基础设施建设逐步完善，防汛抗旱减灾能力不断加强，并对生态环境、饮水灌溉、产业发展等方面产生了一系列积极的影响。2014年，党中央、国务院作出了加快推进172项节水供水重大水利工程的决策部署，要求集中力量建成一批打基础、管长远、惠民生的重大水利工程。目前，172项重大水利工程已批复立项134项，累计开工132项，在建投资规模超过1万亿元。重大水利工程的开工建设，必然涉及工程建设所在地的征地移民问题。

为了做好大中型水利水电工程建设征地补偿和移民安置工作，维护移民合法权益，保障工程建设的顺利进行，2006年，国务院颁布了《大中型水利水电工程建设征地补偿和移民安置条例》（简称《条例》），对征地移民工作的管理进行了相关规定。2013年7月、12月和2017年4月，又分别对《条例》进行了修改。《条例》中规定，移民安置工作实行政府领导、分级负责、县为基础、项目法人参与的管理体制。但《条例》中缺少移民资金财务管理的相关章节和内容。

由于水利系统没有统一的征地移民资金管理办法，部分地区或单位根据征地移民安置条例，自行制定符合自己管理要求的移民资金管理办法，如原国务院南水北调办公室制定的《南水北调工程建设征地补偿和移民安置资金管理办法》、重庆市制定的《重庆市三峡库区移民资金管理办法》、安徽省制定的《安徽省三峡移民资金管理办法》等。其他单位则只能参照或比照上述办法的移民资金管理模式，结合本项目的实际情况进行管理。而各项目的具体情况千差万别，在具体实施中，很难完全按照其他项目的资金管理办法进行管理。造成项目在实施过程中，征地移民资金的使用管理容易产生问题，资金使用效益也会受到影响。

根据水利部党组"水利工程补短板、水利行业强监管"的水利工作总基调，加强水利建设移民资金监督管理，是保障水利建设资金安全、提高移民资金效益的重要内容。因此，对目前水利建设征地移民资金的使用管理情况进行分析研究，对今后的项目实施、资金管理等方面具有诸多现实意义，有助于提高征地移民资金使用管理的规范性和经济效益。

二、征地移民资金管理模式及存在问题

根据国务院《大中型水利水电工程建设征地补偿和移民安置条例》规定，移民安置工作实行政府领导、分级负责、县为基础、项目法人参与的管理体制。国务院水利水电工程移民行政管理机构负责全国大中型水利水电工程移民安置工作的管理和监督。县级以上地方人民政府负责本行政区域内大中型水利水电工程移民安置工作的组织和领导；省、自治区、直辖市人民政府规定的移民管理机构，负责本行政区域内大中型水利水电工程移民安置工作的管理和监督。

建设工程开工前，项目法人需根据经批准的移民安置规划，与移民区和移民安置区所在的省、自治区、直辖市人民政府或者市、县人民政府签订移民安置协议，并根据移民安置年度计划，按照移民安置实施进度将征地补偿和移民安置资金支付给与其签订移民安置协议的地方人民政府，由移民区和移民安置区县级以上地方人民政府负责移民安置规划的组织实施。

在目前的项目建设模式下，征地移民资金主要有由地方政府负责实施管理、由项目法人负责实施管理、由地方政府和项目法人联合成立临时机构负责实施管理这三种管理模式。每种管理模式都有其优点，也都存在相应的问题。

（一）地方政府负责实施管理

地方政府负责实施管理，就是由项目法人将征地移民资金拨付给地方政府，由地方政府主导，具体负责征地移民资金的使用管理。

1. 优点

（1）地方政府作为地方管理部门，在征地实施、用地审批、移民安置等方面利于统筹协调、较易推进征地移民工作。

（2）项目法人与地方政府签订征地移民资金投资包干协议，按照协议和年度投资计划将下达的征地移民资金支付给地方，项目法人在目前的国库支付进度考核下压力相对较小。

2. 问题

（1）在地方政府全权负责的模式下，项目法人并不负责具体的征地移民工作。项目法人在收到财政拨款后，按照协议和年度投资计划将征地移民资金支付给地方，由移民区和移民安置区县级以上地方人民政府负责移民安置规划的组织实施。地方政府收到财政拨款后，该笔款项也随即脱离了国库监管，存在资金使用安全隐患。如移民征地补偿、附着物补偿款等是否按标准发放到位、专业复建项目是否按规划标准实施等。

（2）项目法人未积极参与征地移民工作，不利于对临时占地，附着物补偿、安置补助等支出的进行全面了解，对征地移民工作中可能产生的问题和隐患无法及时发现，也不利于对征地移民中发生的各项支出进行准确计量。

（二）项目法人负责实施管理

项目法人负责实施管理，就是由项目法人自行开展征地移民补偿工作，由项目法人具体负责征地移民资金的使用管理。一般适用于征地移民工作量较小、或地方政府不愿参与的项目。

1. 优点

项目法人全权管理征地移民工作，便于把控征地移民资金的使用方向；对项目建设过程中出现设计变更导致的征地移民工作量调整，也可以及时进行重新规划设计，保障财政资金的使用效益。

2. 问题

（1）由于农村土地所有权属于村集体所有，在项目法人全权管理的模式下，没有政府行政力量参与征地移民工作，项目法人在开展工作时可能会遇到较大的阻力，也可能与村集体或部分村民产生纠纷，且在后期移民安置上容易出现矛盾；在办理土地性质变更时，可能因地方政府不清楚此项工作，未纳入当年土地总体使用规划而进展缓慢。

（2）地方政府未参与征地移民工作，无法对征地移民工作的合规性进行监督，也不利于生态环境的保护和对移民后期安置进行统一规划，移民安置工作得不到充分保障。

（三）地方政府和项目法人联合成立临时机构负责实施管理

地方政府和项目法人联合成立临时机构负责实施管理，就是由地方政府和项目法人联合成立移民征迁管理机构，项目法人与地方政府签订移民资金使用包干协议，由地方政府负责征地移民工作的组织协调，征迁管理机构负责具体的征地移民资金管理。

1. 优点

地方政府作为地方管理部门，在移民征地工作中利于统筹协调、推动此项工作实施；项目法人、征迁机构负责资金管理，便于对财政资金的使用进行监督，也有利于对项目成本的控制。

2. 问题

（1）在项目实施过程中，时常出现因设计变更造成的征地移民、附着物赔偿、专业复建等工作量发生变化。在建设单位与地方政府配合的模式下，由于项目法人与地方政府签订的是包干协议，项目建设内容核减后，预拨付给征迁机构的征地资金无使用渠道，造成资金长期滞留，资金使用效益受到影响。

（2）支付进度要求与征地移民工作进度不匹配。大型水利建设项目一般建设周期长，涉及范围广。财政每年下达的建设项目预算与项目的实施工作进度并不完全匹配。且征地移民工作涉及群众切身利益，动员及协调工作较为困难，项目进展情况受征地移民工作影响较大；征用土地后，耕地占用税等费用的支付还需等待征地纳入当地政府每年的土地利用规划。《条例》要求项目法人按项目进展情况拨款，但在目前的国库管理体系和支付进度要求下，每年年底前国库余额必须支付完毕。条例规定与支付进度要求相冲突。

三、改进措施及对策

（一）优化项目前期论证、科学编制移民安置规划

征地移民工作作为基本建设项目的重要组成部分，且关系到相关被征迁居民的切身利益，必须要从源头做好相关工作。首先，在编制移民安置规划大纲时，项目法人要会同地方政府积极参与工程占地及附着物补偿调查、做到不重不漏、准确客观的反映各项补偿内容；其次，严格根据相关补偿标准对各项补偿内容进行概算编制，确保被征迁居民的相关利益不受损失；最后，要准确预计项目实施过程中可能出现的各种问题，优化设计方案，提升设计准度，以便征地移民工作的顺利开展。

（二）加强资金使用监督管理、规范资金使用过程

征地移民工作关系到被征迁居民的切身利益，在项目实施过程中，要切实把好资金关口，做到支出合理，程序规范。项目法人和地方政府应当定期组织对资金兑付情况进行检查、对资金到户、专业复建等情况进行全面核实，确保征地移民资金使用安全有效。对征地及附着物补偿款项，要逐项核实，确保赔偿到户；对专业复建项目，要实地勘察，保证复建后达到设计标准；对各级实施管理费，要规范管理、严控开支，确保用于征地移民相关工作。项目法人或地方政府下拨款项时，要首先保障前期拨付

的征迁资金已支付完毕，杜绝资金沉淀。各级征迁管理机构要准确按照规划批复内容开展相关工作，避免出现超计划支出。同时要经常性地开展自查工作，及时发现和解决问题，并向有关领导和部门反映资金使用情况。要自觉接受和配合有关部门的监督，确保库征地移民资金使用的安全有效。

（三）强化财务基础工作、提高业务人员专业能力

各级征迁管理机构要加强本单位财务基础工作，有针对性地制订各种内控制度和管理办法。对征地移民工作中的实物调查表、补偿发放清单、签字表、复耕证明等资料，要登记造册、妥善保管；对专业项目合同、招投标文件等，应按项目存放，方便查阅；对办公用品、固定资产等严格领用制度和资产管理，杜绝浪费与资产流失等情况。

（四）加强与地方政府沟通协作、保障征地移民工作顺利推进

征地移民补偿工作涉及范围广，且关系到被征地群众的切身利益，在实际工作中，难免出现部分群众对征迁工作不理解、不配合的情况，对项目的整体实施进度造成一定影响。项目法人在项目实施过程中，必须加强与各级地方政府和相关部门的沟通协作，切实做好移民的安置补偿工作，保障移民的合法权益和发展需求，确保移民利益不受损失。

（五）探索征地移民资金管理新模式，建立统一移民资金管理办法

在目前的项目建设模式下，常见的几种征地移民资金管理模式均各有利弊。借鉴各种管理模式中的优点，使征地移民资金管理更加规范有序、是迫切且十分必要的。目前的《大中型水利水电工程建设征地补偿和移民安置条例》规定，移民安置工作实行"政府领导、分级负责、县为基础、项目法人参与"的管理体制，但项目法人应如何参与征地移民、资金管理、监督检查，目前尚无明确规定，造成项目法人在履行相应职能上存在困难。各项目法人要针对此种情况，与地方政府积极沟通，出台相应的管理办法。并报水利系统主管部门备案，为形成统一的征地移民资金管理办法提供建议和参考。

随着水利改革发展的不断深化，水利建设项目在带动经济发展、推动产业升级、改善生态环境等方面发挥了重大作用。在新时期的水利工作方针指导下，水利建设投资对社会发展所带来的影响也必然更加广泛。这就更需要我们做好水利建设项目中移民资金的使用管理工作，从多角度、多方面去认识征地移民工作；并加强项目法人和征迁管理机构的内部控制制度建设，建立财务风险防范机制，确保征地移民资金使用安全，提高征地移民资金使用效益，使征地移民资金使用监督管理水平再上新台阶。

浅析水利事业单位会计内部控制

陈 晨

河南黄河河务局豫西黄河河务局

所谓的会计内部控制工作是指单位领导和管理阶层为了能够保障各项业务的顺利进行，让资产达到完整性和安全性的要求，预防、发现和纠正各种错误甚至违法行为，而制定的一系列具有较为完备控制职能的方法、程序以及措施。

水利事业单位是不以盈利为目的的、担负着为国家和人民提供公益性服务的社会服务组织，一方面国家给予财政补贴；另一方面在市场经济的影响下，需要向市场提供技术服务，来弥补财政不足，执行事业单位会计制度，收入及其支出均需纳入国家预算。所以水利事业单位内部控制机制必须要与单位的运行机制相结合才能有效地防范财务风险，保证单位财产的完整和安全性，保证水利资金的有效运用。本文主要对现阶段水利事业单位会计内部控制工作中存在的问题进行分析，并提出相应的解决措施，从而推动水利行业监管从"整体弱"逐步向"全面强"转变。

一、完善单位会计内部控制的重要意义

一是财务管理工作是新时期习近平总书记"节水优先、空间均衡、系统治理、两手发力"治水思路的重要保障，是水利部"水利工程补短板、水利行业强监管"决策部署的重要抓手，内部控制制度的建设与完善作为防控财务风险发生的重要手段，可以有效地对财务风险进行超前的控制和管理，以避免由财务风险转化为违法违纪风险，从而使水利事业单位获得可持续健康发展。

二是内部控制对于解决水利事业单位管理中出现的突出问题具有十分重要的作用。近年来，水利建设的资金逐年增加，水利建设的项目呈现多样化，而且水利建设的地域十分辽阔，正是由于这些原因导致了水利事业单位在内部控制管理上显得困难重重，水利事业单位要想及时有效地发现并解决管理中所出现的种种问题，就需要健全有效的内部控制，只有不断增强水利事业单位的会计内部控制管理水平，才能够保证水利建设项目的顺利完成，能够更好地维护国家和人民的利益。

二、水利事业单位会计内部控制的现状

一是水利事业单位会计内部控制制度不健全，无章可循。单位的管理层对内部会计控制的重视程度不够，很多单位没有建立相应的会计内部控制制度，缺乏相应的理念指导从而导致会计内部控制制度的建立健全受到很大阻碍；有的单位虽然建立其会计内部制度体系，但是，其沿用的核算和管理方法不够合理，只是单一系统地对公式、套路进行使用，没有从水利事业单位自身财务会计管理角度出发选择恰当的方法；还有的水利事业单位在建立会计内部控制制度过程中，所有行动流于形式化，没有将控制制度综合运用在财务会计核算和管理过程中，会计内部制度缺乏执行力度。

由于职工对内部控制的认识不够，从而导致内部会计控制体系不能充分有效地建立和运行，而且许多单位对建立健全会计控制的重要性认识不足，对财务工作也不够重视，职工也没有真正理解财务工作在单位中的重要性，从而使单位内部的监督只是流于形式，造成会计人员没有其应有的责任感。还有部分单位没有按照国家的规定结合自己单位的情况对具体问题进行细化，没有适合本单位的会计内部控制制度，影响会计内部控制，造成许多问题的出现。

二是岗位分工和人员配备不够合理，财务信息不够畅通。在水利事业单位中每一个财务部门的岗位都在水利事业单位会计内部控制中履行着其相对应的职责，对其他人的财务核算工作及其财务管理工作发挥着牵制的作用，然而依然有个别单位因为人员有限，资金涉及量较小，整个核算过程相对简单，不能够对会计工作人员进行系统严格的筛选；财务部门也没有仔细正确地划分保管人员、出纳人员以及记账人员，从而导致不同工作人员职责之间缺乏清晰的界限，工作权利和职责不够明细。不按要求设置足够的工作岗位，或者是设置了相应的岗位但是没有按照要求进行岗位人员的安排，就会导致一人多岗，不相容岗位混岗现象。内控制度中有章不循的现象也很严重，制度执行有偏差，甚至被束之高阁，在经济业务活动中也不按照程序办理，从而使水利事业单位内部控制制度失去应有的严肃性。

当前许多的水利事业单位的财务信息不够及时也不通畅，其往往只是重视预算却不重视对于预算的执行。由于预算是由国家财政拨款，所以对预算十分重视，然而预算的执行却无法被提高到同样的地位，管理层对于预算资金的执行情况无法做到心中有数会导致对单位整体的运行情况失去掌控，这些都是领导与财务人员之间的财务信息不畅通，不及时所带来的结果。

三是财务会计预算控制力度有待提升。有些水利事业单位的财务预算编制相对粗糙，不满足实际状况，只能够单纯地按照上一年度的收支水平、财政状况来对预算情况加以设定，这样不满足科学工作的理念要求。而且，在资金使用明细、项目预算金额等方面不够详细，这就容易诱发会计内部控制失去控制，各种预算支出账目达不到核定的要求。

由于预算编制不够严密、细致，许多水利事业单位都存在预算执行控制不严格，不少单位在预算执行过程中将一部分公用经费在项目经费中列支，出现这种情况的主要原因是我国的预算体系的不足还有单位对预算控制活动执行的不严格，还有一些水利事业单位没有一个明确合理的经费开支的标准和范围，从而导致对财务的监督与控制工作只是流于形式，没有发挥其应有的作用。预算编制及执行的不科学、不合理致使预算执行缓慢，国库集中支付体系没有起到盘活的作用，影响了财政资金的运作。在预算资金的分配上，没有一个科学、合理的定额标准和操作尺度，使得资金预算编制时主观性强、随意性大，虽然有一定的分配基础，但与实际需要存在一定的差距，造成单位内部之间分配不均衡。

四是水利事业单位内部审计机构缺乏独立性与权威性，监督执行力度不够。目前许多水利事业单位的审计机构只是流于表面的存在，整体对审计机构的不重视，导致没有很好的对财务核算与财务管理进行监督，达不到应有的监督效果，国家财政审计部门们作为水利事业单位的外部监督机构，在执行监督时以单位资金使用及其效益为重点，对水利事业单位的具体情况不做切实可行的整改建议，而且在查出问题后，只是对单位进行处罚却忽视了对相关负责人的处罚，甚至采用小事化了的方法去处理发现的问题，从而使内审机构形同虚设，没有发挥应有的作用。

在内部审计机构监督力度持续下降的同时，如果单位的领导急于完成上级下达的各项目标，对于会计风险的意识就会下降不强，从而使会计工作中出现组织管理，制度安排和技术方法等方面的问题而造成经济的损失，甚至出现违规违纪违法行为。还有许多水利事业单位没有严格的岗位责任制度，会计人员的能力存在与其岗位不匹配的现象，从而使内部会计控制系统的恰当性和有限性不实用，由于人员的风险意识不够强，从而不可避免地出现违规，违纪现象。

五是水利事业单位财务人员业务素质有待提高。会计内部控制管理是一项综合而全面的管理活动，与水利事业单位的各项活动都有密切联系，财务工作与内控工作涉及单位活动的各个方面，收入与支出的各个环节，这就要求财务人员具有良好的财务分析能力，能够动态地分析单位的资金运转状态与整体发展趋势。然而目前财务人员的业务素质与工作的要求差距较大，财务工作人员的业务素质与能力参差不齐，有国家正规财经学院培养的专业人才，也有其他岗位的非专业人员，由于财务工作人员的工作经历及其学习背景不同，因而在对内部财务会计控制的执行与理解方面存在较大的差异，会计人员的能力与其岗位不能匹配，从而使内部会计控制系统的实施操控性无法发挥，由于人员的风险意识不够强，从而不可避免地出现违规，违纪现象。

三、完善水利事业单位会计内部控制的对策

一是要健全和完善水利事业单位的会计内部控制制度，加强相关的财务行为的规范力度。任何制度的建立与健全都建立在领导与职工相关方面意识的提升，会计内部控制制度的健全与完善亦是如此，领导的重视是制度建立的根基，职工的重视是制度执行的保障。在制度的形成过程中，要注重制度的设计及其实施方面的可行性与创新性，水利事业单位财务部门需要能够根据自身规律以及发展要求建立其单位预算编制、执行、最终决算的监管体系，从根本上发挥出财务部门的合理财会监督等作用，更好地对资金进出进行有效控制。以法律法规、各项财务管理制度为准绳，建立健全财务会计内部控制管理制度：财务预算风险防控管理制度；固定资产风险防控管理制度；财务收支风险防控管理制度等提高抵御财务风险的能力。水利事业单位的会计内部控制制度得到了行之有效的实施，那么水利事业单位的预算资金及其资金的使用都会得到行之有效的规范，从而能够有效地防止挪用，转移资金的违法违规行为，对财务行为进行有效的管理控制。

二是明晰财务会计岗位设置及人员配备，保障财务信息在领导与财务人员之间畅通无阻。根据《中华人民共和国会计法》相关规定来分析，会计工作人员或者从事会计工作者需要具备相应的从业资格证书，单位会计负责人还需要具备会计师职称的资质。但是，由于水利事业单位现实情况的不允许，不能够对会计工作人员进行系统严格的筛选，但是应该在单位能力范围内，尽可能避免出现财务会计关键岗位的混岗问题，例如：会计和出纳不能同时兼任，出纳和保管不能同时兼任等根本性、原则性错误。尽可能明晰不同工作人员职责界限以及工作权利，要能够实施岗位责任牵制，把会计的处理、使用、监督职能进行分散、细化，明确不同岗位个人需要承担的责任。实时对单位领导及财务会计人员进行培训与交流，使得单位领导对预算的编制与执行等方面的财务信息能够很好地与财务人员进行交流与沟通，保障财务信息的通畅，为领导作出正确的决策提供坚实的基础。

三是强化预算管理。预算管理是单位财务管理的中心环节，是会计内部控制制度实施的重要纽带，预算编制不科学，预算资金管理不规范，预算执行缺乏严肃性和权威性等因素是造成财务风险累积并爆发的重要原因，是破坏会计内部控制制度的敲门砖。水利事业单位的使用资金是以财政资金为主要来源，单位的收支是以经过批准的预算为依据，其预算规定了水利事业单位的支出规模及其支出的方向，所以需要强化对预算的管理，严格按照国家的法律法规所规定的财务规章制度去执行，要对水利事

业的财务工作和预算资金的管理提出更高的要求，严格收支管理，建立资金和预算的管理制度，统筹资金的安排，合理编制预算，规范工作程序和财务手续，使预算的执行工作透明化，从而使资金的使用更加有效。

四是由于内部审计机构缺乏独立性与权威性，导致监督执行力度不够，所以要加强对内部审计监督的检查，加大对审计的监督力度，同时要强化引入外部审计监督检查，对于单位的财务情况及内部控制情况应该进行定期不定期的内部检查与外部审计，对审计中发现的问题，加以解决，并帮助单位内部控制制度加以改进并完善。要充分认识内部审计机构的重要性，强化审计机构的独立性与权威性，加强监督执行的力度，从而不断完善和发展会计内部控制制度，这样才能更好地为社会提供公益服务，正确履行政府与人民所赋予的职责。

五是不断提升单位财务管理工作人员的知识和素质，保证会计内部控制工作能够规范化运行，让财务管理发挥出相应的作用。水利事业单位财务管理的强弱程度决定单位会计内部控制度的严格程度，是事业单位财务的核心地位，是优化财政资源配置、确保预算平衡、促进事业单位财务防控体系建设的关键。而财务人员的基本素质又决定了一个单位风险指数的高低，因此对事业单位专业性强的会计业务必须实行重点、专题性的培训，使财务人员明白，财务风险存在于财务工作的各个环节，任何环节的工作失误都可能给单位带来不可挽回的损失，从而提高会计工作人员的责任意识与风险意识，充分发挥会计人员在内部控制制度的执行过程中的重要作用。要注重对会计人员的责任意识的培养，落实好会计的内部控制，提高会计人员的职业道德水平、业务技能，以及其政治素质，并营造一个相互监督、各司其职、诚实守信的工作氛围，从而确保水利事业单位会计内部控制制度得到行之有效的实施。

四、结　　语

水利事业单位在经济发展和社会进步中扮演着相对重要的角色，应该结合新的经济发展形势，建立并完善相应的会计内部控制制度，做好内部监督，统筹内部会计控制要素，做到操作上有制度保证，在部门方面有所制约，在岗位上有职责分工，在控制上有一定的标准，在过程中有所监控，对于风险要有所预测，保证水利事业单位的会计内部控制能够符合国家法律法规的要求，保证水利事业单位能够更好地利用资金，使水利专项资金能够合理并合法地利用，同时也能够保证水利事业单位资产的安全与完整，充分发挥水利事业单位会计内部控制的作用，从而更好地为社会提供公益服务，保证会计工作能够有效进行。

参考文献

［1］　王文明. 浅议水管单位财务集中管理［J］. 治淮，2009（7）.

［2］　张雨. 改制后的水管单位如何加强内部会计控制［J］. 山西水利，2008（2）.

［3］　王菁. 如何加强行政事业单位会计内部控制工作［J］. 经营管理者，2016（4）.

［4］　张国标. 事业单位财务风险分析和防控管理研究［J］. 时代金融，2018（5）.

浅谈黄河内部工程项目管理及项目成本控制

宋 娜

焦作河务局

一个项目要想做好成本控制，其核心在于管理，例如：一个资产为 10 万元的店面，营业额每月盈利 2 万元，一个资产为 100 亿元的企业，每年亏损，其关键就在于成本控制和管理，它们之间既相互独立又相互联系，既相互补充又相互制约，用成本指标考核管理行为，用管理行为来保证成本指标。下面具体介绍在工程项目的履约过程中，如何加强成本的有效管理，能够获取最佳效益。

一、简述项目成本控制的起因和过程

近年来，黄河防洪工程投资规模不断加大，为治黄经济发展提供了难得的机遇，我局认真贯彻"安全第一、效益优先、质量至上"的经营方针，进一步强化内部工程成本管理，促进全局内部工程安全运行，防范和杜绝风险的发生，实现了较好的经济效益。通过多年来的实践，建立完善了一套完整的内部工程成本控制管理模式。

领导高度重视内部工程施工管理，成立了内部工程施工管理领导小组，明确了多项成本控制管理措施。一是在承揽方面，实行企业牵头，县局协助；二是在成本管理方面，每年修订了焦作河务局《水利水电工程施工项目成本定额》，实行市局统一核算，制定了单项工程目标成本责任书，使项目成本预测和控制更加科学、适用；三是在施工方面，实行施工单位重管，企业监管，市局督查三级协同管理方式；四是在考核方面，制定了《焦作河务局重要施工项目考核奖惩办法》，实行重奖重罚。对完成效益目标较好的项目部给予表彰或奖励；对执行不力，造成效益流失的项目部给予处分和处罚。对承揽的内部项目进行规范操作，实现了企业在投标、施工进度、工程质量等方面有保证，在效益方面逐步提高，形成了内部项目管理体系。

（一）完善内部定额，确保工程效益

每年修订焦作河务局《水利水电工程施工项目成本定额》，实行市局统一核算，制定了单项工程目标成本责任书，使项目成本预测和控制更加科学、适用。确保内部工

程效益不流失。

焦作河务局内部定额编制的依据主要是根据当地人工、材料、机械费用的消耗，主要参考依据有：水利部 2002 年《水利建筑工程预算定额》、河南省建设厅 2008 年《河南省建设工程工程量清单综合单价》、交通部 2008 年《公路工程预算定额》、交通部 2009 年《公路工程施工定额》、吉林科学技术出版社出版的《建筑施工常用数据手册》，以及《常用施工项目成本定额》。

内部定额只考虑人工费、材料费、机械费，不含其他直接费、间接费、利润、税金等。实际工作中按以下标准考虑管理等费用。

工程造价在 100 万元以下时，按成本定额的 8％计；工程造价在 100 万～300 万元之间，按 7％考虑；工程造价在 300 万～500 万元之间，按 6％考虑；工程造价在 500 万元以上时，按 5％考虑。图 1 为施工项目成本测算体系图。

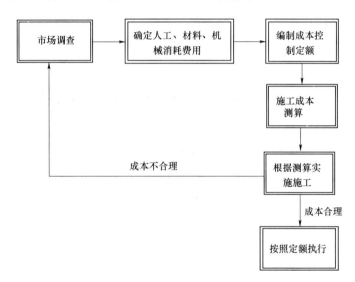

图 1 施工项目成本测算体系图

（二）建立内部工程投标管理体系

1. 投标管理

成立由市局领导挂帅，相关职能部门和企业组成的内部工程投标小组，建立企业牵头，县局协助，职能部门配合的招投标组织；充分利用黄河内部企业协会合作平台，处理好同行之间竞争与合作关系，降低投标风险；出台投标管理制度，发挥团队精神，提高标书制作质量，提高投标报价准确性和中标率。严格奖惩，提高职工的责任心和工作热情。

2. 资质管理

资质证件市场开发部设专人管理，负责证件的归并、整理、登记等，外出投标实行往来登记制度，委托代理人要按照登记薄的表格内容详尽填写，使用后应完整的返还市场开发部并办理手续。

资质材料的复印件外用，应加盖"复印无效"章，注明"仅限×××工程投标报名或资格审查使用"，并由借件人登记备查，以确保资质材料的使用安全。

开标期间，所有证书、公章、法人章等证件及印鉴均由公司委托代理人负责保管，坚决杜绝将上述重要证件及印鉴交于其他无关人员保管使用，如遇特殊情况，必须请示主管领导酌情处理。

任何投标意向、投标行为都要及时向公司主管领导汇报，并详细说明情况，经批准后，方可进行该项目的投标报名、资格审查等工作，任何个人不得随意使用公司的资质、人员等证件及复印件。

投标资料由公司市场开发部人员根据招标公告或招标文件要求，认真负责整理编制，授权委托人应为市场开发部人员或公司其他员工，投标报名、资格审查、现场开标时根据要求必须由委托代理人带资质证件原件到场。

外出投标人员携带公章外出过程中，严禁在与公司资料不符的投标文件中加盖印章，投标文件编制期间应将盖有印鉴的废弃资料销毁，避免公司的印鉴、资料外泄。

外出投标人员，要严格做好单位资料及信息保密工作。

（三）成本测算、成本竞价、制定三级成本目标责任书

1. 成本测算

由内部项目成本测算小组依据焦作河务局《水利水电工程常用施工项目成本定额》进行成本测算，内部中标工程按照《焦作黄河水利企业中标工程内部劳务竞价规则》规定选择劳务合作方，企业取得中标工程后，经管局组织相关人员进行成本分析，拟定成本控制和效益目标，向局领导提交施工项目效益目标责任书，经研究后由经管局制定下发目标责任书。

2. 成本竞价

内部中标工程按照《焦作黄河水利企业中标工程内部劳务竞价规则》规定选择劳务合作方。

中标工程项目的施工企业均应举行内部竞价交易会。

凡有相关经营经历，并且在行业内信誉良好，能够提供工程原材料、设备、劳务的单位或个人均可参加竞价交易会。

焦作河务局所属施工企业的中标工程内部竞价交易活动由焦作黄河水利企业管理协会组织。

中标项目按照结构形式、原材料分类等不同类别划分为若干子项予以竞价。具体

竞价项目由甲方根据工程情况划分并报企业协会审定后发布。

企业在竞价前，向企业协会提交用于竞价交易成功后拟签订的合同样本。

竞价方报名时应提供身份证明、施工业绩、设备清单等履约能力的证明材料。

竞价交易会1日前，乙方可按通知要求到指定地点领取竞价须知1份，并签署竞价交易承诺书。乙方领取前，必须向企业协会或指定承办方缴纳诚信保证金，保证金额度按照竞价标的大小而定（归还时不计利息）。交易过程中未出现违规事项的，交易会后10日内退还诚信保证金。

企业应在竞价交易1日前，采取密封的方式向企业协会提交以下材料：

（1）交易项目能够接受的最高交易价格（最高限价）。

（2）甲方认为需要说明的其他事项。

竞价时间、地点由企业协会在竞价前通知，并由各单位和个人相互转告。

乙方应在交易会规定的时限内递交密封的交易文本，内容包括交易项目报价、投入的主要设备等。

竞价会设主持人一名，一般由中标企业负责人担任（或由企业协会指派），负责组织竞价交易的全过程。

竞价活动设立领导小组，成员由企业协会主要负责人及相关人员组成，除负责审定竞价事项外，参与并监督竞价过程，协调解决现场有关问题。

竞价会采取公开唱标的方式，现场公布各单位报价。竞价领导小组根据竞价情况，研究决定项目交易的价格区间，并现场公布。

报价高出或低于价格区间的乙方，不能成为签约方；进入价格区间的最低报价方应当优先予以安排签约。

企业应在竞价领导小组发布的项目交易价格区间内，科学合理确定最终价格，通过平等协商，自主选择竞价方。交易双方须于会后5日内签订劳务合同，并报企业协会备案。

企业应当根据情况，要求乙方交纳可能完成工程总价款的15%～20%的履约保证金；工程总价款不足50万元的项目，按5万～10万元交纳履约保证金。

交易双方应严格履行合同规定的责任和义务，享受合同规定的权利。若发生经济纠纷，且双方协商不成的，应先由企业协会调解解决，再调解不成的，可通过法律手段解决。

3. 制定三级成本目标责任书

市局与企业签订目标责任书。企业取得中标工程后，经管局组织相关人员根据项目合同条款，施工条件，各种材料的市场价格等因素，进行成本分析，拟定成本控制和效益目标，向局领导提交施工项目效益目标责任书，经研究后由经管局制定下发目标责任书。责任书内容包括三大部分：

一是工程概况。内容包括工程简介、中标价格、项目部主要人员组成、主要工程量、主体施工队伍、主要协作队伍、协作价格等。

二是责任内容。主要包括进度控制、质量控制、安全控制、文明工地创建、中标企业成本控制和预期效益目标、施工项目部成本控制和预期效益目标等。

三是奖惩措施。内容包括完成任务如何对项目部、企业负责人、项目经理奖惩，完不成任务如何奖惩，超额完成任务如何奖惩等。

企业与项目部签订目标责任书。根据市局目标责任书，由企业组织相关技术人员和财务人员进行分析，进一步明确项目部的成本控制目标和效益实现目标，由企业与项目部签订二级目标责任书。责任书内容包括：

一是责任内容。主要包括进度控制、质量控制、安全控制、财务管理、资料整理、文明工地创建等方面责任。

二是奖惩措施。内容包括完成任务如何对项目部、项目主要负责人奖惩，完不成任务如何奖惩，超额完成任务如何奖惩等。

项目部与劳务合作方签订目标责任书。根据企业目标责任书，项目部与劳务合作方签订三级目标责任书。责任书内容包括：工作内容，各项工作施工单价，劳务方的权力、义务、责任，施工价款的结算方式，安全文明施工等具体内容。

图 2 为成本管理体系图。

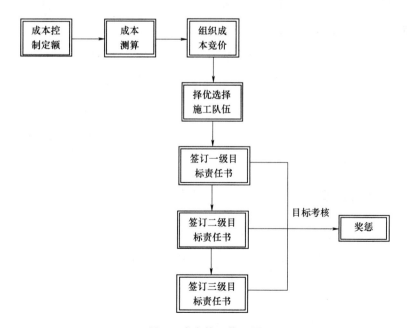

图 2　成本管理体系图

（四）施工过程控制

一是领导重视。沁河下游防洪工程建设时间紧、任务重，工作难度大，施工期间参建分公司领导带队，吃住在工地，采取每晚例会制，当天的问题当天解决，出现问题就在施工现场解决，为圆满完成施工任务打下了良好的基础。

二是加强成本控制管理。参建分公司在沁河下游防洪工程建设项目上首先从工期、质量、安全、技术、人员等方面合理制订施工方案，采用先预算后实施的管理办法，严格成本管理，防止跑冒滴漏现象，最大限度节约成本。对项目成本中材料费、人工费、机械费等重点项目监控，科学分析、合理预测施工期间工、料、机成本的变化趋势，因材料价格上涨、环保治理等各种因素，导致施工成本增加，及时和项目部进行沟通、联系，使项目发挥最大效益。

（五）内部工程项目部管理

内部施工项目（包括涉河项目）坚持"抓管理，精中求效"的原则，实现内部项目的效益最大化，为加强项目部管理，实现项目平稳运行，出台了《焦作河务局内部施工项目成本监督管理办法》，成立了成本监督领导小组，明确了在内部项目成本测算、过程控制、完工考核的具体措施，为内部工程管理打下坚实的基础。

施工管理：包括工程质量、安全、现场管理。工程施工过程中要严格控制，确保工程施工顺利进行。项目部财务管理：根据施工企业内部工程项目经理部财务管理状况，针对存在问题，出台了《焦作河务局施工企业内部工程项目部财务管理规定》，进一步规范财务工作行为，使会计信息真实、完整，加强了成本核算，提高了经济效益。

合作队伍管理：实行协作队伍选择的竞价机制。在满足施工合同要求下，通过公平、公开、合法的竞争，按照合理低价的原则，选择有相应资质和信誉良好的协作队伍作为分包方。协作队伍的选择，须由企业领导班子研究，并报经管局备案后确定。企业对项目部选择施工队伍、主要设备和材料的购置等进行全过程的监督管理。

（六）审计监督管理

加大跟踪审计力度，出台了《焦作河务局企业项目经理部跟踪审计实施细则》，对项目进行事前、事中、事后全过程跟踪审计。图3为跟踪审计体系图。

（七）考核管理

出台了《焦作河务局重要施工项目考核奖惩办法》，加大了奖惩力度，促进了安全、质量、进度、效益四大目标的有效控制。编制完成了《焦作河务局工程建设与管

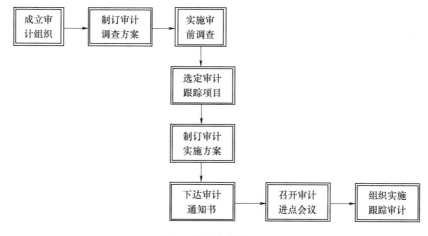

图 3　跟踪审计体系图

理制度汇编》。内容涵盖企业市场行为、工程建设、成本管理、资金监管、劳务队伍管理、监督执纪、考核奖惩等多个方面，该制度的出台旨在以制度约束来监督，保证和保障各参建方的职能归属，确保工程安全、资金安全、生产安全、干部安全。

二、工程管理模式与运行机制

内部防洪工程建设坚持"四统一"原则，即统一组织、统一管理、统一核算、统一利润分配。确保防洪工程建设任务的顺利完成，实现预期目标。

一是坚持统一组织。成立了防洪工程建设领导小组，具体负责工程建设与施工过程的各项工作，全力履行项目法人职责。经管局作为市局企业的管理机构，全面监管、指导企业的市场行为，树立严谨的契约意识和征信意识。按照"能力、负担、扶贫、属地"原则，对防洪工程建设任务进行了任务协调。

二是坚持统一管理。将内部工程施工涉及的企业市场行为、工程建设、成本管理、资金监管、劳务队伍管理、监督执纪、考核奖惩等方面的制度，进行了制订或重新修订并汇编成册。切实做到有章可循、有据可依、规范管理。

严格执行施工成本和效益总价"双控"制度，组织企业和财务有关专家组成成本测算小组，深入焦作各县市、济源等地对材料进行询价，对工序进行调查，分析投标价格，进行成本测算，科学确定劳务价格和材料价格。

并严格以劳务指导价为标准，坚持"四个决不允许"和"劳务队伍实名备案制度"，择优确定劳务合作队伍；认真做好项目成本分析，严格项目成本管理与支出；明确效益目标，落实目标责任和协议约定。实行项目实施全过程动态监管。

三是坚持统一核算。制定出台了《焦作河务局关于加强防洪工程建设财务监管的实施意见》，实行项目财务统一核算，进一步强化企业项目核算和资金监管，规避财经运行风险。

四是坚持统一利润分配。对完工项目进行统一审计考核，核定利润完成情况，对项目效益完成情况进行分配、奖惩。

三、工程效益分析

因材料价格上涨、环保治理、施工工艺变更等原因，导致工程整体利润降低。针对沁河下游防洪治理工程自 2016 年 5 月开工以来，水泥、钢筋、石料等主材价格大幅度上涨，造成工程项目成本增加问题。经管局组织人员深入市场调查焦作市、县等区域材料实际价格，并结合焦作市标准造价信息进行对比分析，进行材差论证，为施工单位提供了详实的价差申报基础材料。经河南河务局豫黄规计〔2018〕67 号文件批复，材料价格调整投资 1816 万元，其中：沁河二标材差调整 461.37 万元，沁河三标材差调整 367.72 万元，沁河四标材差调整 987.3 万元。经河南河务局豫黄规计〔2018〕72 号文件批复，沁河二标高压定喷变摆喷调整 225.59 万元，沁河三标高压定喷变摆喷调整 73.57 万元，沁河四标高压定喷变摆喷调整 231.19 万元。

经测算，沁河下游防洪工程第四标段第一次测算利润率为 15%，因施工中材料价格上涨等因素，目前测算利润率为 7.7%。

四、结　语

综上所述，成本控制作为工程项目成本管理的重要手段和途径，施工企业只有有效地加强工程项目成本管理，努力提升项目经营效益，增强企业的生命力，才能使企业在激烈的市场竞争中获得可持续发展。

参考文献

［1］ 毕海涛.建筑工程经济预算与成本控制分析［J］.住宅与房地产，2017（29）.
［2］ 李晓娟.建筑工程经济预算与成本控制分析［J］.科技展望，2016（30）.

浅谈在河道工程建设与管理中做好生态河道监管的重要性

史东祥　　马献青　　姬青丽

兰考黄河河务局

　　水利工程学的一个分支就是生态水利学，并且其对于经济发展和环境保护具有重要意义，能够使得水利工程满足社会需求的前提下，能够满足可持续性需求，保障水域生态系统健康。在我国经济的发展过程中，传统河道工程在建设过程中常常忽视与环境的协调发展，是可持续发展理念的阻碍，只注重眼前的利益满足经济发展需求，但是忽视长远发展的弊端日渐显露。生态水利工程能够兼顾生态环境保护和水资源的开发利用，对于社会的长远利益来说是一项非常关键的工程。

一、生态水利在河道工程建设与管理中的重要性

　　河道在发挥泄水、引水、灌溉、航运等功能的同时，也使其周边的生态环境不同程度遭受到破坏，严重地影响着经济建设和生态环境的失衡。生态水利在河道工程建设与管理中的应用既能兼顾河道工程的建设与管理，又能兼顾生态系统，其重要性不言而喻。在当今，国家提倡生态文明建设，更是为生态水利建设提供政策支持，因此，把生态水利应用到河道工程建设与管理中已迫在眉睫，其重要性主要有：一是生态环境恶化。在河道运行中不同程度河流水系遭受污染，破坏水域内原有生物种群的平衡状态，影响水资源的质量，还影响着周边的生态环境。二是生态水利是社会和环境可持续发展的需要。生态环境是人们生存发展的重要基础自然资源，而传统的河道工程无法长久实现工程建设与环境的可持续发展，因此将生态水利应用到河道工程建设与管理中，是必然趋势，也是社会经济可持续发展的重要保证。三是生态水利是实现生态系统循环的需要。生态系统良性循环是河道健康发展的重要因素，将生态水利应用到河道工程建设与管理中，能够净化水资源，实现水生态系统的优化，推动人与自然和谐共处。

二、河道工程建设和管理中存在的问题

(一) 河道形态遭到人工随意改变

现如今的河道工程建设大部分还仅仅停留在防洪功能阶段,"裁弯取直",利用钢筋混凝土石块进行人工化的直立式护岸,这样的方式不仅会改变河道原本的断面形态,还会使河道变浅变窄,严重影响河道的综合功能。例如,洛阳境内的某市区段综合治理工程以及涧河王城公园水面工程,都采取了混凝土护岸措施。该措施虽然使城市得到了一定程度的美化,提高了河流利用率,但其改变了河流的流向,严重阻碍了河道内生物的洄游通道;另外这些措施会严重减少河流的径流量,使河流下游生态遭到破坏,并且这些对河流生态健康造成的重大影响不可逆的。

(二) 河流污染问题

河道内存在着各类污染物,如垃圾、生活污水、工业废水,再加上河道附近部分居民环境保护意识不强,存在向河道内倾倒垃圾的行为。进而导致水体污染、环境恶化、水体富营养化、水质性缺水,不仅造成居民生活质量下降,还会影响河道工程建设与管理的经济效益。

(三) 河道淤积严重,护岸工程建设少,两岸绿化缺失

河道内淤积的大量泥沙会导致河道堵塞,再加上快速化的城市发展,可能会占用河道内原本的土地,使得许多河道变窄,河道淤积量大大增加,使得河道防洪能力降低。另外,少量的护岸工程建设和河道两岸缺失的绿化,会导致河岸边坡道水土流失。

(四) 河道工程建设和管理中对生态水利监管的权限与责任不明确

河道管理部门是河道工程建设的重要主体,也是整个河道工程体制建设和工程管理的重要角色,但是由于市场意识不是特别明确,导致一些河道管理的相关部门在管理过程中对生态水利监管的权限与责任不明确。由于河道管理部门的权限过大,导致项目法人的权力虚化,无法在整个项目管理中显示其突出作用和地位,也导致项目法人积极性不高,责任意识单薄,一旦遇到具体的问题,河道管理部门很难追究其相关责任。并且,在现行的法律政策中,对于项目法人的责任和权力规定过于模糊,各方职责不明确,这也就形成了项目法人制的种种弊端,为其提供了逃脱责任、规避河道管理部门监管的灰色空间。

（五）监理单位缺乏必要的重视

从现行的法律法规和市场规则来看，监理单位在整个工程建设中扮演者重要的角色，主要负责项目的目标控制，这样也就使得监理单位拥有行使具体工作职能的权力，但由于其市场主体地位不明，与业主处于一种被动从属的关系，无法有效发挥正常的职能和作用，现实中的监理单位很多情况下只是虚设的职位，并无实权可言。此外，在河道管理部门政策和相关的法律条例中，对于监理单位的责任和工作权限也没有明确的规定，更没有规定监理单位约业主之间的明确关系，使得监理单位的处境相对尴尬。至于承担工程建设中的具体责任，也就无从谈起。

（六）缺乏完善的法治体制

生态水利的健康稳定发展需依赖于健全的法治社会环境，法律有推动促进生态水利平衡机制形成的重要条件。据统计，全球大概有 130 多个国家和地区实行生态水利经济体制，但也有小部分推行保持生态水利平衡发展积极体制的国家没有获得成功，并且各个市场积极市场和国家之间的发展程度水平也有很大的差异，这些都与具体国家的政治体制和法治环境有极大的关系，缺乏一个稳健的法律体为生态水利平衡的发展保驾护航。但是不可否认的是，这些生态水利维持发展比较好的国家，都有一个共同的特点，都建立完善的法治环境，拥有完备的生态水利法律体制，并且把生态水利平衡发展都上升到国家法律层面。

三、加强河道治理中生态水利的应用

（一）构建现代生态化水网工程

现代生态化水网工程的建设是生态水利工程的重要应用之一，通过生态水利工程的建设可提升水资源配置及应用的均匀性。构建水资源网络体系，首先需构建河流水系联网系统，实时探测各水系的水资源储备量及水质水文情况，基于大数据平台实现各水系水资源的优化调度，并促进河道生态环境的改善与维护。作为一项庞大的生态水利建设工程，生态化水网的建设要求各方面力量的协调与统一，并最终实现河流流域内生态循环的有序、高效进行。

（二）河道修复

通过修复浅滩，能够促进有机物的氧化作用，溶解氧的增加能够更加适应水生生物的生存。通过修复深滩，能够使得水体净化能力增强，是很好的脱氧措施。通过重建河岸带的植物群落，能够使得有机生物膜的氧化能力增强，水体的净化能力也会得到相应提升，两栖类动物、昆虫和鸟类等都可以有一个比较和谐的生态环境。此外，还有水岸形态的修复，包括河流几何形态修复、缓冲带生态恢复等。

（三）做好生态河道断面规划

在河道治理过程中，河道断面形式的选择应当融入生态化理念。根据其排洪排涝、灌溉功能和旅游等功能要求，加强生态河道，景观河道断面规划设计具有科学性与合理性，在河道断面规划设计时要考虑河道的过渡能力、槽蓄能力以及城市发展要求等。

（四）建设生态河堤

在对河堤进行设计时，为满足生态河堤的需求，可以在河道两侧设置浅滩、实地等，既给沿岸居民提供了欣赏河道美景的场所，又为水生生物提供栖息地，和谐美化河道的整体性。在河道河堤施工中，应该合理选择材料，将周边自然环境作为材料选择标准，在一些防洪压力较大的区段，尽量选择混凝土砌筑河堤，而对一些防洪压力较小的区段，可以采取自然石料进行河堤修建，尽可能减少其对于河道生态环境的影响，有助于沿河生态系统原始面貌的修复，提升河道与河堤的融合效果。

（五）构建河道内的水生植被及水生动物种群

在河道内种植菹草、黑藻、伊乐藻、金鱼草等沉水植物，及睡莲等浮叶植物，利用这些植被能够将河道内的氮、磷、钾等营养物吸收转化起来，降低水体内氮、磷、钾及相关微量元素的含量，进而抑制浮游植物的过多生长，提升水体自身的供氧能力及自净能力。此外河道水体中水生动物种群逐渐减少，浮游生物、腐烂物资、微生物大量聚集增多，会导致水体富营养化，水质不佳。可通过适当增多水生动物的方式改变现状，如人工投放鲫鱼、鲢鱼等，增加这类水生动物的种群数量，从而提高它们对浮游植物、微生物等的消费力，以此达到净化水体、保持生态平衡的目的。仍以某生态治理工程为例，该工程采用两级堤坝壅水方案，注意营造岛屿、湿地，在该岛屿湿地上种植各类相应水生植物，在该段某水体内投放上述相应的动植物种群，使得某水生动植物多样化，水面上鸟类栖息、觅食自创一景，创造出了人与自然和谐相处的美好生态景观。

（六）种植水生花卉

河道生态水利工程的建设过程中，需综合考虑生态环境的保护、河道防洪以及景观美化等效能的发挥，因此，在生态水利工程建设中，可通过种植水生花卉优化河道系统的景观建设，如栽种花草、美化水面等举措。

（七）发挥水资源净化能力

在进行生态水利工程设计时，需要考虑到河道的水资源净化能力。水资源的自我净化能力除了氧化分解有机物之外，还能够将无机物进行分解，在水藻获得大量养分后能够提供氧气，形成一个良性循环的生态系统。

四、加强河道工程建设与管理中生态水利维护的监督

（一）严格执行河道重大项目建设审批和建设程序

一是依法组建项目业主，项目业主对工程的招投标、建设管理等全权负责；二是严格招投标程序进行招投标，项目业主到发改部门对招投标方式、招投标文件等进行核准备案，并按发改部门核准的进行招标，同时请监察、发改、财政等部门对整个过程进行监督；三是严格执行项目监理制；四是严格执行合同制，所有项目均和施工单位、监理单位签订合同，所有事项均按合同约定执行。严格遵守建设相关程序，建设手续齐备，程序合法。

（二）严格执行建设资金使用管理制度

严格执行建设资金使用管理制度实行报账制，坚持专人管理、专账核算、专款专用的"三专"管理原则，财政局及时将专项资金拨付水务局，水务局对项目资金设专账进行核算。水务局、财政局对资金的管理和使用严格把关，并按资金审批程序和工程进度拨付项目资金，既保证了工程的质量，又能确保工程建设进度，账务处理及时，会计核算规范，确保了专项资金的安全运行。

（三）严格监督工程质量和安全生产

为保证工程质量，各项目业主一是与河道电力基本建设工程质量监督站签订了《河道工程质量监督书》，实行了河道工程质量监督；二是聘请了监理单位对工程建设全过程进行监理；三是水务局、财政局还指派现场负责人负责对工程质量把关；四是验收时对质量的把关，不合格的坚决要求施工单位重做，直至合格后方予验收。通过各种监督和把关，各项工程合格率达到 100%，工程质量评定为合格。工程在与施工单位签订合同时就一并签订了安全合同，在施工过程中各监督单位同时对工程安全进行

了监督，全部已建项目无一例安全生产事故发生。

（四）严格监督项目责任人及重点岗位工作人员组

建项目法人单位和项目法人代表，项目法人对工程建设全权负责，项目主管部门负责监督。重大项目还专门组建了领导组和监督组，对各项责任进行了明确，监督组对重点岗位人员进行了监督。

（五）严格工作措施，确保实现三个安全

一是规范河道工程建设项目决策行为，明确加强河道规划管理、严格河道项目审批、提高河道项目前期工作质量、加强设计变更和概算调整管理、督促地方配套资金落实、强化水能资源开发管理 6 项任务。

二是规范河道工程建设招标投标活动，明确规范施工招标文件编制、规范招标投标行为、规范评标工作、健全招标投标监督机制和举报投诉处理机制 4 项任务。

三是加强工程建设实施和质量安全管理，明确加强法规制度建设、研究解决民生河道工程建设管理不规范的问题、严把河道建设市场准入关、加强建设监理管理、加强合同管理、严把开工审批关、强化验收管理、加强质量管理、加强安全生产管理、加强基建财务管理、加强征地补偿和移民安置管理工作 11 项任务。

四是推进河道工程建设项目信息公开和诚信体系建设，明确公开项目建设信息、拓宽信息公开渠道、深入宣传报道、加快信用体系建设 4 项任务。

五是加大案件查办力度，明确强化河道工程建设稽察工作、强化河道工程建设审计工作、强化河道工程建设监察工作和加大案件查办力度 4 项任务。

（六）加强长效机制建设，严格监督管理

一是成立河道工程监督领导组，制定河道工程监督管理相关制度；聘请了河道工程重大项目监督员和河道工程重大项目廉政联络员；结合河道系统开展政风行风评议工作，加大对河道工程项目民主测评；制订了治突工作安排计划。二是开展廉政教育，打牢思想基础构建预防体系。三是强化工程建设监督。为加强河道工程监督管理，监督组坚持每月到河道建设工程现场检查一次，并对发现的问题及时进行整改。

五、结　　语

综上所述，将生态水利应用到治理河道中，是一项复杂、系统、可持续、实施性较高的工程，有利于整体生态环境。所以，要加强对河道工程建设中和建设后等管理

工作的重视，在河道的治理中，我们应该开拓视野，要严格遵循生态水利治理河道的原则和理念，不应局限于管理的技术手段和体制制度层面上，还应包括管理者的素质水平、思想理念、思维方式等方面。只有全方位、多层面地把握河道工程建设管理的现代化方式，与时俱进，不断发现问题、解决问题，并逐步完善现代化河道工程建设管理体系，利用各种有效的管理方式与技术手段，加强对河道的生态建设，促进河道生态健康发展，才能充分发挥河道工程的积极作用，促进国家经济效益、社会效益和生态效益的协调发展。

参考文献

［1］ 贾卫兵. 工程建设监理存在问题分析［J］. 中国新技术新产品，2015（14）.
［2］ 兰建. 浅谈生态水利在河道治理中的运用［J］. 建筑与装饰，2018（8）.
［3］ 李霞. 如何进行生态河道治理［J］. 农业科技与信息，2017（14）.
［4］ 倪宝. 生态水利在河道治理中的运用［J］. 智能城市，2018（9）.

关于水利施工管理的现状及创新性改进措施的研究

史东祥　　姬青丽　　马献青

兰考黄河河务局

引　　言

随着时代的不断进步，经济的不断发展，科学技术水平的不断提高，水利基建工程的数目也越来越多，水利工程得到了长足的发展空间，这也为水利施工技术的创新与发展提供了良好的环境；同时由于我国具有十分广阔的国土面积，各地区间的水利资源并不均衡，尤其是中西部地区水利资源十分缺失，这就使得水利工程的建设与施工受到国家以及各地区的高度重视。但是，在工程建设的过程中，也随之出现了一系列的问题，如工程质量不高、管理水平落后、运行效率低下等，都在一定程度上影响着国民经济效益的提升和企业的持续稳定发展。尽管近年来，国家为了保证工程质量，提出了一系列法律法规，但成效却不是十分明显。因此，水利施工技术的发展对水利工程的建设起着关键性的作用，也对促进水利资源均衡利用、维护国家和平稳定发展具有重要意义。为了从根本上改变这种情况的出现，使水利工程顺利进行，企业就必须针对性地对施工管理水平进行创新，进一步规范水利施工环境，使施工过程向合理化、高效化和规范化转变，只有这样，才能使水利基建工程在激烈的社会竞争中发挥出更大的作用，促进企业持续稳定的发展。

一、水利施工管理的发展现状分析

我国的水利资源分布十分不均衡，尽管东南沿海地区水资源较为丰富，但是西北地区的水资源则处于严重匮乏的状态，这也就导致了我国人均水资源远远少于世界人均水资源的平均水平，整体水资源不足的困境。一直以来，水利资源就普遍受到国家的重视，各地区大力兴建水利工程以环境水资源匮乏的困境，例如兴修水库、扩大灌溉面积等，都是促进水利工程发展的重要措施。近年来，随着经济投入力度、科研投入力度的加大，我国的水利施工管理水平也得到了显著的提高，并且已经逐步接近世界发展的平均水平。由于我国还处在发展中国家的发展阶段，所以，各方面的经济、管理水平与发达国家之间仍存在着较大的差距，而这还有待于在进一步的实验发展研究中才能得到提升。长时间以来，第一产业一直占据经济发展的主导地位，是我国的主要支柱性产业，第三产业经济发展相对而言较为缓慢，这导致大部分的企业常常将利益着眼于水利工程眼前的利益，而不注重其长远发展，故而导致水利工程的施工管理发展相对较为落后。除此以外，由于我国的经济发展水平有限，水利工程的机械化水平不高，这使得水利设备的升级换代速度较为缓慢，不能适应信息化社会的高速发展需求。总而言之，我国的水利施工管理尽管得到了很大程度的提升，但是还存在许多的不足与缺陷，还有待完善。

二、影响水利施工管理发展的因素

影响水利施工管理发展的因素包括以下四个方面：①自然因素影响。水利工程的施工建设包括地下水资源开采、降水资源或是海水资源净化等多种方式，但无论是哪种方式的水利资源建设，其水资源的提取均是来源于自然界的，因而，自然界因素对于水利资源的施工建设具有关键性的作用，例如地下水开采的会受到地质环境的影响，降水资源的净化受到气象因素的影响。②人为因素的影响。人工操作与技术管理是影响水利工程建设的直接因素，关系到水利工程施工的质量。施工人员的专业素养、施工管理技术、心理素质等方面的因素，都会直接或间接地影响到水利工程的建设进度与管理技术水平。因而，在选取技术员工时要注重专业素养、管理技术熟练、施工经验等多方面因素，结合各方面的条件进行综合考虑。③企业管理因素的影响。水利工程的施工往往是外托于具体的施工公司进行规划与建设，因而，企业的综合素质以及管理制度的适用性对于水利工程的建设也具有很大程度上的影响。有的公司注重于施工方案的规划，有的公司则将重心放置于人才的管理、企业的运营。最关键的影响因素，还是企业自身的经济实力，以及对于水利施工项目的投资力度与管理技术水平。④机械化水平因素的影响。随着科学技术水平的发展，水利工程的建设与施工步骤大部分都依托于机械化的设备得以实现。具备先进性、经济性、适宜性等多方面为一体的高水平、高质量的水利机械，更有利于水利施工工程的高效运行与合理建设。

三、水利施工管理创新的内容分析

水利施工管理的创新主要是围绕水利施工的整个施工过程展开的，具体的创新内容可以分为以下三个方面：①施工前期的准备阶段。在实际的施工过程中，良好的施工前期准备能够为整个工程打下坚实的基础。前期的准备工作主要是针对施工方案的设计、施工材料及施工团队的选择以及投资方资金和合同几个方面。前期的准备分别从水利施工的资金、主要实施者以及施工方案三个方面出发，确保水利施工能够顺利进行。②施工过程中的管理阶段。水利施工的中期阶段，也是建筑施工最重要的阶段。这个过程的工作复杂、工期时间长，通常还带有一定的危险性。因此，必须对水利施工的施工现场、工人的操作流程以及施工进度进行严格规范，这是确保工人生命安全和建筑工程质量的最直接保障。③施工后期的检查收尾阶段。水利施工后期的检查工作是建筑施工最后的部分，也是最不能忽视的部分。在工程收尾阶段，对水利施工建筑的质量进行检查，确保工程的安全性和可靠性。这是水利施工管理所要注意的三个方面，也是创新水利施工管理改进措施的关键所在。

四、水利施工管理创新性改进措施分析

（一）创新方法，强化水利施工管理质量

水利工程建设作为一项利国利民的重要工程，保证其建设质量达到施工要求是非常必要的。众所周知，水利工程施工是非常烦琐复杂的，容易受多种因素的影响，致使水利工程施工质量不佳。所以，选择适合的管理方法，将水利施工管理合理有效地应用于水利工程施工过程就显得尤为重要。可以根据水利工程建设特点设计要求以及施工要求，科学规范严格地监督和控制水利工程施工各个方面，提高水利工程施工质量。但很多施工单位所应用的水利施工管理方法不适合，不能够科学地规划水利施工管理。针对这一问题，笔者建议对水利施工管理方法进行创新，使其更加适用于水利工程建设中，充分发挥水利施工管理的作用。那么，如何创新水利施工管理，依据现代管理特点，结合水利工程施工情况，将水利施工管理方法与现代管理有效的结合在一起，以此来创新水利施工管理方法，使其可以弥补以往水利施工管理方法不足的同时，优化管理方式管理内容管理技巧，使水利施工管理科学化现代化合理化高效化。

（二）创新体制，进行有效地管理体制改革

要想使水利工程在激烈的社会竞争中发挥更大的作用，我们必须要构建新的水利管理体制，在结合国家发展要求的基础上，对现有制度进行创新。①企业要创新工作环境，对施工现场进行有效地考察，合理调整工程项目，加强施工现场的监管力度，从根本上杜绝随意操作设备、偷工减料现象的出现；②企业还要优化施工方法，建立合理的奖惩制度和管理制度，员工要从上到下明确自身责任，自觉将理论知识与技术相结合，对工程内容进行创新；③对于这部分表现良好的工作人员，企业要及时予以

奖励，在充分调动施工人员的工作积极性的基础上，切实加强工程质量，提升施工管理水平。

（三）加强技术创新力度，注重施工技术的创新

科学技术是第一生产力，因此提高水利施工技术是首要任务。加强对水利施工技术创新的资金投入，要将眼光放得长远一些，不要只看眼前利益；加强对其他国家先进技术及资料的研究，组织专题探讨与技术攻关；加强同学校、科研院所的合作，培训新技术人才，吸收高素质人才，共同开发有关水利施工技术的科研项目等。

创新是水利施工技术发展的根本途径。为了保障水利施工技术的快发展，施工企业需要加大资金投入力度，为水利施工技术注入新的活力。施工企业可以采取如下措施：①加大水利施工技术的研发力度，确保技术研发与施工计划步调相互统一；②注重与高校和科研机构的合作交流，共同研发水利施工技术，并积极吸收高校与科研机构的优秀人才加入企业技术部门，为技术研发队伍引入新鲜血液；③建立技术创新奖励机制，鼓励技术人员积极自主创新，激发技术人员的工作热情。

（四）加大创新资金投入，提升科技研究的比重

因为科学技术是第一发展力，所以水利施工技术的高低对于水利施工工程质量具有至关重要的作用。科学技术水平的提高离不开充足的资金支持与科研支持，一方面要加大对创新技术的资金投入；另一方面可以成立专项的调研小组，通过与科研机构或是其他部门合作的方式积极提高水利工程的施工技术水平。这不仅有利于获取水利工程的长远化利益，更有利于水资源的合理化运用，维护生态健康，建设环境友好型、资源节约型社会。

（五）加强成本管理，降低资源消耗

运用系统工程的原理对企业在生产经营过程中发生的各种耗费进行计算、调节和监督的过程，也是一个发现薄弱环节，挖掘内部潜力，寻找一切可能降低成本途径的过程。在工程施工阶段，利用对成本进行防范，监管和实时修正出现的问题，确保将工程成本限制在可控范围，以达到降低成本的目标。此外，在工程施工过程中，建立记工制度，对工程每个部分完成任务量，投入的人力物力、建筑材料、器械设备实行全方位考察，定额记录，依照工程单价对各施工部门的工程及结果独立完整的进行会计核算。

（六）加大对技术人员的引进和培训力度

针对当前水利施工技术人员素质参差不齐的现象，我们应当对其予以高度的重视。

首先，我们应当加大对优秀的技术人才的引进力度，在人才投入力度上投入足够的资金和精力，在招聘过程中对应聘者的专业素质和工作经验都提出严格但合理的要求；其次，我们还应当对已有的水利施工技术人员进行大力的培训，可以聘请专家为工作人员进行授课，通过系统的学习让其充实自己，提高专业素质，我们也可以安排技术人员定期参加外界的一些专业讲座或研讨会，通过专业学术气氛的影响，让其不断提高对自己的要求，学会主动学习一些先进的技术知识，最终促进水利施工技术的提高。

（七）及时更新施工设备，淘汰落后设备

针对当前水利施工设备陈旧而导致水利施工技术无法得到有效提高的现象，我们应当学会及时更新水利施工设备，淘汰落后设备。首先，我们应当加大对设备的检修力度，安排工作人员定期对施工设备进行维护和保养，及时检查设备中是否出现故障、是否有原件不能正常工作等问题，并及时采取解决措施；其次，我们应当加大对先进设备的引进力度，密切关注国内外水利施工设备的发展，结合工程的具体特点和现实需求，在资金允许的前提下，适当引进一些必要的先进施工设备。

（八）完善管理体制，吸引人才、培养专业性人才

专业性的人才、优良的企业管理体制是决定一个企业的施工能力的关键性因素，也是水利工程施工的基础性产业。企业在建设管理体制时一要结合自身的企业特色与发展状况，二要学习先进的管理经验与法规，这样才能使得企业更加优秀。人才是企业的核心力量，对企业的整体水平具有关键性的影响，企业可以通过设立福利政策、技术人员优待政策等方式，以吸引专业性的优秀人才，从而壮大企业的人才力量与科技水平。

五、结　语

总之，水利工程是防止洪涝灾害、合理分配水量的重要项目，对人民生活安定、用水得到满意有巨大的作用；另外，水利工程建设管理的水平影响着水利工程建设施工的正常进行和施工质量，因此，我们应当对水利工程的质量予以高度的重视。这就要求我们，必须提高水利施工技术水平，正视当前水利施工技术存在的问题，深入分析，在实践中不断探索采用新的技术手段和管理方式，对水利工程项目建设进行全方位、全天候的实时管理是企业保证施工质量、保障经济效益的必然要求，需要得到水利工程建设管理者更高的重视以投入更多的精力进行研究和讨论，研究相应的创新性改进措施，促进水利施工水平的提高，最终促进我国水利工程施工管理水平的发展。

参考文献

［1］　卯昌雄. 水利施工管理中的创新性措施［J］. 建筑工程技术与设计，2018（8）.

［2］　王昭. 关于水利施工管理中的创新性研究［J］. 低碳世界，2018（7）.

［3］　陈玛琳. 关于水利施工管理中的创新性研究［J］. 商品与质量，2018（10）.

［4］　陈宏星，冷勇. 分析水利施工技术的现状及改进措施［J］. 百科论坛电子杂志，2018（2）.

［5］　马丽美. 水利施工技术现状及改进措施的探讨［J］. 房地产导刊，2018（18）.

水利工程安全生产监管工作探讨

马绍苹   胡秀锦   王艳萍

兰考黄河河务局

一、做好水利工程安全监管工作的重要意义

在当今社会中，水利工程的安全监管工作已经成为工程建设中的一个薄弱环节，阻碍了水利工程的顺利发展。因此，在水利工程安全生产监管工作中，采取合理有效的安全监管措施，对于保证水利工程的安全运行，避免事故发生具有非常重要的意义。水利工程在国民经济与社会发展中发挥着非常重要的作用，同时它也是人类生存与发展的物质基础，对于增强农业生产各方面能力、改善农民生活质量起到关键作用。一直以来，水利工程都受到党和政府的重视。水利工程具有投资大、涉及面广、施工种类多、施工人员复杂、施工环境差等特点，导致水利工程在施工过程中存在非常多的安全问题，一旦发生安全事故，不仅造成经济上的损失，还会影响水利工程的施工进度，严重的会造成人员伤亡。

二、水利工程安全生产监管中存在的问题

水利工程安全生产监管始终关系着整个工程施工企业的发展和经济效益，因此，要求施工单位在具体的水利工程生产监管过程中，对于水利工程的安全生监管一定要认真负责，时时刻刻把安全生产监管放在建设施工的最前面。然而，由于受现阶段我国国情和综合国力的制约，水利工程施工中的安全生产监管问题中，存在着很多管理问题。

（一）重视利益

在进行水利工程安全生产管理工作中，一些领导和施工管理人员对安全生产监管工作的重要性认识不到位，存在侥幸心理。过于重视表面利益，轻视了安全生产监管的重要性。因于不受重视，安全监管资金普遍存在不足的现象，甚至有部分工程不投入安全监管资金，这种情况给水利工作安全生产留下了极大的安全隐患。

（二）管理制度和流程不够完善

水利工程的安全生产监管工作中，具体的监督管理流程还有很多不完善的地方，对水利工程的安全生产监管工作有很大影响。比如在款项的监督管理方面，水利工程竣工之后进行验收时，必须要施工单位进行结算，对结算结果进行审核之后才能向用户收取余款，然后向具体的施工单位以及工程材料商支付余款。但是在实际的操作过程中还存在一些违规的现象，并没有按照规范化的流程进行操作，因此导致水利工程的进度受到很大影响。

（三）管理责任体系不够健全

水利工程施工过程中监管工作需要完善责任体系作为支撑，以便出现问题时可以找到相应的依据，对问题及时处理。但是当前监督管理的责任体系还不够健全和完善，出现问题找不到相应的依据。

（四）监管力度不强

目前，安全生产监管工作的管理力度较差，很多施工单位虽然了解安全生产监管的重要性，但是在落实工作上效果较差。部分施工单位对上级要求的监管任务采取推卸和应付方法，将安全生产监管作为一种形式工作，忽略了安全生产监管的长期性与持续性。

（五）缺少监管重点

目前，很多施工单位缺少专业化监管措施，也没有进行有效的安全生产监管教育工作，对监管工作的重点认识不清，缺少在新形势下加强安全生产水平的监管措施。

（六）流于形式

部分工程单位在进行安全生产检查时，过度布置，采取重点抽查，导致安全监管工作失去了应有的作用，只能检查出优点跟闪光点。施工单位收到整改通知后，根据通知的检查内容，重点布置，只整改检查重点，但是完成检查后，原有的安全隐患并没有处理，仍然留下大量安全死角。

（七）工作拖沓

一些施工单位的工作节奏缓慢，工作效率较低，缺乏对安全监管工作的紧迫感，无法及时发现问题、解决问题。今天发现的问题拖到明天制定解决计划，本月任务推到下月完成，反复地拖延，导致具体的解决方法一直无法得出，在真正处理问题的时候情况已经发生了较大的变化。

（八）监管人员水平参差不齐

在安全生产监管工作中，监管人员本身综合能力素养水平不高的问题比较突出。比如管理队伍比较薄弱、管理人员水平参差不齐、缺乏实际经验。监管人员不能随着时代的进步作出改变，导致监管效率不高。

三、水利工程安全监管措施

安全监管措施是安全管理的方法与手段，管理的重点是对生产各因素状态的约束与控制。

（一）强化水利工程安全生产督查工作

安全生产督查是指对生产过程及安全管理中可能存在的隐患、危险有害因素、缺陷等进行查证，以确定隐患或危险有害因素、缺陷的存在状态，以及它们转化为事故的条件，以便制定整改措施，消除隐患和危险有害因素，确保生产的安全。安全督查是发现不安全行为和不安全状态的重要途径。

1. 安全生产督查的形式

（1）定期安全生产督查。一般是通过有计划、有组织、有目的形式来实现的。

（2）经常性安全生产督查。一般是采取个别的、日常的巡视方式来实现的。

（3）季节性及节假日前安全生产督查。根据季节变化，按事故发生的规律对易发的潜在危险进行季节督查，如冬季防冻保温、防火、防煤气中毒；夏季防暑降温、防汛、防雷电等督查。对于节假日，如元旦、春节、劳动节、国庆节前后，应进行有针对性的安全督查。

（4）专业（项）安全生产督查。

（5）综合性安全生产督查。

（6）不定期的职工代表巡视安全生产督查。

2. 安全生产督查的内容

安全督查的内容包括软件系统和硬件系统，具体主要是查思想、查管理、查制度、查现场、查隐患、查事故处理。安全督查对象的确定应本着突出重点的原则，对于危险性大、易发事故、事故危害大的生产系统、部位、装置、设备等应加强督查。一般应重点督查交通设备、勘察现场、渡口及渡船、油库、井洞口、危险化学物品、起重设备、电气设备、高处作业等设备、工种、场所及其作业人员。

（二）加强隐患排查治理工作

监管部门要认真贯彻落实《水利生产安全事故隐患排查治理的意见》和《水利生产安全事故重大隐患判别标准（试行）》的有关要求，健全隐患排查治理机制。加大隐患排查治理工作力度，持续开展隐患排查治理专项行动，推动隐患排查治理工作常态化、制度化，深入全面排查和及时治理事故隐患，做好隐患整改督办和检查督导工作。

（1）督查中发现的隐患应进行登记，不仅作为整改的督查依据，而且是提供安全动态分析的重要信息渠道。如多数单位安全检查都发现同类型隐患，说明是通病，若某单位在安全检查中重复出现隐患，说明整改不彻底，形成"顽症"。根据检查隐患记录分析，制定指导安全管理的预防措施。

（2）安全检查中查出隐患后，还应发出隐患整改通知单。对凡存在即发生事故危险的隐患，督查人员应责令停工，被查单位必须立即进行整改。

（3）对于违章指挥、违章作业行为，督查人员可以当场指出，立即纠正。

（4）督查单位领导对查出的隐患，应立即研究制订整改方案。按照"三定"（定人、定期限、定措施），限期完成整改。

（5）整改完成后要及时通知有关部门派员进行复查验证。

（三）强化重点领域安全监管

（1）强化重点水利工程建设与运行安全监管。进一步强化水库、堤防、水闸等水利工程建设和水利工程运行安全管理，强化病险水库、水闸除险加固，全国河道采砂管理以及水利工程蓄水安全鉴定和验收等工作。

（2）强化农村水利工程、水土保持工程、农村水电和水资源项目安全监管。进一步加强农田水利基本建设、农田灌溉排水、灌区节水改造、泵站建设与改造、高效节水灌溉工程建设、农村饮水安全工程建设安全生产工作。进一步加强淤地坝等水土保持工程建设安全和运行安全管理。进一步加强全国农村水资源开发、农村水电行业的安全生产管理和农村水电站及其配套电网的安全监督管理工作。进一步加强水资源管理保护和水系连通等项目安全生产工作。

（四）加大事故督导和责任追究力度

加强事故原因分析和规律性研究工作，加大安全生产约谈、警示教育、事故通报力度，强化对事故多发或工作不力单位（部门）的督导，推动责任措施落实，督促问题隐患整改，按照"四不放过"原则严肃责任追究。加强水利安全生产不良行为记录管理，落实失信惩戒和守信激励机制。生产安全事故发生后，必须严格进行责任追究，目的是通过对责任人的追究汲取事故教训，防止今后类似事故的发生。

（五）加大监督管理工作考核力度

将安全生产工作与履职评定、职务晋升、奖励惩处挂钩，要敢于亮剑，使用"一票否决"权，对于那些不重视安全生产工作，突破控制指示或者完不成工作指标的，严格落实安全生产"一票否决"制度。

（六）健全水利安全生产监管执法体系

出台加强水利工程安全生产监管执法工作的意见，明确执法队伍，落实执法人员资格，研究自由裁量基准，建立安全生产和职业健康一体化监管执法机制。加大水利工程安全生产监管执法力度，落实安全生产违法线索通报、案件移送与协查机制，依法依规严厉打击各类违法违规行为。

（七）健全水利安全生产监管执法体系

出台加强水利工程安全生产监管执法工作的意见，明确执法队伍，落实执法人员资格，研究自由裁量基准，建立安全生产和职业健康一体化监管执法机制。加大水利工程安全生产监管执法力度，落实安全生产违法线索通报、案件移送与协查机制，依法依规严厉打击各类违法违规行为。

（八）深入开展水利工程安全生产宣教培训

进行安全教育与训练，能增强人的安全生产意识，提高安全生产知识，有效防止人的不安全行为，减少人的失误。

生产经营单位的主要负责人和安全生产管理人员必须具备与本单位所从事的生产营活动相应的安全生产知识和管理能力。生产经营单位应当对从业人员进行安全生产教育和培训，保证从业人员具备必要的安全生产知识，熟悉有关的安全生产规章制度与安全操作规程，掌握本岗位的安全操作技能。生产经营单位应当教育和督促从业人员严格执行本单位的安全生产规章制度与安全操作规程，并向从业人员如实告知作业场所和工作岗位存在的危险因素、防范措施及事故应急措施。从业人员应当接受安全生产教育和培训，掌握本职工作所需的安全生产知识，提高安全生产技能，增强事故预防和应急处理能力。

特种作业人员上岗前，必须进行专门的安全技术和操作技能的教育培训，增强其安全生产意识，获得证书后方可上岗。

（九）推进水利工程安全监管机制创新

（1）积极探索"安全监管＋信息化"水利工程安全生产监管方式。全面应用水利安全生产监管信息系统，开展安全生产信息采集、安全监管和监测预警等工作，提升安全生产监管效能。

（2）推进水利工程安全生产标准化建设。加强对水利工程安全生产标准化建设的指导，建立完善激励约束机制，大力推进水利工程安全生产标准化建设。

（3）着力构建安全风险分级管控体系。开展安全风险分级管控体系建设，积极探索总结风险分级管控的有效做法，在此基础上逐步将工作全面开展，实现风险可控，有效防范生产安全事故。

（4）强化水利工程安全生产应急管理。生产经营单位要完善本单位的安全生产应急预案体系，加强实战化应急救援培训和演练，加强应急管理人员培训，强化应急救援物资、队伍建设等工作，切实提高紧急情况下的应急处置能力。

（5）提高安全监管队伍专业化能力。按照《安全生产法》的规定，进一步健全安全生产监管机构，配备足额的专业人员。创新教育培养方式，加大对安全监管人员的轮训培养力度，不断提高安全监管人员的履职能力和职业素养。

（十）强化安全生产基础保障

（1）加强安全生产政策支持。生产经营单位要将安全监管费用纳入财政预算，落实安全生产费用提取管理使用制度。加强职业健康监管，督促水利生产经营单位做好职业健康基础工作。

（2）深化安全生产网格化管理。继续深化安全生产责任体系横向到边、纵向到底、不留盲区的网格化管理，做到安全生产"有人管、有人抓，人人管、人人抓"，形成各司其职、相互联动、综合监管的工作格局，促进安全生产工作更加科学化、规范化、精细化和长效化。

（3）强化安全生产监督检查。坚持"谁检查、谁签字、谁负责"。严格落实较大、重大隐患挂牌督办制度。做好隐患排查治理登记建档工作，完善隐患排查、登记、上报、治理、销号的全过程"闭环"管理。

（4）着力消除事故隐患。加大事故隐患治理力度，严格落实事故隐患排查治理主体责任，及时排查治理事故隐患。对长期存在的事故隐患要多措并举，积极整改。

四、结　语

实践证明，水利安全生产监管工作同其他监管工作一样是有章可循的，只要能抓住重点，超前监管，搞好危险点的分析，积极采取防范措施，落实隐患整改工作，做到思想认识上警钟长鸣，制度保证上严密有效，技术支撑上坚强有力，监督检查上严格细致，事故处理上严肃认真，就能够实现安全生产的可控、再控，就能够减少或避免各类事故的发生。在水利工程发展的新形势下不断探索安全管理的科学方法，勇于创新、与时俱进，进一步提高监管工作水平，力争使安全监管工作上一个新台阶。

参考文献

［1］ 黄明，顾伟江. 当前形势下不利工程质量监督工作面临的几个问题［J］. 科技创新与应用，2012（8）.

［2］ 陈勇，董育武. 浅析监理工程师如何做好水利在建工程的安全生产监督管理工作［J］. 中国水能及电气化，2014（1）.

新时代背景下的黄河水行政执法

樊军义　　靳学艳

兰考黄河河务局

水资源是基础性的自然资源和战略性的经济资源，是生态与环境的控制性要素。水利作为国民经济和社会发展的重要基础设施，在构建社会主义和谐社会中，肩负着十分重要的职责。黄河是我们的母亲河，孕育了我们伟大的中华民族，但是对于一个肩负治黄使命，背负着黄河两岸千千万万群众生命和财产安全的治黄事业者来说，却又是任重而道远。水政工作更是治黄事业中的基础。为了能让群众更好地了解黄河对人们的重大意义，水行政执法工作成为治黄事业中的重中之重。

水行政执法在狭义上指的是水行政机关依法对水行政管理相对人采取的直接影响其权利义务，或者对相对人权利义务的行使与履行进行监督检查，并对相对人的违法行为进行查处的具体行政行为。水行政执法广义上是依法行政、依法治水的重要组成部分，也是全面推进依法治国的重要内容。中华人民共和国成立以来，我国已发布了《中华人民共和国水法》《中华人民共和国防洪法》《中华人民共和国水土保持法》等，河南省也发布了《河南省黄河防汛条例》《河南省黄河河道管理办法》等一系列涉水法律法规。尽管有这一系列的水利法规作支撑，但由于水行政主管部门依法治水的自觉性和主动性不强、强制手段不硬等问题，直接导致存在有法不依、执法不严等现象，水行政执法的执行力和约束力大打折扣。党的十八届四中全会作出全面推进依法治国若干重大问题的决定，为深入推进依法管水、依法治水、以法治河管河，提升水行政执法水平，推进水利工作的顺利实施，提供了法律和政策上的保障。

一、现　状　分　析

（一）兰考黄河概况

现行兰考黄河自开封祥符区中王庄以下进入兰考县境内，下至蔡集控导工程流入山东东明县境内，河道全长 25km。在兰考县境内的走向基本呈 S 形，河道宽、浅、散、乱，河势游荡多变，属典型的游荡性河段，素有"豆腐腰"之称。

目前，兰考县辖区内现有堤防工程 43.08km（包含 2004 年标准化堤防修筑新堤 11.8km），相应大堤公里桩号 126＋640～156＋050。河道工程 7 处，分别为夹河滩护滩、东坝头控导、东坝头险工、杨庄险工、四明堂滚河防护、四明堂险工、蔡集控导，共计坝、垛、护岸 186 道，工程总长 26990m。

兰考县黄河滩区沿黄河呈带状分布、西南东北走向，自然形成夹河滩滩、丁圪垱滩和兰考北滩。其中夹河滩滩和丁圪垱滩为高滩区，兰考北滩为低滩区。滩区总面积 14.02 万亩（93.47km^2），其中耕地面积 13 万亩，涉及三义寨、东坝头、谷营和固阳四个乡镇的 51 个行政村。高滩区内有 5 个行政村（12 个自然村），1 个骑堤村（东坝头村），滩区内有耕地 3.69 万亩（老滩耕地 2.23 万亩、嫩滩耕地 1.46 万亩），人口 1.21 万人；低滩区内有耕地 9.31 万亩（老滩耕地 7.42 万亩、嫩滩耕地 1.89 万亩）。

（二）基层水行政执法机构建设和能力不均衡

基层水行政执法机构在监督和执法过程中发挥着重要作用。但实际上县的执法队伍建设参差不齐，有很多还没有独立的水行政执法机构和人员，县水政监察大队仍然与水资源管理办公室合署办公，投入水政监察工作的人员很少，并且缺少法律法规专业方面的人才，一定程度上制约了水行政执法工作深入而高效的开展。以兰考河务局为例，2013 年，根据《黄委关于开封河务局水利综合执法示范点专职水政监察大队机构设置、人员编制等问题的批复》和《开封河务局关于印发迅速组建专职水政监察大队工作方案的通知》（汴黄人劳〔2013〕18 号）文件要求，组建了专职水政监察大队。专职水政监察大队批复编制为 12 人，在水政水资源科原有 6 名编制的基础上增加 6 名编制，人员远远满足不了工作需求。水行政人员在担负着水行政执法工作的同时，又担负着水行政日常管理工作。虽然进行了内部职责划分，明确了水政科与水政监察大队的职责和人员分配，但是，随着滩区经济活动越来越频繁，河道内建设项目逐渐增多，人员的不足依然会导致执法和业务合在一起，人员混岗，身兼数职，制约行政执法的快速反应，不利于高效开展水利综合执法工作。

基层水行政执法执法经费严重不足，水政监察人员的值班费、加班费、执法津贴等在项目经费中无法列支，导致执法人员的保险得不到解决，执法着装得不到统一，执法设备陈旧老化等。

（三）权力干预执法现象影响大

有些地方政府或部门为了当地的经济发展，大力维护企业的稳定，顾此失彼，对水行政执法工作造成一定的干预影响。个别领导干部利用职权干预行政执法、插手具体案件屡见不鲜，使得一些案件的查处有始无终、久拖不决。这种现象的存在严重阻碍了法治国家建设步伐，亵渎了法律的尊严和权威。既挫伤了广大一线执法队员的积极性更损害了水政执法队伍形象。

（四）执法中缺乏有效的行政强制手段，调查取证、执行难

我国水行政主管部门根据涉水法律法规在水行政执法中常采用行政许可、行政处罚和行政强制的手段和措施，缺乏直接有效的强制性手段，致使执法人员在具体工作中不时处于取证难、执行更难的尴尬地位。在处理水事违法案件过程中，一些处罚相对人常采取避而不见、不予理睬、态度蛮横等不配合行为，导致执法人员无法送达《责令停止水事违法行为通知书》，及后续的《听证告知书》和《处罚决定书》。在取证过程中，因为没有行政强制手段，不能对处罚相对人的人身、财产和行为进行行政强制，执法人员只能将处罚相对人的口供、现有的单据和现场情况作为处罚的依据，给执法人员调查取证带来相当大的困难，对不主动履行行政处罚的相对人，执法人员只能申请法院强制执行和向地方防指报告，案件拖延时间长，办案效率下降，给水行政执法带来一定的难度。

（五）传统的水行政执法程序时效性较差

水行政执法案件的来源分三类：一是现场巡查和监督检查，二是社会投诉举报，三是上级水行政主管部门交办、下级水行政主管部门报请或者其他部门移送。现场巡查是水行政执法部门的一项日常执法工作，常在白天由执法人员驱车带着明显标示进行检查，违法人员常雇佣放哨和报信人员来避开执法巡查；水行政执法部门的监督检查大多是专项检查，违法人员可以利用短期停工来回避监督检查。社会投诉举报一般通过网络和信件进行，其得到回复和解决所花费的时间也很长。交办、报请和移交的案件，由于文件材料很多、程序很烦琐，需要各级领导签字，很难保证短时间内通过审批和处罚决定。因此，传统的水行政执法程序的实时性较差。

二、对 策 建 议

（一）推进水政监察队伍建设，做好水行政执法工作

积极顺应当今时代发展的新形式，转变工作思路，狠抓水政监察队伍建设，推进水行政执法的转型发展，从而有效促进黄河基层水行政执法工作快速呈现出一个崭新的局面。一是明确指导思想。科学先进的指导思想是优化水政监察队伍建设，推进水行政执法工作开展的重要保障。在实际工作过程当中，基层河务局应切实从工作实际

出发，以人为本，实事求是，深化改革，大力推进水行政监察相关工作开展的主动性和创造能力。例如：在水政监察队伍建设和水行政执法工作的展开过程中，积极推进对相关法律、政策及法规的宣传和普及力度，在基层河务局中真正实现依法行政、依法治水等，切实明确水行政与执法、处罚三者之间的相互关系，从而有效推进基层水行政执法工作的顺利展开。二是增强能力建设。增强水政监察队伍的整体能力建设是推进水政执法工作顺利进行和展开的关键所在。在加强水政监察队伍的管理制度建设和落实水平，同时加强监督控制，促进水政执法的规范化、公正化、文明化发展，严格杜绝违规现象的发生，建立良好的水政监察队伍形象。建立相应的奖惩制度、责任制度和考察制度，大力增强对水政监察队伍成员专业素质水平以及相关法律法规的培训力度，并定期对相关成员的学习情况进行考察和屏蔽，从而全面促进水政监察队伍的整体能力水平得到极大程度上的提高。强化水政监察队伍的执法保障建设，有效对水政监察队伍中普遍存在的资金、设备短缺现象进行缓解。推进水政监察队伍文明执法、公平执法的建设力度，大力提倡严格执法与服务型执法相互并重，坚决避免执法不严、执法不当等现象的发生。

（二）理顺基层水行政执法机构建设，建立水行政执法经费保障机制

水行政执法机构是承担水行政职能的执法机构，应设置独立的专职水政监察大队，进一步补充执法力量。水政是综合性水利行政，涉及法制建设、宣传教育、复议应诉、综合管理等，而综合执法的核心为"依法查处各类水事违法案件，征收各项水利规费，维护正常的水事秩序"。将执法和业务合在一起，随着人员的不足依然会导致，人员混岗，身兼数职，制约业务研究和行政执法的快速反应，不利于高效开展水利综合执法工作。因此设立独立的专职水政监察大队，使"政策职能与监督处罚职能相对分开""监督处罚职能与日常管理职能相对分开"，逐步实现管理权和处罚权相分离，一支队伍一个窗口对外，集中力量查处各类水事违法行为，征收水利规费，有效避免多头执法，逐步建立起办事高效、运转协调、行为规范的综合执法体系。

在执法经费上，应该进一步增加水政执法监督经费，尤其是车辆使用费。同时，在水政执法监督经费的其他商品和服务支出费中是否能够允许列支值班费、加班费、执法津贴等。同时加强执法队伍装备建设，落实执法必需的交通、通信、录音、录像、照相等执法取证设备和装备。

（三）积极推进水行政执法与公安的联合执法衔接

应充分认识到河务部门与公安部门联合执法工作的重要性，树立合作意识。为了加大水行政执法力度，提高水行政执法工作水平，水行政执法机构应该紧密联合当地

公安机构，相互配合、相互协调，共同肩负起保护防洪工程、维护合法水事秩序的重任。强化执法联动，开展统一行动，联合执法，集中解决群众反映强烈的重大水事违法案件。还应建立健全联动执法联席会议制度、重大案件会商和督办制度，强化日常联动执法，加强案件风险研判，做到紧急案件调查执法工作无缝衔接，完善联合执法长效机制，提高联动办案效率。还应加强与地方法院的关系，取得他们的大力支持和积极配合，使一些复杂、难办的重大水事违法案件受到查处，彻底解决重大水事违法案件查处难的问题，给违法犯罪分子以强有力的震慑，维护水行政执法的尊严。

（四）以河长制为基促进水行政执法整体提升

2016 年 11 月 28 日《关于全面推行河长制的意见》（简称《意见》）正式出台，全国各级各地区均纷纷响应《意见》决策部署并贯彻落实河长制各项工作。《意见》对水行政执法整体提升具有重要意义。一是河长制的建立可提升水行政执法能力。河长制不仅最大限度地整合了五级党政机关执行力，也让以行政一把手为中心的地方政府成为了水环境治理的负责部门，由各级政府牵头，多部门协调办案，使得案件重视程度和办结速度显著提升。二是河长制的建立可落实涉水长效管理。2017 年 2 月 6 日，中央全面深化改革领导小组第三十二次会议审议通过了《按流域设置环境监管和行政执法机构试点方案》。流域执法是水行政执法管理的趋势，流域执法的关键在于统筹上下游左右岸，理顺权责，优化流域环境监管和行政执法职能配置。此时则凸显出河长制的优势，可以理顺行政层级，明确自身权责，在推行流域化执法的基础上进行长效化治理。

（五）宣传涉水法律法规

建立涉水法律法规宣传、普及的常态制。一是宣传内容的突破，实现"大服务、大宣传、大法治"拓宽宣传范围，将水法规与《湿地保护法》《土地管理条例》等一些与百姓生活息息相关的法律条例密切结合起来，提升群众的关注度，增强普法对象的兴趣性，提高宣传内容的实用性。二是宣传途径的突破，探寻单个宣传途径的完善和精细化改进一直以来，工作人员不断更新和丰富宣传途径，实现了宣传途径的丰富性和多样性。三是宣传方式的突破，由单线、多线的纵向联合拓展为横向联合改变传统宣传模式，由单线、多线的纵向联合拓展形成纵横交织的水法宣传网，密切配合上级搞好联合宣传的同时，加强同地方政府和组织的横向联系，共同形成纵横交织的水法宣传网，提升宣传工作的影响力，确保宣传主题得到普及和深化。四是宣传对象的突破，分类指导，以点带面针对不同类型复杂性的普法对象，需要进行分类指导教育，积极探索与实践新时期重点普法对象法制宣传教育的新思路、新途径和新方法，不断提高普法的针对性和实效性。五是宣传期间的突破，建立长效机制和突发事件应急措施目前，"世界水日""中国水周"及"国家宪法日"后，普法宣传工作住往出现"空档期"，缺乏长效机制和应对突发事件突发时期的应急措施。结合工作实际，需要在特定时期针对种植阻水片林、放牧、违章违规建设、违规建筑、防火、毁坏林木以及在河道范围内违章营业等违法违规行为展开教育活动，增强群众守法自觉性。同时，针对突发事件要有具体的应急措施，确保突发事件发生时，应急普法教育措施能及时展开，为突发事件的及时处理营造良好的法治氛围。五是宣传体系的突破，实现外业活动与内业工作并重外业宣传的结束不代表一次活动的完结，整个宣传工作体系应该包括外业宣传活动和内业工作中的计划编制、材料准备、成效自检、过程总结、方法反思以及方式更新等而且推动整个普法宣传工作不断进步的也恰恰是内业工作中的自检、总结、反思和更新。普法宣传工作人员需要对普法宣传工作进行认真地回顾，并在回顾的基础上严格按照活动流程安排，对活动策刘、预算金额、工具筹备、人员分工、方式选择、路线设定、过程实录、应急处理及活动总结等工作的声像图片和文本资料进行收集规整和分类归档。同时，在完善资料归档工作的基础上，积极查找普法宣传工作的不足和薄弱环节，及时调整普法规划，以实现下步普法工作的全面化、深入化、系统化。六是普法队伍的突破，加强队伍建设，优化人员组合平时要加强普法队伍建设，优化人员组合，壮大更新宣传队伍。同时，健全水行政执法人员法律培训考核制度，经常性地组织法律知识讲座，对普法宣传工作人员进行及时充电，较为系统全面地更新了执法工作人员的理论知识，鼓励职工参加法律知识培训班，定期学习与平时学习相结合，并按时考核、评比，以保证学习效果，提高普法宣传者的素质，为高质高效地完成各项宣传工作提供了强有力的人员保障和智力支持。

三、结　语

综上所述，水行政执法是依法行政、依法治水、依法管水、依法治河管河的重要组成部分，是直接保障沿黄经济社会可持续发展的行政手段，是维护当地正常水事秩序最有效的措施。自从党的十八届四中全会发布《中共中央关于全面推进依法治国若干重大问题的决定》以来，尽管水行政执法工作面临着困难与挑战，但更面临着机遇与改革，希望通过水行政执法人员的努力、政府领导的重视和各部门的沟通协调，来改善水行政执法工作现状，提高水行政执法工作地位，保障治黄事业健康发展。

浅谈县级防汛抗旱信息化综合指挥调度的现状与发展方向

陈 猛 马绍苹 郅梦瑶

兰考黄河河务局

一、当前面临的防汛抗旱复杂形势

众所周知，在我国部分地区，夏天经常出现汛情和旱情，给人们的生活带来极大的影响。例如，2016 年 7 月我国南方遭遇的大范围的强降雨的过程，降雨导致湖北、湖南、江苏、安徽等多地受灾。多地村庄被淹，水库水位猛涨，内涝山洪突发。据不完全统计，全国有 26 省（自治区、直辖市）1192 县遭受洪涝灾害，农作物受灾面积 2942hm²，直接经济损失约 506 亿元。而旱灾则是困扰着我国西南地区、西北地区等多个地方的一个长期问题，严重影响了这些地区农作物灌溉、居民用水等。由此可见，我国的汛情旱灾形势复杂多样、不容乐观。而在实际的防汛抗旱工作中，我们却存在对汛情灾情的认识和了解不到位，导致防汛抗旱工作不及时。基于这样的客观情况，我们在防汛抗旱工作中首先需要做到的就是正确对待防汛抗旱复杂形势。要清楚地认识到：随着经济社会发展和全球气候变化影响加剧，旱涝形势将会变得更加复杂，防灾减灾任务更加繁重，我们的防汛抗旱工作也需要做出相应的调整，应抓住"防汛责任制、工程建设、防汛预案、抢险队伍、抢险物料"五个关键环节，从源头上做好应对防汛抗旱复杂形势的准备工作；其次，我们在短时间内是无法有效的规避汛情与旱灾的发生，但是可以从实时监控上做足工作，实时实地跟踪汛情旱情的发展趋势，有效避免重大灾情的无控制发展，造成不必要的损失。特别是在多雨带范围内的实际情况，我们需要更新观念、调整思路，健全机制，完善设备技术手段的配套，实现汛情旱情的全方位跟踪与监测，有效改进、创新防汛抗旱工作中的技术手段与措施，针对性地解决防汛抗旱工作中存在的问题。而这一系列问题的解决，使县级防汛抗旱信息化综合指挥调度处于关键位置。

我国水旱灾害频繁，从古至今各族人民一直在与水多、水少的矛盾做斗争，也积累了丰富的防汛抗旱经验。随着经济的发展和社会的进步，抗灾能力逐渐增强，对防洪减灾规律性认识不断深入，防洪减灾对策也经历了三个发展阶段：首先是被动适应洪水阶段，古代社会生产力低下，人类没有能力与洪水抗争。其次是与洪水抗争阶段，随着社会财富的积累和生产力的提高，人类抵抗自然灾害的能力增强，主要表现在修建大量防洪工程抵御洪水。最后是主动适应洪水阶段，随着防洪工程数量的增多和规模的扩大，以及平坦低洼地区的不断开垦和社会经济的发展，洪涝灾害风险、灾害损失不断增大，因此防洪减灾进入了主动适应洪水阶段，在完善和提高防洪工程体系抗灾能力的同时，也需要不断完善防洪法规、洪水预警设施、洪水保险、防洪工程体系调度决策支持系统等非工程措施，在保证社会经济发展的同时与洪水和谐相处。

经过几代人的不断建设，目前我国防洪体系已基本形成，能够抵抗常遇洪涝灾害；供水工程不断建设，基本满足了生产和生活用水，为社会经济的健康发展提供了基本保障。但由于特殊的地理环境和水资源失控分布不均匀，当发生较大洪水和持续干旱时，不少地区仍会有不同程度的经济损失和人员伤亡。特别是近 10 年来，我国洪涝、干旱灾害交替发生，造成严重经济损失，防汛抗旱减灾日益受到重视。

科学调度水利工程，发挥其综合效能是防汛抗旱减灾的重要环节。我国每年洪水调度方案在汛前都要根据江河防洪工程变化情况进行修订，最大范围地发挥水利工程的减灾效益。过去主要根据事先制订的调度方案进行洪水调度。但每场次的洪水都有各自的组合特点，不会再现历史洪水，因此开展实时洪水调度是大江大河防洪减灾的必然趋势。

二、县级防汛抗旱信息化综合指挥调度的主要内容

防汛抗旱调度决策指挥流程防汛抗旱调度决策指挥是一个复杂的过程。首先，需要及时、准确地监测、收集灾区的雨情、水情、工情和灾情，对防汛形势作出正确分析，对其发展趋势作出预测和预报；其次，根据已有防洪工程情况制订实施方案，作出防洪决策，下达防汛调度和指挥抢险的命令，并监督命令的执行情况；最后，评估实施效果，以便根据雨情、水情、工情、灾情的发展变化情况，作出下一步决策。由于洪水的突发性、历史洪水的不可重复性和复杂的社会政治经济条件等，能够迅速、灵活、智能地制订出多种应对措施和可行方案，使决策者有效地利用历史经验降低风险，选出优选的方案并组织实施，最大限度地发挥各种可用资源的效能显得尤为重要。防汛调度决策指挥的信息支撑水旱灾害有其自身的发生、发展过程，防汛调度决策是针对灾害发生时的环境和可用的减灾资源进行合理的分配，充分发挥各自的减灾作用，从而减轻灾害损失。防汛调度决策的对象主要是各类可供调度使用的防洪减灾工程，以及为减少灾害损失而举行的多种抗洪抢险活动。为了能够快速准确地作出防汛调度决策，需要掌握以下 6 个方面的信息：①天气状况和降雨预报；②实时水情和洪水预

报：③实时工情和防汛抢险状况；④历史洪水、调度、出险、防御、受灾等情况；⑤不同洪水调度方案的比较情况；⑥有关部门和不同层次的防汛会商。

三、防汛抗旱指挥系统现代化建设

中华人民共和国成立以来，尤其是近十几年来，我国在采用新技术建设现代化的防汛抗旱指挥系统方面做了大量工作，在水雨情、工情、旱情和灾情信息的采集、传输处理能力方面有了很大提高，科学决策、科学指挥防汛抗旱工作已见成效。但由于缺乏统一规划、统一建设、统一管理，各级防汛抗旱指挥系统工程在建设过程中，存在着重复开发建设等问题。总体上尚未形成能为防汛抗旱决策指挥提供支持的信息化系统，功能上不能满足防汛抗旱业务需求。导致这些问题的原因主要是水文测站建设标准低，水雨情信息采集和报汛时效性差，工情、旱情和灾情信息尚未规范化，计算机网络性能低、覆盖面窄，缺少决策支持应用软件。国家防汛抗旱指挥系统工程是水利信息化的骨干工程，其采集的信息资源、建立的数据库系统、形成的水利信息计算机骨干网络以及开发的应用软件体系将为水利行业其他专业系统的建设奠定坚实的物质和技术基础。

四、县级防汛抗旱信息化综合指挥调度平台的建设建议

（一）建设目标

该平台应主要建立江河主河段的洪水预报系统；建立防洪工程信息查询系统，建立江河重要河段的洪水调度，建立覆盖中央、流域机构、省（自治区、直辖市）防汛抗旱部门的异地会商系统；建立全国旱情宏观监测预报系统，组织旱情信息采集试点建设。基本建设目标是建立以水利部机关（国家防办）为中心，以各流域机构和省（自治区、直辖市）防汛抗旱部门为纽带，以各地水情、工情、旱情分中心为基础，连接防汛抗旱部门的计算机网络系统。建设骨干网、流域省区网、城域网和部门网，提高信息传输的质量和速度，为工情灾情、旱情信息的实时收集、传输和处理提供网络传输平台，为其他水利业务提供网络服务，提高信息共享的程度和各种信息流程的合理性，并通过国家防汛抗旱指挥系统工程计算机网络的建设，带动整个水利信息网的建设，从而促使县级防汛抗旱信息化综合指挥调度平台能够共享全国防汛抗旱资源，并使上级部门实时、全面掌握情况。

(二) 建设内容

本平台主要是利用国家公用通信网、水利部门已有的专用通信网以及其他相关资源，组成全国防汛抗旱信息网，对现有通信网未能覆盖的重点报汛站采用小型卫星通信站或手机报汛。主要建设内容包括流域机构和重点防汛省（自治区、直辖市）的中央报汛站的测验、报汛设施建设重点地区、重点大型水库、偏远地区的卫星报汛及通信设施建设；国家防总、流域机构、省（自治区、直辖市）防汛抗旱机构及其所属部分重要水情中心、工情中心、旱情中心、工程管理单位的计算机网络建设；中央、流域机构和省级决策支持应用系统建设，以及工情、旱情信息管理试点建设等。

1. 防汛通信系统

遵循专用网和公用网相结合，互联互通的原则组建防汛通信网，充分利用现有的通信资源。在防汛通信网建设中，以满足防汛工作为第一需要。在充分利用公用通信网的条件下，基本完成覆盖全国重点防洪地区防汛通信网的建设，达到下列目标：①完成重点报汛站通信网的建设，提高向中央和流域机构报汛信息的传输可靠性和及时性。②改善国家防总、流域机构重点防洪省市和大型防洪工程管理单位之间的通信手段，确保工程的安全运行状况能及时上报，上级的防洪调度指令能迅速下达。③完善重点防洪地区微波通信网，保证通信畅通，使重要汛情能及时上报，防汛指挥命令能迅速下达。④完善蓄滞洪区信息反馈系统建设，实现及时通报汛情，发布洪水警报和安全转移危险地区人员，并实时收集有关命令执行情况的反馈信息。⑤实现重点防洪河段、大型水利工程的工情、险情的图像传输，为电视电话会议、传真等通信业务和异地会商、监视汛情和灾情的发展变化提供通信手段。为县级防汛计算机联网提供数据传输通道。

2. 计算机网络系统

建设目标：利用公用通信网以及防汛通信网，采用因特网技术，建成覆盖国家防总、流域机构与重点防洪省（自治区、直辖市），大型防洪工程管理单位，地市级防办和水文分站以及重点防洪城市防办的计算机网络，提高收集防汛信息的速度和质量，扩充信息种类，增加信息量，监视突发事件，实现各级防汛部门信息共享，为有关部门提供信息服务，并为水利部开展其他业务提供网络服务。防汛计算机网络系统是各级防汛部门与其他水利业务部门在异地之间传送数据、文本、图形、话音、静态和动态图像的系统，需提供足够的、可靠的信道，实现县级防汛抗旱信息化综合指挥调度平台共享信息。

五、存 在 问 题

（一）资金投入不足

县级防汛抗旱信息化综合指挥调度涉及面广，投资大，而长期以来在信息化建设方面的投入不足，使县级防汛抗旱信息化综合指挥调度平台缺少必要的运行维护经费，不能适应和满足现阶段防汛指挥的要求，另外由于资金的限制，使得全国各地信息网络的发展还很不平衡，一定程度影响了防汛信息化建设的进程，无法完全达到既满足近期防汛需要，又满足长远防汛要求的目标。

（二）专业技术人员缺乏

专业队伍业务水平存在不足，难以完全适应现代防汛抗旱信息化建设发展的需要，制约了防汛抗旱信息化的发展。县一级的基层防汛信息化工作缺乏统一规划，自动化水平低，信息共享差，技术水平跟不上。系统建成后缺乏运行管理维护经费，致使部分设施无法正常运行，不能适应和满足现阶段防汛指挥的要求，因此，要改变县级防汛抗旱信息化平台的落后现状已经迫在眉睫。

六、建 设 的 对 策

随着信息化技术的发展，引起了现代防汛抗旱系统的发展和变革，因此县级是实现基层防汛抗旱建设的必由之路，促进信息化建设步伐，提高基层防汛决策水平，为此对县级提出以下几点建议。

（一）加大投入，完善县级防汛抗旱信息化建设总体规划

尽快建立一套适应我国具体情况的防汛指挥决策支持系统，即信息化网络系统。应出台加强防汛信息化建设的政策，使县级防汛信息化有正规稳定的资金来源，推动工作的开展。结合实际情况，深层次的分析研究，综合考虑，长远规划，科学地编制好信息化规划，杜绝低水平开发和重复建设。实现经验防汛和数字防汛的有机结合，同时，防汛信息化建设要有统一指挥的建设机制，统一的规划，使各地建设目标更加明确。

（二）上级部门应当加强重视防汛信息化建设

由国家牵头，组成地方研究力量，采取平时分散、战时集中的结合方式，并制订统一计划、落实资金，加强薄弱地区、薄弱环节的信息化建设。加强领导、强化管理、

落实责任、检查督促，以对人民、对社会、对事业高度负责的态度对待防汛信息化建设和管理。统一规划、强化管理、落实责任、检查督促要求各级领导提高认识，从以往众多历史教训中得到启示，以对人民、对社会、对党的事业高度负责的态度对待防汛指挥系统中的信息化建设。狠抓规划、建设和管理。

（三）进一步提高对县级防汛抗旱信息化标准的要求

标准化是全面推进县级防汛抗旱信息化的技术支撑和重要基础，标准化的有效运用可使建设资源得到充分利用，加快信息化建设步伐。水利部 2003 年出版的《水利信息化标准指南（一）》对水利信息标准的编制与管理工作起到了重要的指导作用。为保证信息资源的共享及应用软件的相互兼容，实现各级各类水利信息处理平台的互联互通，水利部还将在今后的工作中提出后续的水利信息化标准编制计划，以进一步规范建设标准。

（四）更加注重应用系统的建设中新技术的应用

由于新技术的应用使信息的传输得以实现数字化和网络化，大大提高了信息传输的时效性，提高了信息的利用率。因此在重点业务应用系统的建设中将会更加注重现代信息技术最新成果的利用，以保证系统的开放性和兼容性，为业务系统的技术更新、功能升级留有余地，促进县级防汛抗旱信息化水平登上新台阶。

（五）进一步加强安全体系的建设

随着数字化、网络化的快速发展，县级防汛抗旱信息化建设过程中的网络安全问题日益突出。为了确保防汛抗旱信息化资源安全利用及专项业务应用系统的正常和安全运转，在县级防汛抗旱信息化建设过程中需要采用先进的安全技术加强对县级防汛抗旱信息化安全体系的建设，同时加强对已发挥作用系统的运行、维护和管理工作。

七、结　　语

县级防汛抗旱信息化综合指挥调度平台完善后，必将大大提高水旱灾害信息采集、传输、处理的时效性、准确性和全面性，提高防汛抗旱指挥决策的科学性，逐步实现防汛抗旱指挥现代化，更充分地发挥水利工程减灾效益，以此达到决策及时有效科学，促进国民经济快速、持续、稳定的发展。

参考文献

[1]　邱瑞田.国家防汛抗旱指挥系统一期工程建设与管理［M］.北京：中国水利水电出版

社，2011.

［2］　倪伟新. 信息采集系统［M］. 北京：中国水利水电出版社，2012.

［3］　粟庆鹏. 决策支持系统［M］. 北京：中国水利水电出版社，2012.

［4］　蔡阳. 应用支撑与数据会及平台［M］. 北京：中国水利水电出版社，2012.

坚持问题目标双导向，关键环节精准发力

——新时期治水思路下榆林市破解水资源瓶颈探讨

赵 焱 郭兵托 张新海 侯红雨

黄河勘测规划设计研究院有限公司

一、背 景

1998年国家发改委批准榆林建设国家级能源化工基地后，榆林市社会经济进入了高速发展时期，榆林市的国民经济总量从2000年的79.31亿元（全省排名第七）跨越式发展为2018年的3848.62亿元（陕西省第二），经济总量跃居西部第六、呼包鄂榆城市群第一，年均增长24％。榆林以资源优势向经济优势转变速度明显提升，形成了以能源化工为龙头的强势产业，为构建和谐社会、全面实现小康奠定了坚实的基础。

榆林市的用水量随着社会经济发展有较快的增长，特别是2010—2013年期间，供水量呈现出跳跃性增加的趋势，这与社会经济发展对水资源的需求增长密不可分。快速发展的同时也造成了水资源供需矛盾突出、水资源过度开发、水环境恶化等一系列问题，水量、水质与工程型缺水成为了制约榆林市社会经济发展的瓶颈，这对水资源管理提出了更高要求。

本文根据《榆林市水资源综合规划》《榆林市水资源承载能力研究》《榆林市黄河东线引水工程总体规划》《榆林黄河东线马镇引水工程可行性研究报告》等成果为基础和参考，结合调研工作，明晰榆林市水资源禀赋条件和开发利用现状，分析榆林市水资源开发利用与水资源短缺制约"瓶颈"等问题，根据国家治水政策和理念，分析围绕"水利工程补短板、水利行业强监管"破解榆林市发展中水资源"瓶颈"的思路与措施。

二、榆林市社会经济与水资源开发利用概况

（一）榆林市社会经济发展概况

榆林市辖榆阳（区）、神木（市）、府谷、横山（市）、靖边、定边、绥德、米脂、

佳县、吴堡、清涧、子洲等一区两市九县，176个乡镇，总面积 43578km²。2017 年榆林市常住人口 340.33 万人，其中城镇人口 196.51 万人，农村人口 143.82 万人，城镇化率 57.7%。2017 年榆林市全年实现生产总值 3318.39 亿元，其中第一产业 167.68 亿元，第二产业 2086.08 亿元（工业增加值 2011.96 亿元），第三产业 1064.63 亿元，分别占 GDP 的比重为 5.1：62.8：32.1，按常住人口计算人均生产总值 9.78 万元。2017 年全市常用耕地面积 1182.45 万亩，有效灌溉面积 187.76 万亩，实灌面积 188.93 万亩。农业以种植业为主，主要农作物有玉米、土豆、水稻、蔬果、油料等，2017 年粮食产量 165.89 万 t，大牲畜 24.9 万只，小牲畜 747.94 万只。

（二）水资源状况

根据《陕西省水资源综合规划》，榆林市自产水资源总量 26.72 亿 m³，产水模数 6.1 万 m³/(a·km²)。其中地表水资源量 18.45 亿 m³，地下水资源 16.31 亿 m³，两者重复计算量 8.04 亿 m³。

榆林市水资源总量少，人均和耕地亩均水资源量分别为 744m³ 和 315m³，分别为全国平均水平的 37%、22%，人均水资源量处于国际公认的缺水线人均 1000m³ 以下，属于资源型缺水地区。水资源分布南多北少，东多西少，与区域矿产资源及经济发展布局不相协调。区域内地表水年内分配不均，汛期（6—9 月）4 个月径流量占年径流量的 55% 以上，泥沙也较大。东部黄甫川、清水川、孤山川等河流很难集中开发利用。由于河流泥沙问题突出，水资源开发利用难度较大，现有的河道、水库、塘坝、渠道由于泥沙淤积，也降低了工程效益，加剧了洪涝灾害。

（三）水资源开发利用现状

根据《陕西省水资源公报》，近 10 年榆林市各类工程年均供水量 7.49 亿 m³，其中地表水供水 4.40 亿 m³，占总供水量 58.7%，地表水源供水以引水工程为主，引水量占地表水源供水量的 56.4%；地下水供水量 3.07 亿 m³，占总供水量的 41%；其他水源供水量 0.02 亿 m³，占总供水量的 0.3%。从供水变化趋势分析，2007—2017 年榆林市年供水量为 6.90 亿～8.39 亿 m³，供水量总体呈缓慢增加趋势。

2017 年榆林市总用水量 8.39 亿 m³，其中生活用水 1.0 亿 m³，占总用水的 11.9%；农业生产用水 4.38 亿 m³，占总用水的 52.2%；工业用水 2.03 亿 m³，占总用水的 24.2%；生态用水 0.16 亿 m³，占总用水的 1.9%，呈逐年上升趋势；林牧渔畜用水 0.60 亿 m³，占总用水的 7.2%；城镇公共用水 0.22 亿 m³，占总水的 2.6%。2017 年榆林市人均用水量和单位工业增加值用水量分别为 246.5m³/人和 10.1m³/万元；农田灌溉亩均实际用水 221.3m³/亩；万元 GDP 用水量为 25.3m³/万元；城镇生活、农村生活用水分别为 95.8L/（d·人）和 57.97L/（d·人）。

由于榆林市工业以生产原煤、原油及天然气为主，用水量较小，同时对新建的煤、油化工行业提高了节能节水减排的准入门槛，要求设备和工艺全部达到高效节水标准、工业用水重复利用率达到 70% 以上，因此，榆林市工业总体用水效率较高，万元 GDP 用水量远低于陕西和全国指标，但一些原有的工业企业如建材、造纸等行业仍存在用水粗放的现象，用水重复利用率较低，针对传统工业企业节水还有一定的潜力可挖；万元工业增加值用水量远低于陕西和全国水平，城镇生活人均用水量低于全国。总体来看，榆林市生产用水节水水平较高。

（四）水资源开发利用存在的问题

榆林市地处干旱半干旱地区，水土资源极不平衡，生态环境脆弱，现状水资源开发利用存在的问题主要包括以下几方面。

1. 水资源极度短缺

根据《榆林市水资源综合规划》，榆林市人均水资源量属于国际公认的重度缺水地区，其中南部六县人均水资源量不同程度的小于 500m³/人，已属国际公认的极度缺水标准。

榆林市自产水资源总量 26.7 亿 m³，平均产水模数 6.1 万 m³/（a·km²），相当于陕西省平均 20.6m³/（a·km²）的 1/3。径流深 42.3mm，相当于陕西省的 1/4。2015年榆林市耕地亩均水资源量仅 172m³/亩，相当于陕西省 1/5，水资源十分贫乏。

2. 水资源时空分布不均，且开发利用难度大

榆林市北部的风沙草滩区面积约占全市总面积的 40%，水资源量约占全市水资源总量的 80%。由于其地貌多为起伏平缓的山丘，土质为松散的粉沙、亚黏土、沙质黄土，缺乏建设大型蓄水工程的地形地质条件，水资源开发利用难度较大。榆林市南部处于黄土丘陵沟壑区，是黄河中游水土流失最严重地区之一，也是黄河粗泥沙的主要来源地，面积约占全市总面积的 60%，水资源量仅占全市水资源总量的 20%，且各河流多年平均含沙量一般在 150kg/m³ 以上，开发利用极为困难，也不具备修建水利工程的地形地质条件。

3. 当地水资源难以支撑未来产业发展

该区域为国家能源基地的核心区域，工业经济发展快速，用水需求量剧增，而区域水资源贫乏，水资源进一步开发利用的难度很大，因此水资源不足已成为制约区域经济社会快速发展的瓶颈，需要通过调水来解决未来区域的水平衡问题。

4. 用水结构不协调

2017 年榆林市各行业用水中，农业（含林牧渔畜）和工业用水量分别占榆林市总

用水量的 52.2% 和 24.2%，农业为第一大用水户，而第一产业增加值仅占国内生产总值的 5.8%，主要由于一些老灌区供水工程老化，渠系水利用系数小，农业灌溉毛定额偏高，用水比例的不协调也反映出榆林市产业结构有优化的空间。

5. 对其他水源的开发利用力度不够

现状榆林市水资源开发利用以地表水为主，地下水为辅，对于雨水、污水的利用较少，据调查，榆林市运营的煤矿矿井水年排水量超过 1 亿 m^3，其中煤矿自身利用仅 20% 左右，剩余矿井水除少部分供给其他企业外直接外排。因此有效利用矿井水和非常规水可为工农业发展提供水源有力支撑，对水资源可持续利用具有重要意义。

三、破解水资源制约瓶颈目标分析

坚持"节水优先、空间均衡、系统治理、两手发力"新时期治水思路，深入贯彻"水利工程补短板、水利行业强监管"水利改革发展总基调，落实最严格水资源管理制度，以水资源优化配置、节约和保护为重点，实现人与自然及人与水和谐发展。以满足经济社会发展和生态环境保护对水资源需求为出发点，落实"山水林田湖草生命共同体"系统治理思路。坚持工程措施与非工程措施并重，通过水资源的全面节约、综合利用、优化配置、有效保护和科学管理，实现经济社会发展与水资源水环境承载能力相协调，保障供水安全和经济社会可持续发展。分析破解榆林市社会经济发展水资源"瓶颈"的目标，主要包括以下几方面：

（1）把握节水优先的战略方针，把加强节约用水作为实施水安全战略、缓解榆林市水资源供需矛盾的首要举措，全力推进节水型社会建设。根据《榆林市水资源综合规划》，到 2030 年城镇管网漏失率降低到 10%，节水器具普及率达到 100%，城镇居民生活用水定额控制在 125L/(d·人)；2020 年、2030 年一般工业万元增加值用水量分别为 16m^3/万元、10m^3/万元。在榆阳、神木、府谷、靖边、定边"十三五"期间新增节水灌溉面积 35 万亩，发展高效节水 10 万亩，远期 2030 年发展高效节水灌溉面积 100 万亩。农田灌溉水利用系数分别达到 0.75、0.83。到 2030 年初步建成现代化水利综合保障体系，用水效率明显提高，饮水不安全问题基本解决。

（2）把握空间均衡的重大原则，牢固树立生态文明理念。《榆林市水资源综合规划》提出加强水功能区管理控制污染物入河总量，建立饮用水水源保护区管理制度，有效保护水资源，到 2020 年城市供水水源地水质基本达标，重要江河湖库水功能区水质达标率在 2020 年与 2030 年分别提高到 82%、95% 以上；遏制对水资源的过度开发，转变不合理的利用方式，建立生态环境用水保障制度，到 2020 年重点地区、水资源过度开发区及生态环境脆弱区的水生态环境状况得到显著改善，到 2030 年河湖湿地生态环境用水基本得到保障。

（3）通过补短板强监管，实现水资源的合理调配与供水体系的完善，提高水资源对社会经济可持续发展的支撑和保障能力。积极践行陕西省委省政府"陕北引水、关中留水、陕南防水"的新时期治水方略，根据榆林市产业园区新格局，未来榆林市将重点发展 44 个产业园区，考虑保障产业园区生产的水源问题，保证园区建设的水源要求，加快推动榆林引黄工程建设，突破工程供水安全性不足的瓶颈。

四、榆林市社会经济发展水资源瓶颈分析

（一）补短板强监管必要性分析

1. 榆林引黄工程建设必要性分析

榆林市多年来在推动陕西省工业经济发展的过程中发挥了重要的驱动作用，成为国家重要的能源化工基地、呼包鄂榆城市群重要的节点城市、陕西省经济社会发展的重要一极。《全国资源型城市可持续发展规划（2013—2020 年）》《全国能源发展"十三五"规划》《现代煤化工产业创新发展布局方案》等将榆林市确定为国家 4 个石油后备基地之一、4 个现代煤化工产业示范区之一，并要求逐步形成世界一流的现代煤化工产业示范区。

根据陕西省政府 2006 年批准的《陕北能源化工基地总体规划》，在榆林市规划建设 5 个重点能源化工产业区，即榆神煤化学工业区、榆横煤化学工业区、府谷煤电载能工业区、鱼米绥盐化工区和靖、定石油天然气化工区。能源化工工业将是榆林市经济社会发展的用水大户，也是用水需求增长最快的行业，是受水资源短缺的重点被制约行业。

根据《榆林市水资源综合规划》，即使充分开发利用当地水资源，并采取节水、治污、非常规水源利用等措施后，也只能缓解近期缺水问题，远期 2030 年考虑黄河供水工程全面建成方可基本满足平水年榆林市用水需求。

根据《黄河可供水量分配方案》，分配给榆林市黄河干流耗水指标为 3.17 亿 m³，目前大部分干流耗水指标仍未利用。综上所述，通过建设引黄工程增加供水是采用工程措施解决榆林市经济社会长远发展、破解水资源制约瓶颈唯一且最可行的选择。

2. 强监管必要性分析

榆林市水资源管理存在取水许可监督管理不到位、用水效率不高、水污染加剧等问题。水资源配置受到产业结构等的制约，节水与保护工作基础薄弱，缺少投资保障，节水设备陈旧、措施不够健全，设施建设的滞后导致矿井疏干水与中水会用率偏低；

水资源调配和配置统一管理程度不足与水权制度的不完善使部分审批的取水许可指标未能利用，而一些企业或项目甚至居民生活用水紧缺的现象仍存在。榆林市现行水资源管理机制对水资源的有效利用存在一定的制约，为满足新时期水资源管理的要求，亟须增加监管力度。

（二）破解榆林市水资源短缺"瓶颈"措施分析

坚持"节水优先、空间均衡、系统治理、两手发力"新时期治水思路，深入贯彻"水利工程补短板、水利行业强监管"水利改革发展总基调，落实最严格水资源管理制度，以水资源优化配置、节约和保护为重点，实现人水和谐发展。以满足经济社会发展和生态环境保护对水资源需求为出发点，落实"山水林田湖草生命共同体"系统治理思路。分析破解榆林市水资源制约"瓶颈"措施如下。

1. 加快推进节水型社会建设

实施全民节水行动计划、实行工业节水准入、推广农业高效节水。推行"监控＋计量＋控制开采"的监管模式，压减地下水开采量，恢复地下水资源采补平衡；鼓励工、农业水权转换，使工业增产反哺农业节水投资，促进行业用水协调；充分发挥市场价格杠杆作用，逐步建立与市场经济相适应的水价形成机制；通过技术进步不断提高榆林市污水处理回用与矿井疏干水利用程度，促进节水型社会建设。

2. 加快骨干水源工程建设

积极践行"陕北引水、关中留水、陕南防水"的新时期治水方略，按照"三先三后"原则，遵循节水优先、引黄开源的总体思路，以建设骨干水源工程和上下联通、南北互济、可统一调度、具备应急储备的供水网络为主要任务，加快推动干流引黄工程建设，力争将工程型缺水制约变为工程支撑。

目前，榆林市已开展了骨干水源工程建设相关工作。《榆林市黄河东线引水工程总体规划》由榆林市人民政府批复（榆政函〔2018〕84号），该规划提出2025年府谷县缺水通过实施府谷应急引黄工程解决，榆溪河以东缺水由马镇黄河干流引水工程解决，马镇引水工程采用近、远期结合双线并行方案，从黄河右岸马镇葛富村取水，设计流量$27m^3/s$，干线末端进入石峁水库。《榆林黄河东线马镇引水工程可行性研究报告》于2018年7月通过陕西省水利厅审查，审查意见基本同意榆林黄河东线马镇引水工程建设规模，并同意工程主要为神木县窟野河河谷区、榆神工业区锦界工业园、榆神工业区清水沟工业园、榆阳区榆溪河以东工业园供水。

根据《榆林市水资源综合规划》，榆林市规划引黄线路主要为东、南、西线引水，东线主要满足府谷、神木、榆神、榆阳一线工业及城镇化发展的用水增长，南线主要解决榆横工业区及南部各县用水需求，西线主要解决靖定两县生态农业发展并兼顾工业及生活用水。通过外引内调，构建榆林市供水网络，形成水资源安全供给的保障体系。

3. 强监管、健全水资源监控体系

健全水资源监测、用水计量统计、总量控制、定额管理等办法与相关技术标准体系。加强省界等重要控制断面、水功能区和地下水的水量水质监测能力建设。将省界水量的监测核定数据作为考核县（区）用水总量的依据之一，对县界水质的监测核定数据作为考核县（区）重点流域水污染防治专项规划实施情况的依据之一。加强取水、排水、入河湖排污口计量监控设施建设。健全水法治体系和水资源管理考核责任体系，加强水情和节水宣传教育，构建全社会共同参与管水格局。

4. 提高水污染监管与防治能力

全面推行河长制管理模式，"一河一策"抓好河湖管理和保护。实施水污染防治行动计划，严控入河湖排污总量，加强饮用水水源地监管与保护。强化末端污水处理，建立完善的污水处理系统与监管体系，削减污染物入河量。

加强监管水资源消耗总量和强度双控行动落实情况，严格地下水开发利用管控，加强地下水超采区综合治理。加强监测能力建设，建立满足水资源管理严格要求的水量水质监测站网体系。完善所有一、二级水功能区和入河排污口以及重要河流县界水质监测体系建设，加强对重点入河排污口的在线监测，水源地监测应覆盖到重要乡镇，制定维持河流生态功能的合理基流和湖泊、水库以及地下水的合理水位，建立相应的监测体系。

五、展　望

破解榆林市社会经济发展的水资源"瓶颈"，需要在工程与非工程措施合理开展的前提下达成。东、南、西三条骨干引黄工程的建设将充分保障新型能源化工基地用水；加强落实对行业取供用耗排水各环节的监管，结合以水定产、强化节水、推进水权转换、水务统管等优化榆林市水资源管理"软环境"，通过强监管努力实现水资源可持续利用，保障能源基地的可持续发展。

参考文献

［1］ 葛杰，张鑫. 基于水资源承载能力的榆林市产业结构优化研究［J］. 节水灌溉，2018（4）：99-104.
［2］ 肖迎迎，宋孝玉，张建龙. 基于主成分分析的榆林市水资源承载力评价［J］. 干旱地区农业研究，2012，30（4）：218-235.
［3］ 党丽娟，徐勇，王志强. 陕西省榆林市水资源人口承载规模研究［J］. 水土保持研究，2014，21

　　　（3）：90-97.
[4] 赵蕊.水资源短缺对区域产业结构优化影响：以榆林市为例［J］.中国人口·资源与环境，
　　　2016，26（5）：333-335.
[5] 刘红英，郑凌云，拜存有.榆林市水资源供需平衡分析［J］.水资源与水工程学报，2010，21
　　　（3）：130-140.
[6] 陈勇，杨改河，周伟.榆林市水资源及其可持续开发利用研究［J］.西北农林大学学报（自然科
　　　学版），2006，34（12）：142-146.
[7] 张成凤.基于遗传算法的榆林市水资源优化配置的研究［D］.咸阳：西北农林科技大学，2008.
[8] 任高珊.榆林市水资源承载力综合评价研究［D］.咸阳：西北农林科技大学，2010.
[9] 亢福仁，杜虎平，邵治亮.榆林市水资源可持续开发和利用研究［J］.干旱地区农业研究，
　　　2005，23（5）：191-195.
[10] 王小军，蔡焕杰，张鑫，等.区域水资源开发利用与城镇化关系研究——以榆林为例［J］.
　　　水土保持研究，2008，15（3）：108-111.

无人机智能航测遥感技术在水土保持监测及监管工作中的应用方法研究

曹优明

黄河勘测规划设计研究院有限公司

一、无人机智能航测遥感技术应用现状分析

无人机智能航测遥感技术是以无人飞行技术为基础，结合 GPS 定位技术而构建的智能航测技术。这种技术能够更加精准快速地采集地面的地形地貌等相关信息，并利用相应的处理软件对信息进行整理和分析，运用不同型号的无人机所携带的不同功能的传感器等来采集实时数据。早期的无人机遥感技术主要应用于军事探测领域，利用无人机搭载不同功能的传感器，获取遥感等信息，使用具有特定功能的软件，对数据信息进行处理，结合工作任务和需求，生成所需要的成果。相对于传统的人工地面探测技术，该技术不仅具有较高的精度，还能够实现动态监测，减小了人力投入，可高效、快速、保质地完成任务。

当前阶段无人机的遥感技术已经充分应用于水利工程的很多方面。在水土保持领域，该技术已应用于水土保持方案编制、水土保持监测、水土保持监管、水土保持验收评估、水土保持规划等各方面。近年来，无人机遥感技术发展迅速，出现了多用途、多机型、多功能的高新航测遥感技术，水土保持遥感技术成为未来监测及监管工作发展的主流。

无人机遥感技术水土保持监测及监管工作的开展，是围绕土壤侵蚀以及治理开展，利用地面监测技术和遥感解译技术等，在坡面等适当位置布置监测点位，收集侵蚀因子、类型等信息，经处理获得所需要的侵蚀程度和强度等因子。应用无人机智能航测遥感技术，不仅能够快速实现定量、实时监测，而且遥感监测的覆盖面较广，分辨率精确，监测成本低，大大减小了人力投入，在推动水土保持监测乃至动态监管工作的高效开展中有着积极的作用。无人机遥感技术具有自动化、智能化、成本低、风险小、移动性能高、高时效性、高分辨率、大比例尺、云层下成像等优点。目前无人机遥感技术呈现出多用途、多机型、多种载荷能力和多种续航能力的发展态势。

二、无人机智能航测遥感技术应用原理

（一）水土保持遥感监测内容和方法

水土保持监测是从保护水土资源和维护良好的生态环境出发，运用多种手段和办法，对新增水土流失的成因、数量、强度、影响范围和后果进行监测，是防治水土流失的一项基础性工作，水土保持监测的开展对于贯彻水土保持法律法规，搞好水土保持监督管理工作具有十分重要的意义。水土保持监测内容包括扰动土地情况监测、取土弃土监测、水土流失情况监测和水土保持措施监测。监测方法主要采取地面观测、实地量测、遥感监测和资料分析的方法。

地面监测、调查监测目前已被广泛应用，是比较传统的水土流失监测方法，具有省时、省力、简便易行等特点，但是精度较低、人为干预较大、人力投入大，尤其在监测员无法或难以达到的地区，无法获取监测数据，再加上项目区扰动速度较快、地形复杂的条件，随着国家政策和规定对水土保持监测工作的重视程度的加强，目前传统的技术已不能满足当前工作的需要。相对于传统的地面观测方法和卫星遥感影像，无人机智能航测遥感技术具备高精度、实时性和全面性等优点，已成为生产建设项目中水土保持监测的新技术。

自新的《中华人民共和国水土保持法》颁布实施以来，国家更加重视和规范生产建设项目水土保持监测工作先进技术的应用，2015 年水利部印发的《生产建设项目水土保持监测规程（试行）》明确要求不小于 $100hm^2$ 的典型项目，山区（丘陵区）长度不小于 5km、平原区长度不小于 20km 的线型项目应增加遥感监测方法开展水土保持监测。《水利部水土保持司关于印发生产建设项目水土保持监测工作检查要点的通知》（水保监便字〔2015〕72 号）将遥感监测列为监测实施检查要点，按规定应采用遥感监测方法的生产建设项目，遥感监测频次和精度需满足相关规范要求。《水利部关于贯彻落实〈全国水土保持规划（2015—2030 年）〉的意见》（水保〔2016〕37 号）中明确提出要强化水土保持事中事后监管，加快运用无人机、遥感等现代化技术手段，提高监督执法效能，切实做好水土保持方案实施情况的跟踪检查。

遥感监测内容应包括土壤侵蚀因子、土壤侵蚀状况、水土流失防治现状等本项目遥感监测采用卫片影响，能够易于区分土地利用、植被覆盖度、水土保持措施、土壤侵蚀等类型、变化特征的遥感影响。利用遥感影响处理软件对影响进行校正、调色等处理，根据现场调查，建立解译标志，提取土地利用及植被覆盖度等信息，同时统计各类土地利用类型的面积，得到监测所需的各项数据，通过不同时期的影像对比，分析地形地貌变化、扰动地标情况及植被覆盖度变化等情况，动态监测项目区水土流失及水土保持情况。形成文字报告，进行及时的归档。

相关学者已经将无人机遥感技术应用到水土保持监测和监管工作中，在专业技术软件支持下，实现航拍影像的快速拼接，精确生成正射影像和地形数据，获取水土保持监管相关指标成果，形成动态监测成果。准确、及时、高效、全面地解决水土保持过程中信息采集、动态掌握等难题，实现监管数据全自动、快速、高精度处理。

（二）遥感监测步骤

水土保持遥感监测工作包括资料准备、遥感影像选择与预处理、解译标志建立、信息提取、野外验证、分析评价和成果资料管理等程序进行。

1. 资料准备

选择性地收集已有成果资料，至少包括项目区地形图、土地利用现状、地貌、土壤、植被、水文、气象、水土流失防治等资料。

2. 遥感影像选择

应根据调查成果精度的要求，选择适宜的遥感影像空间分辨率。并选取易于区分土地利用、植被覆盖度、水土保持措施、土壤侵蚀等类型、变化特征的影像。

3. 遥感影像预处理

水土保持遥感监测的影像应经过辐射校正、几何校正和必要的增强、合成、融合、镶嵌等预处理。对起伏较大的山区，还应进行正射校正。

4. 解译标志建立

遥感影像解译前，应根据监测内容、遥感影像分辨率、色调、几何特征、影像处理方法、外业调查等建立遥感解译标志。其内容应包括有知道意义的土地利用、植被覆盖度等土壤侵蚀因子，土壤侵蚀状况和水土流失防治状况的典型影像特征。

5. 信息提取

水土保持遥感监测信息提取包括土壤侵蚀因子、土壤侵蚀类型和水土保持措施等，可结合地面调查、野外解译标志建立等综合开展。

6. 野外验证

野外验证主要包括解译标志验证，信息提取成果验证，解译中的疑、难点及需要补充的解译标志验证，与现有资料对比有较大差异的解译成果验证等内容。

7. 分析评价和成果资料管理

根据侵蚀类型，选取合适的分析评价方法对监测成果进行合理性分析。并在遥感解译、野外验证工作完成后，应进行资料的整理和综合分析，并按对应的工作阶段。

三、无人机智能航测遥感技术在前坪水库水土保持监测中的应用

笔者以前坪水库为例，研究无人机智能航测遥感技术在水土保持监测以及监管工作中的应用。

（一）项目概况

前坪水库位于淮河流域沙颍河支流北汝河上游、河南省洛阳市汝阳县县城以西9km的前坪村，水库是以防洪、灌溉为主，兼顾供水结合发电的大型水库，水库总库容5.93亿 m^3，最大坝高88.8m，控制流域面积 $1325km^2$。工程征占用地总面积 $1641.92hm^2$，其中永久占地 $1305.39hm^2$，临时用地 $336.53hm^2$。根据工程单元及其施工、占地特点，本工程共划分10个水土流失防治分区，即主体工程区、工程永久办公生活区、交通道路区、输电线路区、施工生产生活区、临时堆料区、水库淹没及影响区、弃渣场区、料场区、移民安置及专项设施复建区。监测方法采取地面观测、实地量测、遥感监测和资料分析的方法。

（二）应用情况

1. 无人机智能航测技术获得基础数据

目前，水土保持监测工作中采用的无人机机型主要有固定翼、多旋翼和垂直起降固定翼等。比较常用的是多旋翼无人机，它具有控制灵活、可悬停、起降方便等优点，基本不受场地限制，但因其电池容量有限、控制距离短，受温度和天气影响较大，直接影响了无人机的飞行时间和工作范围，不适于大面积、长航时作业。但是生产建设项目的水土保持监测采用此种监测方法和无人机机型比较多。

（1）规划飞行航线。无人机飞行航线规划前，首先要查阅资料或者联系当地主管部门，判定航拍所在区域是否位于国家和地方划定的禁飞区域内，并对航拍区域提前进行实地踏勘，结合地形图，初步判定掌握整个区域的大致地形地貌及相对高差等；根据项目区范围和数字成果精度要求进行航线规划，设置航线的飞行方向、飞行高度、相机角度、飞行的航向重叠度和旁向重叠度等参数，通常情况下，尽量保证航向重叠度大于70%、旁向重叠度大于50%，可根据实际情况调整。

航线设计中，可通过微调航线角度，选择最小预估航时下的最优航线角，目前区块类倾斜飞行选择交叉飞行模式，倾斜条带飞行采取全向飞行方式（相机以固定倾斜角度−33°，使飞机进行转向来获取目标测区的完整影像）。

（2）地面控制点布设。如果对成果精度要求较高，可以布设地面控制点对成果进行校正，以此来提高影像的精度。地面控制点布设遵循"保证数量、均匀分布"原则，通常在项目区内均匀布设 5～8 个易于识别的彩色标志作为地面控制点，并使用差分 GPS 测得控制点的准确经纬度和高程信息。

（3）飞行参数的设置与检查。由于受地形高低起伏影响引起的航拍成像的地面分辨率变化，飞行时应尽量保持飞行高度相对地面保持一致。因此，如果航拍范围较大且地形高差变化较大的区域应进行分区域航拍，后期再利用软件进行拼接处理（图1）。

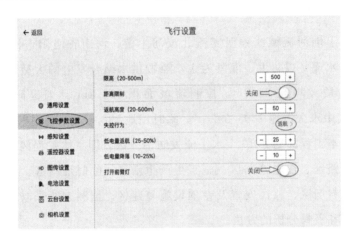

图 1　飞行参数设置

（4）获取航空遥感数据。在无人机地面站系统中对规划的飞行任务进行检测，确保无人机及地面站系统各项指标信息正常且飞行任务规划合理无误后，再执行飞行计划，获取项目区多景航空遥感影像（图2）。

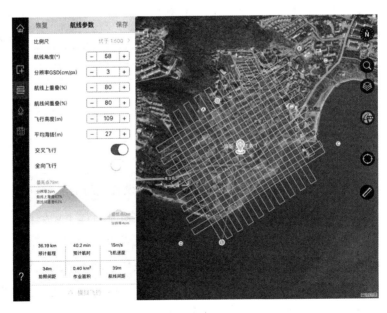

图 2　航线参数设置

2. 数据处理、提取及分析

本项目监测数据采用 2017 年 8 月至 2018 年 8 月两次航拍资料进行数据处理和提取分析。采用 bentley smart3D 软件。

（1）打开 Bentley Smart3D 软件，创建工程（图 3）。

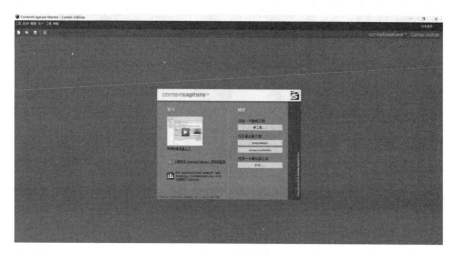

图 3　创建工程

（2）导入采用无人机倾斜摄影并具有 POS 信息的现场照片（图 4）。

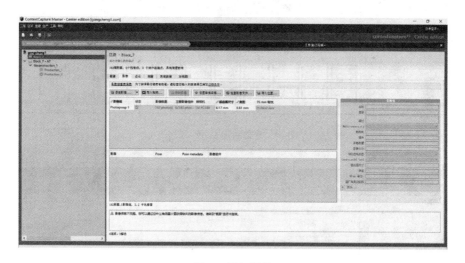

图 4　导入照片

（3）概要选项里提交空中三角形测量数据。空中三角形测量：立体摄影测量中，根据少量的野外控制点没在室内进行控制点加密，求得加密点的高程和平面位置的测量方法。主要目的是为缺少野外控制点的地区测图提供绝对定向的控制点。本次提交的空中三角形测量没有野外控制点，所以未对野外控制点进行刺点（图 5～图 7）。

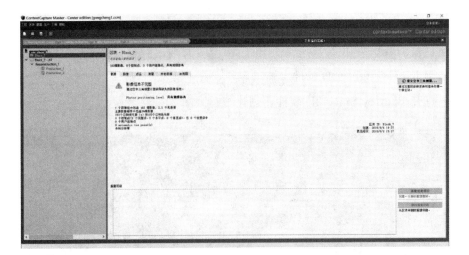

图 5 提交测量数据（一）

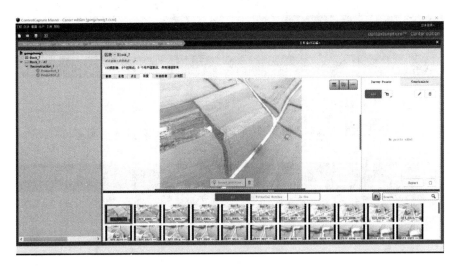

图 6 提交测量数据（二）

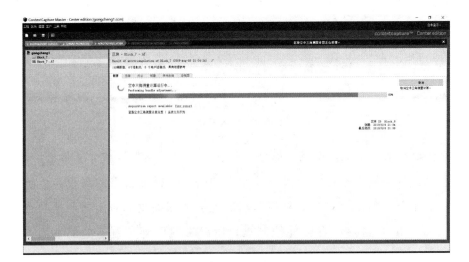

图 7 提交测量数据（三）

（4）生成模型。空中三角形测量后，生成模型，所有的三维图形都是由三角网组成（图8、图9）。

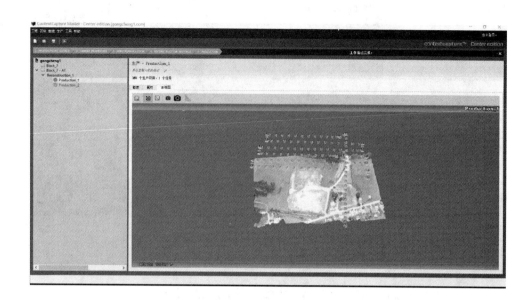

图8　生成模型（一）

图9　生成模型（二）

（5）对生成的实景三维模型进行检测与测量，可得到弃渣场的相关堆置要素，比如堆渣范围、堆渣面积、堆渣量等，对弃渣场进行严格、客观、实时、有效的监管（图10）。

图 10　对实景三维模型运行检测与测量

四、无人机智能航测遥感技术应用情况研究

（一）应用特点归纳

无人机智能航测遥感技术相比传统的监测方法，具有精度高、效率快的优点，大大简化工作量，减少了人力投入，提高了工作效率，效益显著，是目前水土保持监测高新技术的创新点和发展方向。传感器设备所提供的遥感影像分辨率从几公里可以缩小到几厘米，达到"影像采集金字塔"的发展目标，可以满足不同的监测作业需求。与此同时，遥感影像的价格也在不断地降低，采用遥感技术可以有效提升生产生活实际的精度及效率，对于已经开展建设的项目生产也是十分有效的。针对已经开展的生产实际项目来说，可以对生产建设项目在建设运行过程中的灾害情况、防治效果开展监测。构建数据库可以有效地检验水土的保持方案实际实施的效果。而以监测地区的区域 DEM 为基础可以对影像进行深入的纠正处理；通过外业的调查处理构建影像联系实际的解编译标识；结合土壤的侵蚀现状，在已有的三类信息基础之上可以进行矢量图层的向性叠加，并且计算不同划分单元的土壤侵蚀强度，对各级的土壤侵蚀面积实际利用情况进行分析，得到项目监测末期的各项数据，对比得到水土动态监测的成效。

在建设施工期，无人机可监督工程进展及水土保持方案的落实情况，可直接目视解译工程进展情况、取弃土场占地、施工便道等扰动土地利用类型的变化、水土保持措施类型等；通过人机交互图斑的方式提取扰动土地、取土（石、料）弃土（石、渣）场、土壤流失、水保措施等位置、范围和面积信息；对比叠加不同时期计算取土（石、料）弃土（石、渣）场方量，周期性掌握地表变化；利用 DSM，DEM 提取植被覆盖度、土地利用类型、坡度等数据，结合降雨量等计算土壤侵蚀强度和水土流失量；了解水土保持工程措施、植物措施及临时防治措施的实施情况。

无人机航拍可勘察和测量生产建设项目建设期水土保持监管的大部分技术指标的数据，全面、及时、定量地掌握水土保持措施状况、水土流失时空分布和动态变化情况，控制生态影响和环境污染，为现场监管取证提供客观全面的依据。将原来定性和半定量的监理、监测提升到定量的新高度，真实直观地反映项目水土流失现状，实现水土保持措施项目的可视化查询、管理和决策支持。

（二）应用建议

无人机智能航测遥感技术功能强大，应用广泛，根据在使用过程中遇到的问题，有以下几点使用建议。

（1）应根据天气情况调整参数，以免影响航测精度。晴天、阳光充足推荐参数：ISO200F/1600f/5.6；阴天、光线一般 ISO400F/1250 或 1000f/4.5 或 f5。

（2）合理规划航测线路，提高工作效率，并保证精度。

（3）应采用变高的倾斜测量方式进行水土保持监测，可提高航测精度，减小后期处理的工作量。

（4）无人机作业必须考虑时间因素对成像质量和效果的影响。无人机作业一般在风速 8m/s 以下、能见度大于 5km 的晴天或阴天进行。晴天时，为避免太阳高度角和山体阴影对成像质量和效果的影响，最好选择每天的 10：00—14：00。在北方地区，由于植被有夏季枝叶繁茂、冬季落叶或枯萎的特点，在获取植物措施的影像时应选择在夏季进行，而冬季适宜获取工程措施的影像。

五、结　语

随着信息技术的高速发展，传统的水土保持监测技术已经不能够满足当前时代对于水土保持监测的需求。无人机智能航测遥感技术是水土保持监测工作以及水利部门监管工作的一大创新，它以低速无人驾驶飞机为基础，运用无人机技术的灵活、准确、多适应性特点，融合先进的航拍技术来进行地表地形的数据信息统计，并且采用计算机技术处理成三维图形进行合理的分析。通过本文的实际研究发现：无人机智能航测遥感技术有着续航时间长、实时传输、成本低、高机动性等特点，可以在研究方法上对传统技术有很好的弥补。

参考文献

［1］ 李德仁，袁李明. 无人机遥感系统的研究进展与应用前景［J］. 武汉大学学报（信息科学版），2014，39（5）：505－513.

［2］ 陈宇，付贵增，凌峰，等. 无人机技术在水土保持中的应用现状与展望［J］. 海河水利，2018（3）：61－63.

［3］ 赵俊华，朱艳华. 无人机遥感在水土保持领域的应用［J］. 人民长江，2017，48（12）：33－35.

［4］ 韩文权，任幼蓉，赵少华. 无人机遥感在应对地质灾害中的主要应用［J］. 地理空间信息，2011，9（5）：6.

在水利行业强监管新思路下沂沭泗局信息化发展探讨

胡文才　李　智　张煜煜

沂沭泗水利管理局水文局（信息中心）

一、沂沭泗局信息化系统现状

（一）基础设施

1. 通信网络基础设施

沂沭泗局通信网覆盖沂沭泗流域，以租用公网长途数字电路主、沂沭泗数字微波为辅以构成现有各单位互联的水利专网，单位间以点对点方式互联，具备语音、数据、图像传输等综合服务能力。

截至目前，沂沭泗水利管理局（以下简称"沂沭泗局"）通信网络，已初步形成以南四湖水利管理局、沂沭河水利管理局、骆马湖水利管理局三个直属局为分中心，19个基层局分别接入各直属局的通信网络结构，实现了沂沭泗局—直属局—基层局之间的日常通信联络。

沂沭泗局至直属局租用3条50～100Mb数字电路作为信息传输主干通道，基层局的通信网络接入主要由200Mb主干微波1跳、34Mb支线微波1跳、17条2～20Mb数字电路。

2. 视频监控系统

沂沭泗局通过闸门自动控制系统建设、沂沭泗局直管重点工程监控及自动控制系统和水政监察基础设施建设项目等项目建设，形成了水闸、重点工程和水政采砂视频监控系统，目前接入沂沭泗局视频监控平台的共计117个高清视频监控点。

（1）水闸监控。目前，有11座大型水闸配有现地视频监控系统，实现自动控制远程启闭，分别是复新河节制闸，二级坝第二、三节制闸，韩庄节制闸，刘家道口节制闸，彭家道口分洪闸，江风口分洪闸，新沭河泄洪闸，人民胜利堰，嶂山闸和宿迁节制闸。采用设备主要是标清定焦枪型摄像机及变焦云台球型摄像机。

（2）重点工程监控。沂沭泗局在直管河道和堤防闸坝重点部位共建有76个视频监控点、3套闸门控制系统、19个监视监控中心、1套高清视频传输系统和2套软件。

（3）水政采砂监控。依托淮河水利委员会水政执法监察基础设施建设项目，在沂沭泗流域水政执法监控和采砂监控区域建设了41个视频监控点，其中采用公网传输34个点，采用4G集群专网传输7个点。41个视频监控点全部接入到沂沭泗局直管重点工程监控平台。

3. 水文自动测报系统

沂沭泗局水文自动测报系统从1991年开始建设。1991—2007年，沂沭泗局通过多渠道筹集经费建设水文自动测报系统。2007年以后，沂沭泗东调南下二期工程实施开始，采用工程带水文项目又陆续增建部分站点。至2019年共有自动测报站点47个，数据接收中心站1个。

（二）应用系统

近年来，沂沭泗水利管理局在加强信息化方面的硬件建设外，还通过基建项目和其他途径陆续建设了多个应用系统。

1. 防汛值班会商系统

防汛值班会商系统实现了防汛值班信息登记、记录、查询和值班汛情信息监视，防汛会商准备、信息展示、会商情况记录、会商决策和历史会商信息查询，以及文档管理、电子传真和资料共享等功能。

2. 水情服务系统

沂沭泗水情信息系统以GIS技术手段，采用图表结合的展现方式，实现雨情、水情、遥墒情、气象信息的监视及文档资料管理，对沂沭泗水情信息进行综合管理，为用户提供水情应用服务。

3. 水政执法巡查系统

水政执法巡查系统实现了水政基层单位执法巡查人员日常巡查工作日志上报、水政执法流程管理、采砂稽查数据上报以及日常数据查询；管理人员可以方便下发巡查任务，进行巡查统计、实时掌握现场信息，实现对历史记录数据的回放或跟踪，为决策分析提供数据支持；执法巡查人员能够及时了解巡查任务，实现工作上报、任务状况反馈等。该系统提高了水政信息综合处理能力，为水政工作的科学、高效管理提供决策支持。

4. 综合办公系统

沂沭泗局综合办公系统主要包括领导办公、公文办理、会议管理、事务管理、综合管理及督查督办等模块。

5. 档案管理系统

档案管理系统对档案室部分文书档案进行数字化加工，实现沂沭泗局本部档案资源在局机关本部的在线管理、整理归档、查询利用、编研统计、数据管理，实现档案存量数字化、增量电子化、管理标准化。

6. 移动应用系统

近几年来基层管理单位根据自己的实际需要，通过自筹资金开发了部分应用系统。其中，下级湖管理局开发了移动考勤系统，实现了移动管理出差、休假、加班、调休和考勤等功能，为基层管理单位的人员自动化管理建立了一个试点；嶂山闸管理局开发了智慧嶂山系统，实现了在移动终端上查询单位信息、职工考勤、培训管理、会议与通知、文件流转、收费管理、制度规程管理、工程信息查询和信息发布等功能，为闸坝管理单位的移动管理建立了试点。

二、存 在 的 问 题

（一）线路带宽不足

网络带宽不足，严重制约了沂沭泗局信息化系统的发展。目前沂沭泗局至南四湖局带宽是 100M，沂沭泗局至骆马湖局和沂沭河局带宽只有 50Mb，每个直属局下面有6～7 个基层管理单位，基层管理单位至直属局之间的带宽在 2～20Mb 之间，带宽不足制约了信息的发展。

（二）系统分散，形成信息孤岛

在 2014 年以前，沂沭泗局信息化系统都基本是以工程带信息化的模式建设，由于项目不同，系统建设标准不一、模式不一，分别建成了单个独立的系统，没有进行整合，形成了大量的信息孤岛，无法实现资源共享，造成资源浪费。

（三）缺乏专业技术人员

目前，沂沭泗水利管理局总共有 23 个管理单位，但是搞信息化管理的只有水文局信息化科 4 人，南四湖局 1 名兼职人员，其余单位均没有信息系统运行管理人员，技术人员严重缺乏，导致系统维护难度大。而且各个基层局均在筹集经费建自己的信息化系统，却没有相应的技术人员进行支撑。

（四）经费保障程度低

沂沭泗水利管理局现有信息化系统固定资产 1.5 亿元，根据测算需要运行维护经费 1300 余万元，但目前实际到位只有 300 万元，差额接近 1000 万元，经费保障率低。

（五）系统老旧严重

沂沭泗水利管理局的闸门控制系统已经使用年限在 10～18 年之间，设备老化严重；沂沭泗局东调南下项目里面带的系统也经过 10 多年运行，设备老化严重；2014 年建设的重点监控系统至今也有 5 年时间，设备出现老化，根据电子产品的使用，应该也到了设备更新的年限了。系统陈旧，设备老化是当前沂沭泗局信息系统面临的最大难题。

（六）缺乏数据中心，无法做到资源共享

近十多年来，沂沭泗局建了大量的信息系统，收集录入了大量的数据，但是由于沂沭泗水利管理局没有数据中心，因此这些数据都是单独存储，没有整合到一起，无法资源共享，导致资源浪费。

三、下一步沂沭泗局的信息化发展

（一）建设信息化高速路

要得富，先修路。没有高带宽的保障，就无法建设出高质量的信息化系统，就无法做到有效的为水利行业强监管提供可靠的技术支持。扩充沂沭泗局至直属局、直属局至基层局的网络带宽。沂沭泗局至直属局至少 100Mb 带宽，基层局至直属局 20～50Mb 带宽。

（二）加大运行维护经费申请渠道

信息化是一个"烧钱"的工程，没有经费保障就无法谈信息化。因此需要通过多渠道申请系统运行维护费用，保障系统的正常运行，只有保障了系统的运行，才能进一步改进补短板，才有能力给监管提供信息支持。

（三）建立沂沭泗局数据中心

现在是信息社会，要做好信息化，首先得完成数字化。有了数字化和信息化才能

进一步发展智慧化。但是目前沂沭泗水利管理局还没有完成数字化的建设问题，信息化严重落后，智慧化就无从谈起。要解决沂沭泗信息化发展的问题，第一要务是要解决数字化问题，建立沂沭泗局数据中心，完成数字化，然后考虑数据共享、大数据和数据挖掘，在信息化达到一定高度了，才能进一步发展智慧化。

（四）整合沂沭泗局网络系统，统一规划，集中管理

目前，沂沭泗局网络系统分为三级模式：局本部、直属局和基层局。每个单位都组成一个局域网，共计有 25 个局域网，下一步需要整合沂沭泗局网络系统，取消下面各个分中心，所有的分中心改成用户端，取消直属局和基层局本地互联网出口。采用集中管理、集中维护的办法，减少网络维护工作量，减少网络安全隐患，集中使用有限的维护资金，保障系统正常运行。

四、结　　语

在"水利工程补短板、水利行业强监管"的治水总基调条件下，信息化是沂沭泗局的一个主要"短板"，要做好"强监管"首先要补好"短板"。沂沭泗局信息化系统存在基础差、设备老化、安全隐患严重、维护人员不足等问题。通过全盘考虑，统一规划，统一改造，集中管理，整个沂沭泗水利管理局信息化水平一定会上一个台阶，为"强监管"提供及时可靠的信息支撑。

多层次立体河湖监管模式探讨

樊 旭[1] 林思群[1] 王 浩[1] 徐 慧[2] 张志俊[3] 陈 葆[1]

1 江苏省江都水利工程管理处 2 河海大学 3 高邮市湖泊管理处

引 言

京杭运河是世界上开凿最早、里程最长的大运河，属世界物质文化遗产，是人类文明的奇迹，是人类智慧的结晶，也是孕育人类文明的摇篮。京杭运河苏北段从属于沂沭泗水系、淮河水系、长江水系，自扬州六圩至南四湖二级坝、中运河省界，总长476.5km，纵跨扬州、淮安、宿迁、徐州等 4 个市共 17 个县（市、区），沟通长江、邵伯湖、高邮湖、洪泽湖、骆马湖、微山湖，由里运河、中运河、不牢河、大运河湖西段等组成。河道具有行洪、调水、饮用水水源地、排涝、航运、景观等功能。

河道作为水资源的重要载体，水清、水畅、防洪安全、供水安全、生态健康、为社会发展和经济建设提供保障，是河湖管理的最终目的。保护好治水史杰作京杭运河，传承好流动的文化，利用好活态的遗产，是水利部门应该担当的历史责任。

一、京杭运河管理存在主要问题

（一）水污染防治

京杭运河苏北段沿线污染源有工业企业污染、城镇和农村生活污染、农业面源污染、支河污染、污水处理厂尾水污染、航运污染等。按照碧水保卫战的部署要求，加快解决国考省考断面河水功能区不达标问题，巩固和提升已达标断面与水功能区是现阶段我省水污染防治的主要目标。

京杭大运河苏北段共设置国考省考断面 26 个，省环保厅提供省考序列断面 18 个。每月监测 1 次，全年共监测 12 次，根据监测结果分析，京杭大运河苏北段水质以Ⅱ～Ⅲ类为主，但部分断面存在水质波动甚至超标的问题。以 2018 年为例，洞山西 7 月、12 月水质为Ⅴ类，氨氮、总磷超标；蔺家坝 1 月水质为Ⅴ类，化学需氧量超标，8 月、10 月水质为Ⅳ类，化学需氧量、总磷超标；解台站 7 月水质为劣Ⅴ类，氨氮、总磷、化学需氧量超标；施桥船闸 4 月、5 月水质为Ⅳ类，5 月化学需氧量超标。

（二）水域岸线利用管理

京杭运河苏北段存在岸线资源配置不合理缺乏高效利用，违法建设违章占用较多，管理难度大等问题。部分开发项目布局不合理，项目建设缺乏科学论证，一些小型码头往往重复建设，建成后利用效率不高，造成岸线资源的浪费。如中运河沿线历史形成的众多小码头，无序布局，既带来了岸线资源的浪费，也增加了进一步利用和管理的难度。还有的岸线利用缺乏与国民经济发展总体规划的协调，仅从局部利益出发，使有些对国民经济发展有关键作用的项目选不到合适岸线，岸线资源得不到优化配置、科学利用。

大运河湖西段项目建设向湖区发展的趋势日益明显，湖内存在光伏产业、旅游区等违章建设项目，历史原因形成的违法埋坟、码头、沙站及湖上餐饮较多；不牢河河段靠近市区段沙站、码头及厂房占用较多；中运河、里运河靠近城区段沿河经营者多利用滩地进行违章堆放、码头、船厂、饭店等。据统计，除中运河骆北段外，京杭运河苏北段违章点 226 个，其中大运河湖西段至不牢河管理范围内 36 处，苏北运河宿迁闸以下管理范围内 190 处。表 1 为京杭运河苏北段淮安境内部分"两违（违法建设，违法圈圩）问题清单"。

表 1 京杭运河苏北段淮安境内部分"两违问题清单"

总序	所在河湖	所属县区	违法类型	所在位置	形成时间	占用面积/m²	备注
970	京杭运河（大运河）	淮安区	违法建设	石塘（建淮村）	2009 年	80	饭店
971	京杭运河（大运河）	淮安区	违法建设	石塘（建淮村）	2000 年	1400	商店
972	京杭运河（大运河）	淮安区	违法建设	石塘（建淮村）	1990 年	252	修理厂
973	京杭运河（大运河）	淮安区	违法建设	石塘（建淮村）	2011 年	45	修理厂
974	京杭运河（大运河）	淮安区	违法建设	石塘（建淮村）	1995 年	128	饭店
975	京杭运河（大运河）	淮安区	违法建设	石塘（建淮村）	1995 年	45	装修厂
976	京杭运河（大运河）	淮安区	违法建设	石塘（建淮村）	1995 年	13340	装修厂
977	京杭运河（大运河）	淮安区	违法建设	石塘（建淮村）	1997 年	70	修理厂
978	京杭运河（大运河）	淮安区	违法建设	石塘（建淮村）	1989 年	50	修理厂
979	京杭运河（大运河）	淮安区	违法建设	石塘（建淮村）	1995 年	60	修理厂
980	京杭运河（大运河）	淮安区	违法建设	石塘（建淮村）	1995 年	60	修理厂
981	京杭运河（大运河）	淮安区	违法建设	石塘（建淮村）	2002 年	30	码头
982	京杭运河（大运河）	淮安区	违法建设	石塘（建淮村）	2002 年	260	码头
983	京杭运河（大运河）	淮安区	违法建设	石塘（盖桥村）	1994 年	240	加油站
984	京杭运河（大运河）	淮安区	违法建设	石塘（盖桥村）	1994 年	260	房屋
985	京杭运河（大运河）	淮安区	违法建设	石塘（盖桥村）	1994 年	280	房屋
986	京杭运河（大运河）	淮安区	违法建设	石塘（盖桥村）	1992 年	240	房屋

总序	所在河湖	所属县区	违法类型	所在位置	形成时间	占用面积/m²	备注
987	京杭运河（大运河）	淮安区	违法建设	石塘（盖桥村）	1992 年	280	房屋
988	京杭运河（大运河）	淮安区	违法建设	石塘（盖桥村）	1990 年	270	加油站
989	京杭运河（大运河）	淮安区	违法建设	石塘（盖桥村）	1992 年	280	房屋
990	京杭运河（大运河）	淮安区	违法建设	石塘（盖桥村）	1992 年	260	房屋
991	京杭运河（大运河）	淮安区	违法建设	石塘（盖桥村）	2012 年	120	房屋
992	京杭运河（大运河）	淮安区	违法建设	石塘（盖桥村）	1989 年	80	房屋
993	京杭运河（大运河）	淮安区	违法建设	石塘（建淮村）	2001 年	70	商店
994	京杭运河（大运河）	淮安区	违法建设	石塘（建淮村）	2001 年	240	商店
995	京杭运河（大运河）	淮安区	违法建设	石塘（建淮村）	2001 年	360	商店
996	京杭运河（大运河）	淮安区	违法建设	石塘（建淮村）	2001 年	30 座	商店
997	京杭运河（大运河）	淮安区	违法建设	石塘（建淮村）	2001 年	20	商店
998	京杭运河（大运河）	淮安区	违法建设	石塘（建淮村）	2001 年	60	商店
999	京杭运河（大运河）	淮安区	违法建设	石塘（建淮村）	1998 年	60	商店

针对上述问题，结合京杭运河苏北段实际管理与保护工作，我们从网格化管理、无人机技术、管理与保护地理信息系统三个方面探索创新监管模式，推进京杭运河苏北段管理与保护现代化建设进程。

二、网 格 化 管 理

在京杭运河苏北段管理中，我们建议逐步确立网格化管理模式，从传统、被动、定性、分散管理，转变为现代、主动、定量、系统管理。

（一）网格化管理意义

"网格化管理"是对城市治安管理模式的一种借鉴。所谓网格，就是将管辖区域按照一定的标准划分为一个个的"网格"，并以这些网格作为基本单元。网格化管理依托统一的数字化平台，通过落实网格管理责任制度，加强对单元网格的巡查监督，建立一种监督和处置互相分离的管理方式。"网格化管理"的优势在于将过去被动应对问题的管理模式转变为主动发现和解决问题的管理模式，实现了管理的敏捷、精确和高效。作为一种科学封闭的管理机制，网格化管理具有一整套规范统一的管理标准和流程，管理步骤形成一个闭合系统，有效提升管理的能力和水平。

（二）网格化实施原则

具体到京杭运河苏北段来说，我们应本着统一管理与属地管理相结合的原则，由省河长办公室及其相关机构统筹协调，对京杭运河苏北段进行网格化工作的统一管理。沿河各级地方政府按照事权划分和属地管理的原则，负责辖区内网格的运行管理。全面落实河长和网格长，形成"全面覆盖、层层履职、网格到底、人员入格、责任定格"的管理网络体系。

网格化管理内容包含防洪、生态、治安、航运、渔业等多方面工作。省河长办及其相关机构，市、县（区）河长办公室应充分发挥事务枢纽、沟通平台的作用，强化成员之间、沿河地区之间、部门之间协作和沟通。以期实现地区合作与部门联动，形成管理合力。

在实施网格化管理模式的过程中，应通过实践不断完善京杭运河苏北段网格化管理机制，进一步落实沿河各级政府和相关部门的京杭运河管护责任，建立分工协作、工作运行、监督考核等机制。加强基层网格长队伍建设，强化日常巡查、信息报送、事务处理等流程管理，着力提高整体效能和水平。

（三）网格具体划分

京杭运河苏北段管理网格拟分为四级。其中，一级网格：以京杭运河苏北段全线为单元划分为一级网格，责任主体为江苏省河长办公室，负责建立健全网格化管理各项制度。由其委托机构负责日常的运行和管理工作，对各市、县（区）网格化管理工作进行监督考核，定期向省河长办汇报网格化管理运行情况。二级网格：在一级网格管理范围内，以沿河各设区市地域范围划分为二级网格。组织、指导、督促开展辖区内网格化监管工作，负责上级交办的信访投诉和涉河违法行为的受理、督办或者直接查处工作。三级网格：以沿河各县、市、区地域范围划分为三级网格。对上级网格负责，并具体指导下级网格的相关工作。四级网格：沿湖各县市区在其三级网格范围内，按照行政村区划、管理便捷等要求进一步细划为四级网格。四级网格分水域网格和圩区、陆域网格，其中每个圩区、陆域网格均需落实网格长1名，相关网格人员和责任网格区域确定后应向社会公布，接受监督。网格长具体负责网格内河道管理与保护方面问题的巡查监督工作。负责对群众举报涉河违法行为的现场核实。负责每周圩区、陆域网格全覆盖，巡查不少于3次，对巡查中发现的涉河违法行为应及时制止。经现场制止或协调处理未能得到及时解决的，或发现涉河犯罪行为的，应及时上报上级机构，并协助有关部门进行调查处理。积极开展河道法律法规政策宣传教育工作。完成上级网格交办的其他河道管理与保护监管工作任务。

网格化管理工作涉及面广、政策性强，落实网格化管理过程中，尚有许多工作要予以探索落实。

三、遥感监测与无人机技术相结合

在京杭运河苏北段的管理与保护过程中，我省已全面实现年度频次的遥感监测资料的搜集与利用，通过相邻年份高分辨率航片影像解译对比，结合现场核查，分层分类型完成京杭运河苏北段沿线开发利用现状数据采集，初步发现疑似违法项目。遥感监测及核查工作技术方法正确，成果可信，可以作为京杭运河苏北段沿线日常管理及其水政执法管理的支撑和依据，是常规巡查和执法巡查的有效补充。

当然遥感监测技术也有其局限，主要是间隔时间长，航片拍摄对天气情况要求较高，不能及时有针对性地反映相关实时情况，而利用无人机技术可以对此作出有效补充，可以提高监管效率，健全监管体系。无人机技术主要可运用于以下情况。

（一）确权划界

河湖管理范围与保护范围的划界工作是河湖监管的一项重要基础工作，京杭运河苏北段存在尚未确权划界或者已划界区域现状发生较大变化，实际情况与土地证不符，需重新进行确权划界的现象，常规遥感监测比例尺影像地图等基础资料并不能清晰和准确地识别京杭运河的管理与保护界线。区别于普通的工程测量技术手段，无人机航测技术可以获得整个测区高分辨率 3D 点云数据、立体像对以及正射影像图，可在三维立体场景下识别管理和保护范围划界的起算线，通过空间分析结合人工目视解译，划定京杭运河管理和保护范围边界。同时可以将无人机遥感影像的地理信息与河流地质的 GIS 原始图像进行比对，进一步明确河道界限与河长管辖范围，使得京杭运河苏北段的划界工作有章可循。

（二）排污口监测

里运河邗江叉口南沿线企业众多，难以集中管理，入河排污口虽然能达标排放但污染排放强度过大，产业结构调整周期长、难度大，纳污总量短期内难以控制，工业、生活污水偷排问题常有发生。针对排水温度高、排量大、持续排放等特点，利用无人机搭载红外传感器的方式进行入排污口附近水域进行温度监测，可以研究分析不同类型排污口对周边水域的温升影响程度，确定温度场范围及变化情况。

（三）水域岸线管控

京杭运河苏北段存在岸线资源配置不合理缺乏高效利用，违法建设违章占用较多管理难度大等问题。据统计除中运河骆北段外，京杭运河苏北段违章点 226 个，其中大运河湖西段至不牢河管理范围内 36 处，苏北运河宿迁闸以下管理范围内 190 处。利用无人机航测地形图，辅以 Smart 3D 等三维建模软件，生成立体模型与传统遥测图像叠加分析，并且支持各种空间测量和分析可以直接在模型上测出违建层数与违建面积，为治理"两违三乱"方案筛选带来了便利。图 1 为 Acute3D Viewer 中展示的无人机航拍立体模型。

图 1　Acute3D Viewer 中展示的无人机航拍立体模型

四、京杭运河苏北段管理与保护平台建设

以地图服务为支撑，在 WebGIS 框架中开发建设京杭运河苏北段管理与保护地理信息系统，推动京杭运河苏北段空间动态监管，实现巡查执法、水利要素空间信息化管理，强化日常监管巡查、会议信息报送、检查考核等配套制度，进一步提高京杭运河苏北段的管理水平。

（一）京杭运河苏北段各类数据汇集

在统一的水利数据库或已有标准体系基础上，建设一个集生产、大数据于一体的京杭运河苏北段数据汇集平台，各责任单位数据经过编辑、整理后，以自动监测、人工录入、数据文件导入或数据接口的方式将管理京杭运河所需数据，如水雨工情数据、断面水质数据、排污口数据、水功能区数据、沿线产业数据、水利工程数据、视频监控数据、管网数据、污水处理数据等传输到数据汇集平台中，为京杭运河苏北段协同办公提供数据支撑。

（二）业务功能模块

根据河长制工作要求，结合智慧河湖建设与京杭运河苏北段工作实际，开发以数据显示、地理信息、河长履职、协调联动、考核评价等为主要功能模块的协同办公平台。

数据显示模块通过分析各项业务关键数据，使用 ETL 工具进行水利大数据的数据抽取，基于分布式计算框架，建立水利数据可视化仓库，运用页面制作工具、GIS、vega 仿真技术、HighCharts、ECharts 等图形报表生成控件进行业务场景的互动展示。

地理信息模块通过调用江苏省水利地理信息服务平台的地理信息服务，采集、整理、加工各类信息，包括河湖图片、河道编号、河道等级、所属区域、河道起讫点、河道长度、河长信息、断面水质等河湖信息；河道断面位置、水深、宽度、气味、水色、底泥、水质等断面信息；巡查编号、巡查河长、巡查河道、所属镇区、巡查时间、事件等级、巡查地点、巡查内容、巡查图片等巡查信息；相关河道、堤坝、水闸、泵站等视频信息；水质、水量、水环境容量（纳污总量）、功能区划目标、污染源等水功能区信息；排污口数量、排污量、污染物类型、排污单位等排污口信息；相关河道公示牌及其河长信息；各断面、水闸内外侧的水位监测站点实时传输的水位信息等。以上信息丰富了河长制信息数据，并均可在 GIS 地图上进行查阅和展示。

河长履职模块主要从日常巡河次数、一事一办完成情况、检查督导记录、突发事件处理等几个方面对河长制工作进行考核。待办事件处理由巡查事件、一事一办单、投诉建议、检查督查、突发事件组成。视不同的用户角色，可对需要处理的各项任务或者事件进行相关填报、处理、下达、审批等操作，并可随时跟踪事件的处理流程和进度，确保各项任务事件处理的时效性。相关政策、新闻、公告等信息经编辑审核通过后，也在该模块内面向所有用户进行展示。

协调联动模块按照"信息互通、资源共享、协调有序、务实高效"的原则，敦促各级责任单位在明确职责分工的基础上，加强沟通联系和协调配合，在处理跨部门重要事项时，通过加强信息共享、统筹规划、联合检查、执法联动等手段来推进京杭运河苏北段管理工作的开展。

考核评价模块包含河湖健康分析与地区考核评价。开展京杭运河苏北段健康分析，指定考核时间区间与考核区域，实现对辖区内每段河道的水质情况分析，包括区域内河道不同水质等级占比、河道水质对比、河道水质变化趋势分析等功能，并绘制饼状比例图、折线图、柱状图等，且支持列表导出打印功能。在地区考核评价方面，对各级河长的有效认河、巡河、护河、治河等工作情况进行月度考核、季度考核、年度考核，并可以查询、分析各河长的考核评价结果。通过对河长制建立和运行、断面水质、治理措施三大方面进行量化，形成具体指标对京杭运河苏北段各地区河长制工作进行考核评价，实现量化评分。同时系统支持考核评价设置，能对考核评价的各项指标进行添加、更改、删除，并可保存为不同的模板以供评价。

（三）移动河长制 App 系统

按照 PC 端京杭运河苏北段管理与保护平台各项功能对应开发移动端应用，满足河长巡河与协同办公需要，有效支撑各级河长日常工作。实现一事一办单、巡河事件、审核批示等事项的进度跟踪，以及历史已办事项的查询与统计，实现事件的溯源等查询功能。同步 PC 端河长考核内容、负责河湖情况、通知公告信息、一河一策等功能，实现河长巡河全过程的流程化管理，通过手机定位、摄像和拍照等功能，在地图上记录巡河的轨迹以及巡河过程中发现的巡河事件，录入巡河现场事件的相关文字、图片和音视频信息后进行提交。与此对应 PC 端的通知公告、政策法规、公文等相关河长制信息，也可通过手机端查阅、传递、审批与派发。图 2 为移动河长制 App 系统效果。

图 2　移动河长制 App 系统图

五、结　语

网格化管理是处理相当复杂管理事务的一种新兴管理模式，其基本含义是基于网格思路在所选范围内实现信息整合、运用协同、条块总合的现代网络系统式的一种管理。网格化管理思想已经成功运用于洪泽湖、高邮湖、邵伯湖等多个省管湖泊。在京杭运河苏北段的管理与保护过程中，针对水环境综合整治涉及面广、综合性强的特点，引入网格化管理模式，同步建立并完善巡河制度，将使得京杭运河苏北段的保护与开发工作常态化、制度化。

无人机技术作为"互联网＋"模式的代表，能够精准解决河道巡检的需求痛点。通过工业级无人机的超视距巡检监测、数据采集、环境测绘等技术手段，能够对河道进行全天候、地毯式、全方位的巡检，对河道漂浮物、垃圾、非法偷排及"两违三乱"等现象进行全方位拍摄记录，动态监测河流水域生态情况。无人机巡检的智能化、无人化、信息化将极大地减轻河湖管理的难度，提高效率，增强对水环境的综合管控能力。

京杭运河苏北段管理与保护地理信息系统针对京杭运河苏北段管理的特点与难点，从管理应用层面出发，以电子化、分布式网络信息资源为基础，建立综合管理数据库，搭建河湖管理与保护信息服务平台，实现了巡查执法、水利要素空间的信息化管理，为加强京杭运河苏北段的精细化管理、提升水利服务水平提供了技术支撑，推进了河湖管理与保护现代化建设的进程。

参考文献

［1］ 樊旭，陈葆，王有鑫，等. 基于 WebGIS 的河湖管理与保护地理信息系统研究与实现［J］. 河湖管理，2018，12：65－68.
［2］ 刘晓. 基于 GIS 的次级河流网格化管理信息系统的设计与实现［J］. 三峡环境与生态，2013（7）：52－59.
［3］ 唐荣桂，郑福寿，吴晓兵. 洪泽湖网格化管理探索［J］. 江苏水利，2017（3）：34－36.
［4］ 赵泽华，赵鹏全，赵永贵. 基于 Smart 3D 的无人机航测地形图方法［J］. 地矿测绘，2018，34（4）：22－24.

精细化引领　信息化支撑
助推江都水利枢纽管理现代化迈上新台阶

郑宏胜

江苏省江都水利工程管理处

近年来，国家加大对水利工程的投资，特别是我省每年都有大量投资用于水利工程的新建、改建或扩建，水利工程在国民经济发展中占据了首要地位，更是在促进工农业增产增收方面发挥着不可估量的作用，同时也为工农业生产的持续稳定运行提供了基本保障，那么如何抓好已建水利工程的运行管理、直接影响到工程稳定的运行，也是稳定生产、促进经济发展和改善人民生活的关键。

本文针对水利工程管理的现状，结合已建水利工程的管理内容，对工程管理提出了有力的措施和创新策略，为进一步提高管理水平提供更好的借鉴。

江都水利工程管理处作为淮河治理的重要节点工程，以及江苏江水北调和国家南水北调东线的"源头"工程，工程位置独特，作用重要，效益显著。近年来，在省水利厅党组的正确领导下，我处以打造国内一流现代化水利工程为目标，以精细化管理和信息化建设为创新重点，积极创建国家级水管单位，不断提高工程管理现代化水平，工程在水资源供给、防洪减灾等方面发挥了重要作用。

一、推进理念创新，构建精细化管理新模式

精细化管理是一种理念，更是一种文化，是建立在规范管理基础上的现代管理模式。近年来，我处主动适应全面推进水利现代化建设新要求，贯彻精细化管理"精、准、细、严"的核心理念，将精细化管理作为转变工程管理方式、推进管理现代化建设的重要抓手，在多年管理经验的基础上进行完善、提升和探索，取得了良好成效。

一是完善管理规章制度。管理处结合国家级创建对全处规章制度进行了修订，涉及党务、行政、工程管理、财务工作与综合经营、人事工作与职工管理、安全生产6个方面，共86条管理规章制度，并将相关规章制度汇编成册。各闸站管理所也结合工程加固改造、设备更新和集中控制运用等，对闸站工程管理制度进行了修订。与此同时，我处及各闸站管理所对关键岗位制度进行明示，保证了各项制度落到实处。加强

对制度落实情况的检查考核。强化考核机制，修订目标管理百分制考核办法，每年四考（每季考核）、一考三评（自评、他评、领导小组综评），并按期通报考核结果。根据季度考核和年终评比结果，将工程管理考核、综合经营考核、党建及精神文明考核与集体荣誉、个人绩效挂钩，全处范围内真正形成了用制度管人、管事、管权的良好局面。

二是规范技术管理文件。修订完善闸站技术管理细则：新修订的管理细则紧密结合工程实际情况，涵盖泵站、水闸工程控制运用、机电设备运行、水工建筑物管理、工程检查观测、工程评级、安全管理、维修养护、技术档案管理等方面，特别是修订后的管理细则增加了精细化管理的相关要求及内容、枢纽配套水闸远程监控、泵站集中控制运用、集中调度管理规定等。具有较强的针对性和可操作性。组织编制精细化作业指导手册：在总结多年管理经验的基础上，积极推进工程管理精细化。先是编制完成了江都水利枢纽《泵站精细化管理》《水闸精细化管理》指导书，从技术管理、标准管理、流程管理、制度管理、岗位管理、考核管理等 6 个方面对工程精细化管理作了具体要求；后来根据工程管理需要又编制了工程控制运用、工程观测、工程检查与评级以及泵站主机组大修等共 52 册精细化管理作业指导手册。规范明示制度及技术图表：结合工程实际情况和精细化管理要求，对闸站工程的上墙制度和技术图表进行了规范与补充。对各闸站上墙制度和技术图表规定了制作标准，对图表的样式、内容提出了相对统一的要求。编写了《设备编号手册》，全处各闸泵工程每个设备对应唯一的编号，并在设备本体进行了标识。同时建立了主要机电设备二维码查询系统，二维码张贴于设备揭示图或设备本体上，通过手机扫描二维码可实时查询设备信息。

三是落实检查措施，让精细化管理落到实处。按照《厅直属水利工程定期检查内容》和《江苏省水利工程管理考核办法》的规定，结合工程运用情况，以工程建筑物、设备检查和保养相结合，既做到全面细致以突出重点为宗旨，规定了对各工程的建筑物、机电设备、金属结构等方面的检查内容；同时，结合工程实际制定了《江苏省江都水利工程管理处工程设备等级评定办法》，并于 2015 年对该办法进行了修订，以此来指导工程评级工作。该办法对工程机电设备单元划分、评级标准、评级程序及内容作了具体的规定。等级评定工作采取管理所自评及处复核评定相结合的办法，设备等级评定结果在设备管理卡、设备信息二维码、揭示图中明示。对设备评级不合格的、定期检查和日常巡查中发现的问题要及时进行认真梳理、制订处理对策，编制维修养护工作计划，保证工程设施处于良好的状态。

按照"先易后难、以点带面"的原则，选择相对基础条件较好的水闸、泵站各 1 个管理单位进行了试点，首先从标识、标志更新完善等易实施、见效快的工作开始，在试点取得成功经验基础上，推广至其他工程管理单位。其次工程日常运行控制上，我处第四抽水机站工程采用了巡检机器人对工程运行时机组振动频率和电机温升等进行实时监控，并上传控制室以便值班人员掌握机组运行情况，实时采取措施确保正常运行。同时，把精细化管理向水文测报、接待服务、财务管理等方面推广，从而逐步实现全处精细化管理全覆盖。

四是工程维修规范化。每年汛后检查，我处各工程单位都会根据检查反映的问题，有针对性地编制来年维修计划。各工程单位编制完成后报处工管科初审汇总并经处研究审核后，上报省水利厅和财政厅审批，次年由省财政厅、水利厅下达管理处，处工管科根据项目按单位编号下达管理所，同时会同财供科将项目采购方案上报省水利厅，待省厅批准后方可实施。实施过程中，各单位还成立专门的项目管理机构，对项目实施的进度、质量、安全、经费及资料档案进行管理，并填写项目管理卡。项目实施过程中随时跟踪项目进展，及时向单位负责人和处工管科汇报工程进展情况，接受工管科的检查。同时，严格按照项目管理办法，及时申请和组织工程竣工验收。

五是完善考核机制，促进精细化管理执行。推行精细化管理考核评价机制，强化过程控制，规范行为准则，完善目标管理体系。修订完善目标管理考核制度，逐级分解落实责任，签订工程管理、目标管理、安全生产、党建工作、廉政建设、文明创建责任状以及党风廉政承诺书、经营承包合同等"六状一书一合同"；采用"每年四考、一考三评"考核方式，通过自评、他评、考核小组综合评价，确定考核结果并与奖惩挂钩，提高精细化管理的执行力。

二、大力发展水利信息化建设，推进水利智慧化进程

管理模式的创新离不开信息化系统的重要支撑。近几年来，我处抓住工程加固改造、水利现代化建设和国家级水管单位创建机遇，编制实施《江都水利枢纽信息化建设方案》，加大技术创新力度，提高自主创新水平，大力推进闸站工程监控系统和信息化建设，不断提高工程管理的科技含量和信息化水平，有力地推动了我处工程管理现代化建设进程。

近年来，我处抓住工程加固改造、水利现代化建设和国家级水管单位创建机遇，将水利信息化作为水利现代化的基础支撑和重要标志，着力加强智慧水利建设，探索打造互联互通、信息共享、智慧运用的智慧平台，为闸站工程常监管和便捷服务提供了有力支撑和保障，在日常水利管理中取得了明显成效。

一是不断完善自动化监控系统，充分发挥"互联网＋监控"作用。我处以工程加固改造为契机，以自动化监控技术研发和推广为重点，不断完善工程自动化监控系统。目前，处属4座泵站、变电所、12座大中型水闸等工程实现了自动化监控或监测。我

处完善核心工程区集中监控系统，完成江都水利枢纽标准化机房建设和太平闸、金湾闸等监控系统更新升级，开发建设万福闸监控系统，注重做好江都水利枢纽工程监控系统、水情遥测系统的完善与维护，在防汛防旱调度和运行管理方面发挥了重要作用。

二是逐步构建信息化管理平台，充分发挥"互联网＋审批"作用。我处着力建立技术领先、体系完善、科学高效的江都水利枢纽管理信息化体系。对管理处门户网站改版，办公自动化系统升级，实现单位文件网上、移动客户端审批等功能。在站闸工程实现自动化监控或监测的基础上，加快推进信息化建设。不断拓展功能，完善体系，推进主控系统与周边水闸监控系统对接，研究开发工程调度管理系统、工程管理信息系统、河湖管理信息系统等应用软件，着力构建涵盖工程监控、运行调度、工程管理、河湖管理、水文信息、科技档案及办公自动化等综合功能的信息化管理平台。

三是积极探索集中化管理模式，充分发挥"互联网＋平台"作用。针对南水北调东线工程通水后工程运行管理新需求，积极探索工程"远程集中监控、现场少人值守、管理维修分离、专业应急保障"的运行管理新模式。在变电所建设集中监控中心，初步实现泵站及周边水闸远程监控、集中调度管理。更新改造集控中心大屏，完善监控系统，明确专职人员进行监控，并对集中控制人员进行培训，制订集中控制相关管理制度，明确职责分工，编写运行管理流程，在确保运行安全前提下，积极探索实践，提高运行保障能力，如发现问题，平台实时预警，实现对全处 4 座泵站、1 座变电所、12 座大中型水闸工程远程集中控制和统一管理。

四是不断探索河长制管理新方法，充分发挥"互联网＋河长管理"作用。我处作为"两河四湖"省级河长联系人单位，为了履行相应的职责，及时配合省级河长做好"两河四湖"的管理和保护工作，采用自建和视频共享的方式搭建了"两河四湖"视频监视系统。其中自建三个监控点，同时我处与其他水利部门以及交通行业进行充分协调，调用了江都区沿运灌区、省交通厅苏北航务处的部分视频图像。为便于维护和减少投资，该系统租用了中国电信的光纤专网组建信号传输系统，同时采用无线 4G 信号传输方式作为补充，传输带宽已满足高清视频实时传输的要求。同时，该系统采用了全数字化方案，从视频信号的采集、传输、存储、交换以及管理全部基于数字化处理，一方面简化了系统拓扑架构，易于扩展和维护；另一方面可以保证视频监控画面在经过长距离传输和各个节点交换处理后没有失真和干扰，画面质量稳定，同时方便与管理处内部网络的传输和交换，使得监控视频的集中管理、远程调用和共享变得十分方便，大大提高了视频监控系统使用效率。

尽管我处在智慧水利发展取得一定成绩，但是还存在着诸多不足和急需改进和加强的地方，还要加强管理范围内河流湖泊全面监测网络建设，增配流量监测设施，从而提高防汛抗旱预警预报水平；通过互联网、卫星定位技术升级现有水利工程监测系统，增加位移、形变、淋漓尽致等要素监测监控设施，逐步实现对堤防、水闸、泵站等工程运行管理管理全过程全要素的感知。同时加强互联互通，扩大互联范围，让处属及上级部门能及时了解工程实况。

总之，通过不断推进工程管理精细化和信息化建设，我处先后获得了国家级水管单位和安全生产标准化一级等荣誉称号，并协助省水利厅编制完成了《江苏省水利工程精细化管理评价办法》和《水利工程精细化管理评评价标准》。下一步，我处将牢固树立创新、协调、绿色、开放、共享的五大发展理念，立足国家级水管单位新起点，积极推进工程管理精细化、信息化、标准化和现代化建设，明确将"拓展深化精细化管理理念"和"深度打造先进实用信息系统"分别作为重要任务之一，力求把精细化、信息化工作做细、做实和做精，为把江都水利枢纽打造成现代化示范工程打下坚实基础。

钱塘江河口嘉兴段"3＋X"协调联络机制的管理实践

田献东　　王建华

浙江省钱塘江管理局嘉兴管理处

引　　言

钱塘江，是浙江省的第一大河，也是浙江人民的母亲河。钱塘江源自安徽省休宁县，贯穿皖南、浙北，至杭州湾入海口汇入东海，全长 668.1km，流域面积 55558km²。钱塘江属独流入海河流，河口段受潮汐和径流双重影响，涌潮动能强劲，河床摆动频繁，其独特的水文江道特征和水沙条件，孕育了有着"江南鱼米之乡""丝绸之府""文化之邦"美誉的杭嘉湖平原。沿线有嘉兴港区、嘉兴电厂、杭州湾大桥、秦山核电、嘉绍大桥等重要涉水工程，水陆交通便利、地理位置独特、区位优势明显，是浙江省接轨长三角一体化发展战略与"大湾区、大通道、大花园、大都市"建设的前沿阵地。钱塘江嘉兴段岸线全长 125km，其中省管一线海塘 44km，大多为明清时期鱼鳞古海塘，地方和企业管辖海塘 71km。这些标准海塘组成了完整的防御体系，守护着杭嘉湖平原 26331km²、1337 万人口、浙江省 1/3 以上 GDP 的防洪御潮安全，是保护杭嘉湖平原乃至苏南、淞沪地区防御台风暴潮侵袭的重要屏障，防汛地位重要。

为把钱塘江海塘建好管好、把钱塘江河口治理好，浙江省早在 1908 年就设立了钱塘江专职管理机构并一直存续至今。1998 年出台了《浙江省钱塘江管理条例》，2017 年 5 月重新修订并颁布施行，为依法管理钱塘江奠定了基础。浙江省钱塘江管理中心是钱塘江河口的河道专职管理机构，机构改革后，主要承担钱塘江省管海塘建设管理、钱塘江流域水利规划实施监督管理、组织钱塘江流域干流防洪调度基础工作、指导钱塘江河口海塘防汛抢险、钱塘江河道水行政执法监督检查等职责，中心下属嘉兴管理处（简称"嘉兴管理处"）作为钱塘江专职管理机构在嘉兴区域的派出机构，负责辖段省管海塘的建设管理、辖段河道（海塘）管理、防汛防台等工作，协助上级开展水行政监督管理、批前服务与批后监管等具体工作。

随着经济社会的快速发展，在具体的河道管理实践过程中，省级河道主管部门与地方水行政主管部门在涉水事务管理上的一些矛盾逐渐显现。如在防汛工作中，由于省级河道主管单位和水工程管理单位的双重身份，一方面需协助省水行政主管部门做好防汛监督与技术指导等具体工作；另一方面又受地方防指的领导，需服从地方防指的统一指挥，在具体工作中矛盾较为突出。如新的《钱塘江管理条例》修订后，水政执法权限下放地方，在省管海塘发现水事违法案件后，如何快速依法处理，需要建立通畅的沟通联络渠道。又如，由于沿线海塘管理主体的不一致，在海塘工程管理标准化建设过程中，出现了创建标准不统一、资源不共享等问题，需要省级水管单位加强指导和服务。因此，针对工作中暴露出来的实际问题，迫切需要我们创新思维，优化流程，建立一种通畅、高效的工作协调联络机制。

一、"3＋X"机制的基本架构

"3"是指钱塘江嘉兴辖段的防汛防台协调联络机制、水政执法协调联络机制及海塘工程管理标准化联席会议机制等三个常规协调机制。2016 年 8 月，嘉兴管理处与海盐县、海宁市水利局分别签订了《防汛防台协调联络机制备忘录》，2017 年 4 月，与平湖市水利局签订了《防汛防台协调联络机制备忘录》，防汛防台工作机制基本建立。2017 年 11 月，嘉兴管理处分别与海宁市、海盐县、平湖市水利局签订了《钱塘江嘉兴段水政执法协调联络机制备忘录》，水政执法协调联络机制全面建立。2017 年 4 月，嘉兴管理处组织辖段沿江各水利部门、海塘管理单位，召开了钱塘江嘉兴段海塘工程标准化联席会议，工程管理标准化协调联络机制建立。三个常规机制坚持"协调、联动、共享"原则，按照约定的工作方式、责任和义务，联合开展防汛演练、技术培训、涉水事务检查巡查、水政执法、标准化创建等一系列活动，将辖区防汛物资、水文信息、图像监控、技术力量、设施设备等资源信息充分共享，指定联系人，定期召开例会，制定年度工作任务清单，协调具体事务，总结成效，完善机制。

"X"是指在三个常规协调机制的基础上，为解决某一专项问题而临时建立的协调联动机制。2016 年，嘉兴管理处与嘉兴港区管委会建立了联席会议制度，共同推进高标塘海塘建设，进一步加强涉河涉堤审批项目批前技术指导与服务工作。2017 年，嘉兴管理处与海盐县综合执法局等部门建立了观海园联合整顿工作组，联合开展违法设摊整治活动。2017 年，嘉兴管理处与嘉兴市直属公安边防支队、嘉兴海事局等建立了联合工作组，强化信息共享，联合打击河口非法采砂活动。2018 年，嘉兴管理处与海盐县政府建立了草鞋滩高滩共管机制，联合整治高滩违法养殖。2019 年，嘉兴管理处与海宁市水利局、农业局、公安局等部门建立了钱塘江禁渔工作组，联合开展钱塘江海塘捕鳗设施清除行动。在这些共管机制架构下的专项工作，运行高效、沟通顺畅，取得了预期成果，主要呈现以下几个特点：一是针对某个专项行动，工作内容单一有效；二是实现了多部门联合，工作推进力度大，执行力强；三是信息、设施设备、物资、技术等资源共享，执行效果好；四是部门间联系加强，便于工作推进。

二、机制运行成效

"3＋X"机制核心是"协调"，方式是"联动"，重点是"共享"，淡化了上下层级观念，强调了齐心办事理念，提供了工作联动平台，凝聚了工作推进合力，提升了工程管理水平。该机制经过三年的运行实践，在处理省级河道主管部门与地方水行政主管部门之间的关系、凝聚各方工作合力、共享管理资源与信息等方面，发挥了较为积极的作用。

一是理顺了各部门的关系，畅通信息渠道、共享防汛物资、联合应急演练、加强技术交流，成功防御了 2017 年"泰利"、2018 年"摩羯"等对河口海塘影响较大的台风，保障了辖段防汛防台安全。

二是整合了各级部门的力量，联合巡查、联合执法、联合整治，许多重点难点工作得到有效突破，水事违法活动逐年减少。

三是发挥了省级河道主管单位示范引领作用，有效指导、带动辖段地方海塘、企业海塘开展水利工程管理标准化达标创建，全面提升辖区海塘管理水平。

四是顺畅了管理各方的沟通渠道，加强行业部门与地方政府、部门与部门间的联系与沟通，在强化管理的同时，进一步服务、促进地方经济社会发展。

五是创新了流域管理方式，将流域统一管理与区域分级管理有机结合，弥补了管理短板，加强了监督与服务。

三、机制的优化与提升

随着国家长三角一体化发展战略和浙江省"大湾区、大花园、大通道、大都市圈"建设的推进，钱塘江河口地区战略地位更加显现。水利部门按照浙江省水利工作"补短板、强监管、走前列，推进水利高质量发展"的总体要求，如何更好地支撑保障国家和省委省政府发展战略，如何更好地适应机构改革与职能调整，如何更好地将流域管理与区域管理有机结合，如何更好地服务地方经济社会可持续发展，仍然需要创新思维，进一步优化和提升协调联络机制。

一是要建立更高层次的战略合作。推进河道主管部门与县（市）政府层面的战略合作，问题与需求相结合、宏观与具体相结合、远期与近期相结合，对防汛防台安全、沿江高标准生态海塘建设与管理、水域保护与岸线利用等重大事项建立"一县一策"

工作清单，建立定期会商制度，统筹推进河道保护与管理工作。

二是要根据机构改革与职能调整进一步优化机制。随着机构改革逐步落实到位，省级与地方水利部门职责都有相应变化，机制应当主动适应这些变化，重点强化突发事件应急应对能力、联合执法与监督监管能力、服务支撑能力等三大能力建设，求新求变，确保有效运转，更好地服务钱塘江管理工作。

三是要继续借势借力推进重点工作突破。党的十八大以来，国家将强化监督管理提到前所未有的高度，国家环保、海洋等涉水重大督查活动以及水利"强监管"的相关举措持续发力。我们应以机制为平台，主动跟进、全力突破，为全面扫清河道管理障碍、切实维护河道管理秩序奠定坚实基础。

四、结　语

以问题为导向，嘉兴管理处探索出了一条以"协调、联动、共享"为核心理念的河道区域管理新机制，在近几年的管理实践中取得了一定成效，是对"节水优先、空间均衡、系统治理、两手发力"治水思路和"水利行业强监管"决策部署的积极践行，具有一定的参考价值。

基于新时期治水思路的内蒙古水权行业监管实践

赵　清[1,2]　刘晓旭[1,2,4]　余　淼[1,2]　苏小飞[3]　曹　冲[3]　温　俊[3]

1 内蒙古水务投资集团有限公司　2 内蒙古自治区水权收储转让中心有限公司

3 内蒙古河套灌区管理总局　4 内蒙古农业大学

一、内蒙古水权改革背景

内蒙古位于祖国北疆，是我国北部重要的能源基地和生态屏障。全区面积 118.3 万 km^2，占全国的 12.3%，人口 2529 万人，其中蒙古族人口 464 万人，占总人口的 18.3%。现辖 4 盟 9 市 103 个县（市、区、旗）。水资源总量 545.95 亿 m^3，水资源可利用量 285 亿 m^3。水资源总量仅占全国总量的 1.9%，耕地亩均水资源量仅为全国平均水平的 1/3。同时，水资源时空分布不均，东部地区 4 个盟市水资源量占全区水资源总量的 81%；而中西部地区 8 个盟市土地面积占全区总面积的 61.3%，人口占 50% 以上，耕地面积占全区总耕地面积的 42.7%，水资源量仅占全区总量的 19%。水资源十分匮乏，区域水资源供需矛盾尖锐。内蒙古黄河分水 58.6 亿 m^3，于 2004 年全部分配给沿黄的六个盟市，其中，农业用水占 92.83%，工业用水占 4.65%，城镇供水占 2.52%。而农业用水渠系水利用系数仅为 0.4 左右，农业用水量大，用水效率低，工业用水量小，用水结构不合理，严重制约着内蒙古生态文明建设和经济社会发展。

近年来，内蒙古认真贯彻落实"节水优先、空间均衡、系统治理、两手发力"新时期治水思路以及中央对生态文明建设的相关要求，牢牢守住"发展、生态、民生"三条底线，以最严格水资源管理制度考核为抓手，把节约用水贯穿于生态文明建设和经济社会发展全过程。以水资源的消耗总量和消耗强度的刚性约束促进经济发展方式和用水方式转变，积极培育水市场，创新水利投融资体制机制，吸引社会资本投入水利建设，从理论、制度、管理、技术等方面大胆改革创新，破解了经济社会发展的瓶颈制约，为解决新时代经济社会发展中水资源不平衡、不充分的矛盾问题提供了内蒙古方案。本文从水权试点改革过程中的行业监管举措入手，系统阐述在组织机构、责任分工、制度建设、工程管理、运行维护、资金管控、交易过程中的监管做法与经验。

二、加强组织领导　明确责任分工

2014 年 6 月，内蒙古被列为全国水权试点省区之一，重点开展跨盟市水权交易、建立健全水权交易中心、构建水权交易制度和探索开展相关改革等 4 个方面 14 项任务。内蒙古自治区党委、政府从战略高度充分认识地区水资源不平衡不充分问题，为了更好地组织、监管和推进试点工作，保障内蒙古自治区水权试点工作科学化、规范化，保证水权转让稳妥进行，内蒙古自治区创新性的在自治区政府、水利厅和相关盟市政府均成立了工作领导小组，建立事权清晰、权责一致、规范高效、监管到位的水权转让工作组织结构，统筹安排、分类实施、重点推进，水权交易各项重点内容取得实质性成果。

自治区层面，内蒙古自治区政府成立了水权转让试点工作领导小组。领导小组办公室设在水利厅，承担领导小组日常工作。负责组织编制盟市水权转让总体规划、组织报批水权转让项目的水资源论证及可行性研究报告、审批水权转让及节水改造工程初步设计、监督检查水权节水工程实施、负责水权转让及节水改造工程实施中的相关协调工作、组织水权转让及节水改造工程验收等事项。试点推进过程中，内蒙古主要领导先后两次主持召开专题办公会议，研究沿黄重点工业项目水资源配置和水权转让等相关问题。自治区政府分管领导多次组织召开会议，协调推进水权试点和指标配置工作。

盟市间层面，为了更好地推进盟市间水权转让工作，以水资源的高效、可持续利用支撑沿黄各盟市经济社会可持续发展，水利厅也成立盟市间水权转让工作领导小组。负责协调推进盟市间水权转让工作的顺利实施。自治区盟市间水权转让工作领导小组 4 年来召开 15 次专题会议全力协调解决试点实施过程中的主要问题，主要领导多次到节水工程现场和相关盟市进行调研和协调，有力推动了水权试点各项工作的顺利开展。同时，自治区各相关部门也落实分工，明确职责，各单位通力协作、密切配合、联动实施、形成合力。内蒙古发展改革委负责农业水价审批，指导建立水权转让定价机制；财政厅负责水权转让资金的监督管理；经济和信息化委员会对水权转让企业准入条件进行审核；农牧业厅指导灌区农业生产、种植结构调整；法制办负责对水权转让相关制度规章进行合规性审查，指导开展制度体系建设。

各盟市层面，相关盟市成立主要领导牵头的水权转让领导小组和办公室。负责将节约的水指标配置到企业、监督企业履行水权转让合同、协调受让方缴纳水权转让各种费用等事项。

三层级水权转让领导小组通过高度重视、精心组织、明确分工，加大了水权试点工作指导、协调和监督力度，加强政策和资金支持，能及时研究解决水权转让中出现的重大问题，保障试点项目的扎实稳步推进，为内蒙古黄河流域推进区域间水权转让工作积累宝贵经验。

三、构建制度体系　建立监管模式

水权制度是划分、界定、实施、保护和调节水权，确认和处理各水权主体的责、权、利关系的规则。建立和完善水权制度体系，为交易双方提供行为准则，同时建立起水权交易监管模式，是实现水资源优化配置的基本保障。

内蒙古自治区人民政府及有关部门陆续出台了一系列规章制度，《内蒙古自治区人民政府关于批转自治区盟市间黄河干流水权转让试点实施意见（试行）的通知》明确了试点的基本原则、组织实施、水权转让价格和监管要求；《内蒙古自治区闲置取用水指标处置实施办法》建立了水权转让指标动态管理制度，规范水市场对有效处置和利用闲置取用水指标行为；《河套灌区沈乌灌域水权转让试点项目田间工程建设管理办法》和《内蒙古黄河干流水权盟市间转让试点项目建设管理办法》规范了工程建设和管理，保证工程质量和进度；《内蒙古黄河干流水权盟市间转让试点项目资金管理办法》明确了项目管理主体和实施主体的资金管理职责，规范工程资金使用流程；《内蒙古自治区水权交易管理办法》和《内蒙古自治区水权交易规则》对开展水权交易的原则、交易主体等方面进行明确的规定，规范水权交易程序，严格交易监管；内蒙古水权中心《风险控制管理办法》和《交易资金结算管理办法》完善了风险控制，规范了在交易平台进行的水权交易资金结算行为。初步构建水权交易制度体系，对水权行业发展提供重要支撑和有力保障。

四、工程多级监管　落实运行维护

推进灌区节水改造是水权试点的基础，为保障节水工程的质量、进度、资金和安全，水利部、自治区政府联合印发《关于内蒙古自治区水权试点方案的批复》，明确了项目管理实施主体，组建了项目法人。内蒙古水权中心是灌区节水改造工程项目管理主体，在水利厅指导下负责项目前期工作、资金筹措、交易协调和监督管理等。内蒙古河套灌区管理总局为项目实施主体，负责沈乌灌域节水改造工程实施，节水工程运行维护、更新改造、计量监测，节水工程建设费、运行维护费、更新改造费的使用与管理等工作。

（一）实施主体自身监管

为有效落实试点项目建设与管理工作，规范项目监管体系，推动水权交易信息一体化，巴彦淖尔市结合实际情况，创新性组建黄河水权收储转让工程建设管理处，下设工程建设管理组、工程建设监督检查组、工程财务管理组、水权执行与监督组、施工现场管理组、施工保障组 6 个工作组，负责工程建设的全过程管理。同时，新增了对节水工程建成后期的运营维护管理职责，保障了工程的持续良好运行。县区人民政府组建专门的工作组，负责配合工程项目前期现场调查、方案落实，以及田间工程建设工期安排、占地协调、土地整合划分、社会矛盾处理等相关工作。工程建设管理处和工作组的组建规范了内蒙古水权试点灌区节水工程项目的建设管理，提高了建设管理水平。

（二）管理主体全面监管

内蒙古水权中心作为项目管理主体，通过现场指导、审查月报等方式监督检查工程建设管理处试点项目工程的建设管理情况，对项目质量、进度、投资、安全生产、环境保护、档案管理等方面进行全面监督和严格监管。

为了客观、公正、准确地评估水权试点的实施效果，投资1000万元委托第三方评估组，对试点项目进行跟踪监测评估。从2015年起对河套灌区沈乌灌域的引排水、生态环境、用水户用水情况和灌域管理单位运行管理情况等进行持续跟踪监测、分析和评价，并向水利厅和黄河水利委员会提供工程节水效果和监测评价报告。为后期黄河水权转让的规划、节水工程与技术选择以及制度保证等提供借鉴和基础数据支持。

（三）水行政主管部门严格管控

2014年，水权试点灌区节水工程建设正式启动。水利厅分批次对试点工程初步设计报告进行了批复，严格履行项目招投标程序后，水利厅积极组织，全面推进灌区节水改造工程建设，并与巴彦淖尔市、磴口县有关部门上下联动，多次沟通协调，解决试点过程中存在的实际困难和有关问题。项目建设过程中，水利厅根据灌域运行管理现状和实际情况需求，分七个批次对部分项目工程建设内容的变更设计进行了批复。

在水利厅的严格管理下，内蒙古水权中心积极组织协调，各单位密切配合、通力合作，推进落实工程建设。2018年工程完成了全部建设任务，各项指标达到设计要求，工程质量合格，建设管理及财务管理规范，投资控制合理，工程运行正常，顺利通过了竣工验收、技术评估和工程核验。

五、规范水权定价　严格资金管控

内蒙古自治区跨盟市水权转让，由工业企业对河套灌区农业节水工程投资建设，节水工程节约的水指标再有偿转让给工业企业。水权交易资金在严格监管下，最终要作为工程建设资金拨付至节水工程，资金的定价、流转和使用的监管尤为重要。

（一）规范水权定价

内蒙古自治区通过明确的水权交易价格和费用支付方式，初步建立了盟市间水权交易价格形成机制，保障水权交易公开公正、规范有序的进行。节水工程建设主要在素土夯实的基础上实施混凝土板或膜袋混凝土衬砌，交易期限依据混凝土使用寿命确定为 25 年。水权交易价格依据项目可研和初步设计批复，确定为每年 1.03 元/m³，包括节水工程建设费、节水工程和量水设施运行维护费、节水工程更新改造费、工业供水因保证率较高致使农业损失的补偿费用、必要的经济利益补偿和生态补偿费 5 项内容。经盟市间水权转让工作领导小组研究，黄河流域跨盟市水权交易费用按照节水工程建设费 15.00 元/m³、节水工程和量水设施运行维护费 7.50 元/m³、节水工程更新改造 1.085 元/m³ 三项费用收取。

为确保节水工程资金按时到位，在《水权转让合同书》中明确规定了费用的支付方式，其中节水工程建设费受让方应在 5 个工作日内支付全部价款到内蒙古水权中心，节水工程和量水设施运行维护费在节水工程核验后 3 个月内第一次支付，以后每 5 年支付 1 次，共支付 5 次，每次支付费用为 1.50 元/m³，由受让方支付到河套灌区管理总局。节水工程更新改造费在节水工程核验后第 5 年开始支付，以后每 5 年支付 1 次，共支付 4 次，与节水工程和量水设施运行维护费同时支付，每次支付费用为 0.27125 元/m³，由受让方支付到内蒙古水权中心。

（二）交易资金强监管

2015 年起，内蒙古水权中心设定专户严格按照"水权受让企业—内蒙古水权中心—内蒙古水投集团—水利厅计财处—财政厅非税处—财政厅农牧处—财政厅国库"流程，对水权交易资金进行收取和上缴，水权交易收入上缴内蒙古国库，收支纳入水利厅部门预算管理。由财政厅、水利厅严格监管使用。

（三）建设资金严使用

内蒙古水权中心依据工程建设管理处与施工、监理、材料供应、设计等单位所签订的合同及报送的资料进行工程结算和财务监督管理，每年度向水利厅上报预算。工程建设资金由财政厅根据部门预算安排，按照"财政厅国库—财政厅农牧处—财政厅非税处—水利厅计财处—内蒙古水投集团—内蒙古水权中心"的流程下拨至内蒙古水权中心，内蒙古水权中心严格按照价款结算和进度计划控制试点项目工程投资，将资金拨付内蒙古河套灌区管理总局，河套灌区管理总局再支付到工程施工等相关单位。

六、培育交易市场　强化交易监管

内蒙古自治区水权交易严格遵循国家法律法规，通过培育交易市场、严控交易流程的监管方式，加强水权交易监管，维护水市场良好秩序。内蒙古水权交易平台组建以来，通过政府宏观调控和市场交易相结合，将 1.2 亿 m^3 水指标配置给鄂尔多斯市、乌海市和阿拉善盟 3 个盟市 75 家工业用水企业，充分发挥了市场在配置资源中的决定性作用，践行了市场在资源配置中起决定性作用和更好地发挥政府作用、"两手发力"的新时代治水方针的基本要求，为深化供给侧结构性改革奠定坚实基础。

（一）搭建交易平台

为促进水资源优化配置和高效利用，为水权交易提供专门的市场化交易平台，规范水权交易运作，引导水权合理流转，2013 年内蒙古自治区主席办公会议决定成立内蒙古水权中心，几年来通过完善部门和机构设置、建立运行管理制度、设立专门交易大厅、开设官方网站等方式，保障了跨盟市水权交易的顺利完成，水权交易平台规范有序运行。

（二）规范交易程序

交易过程中，坚持政府和社会内外监督，双管齐下，消除单一监管主体弊端，对水权交易进行有效监管。交易过程严格按照水权转让流程进行（图 1），内蒙古水权中心对受让企业《水权转让合同》的履行情况跟踪管理，对于没有按照规定履行合同的用水企业，解除合同并通过水利厅对闲置水指标进行处置。同时，通过内蒙古水权中心官方网站对水权买卖双方的名称、水量分配、交易期限、交易价格、成交日期、成交类型等内容进行信息公开，同时披露交易流程、规则以及相关的政策法规，给与交易各方更多知情权。实现水权分配信息公开、透明，提高交易效率的同时，更好地受到各方监督。

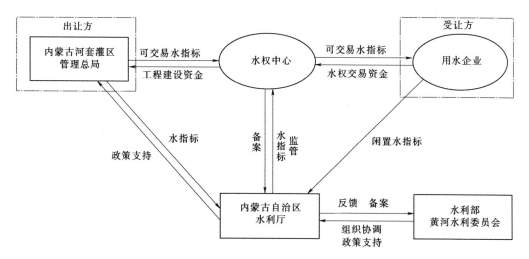

图 1　一期试点水权转让流程图

七、结　语

　　内蒙古自治区在城市化和工业化进程中，水资源供需矛盾日益突出，严重制约着内蒙古地区发展。内蒙古水资源管理的现实需求催生了水权改革实践，提高水资源的利用效率和配置效率，转变水资源的使用和管理模式，建立培育水权水市场，成为内蒙古解决水资源短缺、化解水资源矛盾的有效途径。水权改革过程中，水权水市场正处于兴起阶段，需要各级政府和水行政主管部门对交易全程监管维护，促进市场培育和平稳发展，内蒙古通过加强组织领导、明确责任分工、健全制度建设、规范施工管理、跟踪运行维护、严格资金管控、培育交易市场、把握交易过程等措施，落实监管责任，强化水权行业监管，加强水资源用途管制，是落实新时期治水方针的生动实践。

参考文献

［1］　内蒙古自治区水利厅. 内蒙古自治区水资源公报［EB］. http：//www.nmgslw.gov.cn/.

［2］　陈雷. 实行最严格的水资源管理制度　保障经济社会可持续发展［J］. 中国水利，2009（5）：9-17.

［3］　董力. 加快水利改革发展与供给侧结构性改革论文集［M］. 北京：人民出版社，2018.

［4］　李晶. 中国水权［M］. 北京：知识产权出版社，2008.